注文の多すぎる患者たち

野生動物たちの知られざる診療カルテ

Exotic Vetting

What Treating Wild Animals Teaches You About Their Lives

ロマン・ピッツィ
不二淑子〈訳〉

ハーパーコリンズ・ジャパン

Exotic Vetting

by Romain Pizzi

This edition is published
by arrangement with
HarperCollins Publishers Limited, UK

Published by
K.K. HarperCollins Japan, 2024

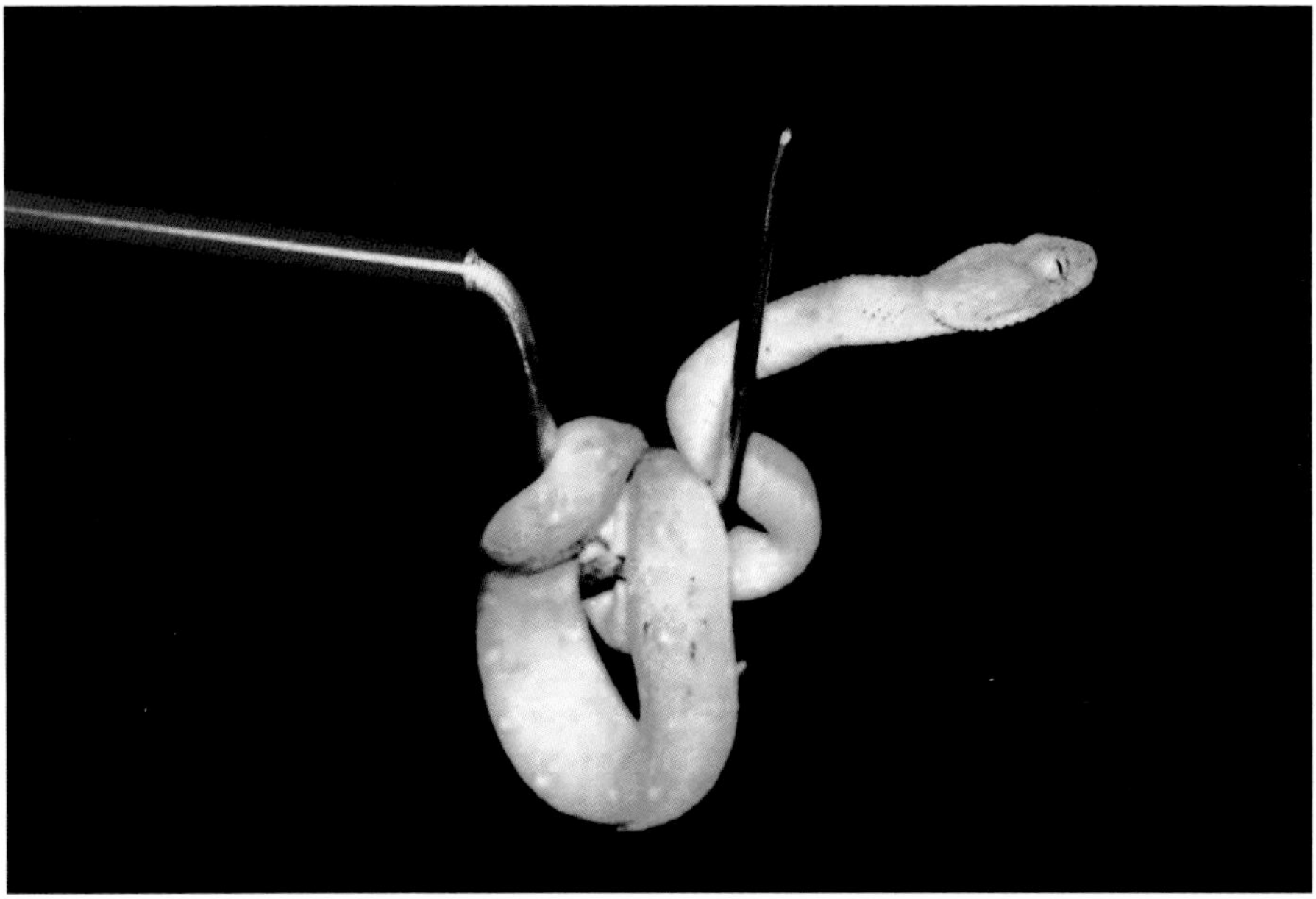

フックを使えば、ヘビに一切触れずに移動させられる。フックはつねに一番安全な選択肢だ。

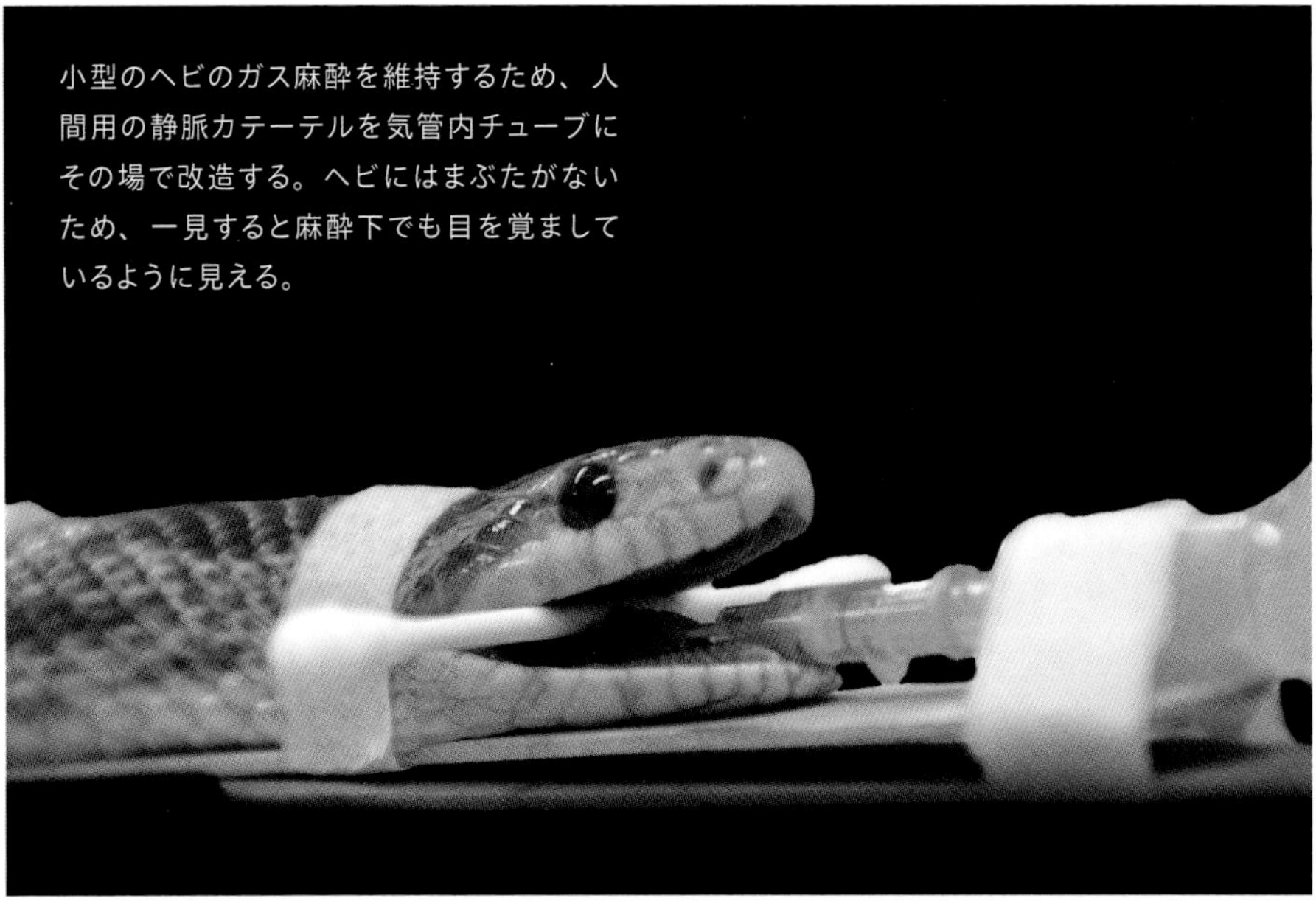

小型のヘビのガス麻酔を維持するため、人間用の静脈カテーテルを気管内チューブにその場で改造する。ヘビにはまぶたがないため、一見すると麻酔下でも目を覚ましているように見える。

化学汚染がホッキョクグマなどの頂点捕食者に対して及ぼす長期的な悪影響は、プラスチック廃棄物の問題よりも調査が難しい。わかりやすい写真や動画がないことが一般の人々に関心を持ってもらうことを困難にしている。

通常、ヤマアラシの臓器を触診することは麻酔なしには不可能だ。触診できたとしても種によって解剖学的構造が異なるため、その感触が正常なのかを知ること自体が難しい。

くくり罠にかかったヒョウは大型捕食者の注意を引かないよう、大きなストレスを感じていても静かにじっとしている。対照的に、トラはくくり罠にかかると激しくのたうちまわる。

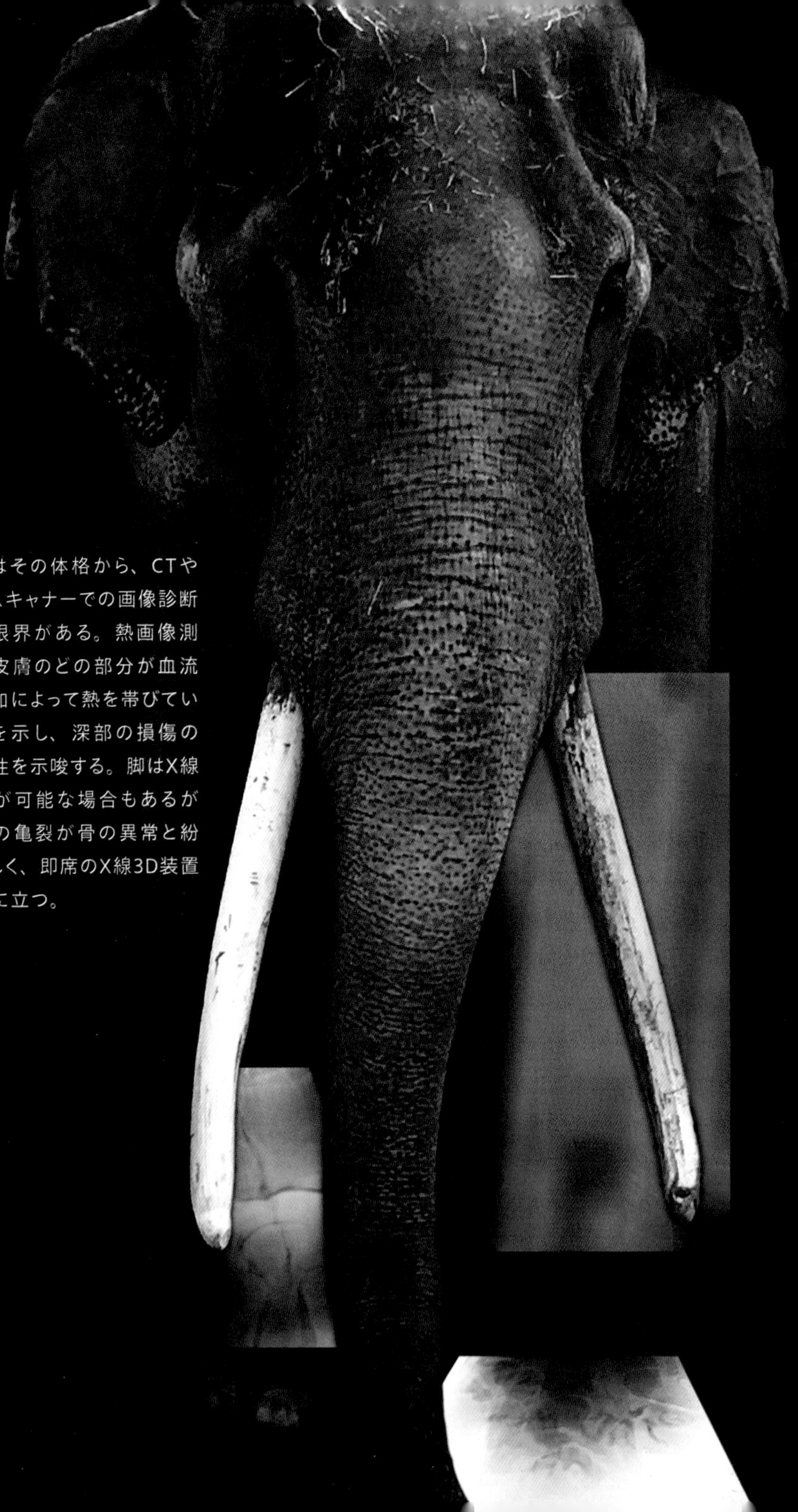

ゾウはその体格から、CTやMRIスキャナーでの画像診断には限界がある。熱画像測定は皮膚のどの部分が血流の増加によって熱を帯びているかを示し、深部の損傷の可能性を示唆する。脚はX線検査が可能な場合もあるが皮膚の亀裂が骨の異常と紛らわしく、即席のX線3D装置が役に立つ。

メンフクロウの顔はおもに羽毛でできている。頭上から撮影したX線写真で見ると、目はキノコのような形をしている。細い骨（黄色の部分）は目の独特な形状を維持し、飛行中に大きな眼球がぐらついてピントがずれることを防いでいる。耳の形状は左右非対称で、フクロウの獲物である小型齧歯類の鳴き声を正確に聞き分けるのに役立つ。

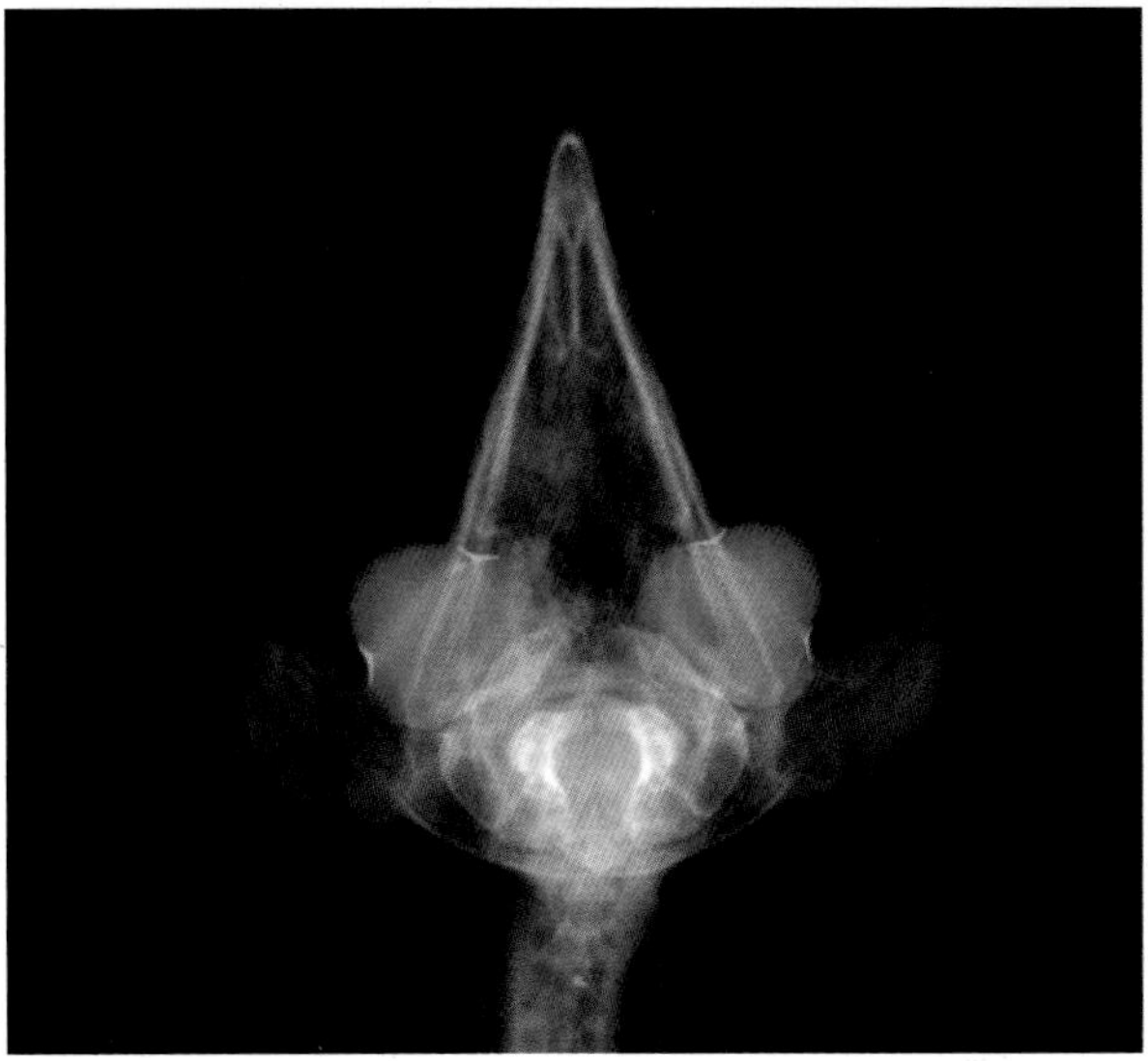

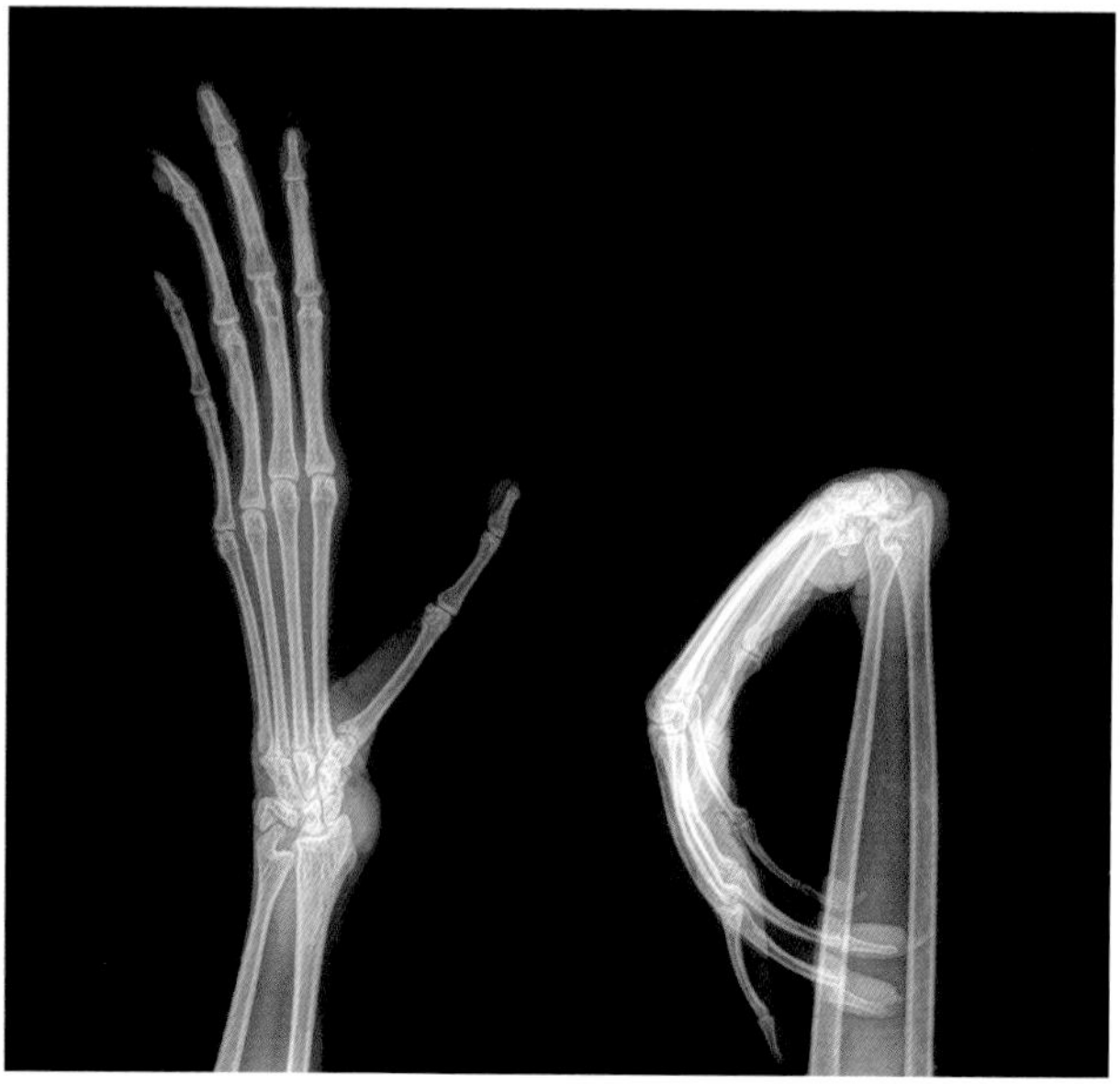

テナガザルの手首は実は人間の手首と非常によく似ている。彼らの手の驚異的な柔軟性は、小さなブロックのような骨と靭帯の形状に見られる、ごくわずかな違いから生まれている。

X線写真で動物の胸部を写しても、心臓は肺のあいだの塊にしか見えない。実際に心臓の内部を観察し、血液ポンプとしての機能を調べるには、超音波検査が不可欠である。

動物園ではジェンツーペンギンが硬貨を飲み込むことが頻繁にあるため、毎週、金属探知機を使って検査する。彼らの胃は尻尾近くまで伸びていて陸に立ったままでも簡単に検査できる。野生のペンギンが自然界で何を食べているのかは、長らく胃洗浄を行ない調査されてきたが、糞の遺伝子分析によって初めて、クラゲを常食していることが判明した。

子ギツネは頭蓋骨が薄く、脳の超音波検査が可能だ。この検査によって、子ギツネが病気の兆候を示しはじめる前に、水頭症（脳水腫）を発見できる。

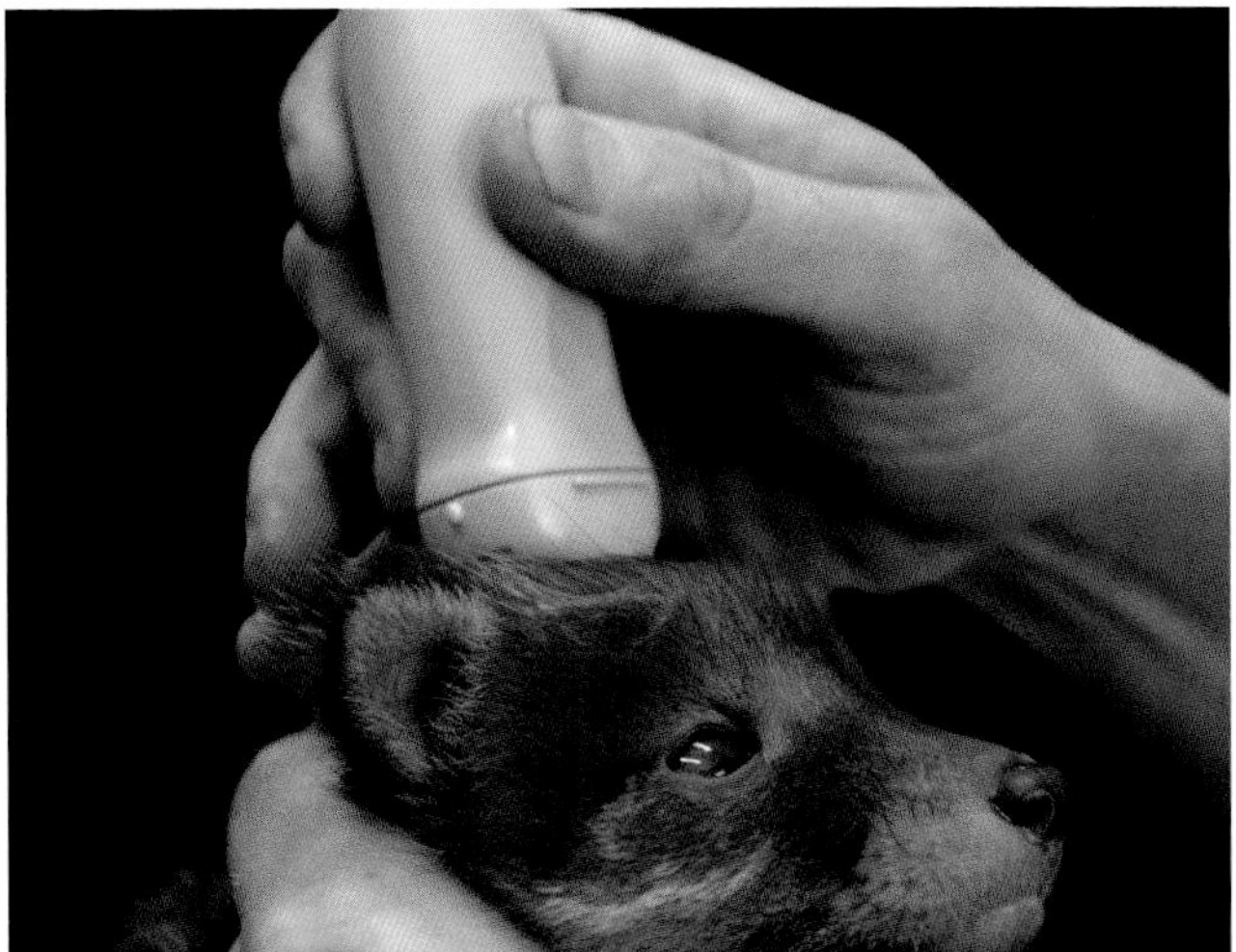

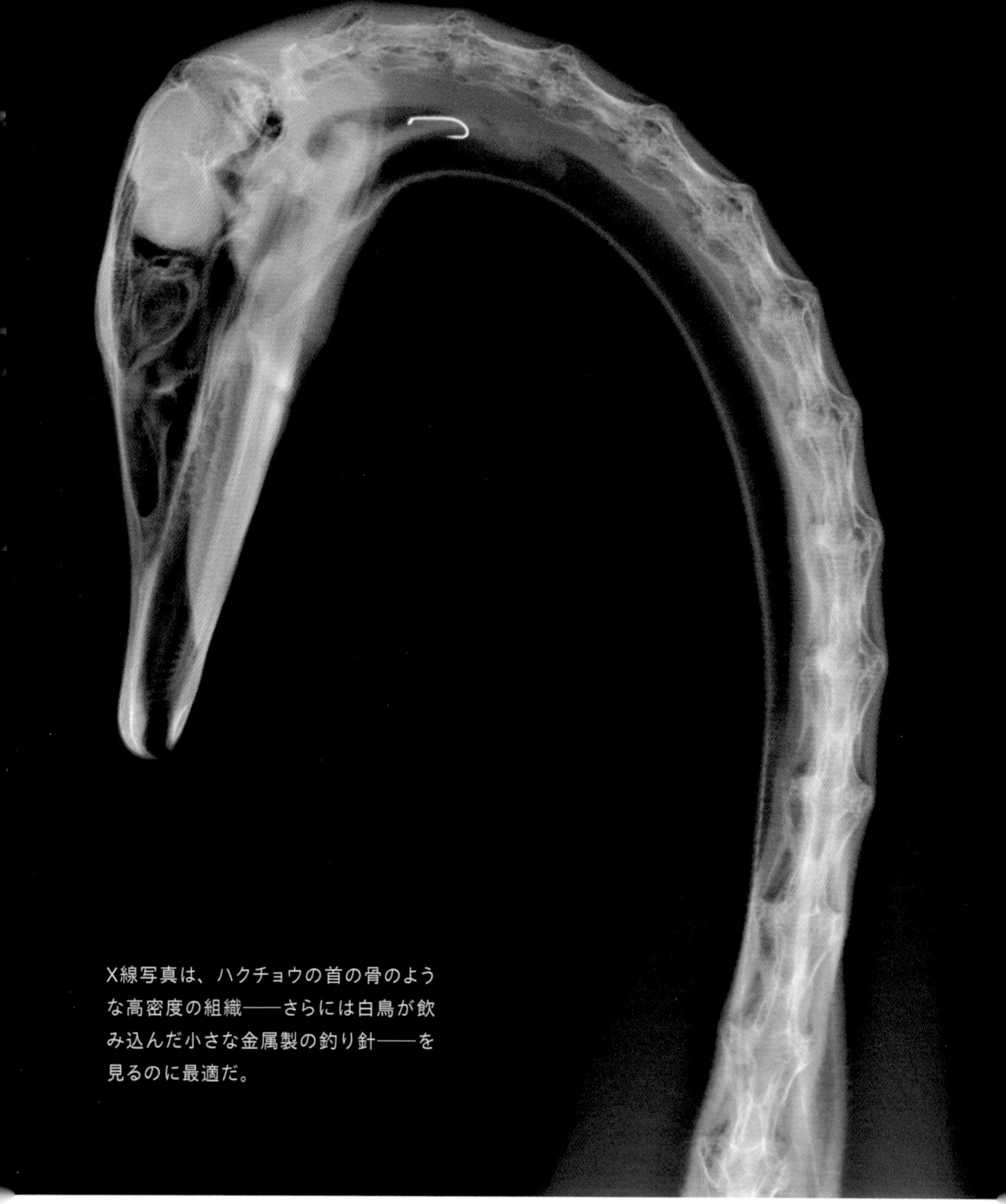

X線写真は、ハクチョウの首の骨のような高密度の組織――さらには白鳥が飲み込んだ小さな金属製の釣り針――を見るのに最適だ。

捕獲したり体温計を使ったりしなくても、オウサマペンギンの体温は測定できる。ペンギンはその大きな目から熱を放出する習性があり、サーマルカメラで観察すれば、通常見逃してしまうような真菌感染症や鳥マラリアの初期症状も発見できる。

鳥の骨の治癒はものすごく早い。人間を含む大半の哺乳類は骨の治癒に何カ月もかかるが、鳥は骨折しても最短で2週間もすれば普通に飛べるようになる。

コモドオオトカゲの歯が生え替わるときは、古い歯の後ろから横向きに生えてくる。もうひとつのユニークな特徴として、メスのコモドオオトカゲは、オスがいない場合は単為生殖を行ない、未受精卵から自分のクローンを作ることができる。

体重2トンのシロサイにとっても麻酔銃で撃たれることは不快な経験だ。現代の炭酸ガスを使用したライフル型麻酔銃やプラスチック製注射器《ダート》は、ほとんど傷を残さない。ダートには少量の薬剤しか入れられないため、シロサイに麻酔をかけるにはモルヒネの千倍もの濃縮薬剤が必要になる。ふわふわした赤い矢羽根はライフルの銃身からダートを押し出す際に気密シールの役割を果たし、疾走するサイから落下したダートを発見する目印にもなる。

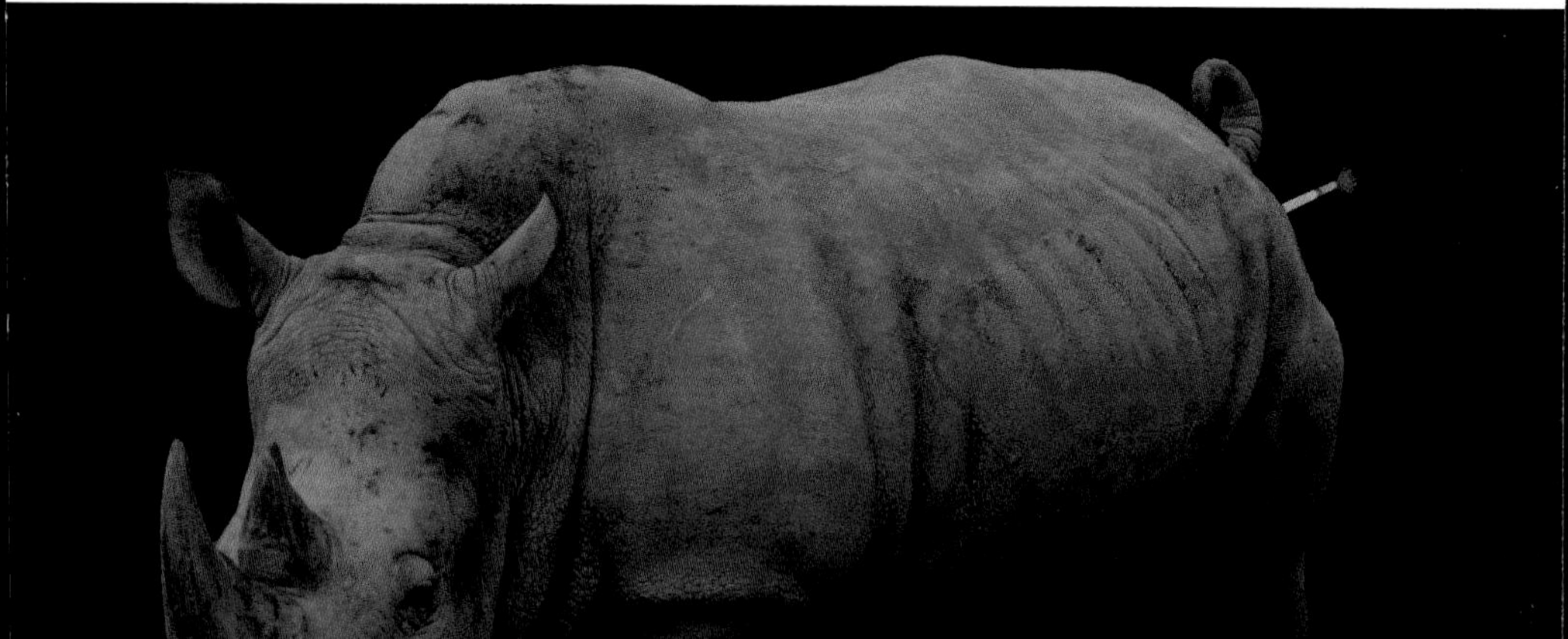

手術後に安静にしていられない動物の骨折修復は難しい。プレートとネジで固定する方法は、骨折した骨に体内足場を組むようなもので、より頑丈な修復が可能となる。チンパンジーをはじめ手術直後から修復した腕でぶら下がるような患者に有効だ。

直径わずか3ミリの鍵穴手術器具を使えば複雑な手術もできる。この手術の大きな利点は、アシカなど術後数時間で泳ぎはじめる患者に防水性を損なう傷口を作らずにすむことだ。

(Photograph by Jonathan Cracknell)

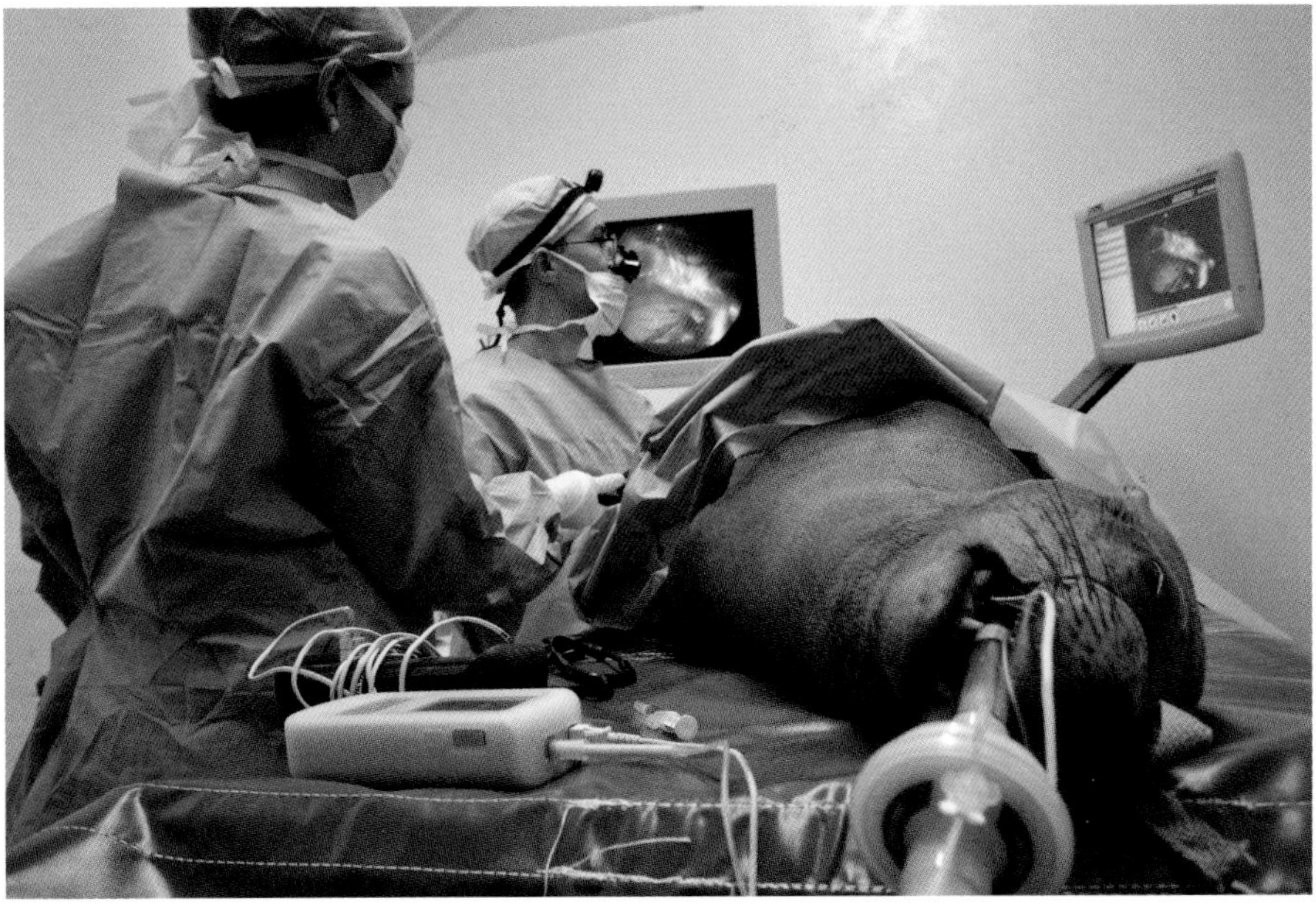

オオアリクイは細長い舌で大量のアリをあっというまに舐め取る。怪我をしたアリクイに肉を混ぜた餌を与えるときには注意が必要だ。小さな腱や筋線維が残っているだけでも舌に絡みつき、舌が取れる原因となる。舌のないアリクイは食べることができない。

麻酔をかける際に気管内チューブを入れるのも非常に難しい。アリクイの細長い口はほとんど開かないうえ、気管の入り口である咽頭が胸部にある。そのため、長さ50センチの特殊なチューブを細く柔軟な内視鏡で挿入する必要がある。

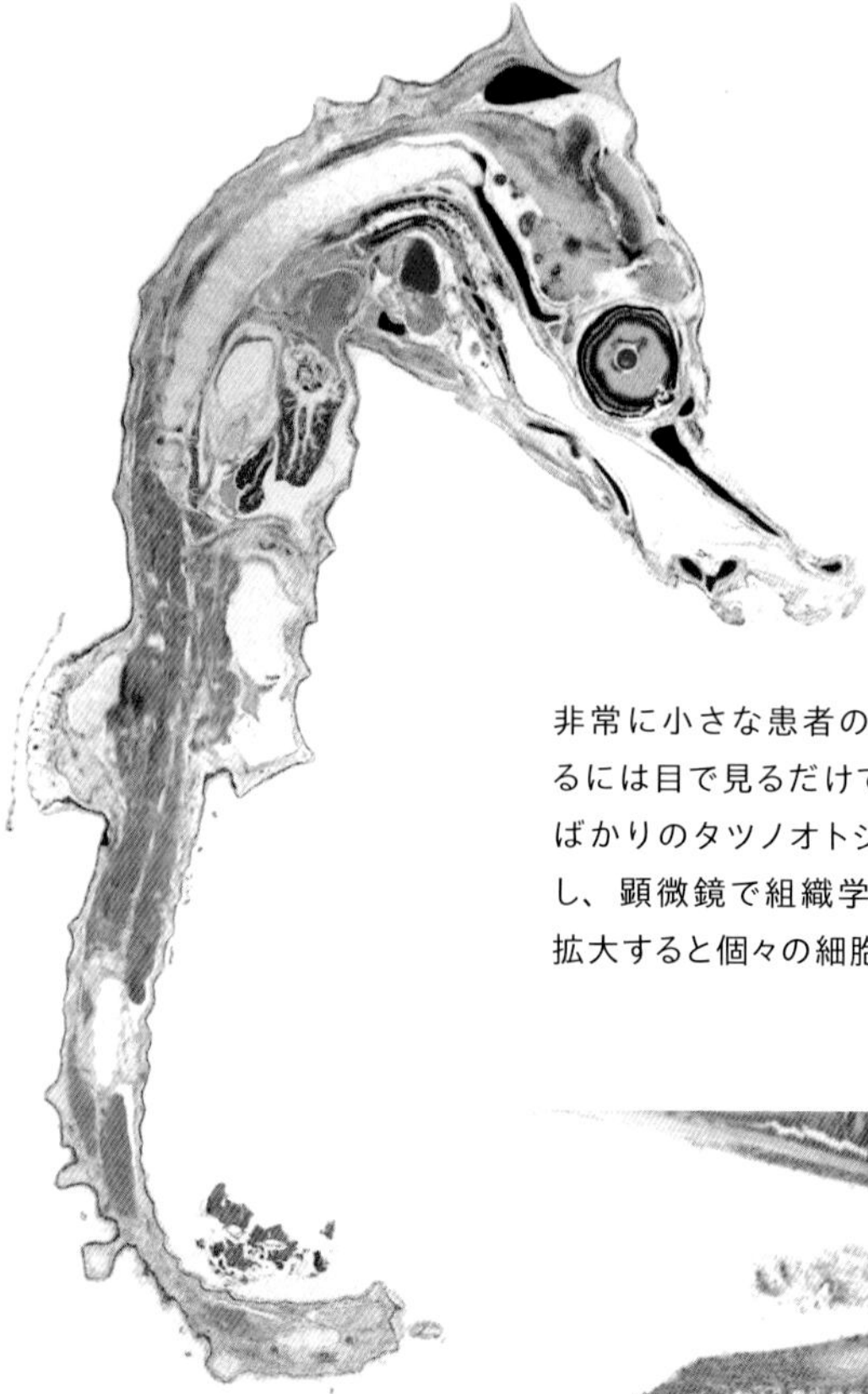

非常に小さな患者の場合、詳細な死後検査をするには目で見るだけでは不充分だ。この孵化したばかりのタツノオトシゴは全身をスライド標本にし、顕微鏡で組織学的検査を行なう。高倍率で拡大すると個々の細胞の詳細が明らかになる。

エラには何千もの細い突起があり、水中で浮遊している。この突起のおかげで表面積は巨大になる。水中に含まれる酸素は空気中の20分の1以下しかなく、必須の構造だ。魚が水から出ると溺れてしまうのは濡れた鰓弁《さいべん》が表面張力で崩れ、ひとつの塊になるためだ。エラの表面積が縮小した魚は空気中の酸素を取り込めずに窒息する。

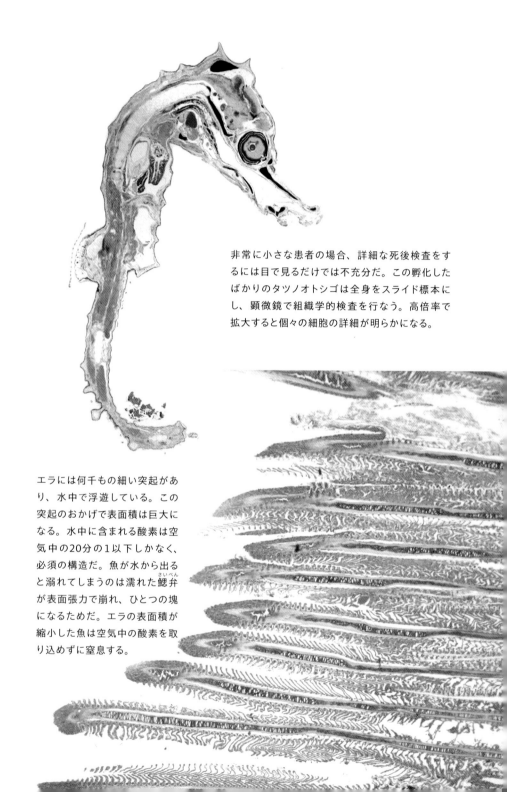

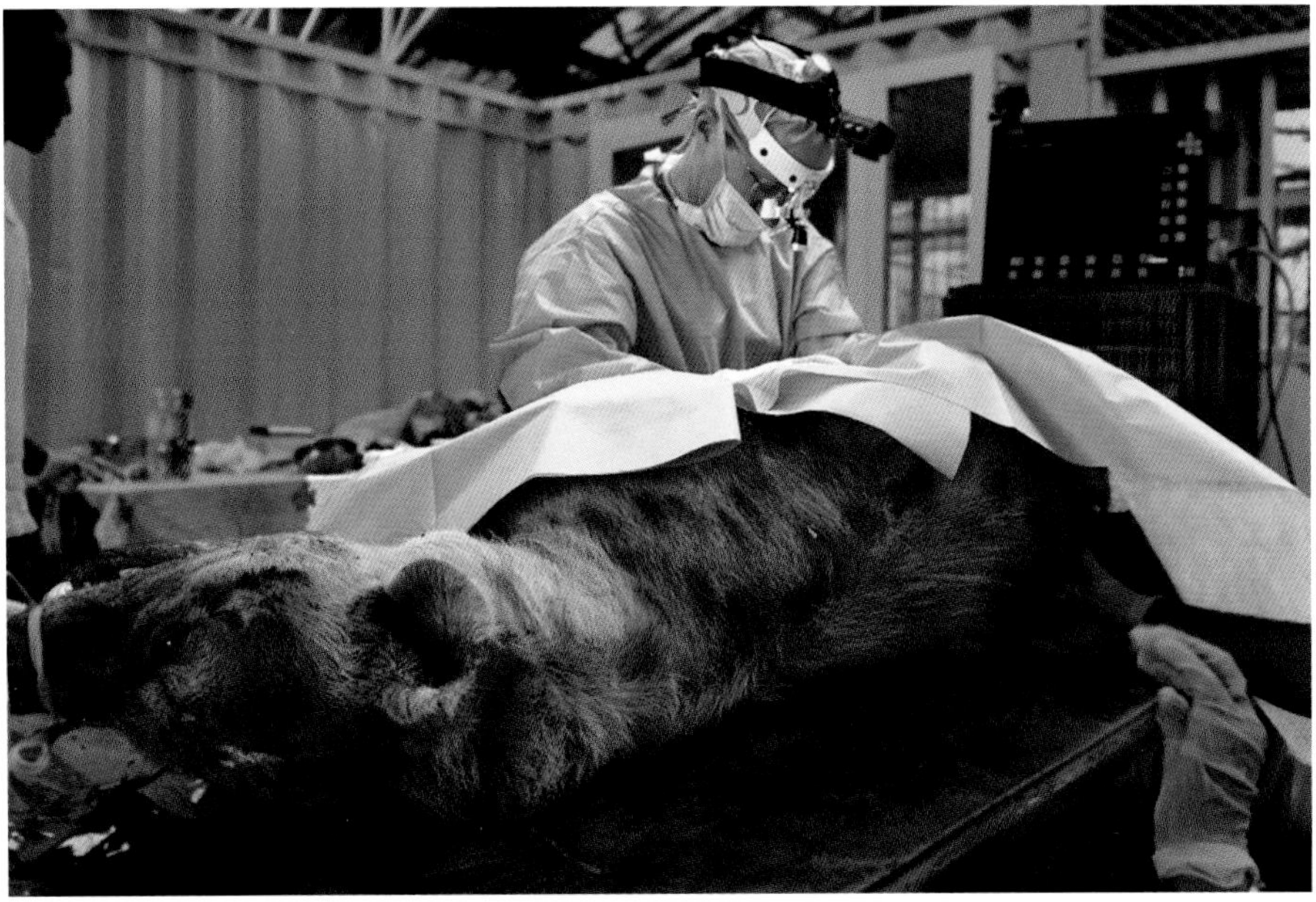

メスのハイエナはオスよりもテストステロン値が高く、子どもを守るため、体が大きくて強い。ハイエナのメスの不妊手術は飼い犬や飼い猫に行なわれるものとは異なる。卵巣を残し、正常なホルモンを分泌させ、群れのヒエラルキーを維持することが不可欠になる。
(Photograph by Jonathan Cracknell)

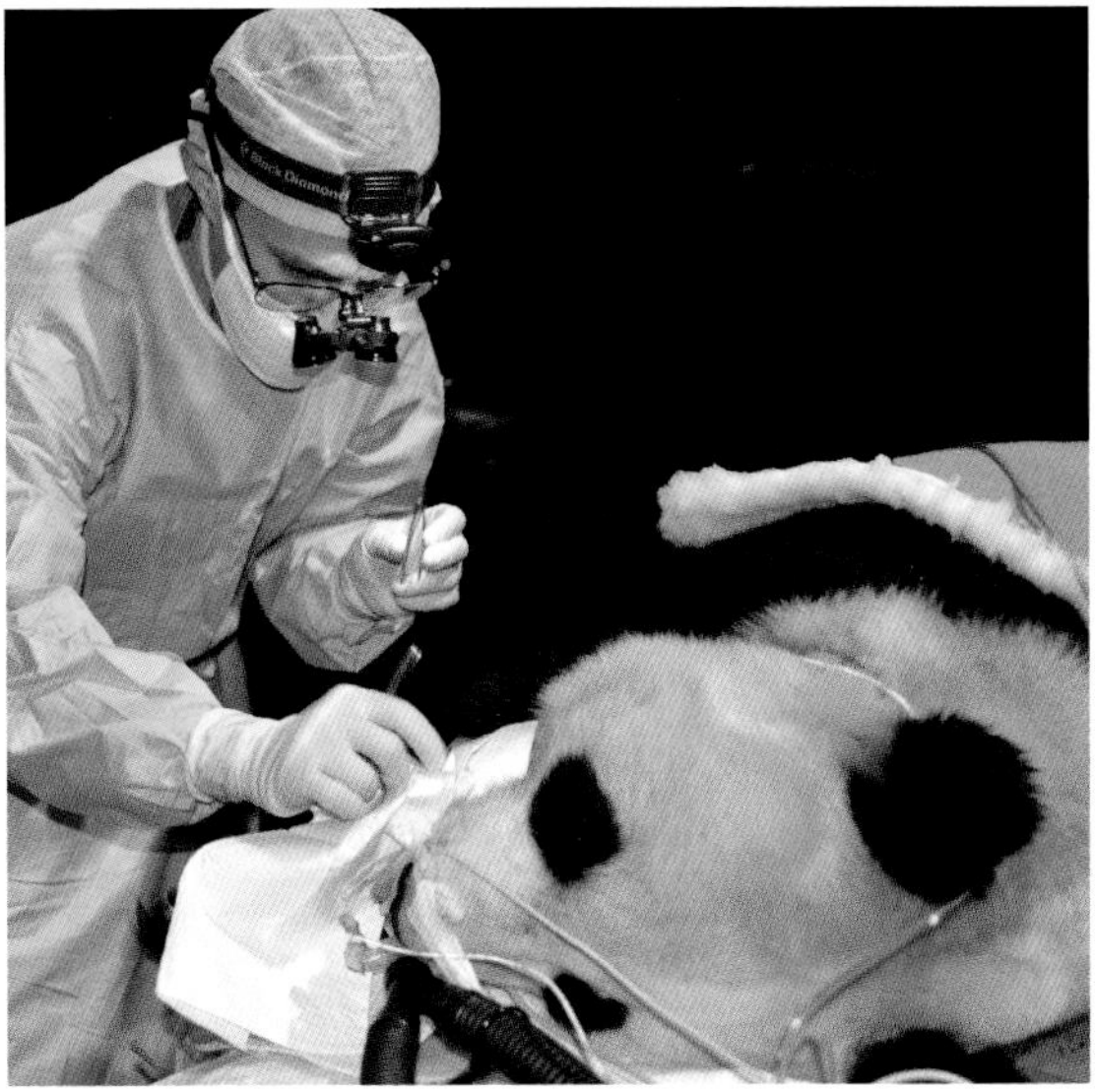

幹細胞の前駆体である多能性細胞を作るため、微小なサンプルを採取する。いずれは絶滅危惧種の幹細胞から卵子や精子を作り、絶滅防止に役立てることが期待されている。しかし、メディアで大きく宣伝されているわりに生殖補助技術は種の保全にはほとんど影響を与えていない。
(Photograph by Craig Devine)

検眼鏡でライオンの網膜を観察すると小さな白い円（視神経）が見える。円の端から蛇行する血管の状態により、初期の網膜剥離を引き起こす食餌不足、視神経の膨張を引き起こす脳腫瘍、高血圧や感染症などを診断できる。遠くから見た場合には、通常は網膜の奥の黄色い輝板しか見えない。輝板は光を反射してライオンの夜間視力を高めたり、懐中電灯の光を反射して人間に存在を知らせたりする。

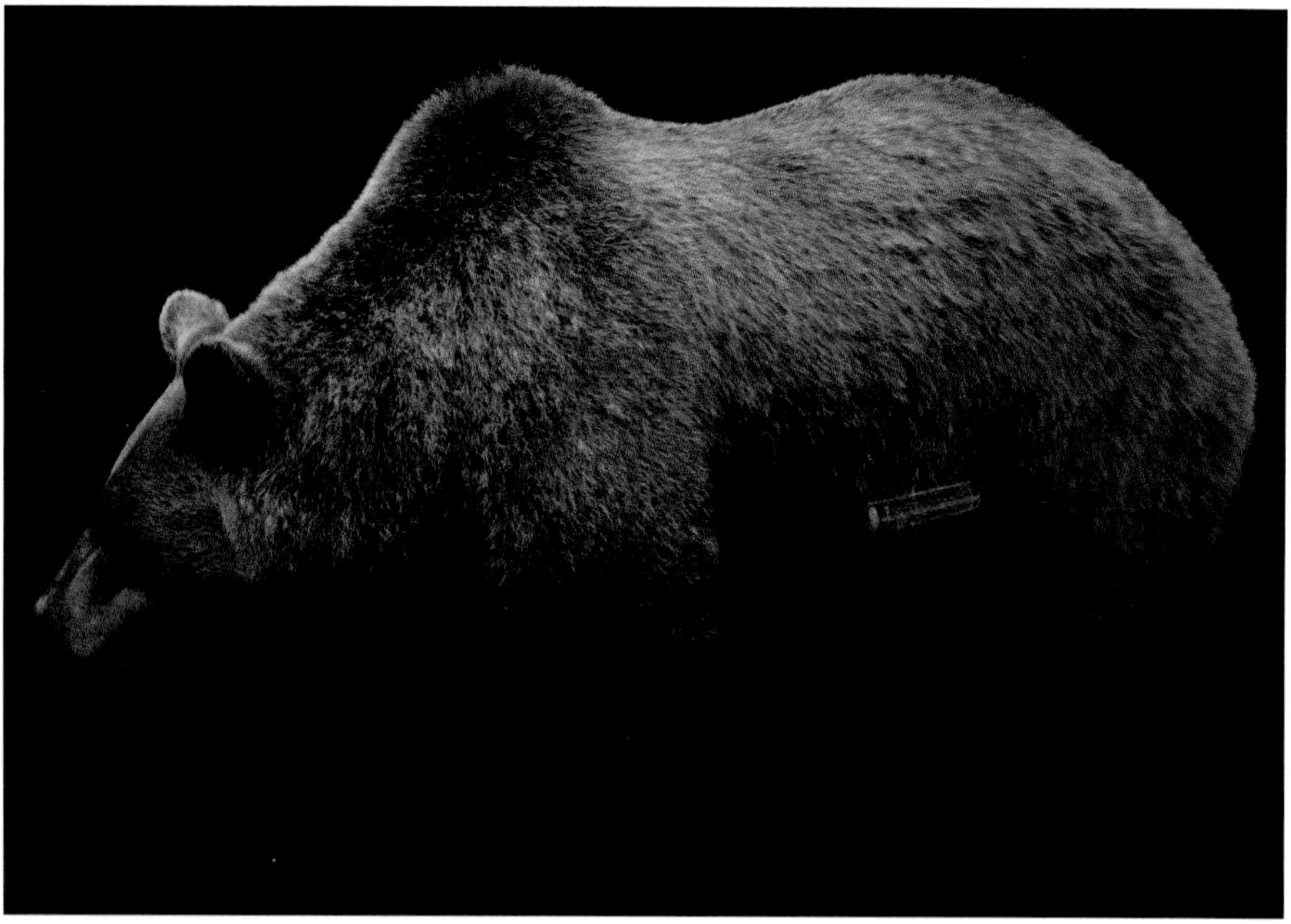

外科手術でヒグマの腹部に埋め込まれた無線発信機は、彼らの習性に関する研究情報をもたらすかもしれないが、個々のヒグマにとってはリスクを伴う。発信機のバッテリーは爆発したり酸が漏れたり、感染を引き起こしたりする可能性があり、ヒグマのような大型動物でさえ死に至ることもある。

僕のすべての動物の患者たちに

＊本文中の［　］は訳注を示す。

はじめに

どうやってマンモスに手術をすればいいのか？

マンモスの手術方法について、あれこれ考える獣医師はそう多くはないだろう。そもそも、**ゾウ**を治療する獣医はほとんどいないし、ゾウを手術したことのある獣医となるとさらに少ない。

東シベリア海のウランゲリ島では、なんと約４０００年前まで、マンモスがまだ生きていたという。ギザの大ピラミッドが造られてから、すでに１５００年は経っていた頃のことだ。

ところが最近、賢明なる遺伝学者のおかげで、僕たちが生きているあいだに、マンモスを蘇《よみがえ》らせられる可能性が出てきたらしい。もし実現したら、いずれ獣医師が必要とされるときがくる。そうなったら、たとえば、マンモスの折れた脚はどうやって手術すればいいのだろう？　きっととんでもなく大変《マンモス》な仕事になるはずだ。

とはいえ、僕たち野生動物の獣医は、さまざまな野生動物の患者を治療するときに、すでに骨の折れる難題に取り組んでいる。複雑な手術をするために、**魚**に何時間も麻酔をかける（魚は水中で呼吸をする生き物なのに！）。**カバ**の採血をする（カバの静脈は分厚い皮膚の奥深くにあって見えないのに！）。さらに**ペンギン**をX線撮影したり、**マンタ**の心臓を超音波検査したり、はたまた、**サソリ**を手術したりもする。そのどれもが難しく、一筋縄ではいかない作業ばかりだ。そんな具合に、野生動物の獣医は、人間やペットの犬や畜牛とはまったく違う患者たちを治療しているのである。

　僕は南アフリカで子ども時代を過ごしたけれど、当時は野生動物の獣医になるとは夢にも思っていなかった。ゾウに囲まれた環境で暮らしていたわけでも、禁猟区監視員の息子だったわけでもない。小さな町でごく平凡に育てられた。

　そんな僕が初めて野生動物に接したのは、怪我《けが》をした**アフリカジュズカケバト**のヒナ鳥を、自分の部屋の衣装ダンスの靴下の中に隠して、手ずから育てたときのことである。僕の両親が母親を撃たれて孤児になった**リビアヤマネコ**を救って飼っていたのだが、そのヤマネコが捕まえたのだった。やがて、傷ついた鳥や親を亡くした鳥が次々と僕の前に現れた。僕は唯一の手引き――1943年に「アルカトラズ刑務所の鳥男」［獄中で鳥類の研究を続けたロバート・フランクリン・ストラウド］が書いた『Stroud's Digest on the Diseases of Birds（ストラウドによる鳥類の病気の概要）』――をボロボロになるまで読みながら、そんな鳥たちの世話をした。でも、まさか将来、自分が**コモドオオトカゲ**や**ジャイアントパンダ**や野生の**オランウータン**を治療する日がこようとは想像もしていなかった。

　この本を読めば、僕たち野生動物の獣医が、地球上の実にバラエティ豊かな野生動物に麻酔をかけ、診断し、手術し、投薬し、最後に野生に帰すまでの様子を垣間見ることができる。**カンガルー**を捕まえたり、**サメ**に麻酔をかけたりするにはどうしたらいいのか？　**シカ**の赤血球が奇妙なのはどうしてなのか？　病気の診断をするために、**ガラパゴスゾウガメ**の体の中を覗《のぞ》くにはどうすればいいのか？　**タランチュラ**の整形外科手術はどうして突飛なのか？　**セイウチ**の歯痛はどうやって治療するのか？　はたまた、**ビーバー**を野生に帰すときはどんなことに注意すればいいのか？

さあ、一緒に出かけよう――世界中の野生の地や保護区をめぐり、僕たち野生生物の獣医が科学と、ときにヤマ勘を使って、地球上でもっとも珍しい動物たちを治療する旅に。この旅を終える頃には、あなたも絶滅したマンモスをどうやって治療しようかと頭を悩ませているかもしれない。

1

セイウチの自殺願望

麻酔する

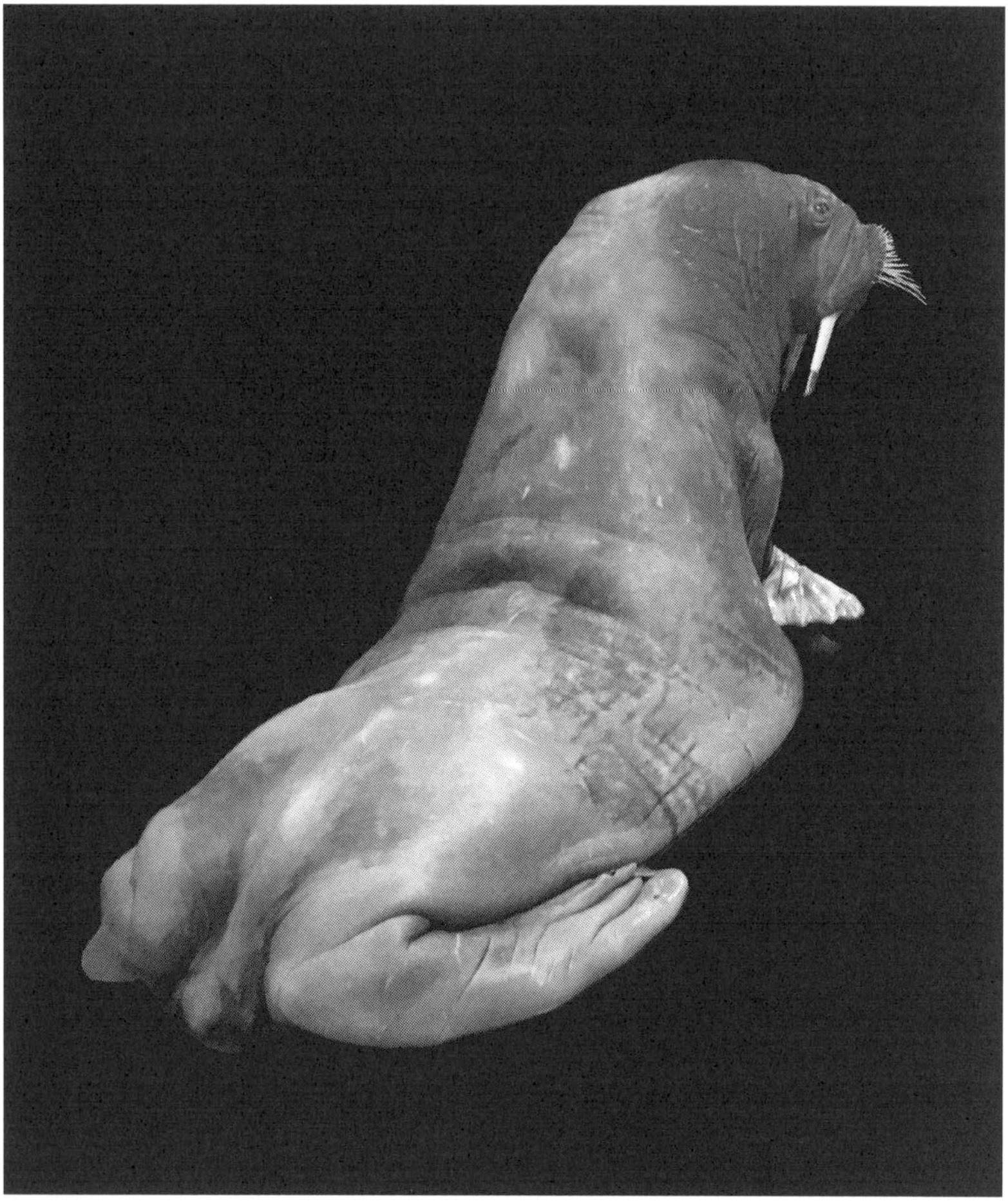

セイウチは扱いにくい患者だ。水を出たとたん、自分の重みで潰れてしまいそうに見える。麻酔をかけると、水中と同じように、呼吸を止めようとする習性があり、陸でセイウチを生かしておくのはとても難しい。また、牙のエナメル質は傷つきやすく、象牙質の孔から細菌が侵入し、歯髄感染により痛みを起こすことがある。それを防ぐため、牙にチタン製のキャップをかぶせることもある。

セイウチに麻酔をかけると、必死で息を止めて自殺しようとする。セイウチは潜水反射により、水中で30分以上も息を止めることができるのだ。酸素を節約するために心臓の鼓動を遅くし、脳・心臓・腎臓に繋《つな》がる血管を広げて、そうした重要な臓器への血液と酸素の供給を最大化する。一方、それ以外の血管は収縮させ、皮膚・脂肪・腸などあまり重要でない部位への血流を抑制する。不幸なことに、麻酔をかけられると、セイウチの生体反応は混乱を起こし、正常な働きをしなくなる。脳が**二枚貝**の夢も見ずに昏睡《こんすい》するあいだ、体は水中にいると思い込み、呼吸を止めて心拍数を下げる。麻酔を長くかければかけるほど、重大な事態が発生する危険が高まる。

麻酔はコントロールされた死だ。近代的な人間の病院の見た目の立派さにごまかされていると、そのことを忘れがちになる。麻酔には150年以上の歴史があり、足の陥入爪《かんにゅうそう》から脳外科手術まで、毎年何百万もの人々が麻酔を受けている。また、僕たち野生生物の獣医は、**タツノオトシゴ**から**ゾウ**まで、あらゆる動物に麻酔をかけている。それにもかかわらず、実は麻酔薬が効く正確な生理学的メカニズムはまだわかっていない。なぜある化合物が投与されると、脳は意識を失い、患者は痛みを感じないのか？　麻酔は睡眠とはまったく違う。投与量が多ければ、患者は死ぬ。麻酔薬は結局のところ毒物だ。生と死のあいだの細い通路で、患者を何も意識しない状態にするために、正確な量を投与される毒物なのである。

セイウチの麻酔は、巨体と脂肪のせいで一筋縄にはいかない。分厚い脂肪層の奥まで針を入れて、筋肉に注射するのは至難の業《わざ》だ。脂肪に注入された麻酔薬は、きちんと吸収されるかどうかわからない。いつまで経っても麻酔が効かず、いっそう状況が予測できなくなる。そこで獣医はなるべく脂肪の少ない部位を狙うのだが、セイウチの場合、後肢が短くて筋肉も小さいため、背中の筋肉に麻酔薬を注入する。大型のオスのセイウチは体重が1・5トンあるが、水中ならその重さも問題にはならない。水圧によって重量が均等に分散されるからだ。ところが、陸上ではまったく別の話になる。すべての圧力は、重力により一方向にかかる。まるで胸の上に小型車を載せた状態で呼吸しようとするようなものである。そんなわけで、麻酔はセイウチの健康にとって良い点がほとんどない。麻酔で意識を失ったセイウチに人工呼吸器をつけ、薬剤で鼓動を刺激しようとしても、通常、セイウチの神経を苛立《いらだ》たせるだけで、ときに命に関わることもある。

動物園のシロサイに麻酔をかける裏技

同じ野生動物でも、麻酔をかける状況によって効き方は全然違う。**シロサイ**は怖そうな外見だが、動物園ではたいてい簡単に麻酔をかけられる。一番単純な方法は、バケツ半分の生野菜を与えて、シロサイが頭を突っ込んでガツガツ食おうとした瞬間に、耳介の外縁の細い血管に細い針を突き刺すことだ。シロサイたちは、まるで**虫**にでも刺されたみたいに耳を1、2回ピクリと動かすだけで、何をされたのか気づく様子もない。以前は手袋をはめて局所麻酔クリームを塗り、効果が出るまで15分待ってから針を刺していたが、シロサイが全然気にしていないと気づいてからは塗るのをやめた。針に細長い点滴のチューブを装着し、それからゆっくりと麻酔薬を注入する。すると何度か大きなため息が聞こえて、脚がガクンと崩れ、シロサイは忘我の彼方《かなた》に旅立っていく。

僕は麻酔をかけるときに動物に餌を与えるが、それを最善の方法とは思わない麻酔医も多い。麻酔医にとって、麻酔中に患者が窒息したり、嘔吐物《おうと》を気道内に吸い込んだりすることは最大の恐怖であり、人間に麻酔をかけるときには、そのリスクをできるかぎり抑えながら処置するのが普通である。とはいえ、体重3トンの動物が小さなバケツ一杯の果物を食べるのは、僕がチョコバーを半分食べるようなものでしかない。それでも恐れる麻酔医もいるので、そんなとき、僕は代案を提示する。「では、救急救命科で、ヒステリックに走り回る患者のお尻に麻酔薬を注入するほうがいいですか?」ストレスホルモンは、麻酔中の心臓に有害な影響を及ぼし、さらに悪い状況になりかねない。

動物園の**サイ**の麻酔は、最初は簡単にストレスなく行なえるが、あくまで眠らせる段階(麻酔導入)での話だ。麻酔でサイを安全に眠らせ続けること(麻酔維持)となると、話はまったく違ってくる。**セイウチ**とは異なる理由で、サイも麻酔をかけると呼吸をしづらくなる。サイはおもに横隔膜で呼吸していて、息を吸うときには腹部を動かさなければならないのだが、麻酔をかけて腹ばいの体勢になると、硬い胸部——幅広く平らな肋骨《ろっこつ》があり、ほかのサイの突撃から重要臓器を守っている——が呼吸の邪魔になるのだ。また麻酔は、腸が不随意に行なう収縮と弛緩《しかん》の波(蠕動《ぜんどう》運動)を鈍くするため、膨らんだ腸にガスがたまり、さらに横隔膜を圧迫する。動物園のサイについても、麻酔を最短にとどめることが成功の秘訣《ひけつ》になる。

野生のサイに麻酔をかけるのは命がけ

僕が獣医の資格を取得した南アフリカで、野生の**シロサイ**に麻酔をかけて捕獲する場合には、もう少々手間がかかる。野生の**サイ**はだいたいにおいて、鼻に1本ツノを生やした、視力の弱い灰色の大きな**牛**のように振る舞っている。とはいえ、おいそれと近づくわけにはいかないし、おとなしく麻酔をかけられてもくれない。そのため捕獲するときは、たいてい小型ヘリコプターから麻酔銃を使って投薬器《ダート》を撃ち込むことになる。ヘリコプターの燃料は恐ろしいほど高額なため、紙製かと思うほど軽量なロビンソンR22などを利用する。ドアもなく、エンジンの大きさは庭の芝刈り機のエンジンと大差ない代物だ。そんなヘリで急降下し、できるだけ至近距離からサイに麻酔銃を撃つのである。つまり、悪いほうに転がれば、原付バイクに乗ったまま空から落下するのと等しい事態が待っている。

アフリカ以外の地域では状況はさらに厳しい。現地の他種のサイは、シロサイよりも希少かつ絶滅リスクが高いうえに、密林などの発見しにくい場所に生息しているからだ。以前、絶滅寸前のサイの種が想定外の地域で少数発見されたとき、保護プロジェクトから、サイに安全に麻酔をかける方法を考案してほしいと依頼されたことがあった。だが、そのサイの生息場所は密林で、しかも低リスク紛争地帯でもあったため、自由戦士またはテロリスト（お好みの解釈でどちらでも）を介さなければアクセスできなかった。麻酔銃を肩からさげ、迷彩服を着た外国人として、反政府勢力の支配する紛争地帯を何カ月も徒歩でうろつくことは、僕の妻にとっては容認できる仕事ではなかった。

野生動物の獣医が使う「麻酔」という語にはいろんな意味がある。通常、麻酔とは「医療目的で行なわれる、コントロールされた感覚や意識の一時的な喪失」と定義される。全身麻酔は「意識を消失し、感覚がまったくない状態」を指す。野生動物に局所麻酔だけを使用することはほとんどない。歯科医が**ライオン**に局所麻酔しかしなければ、一生に患者は1頭だけになるだろう。僕たちは野生動物を扱いやすくしたり、血液サンプルを採取したり、輸送用クレートに入れたりする目的で麻酔を使うことがほとんどだ。この場合、手術時の麻酔のように痛みを遮断する深い麻酔は必要ない。「麻酔」というよりも、「鎮静（動きの固定）」と呼ぶほうが正確だが、2つの用語はよく混同して使われる。サイのような大型動物を移動させるときには、立たせておくほうが都合がいい。軽い鎮静状態にすれば、誘導《ガイド》ロープを使ってよろよろと歩かせ、トラックに乗り込ませることができる。この方法なら、全身麻酔のリスクを負わずにすむうえに、クレーンでサイを吊り上げる必要もなく、サイが僕らのために重労働を肩代わりしてくれるというメリットもある。

立ったままの鎮静（起立鎮静）は、野生動物の獣医にとって一番麻酔を遠慮したい患者を、安全に捕獲するための秘訣でもある。その患者とは**キリン**だ。キリンは、首の長さが2メートル以上もあるのに、首の骨の数は大半の哺乳類と同じく7つしかない。また、驚くほど頭蓋骨の骨が薄い。麻酔をかけたキリンが膝をついて地面に叩きつけられると、首の骨が折れるという致命的な事態となる。キリンに麻酔銃を撃ち、キリンが倒れる前に駆けつけて、少量の拮抗薬《リバース》を注入するほうがいい。レッグロープ（動物の脚を縛るロープ）と目隠しを使えば、キリンはウトウトしながらも自力で歩いてくれ、安全に輸送トラックに乗り込ませることができる。

麻酔銃の開発は山あり谷あり

1850年7月、タイムズ紙が「初めて野生動物の麻酔に成功」というニュースを報じた。初の麻酔患者となったのは、脚を骨折したロンドン動物園の**チーター**である。動物園は、長い棒の先端にクロロホルムを含ませたスポンジをつけ、チーターの顔の前にかざして意識を失わせたあと、クロロホルムの麻酔下で、潰れた脚の切断手術に成功した。しかし、アフリカのサバンナを駆け回る**ライオン**や**ゾウ**、ボルネオの熱帯雨林の枝にぶら下がったまま移動する**オランウータン**には、たとえ棒の先につけてあっても、クロロホルムを染み込ませたスポンジでは役に立たない。

そこで麻酔銃の登場だ。麻酔銃の発明は当然の流れのように思えるかもしれないが、当時はそうではなかった。克服できない問題がいくつかあったのだ。まず、注射器は第二次世界大戦後でもガラス製で、銃で撃ち込むには不向きだった。さらに、初期の人間用麻酔薬は静脈に注射する必要があり、投薬器《ダート》は使えなかった。また、ほとんどの動物の場合、薬物を大量に投与する必要があった。

遠隔麻酔の最初の試みは、南アフリカのコイサン族や南米人が毒矢で野生動物を狩る方法と大差なかった。クラーレやストリキニーネなどの薬物を塗った矢で動物を射《う》ち、薬物が筋肉の中で溶けて吸収されるのを待つのである。初期には、ドリル状の金属パーツの溝にガラミンとグルコースを塗り込み、ガス銃で**オジロジカ**に撃ち込んだこともある。クラーレは、南米先住民も数千年前から動物を殺すために吹き矢に塗っていた。ガラミンもクラーレと似たようなもので、どちらも麻酔薬としては最悪だった。筋肉を麻痺《まひ》させるため、動物は動けなくなるが、完全に意識があり、普通に痛みを感じる。さらに少しでも量が多すぎれば、呼吸筋が麻痺して窒息する。また初期の麻酔銃には、太い輪ゴムを動力源にしたタイプもあり、愛情を込めて「バズーカ砲」と呼ばれていたが、最大の支持を得たとは言い難い。

　獣医師は昔からすばらしい発明の才を発揮してきた。自動車や自転車に当然のごとくついている空気入りタイヤは、スコットランドの獣医、ジョン・ダンロップの発明だ。ニュージーランドの獣医、コリン・マードックは、さらにクリエイティブだった。わずか10歳で火薬を作り、数年後には自作の銃まで作った。マードックの第二次世界大戦後の最大の発明は、使い捨てのプラスチック製皮下注射器である。彼はガラス製の注射器は、煮沸消毒をしても、患者に感染を広げることが多いとわかっていた。ニュージーランド保健省がこのプラスチック製注射器の利点を認めなかったため、数年間、開発を中断させられたものの、彼はその時間を使ってほかの発明にいそしみ、46個の特許を取得した。

　そんなマードックが初めて麻酔銃を発明したのは、毛深い大型の野生ヤギ、**ヒマラヤタール**の捕獲に苦労したときのことだった。この発明は、やがて野生動物の獣医の仕事を――とりわけ大型で危険な野生動物が数多く生息するアフリカにおいて――根本から革新することになる。しかし、当時はまだ麻酔銃に適した薬剤がなかった。マードックはクラーレを使って麻酔銃のテストを始めたが、残念ながら、多くの動物が死んでしまった。その後、20年以上にわたり、多数の企業が独自の麻酔銃の開発に取り組んだ。なかには、銃の空弾を使用するタイプもあり、うっかりすると小動物の体を貫通して殺すこともあった。また、炭酸ガスや足踏み式のポンプを使うタイプもあった。投薬器《ダート》によって薬剤を注入する設計やメカニズムも多種多様で、ブタンガスや圧縮空気を動力源とするもの、バネを使うものなどがあった。

1950年代後半、アフリカで狩猟動物の麻酔銃による捕獲が初めて成功した。捕獲されたのは、**コーブ**という、渦巻き状のツノを持つ美しい橙茶《とうちゃ》の**レイヨウ**だ。薬剤はクラーレに似たサクシニルコリンという筋弛緩薬が使用された。サクシニルコリンには一定の効果があったものの、明らかにもっと強力な薬が必要だった。

ゾウを眠らせるエトルフィンはうっかり発見された

この最初の捕獲を行ない、ほぼ単独で現代アフリカの狩猟動物の麻酔銃捕獲をスタートさせたのは、アントニー・〝トニー〟・ハルトホルンである。第二次世界大戦中に英国陸軍士官学校《サンドハースト》で訓練を受けたひょろりと背の高い元奇襲部隊員で、ロンドンの王立獣医科大学を卒業後に東アフリカに渡った。彼は強力な合成麻酔薬《オピオイド》を、できるかぎり多くの野生生物種に投与する実験を始めた。実験の機会はふんだんにあった。ザンベジ川に新設されたダムのせいで立ち往生した野生動物をしょっちゅう救出していたからだ。1960年初頭、彼は「M99」と呼ばれる画期的な薬剤の調合方法を編み出した。M99にはモルヒネの1000倍も強力なオピオイド、エトルフィンが含まれていた。エトルフィンはほんの2〜3ミリリットルで、成獣のオスの**ゾウ**に麻酔をかけられる威力があった。現在でも、アフリカの野生動物の麻酔薬の頼みの綱である。

エトルフィンはもともと、エジンバラの研究者たちによって発見された薬物だ。新しい抗炎症薬の研究中、誰かがガラスの実験棒でうっかり紅茶のカップをかき混ぜてしまったとき、その棒に微量のエトルフィンが付着していたのである。その粗悪な衛生管理は彼らを殺しかねなかったが、アフリカのゾウの麻酔薬の発明に貢献した。エトルフィンは、ブリティシュ・アメリカン・

タバコ社によっても研究され、煙草に対する依存的渇望をさらに高められるかもしれないと期待された。

こうした濃縮された薬剤の効果は劇的だった。ハルトホルンが南アフリカのシュシュルウェ＝イムフォロジ自然保護区から100頭の**シロサイ**を移動させる必要に迫られたとき、まずモルヒネを組み合わせた麻酔薬を使った。必要量は膨大で、20ミリリットルを収容する大型ダートを、相当な衝撃で撃ち込む必要があった。公園管理者のイアン・プレイヤーは、動物の体内からダートを取り出すために、腕のつけ根まで突っ込まなければならなかったと述べている。モルヒネの利用はすぐに中止され、ほんの少し強力なオピオイド、ジエチルチアンブテンが採用された。しかし、エトルフィンの登場まで、膨大な使用量と巨大な傷口という問題は残されたままだった。

ハルトホルンは、やがて野生動物の孤児院を運営するようになり、妻の獣医スー・ハートと一緒に、映画『野生のエルザ』で有名になったジョージ・アダムソンが育てた**ライオン**の治療にも当たっている。1963年のケニア独立に伴い、ナイロビ大学での職を突然失うと、南アフリカに移住した。野生動物の薬剤を使った捕獲について科学論文を書き、416ページの本も1冊執筆した。僕はその本を今でも大切に本棚に並べてある。ハルトホルンは引退後、奇妙なことに、ホメオパシー療法医になった。野生動物医療麻酔の科学的先駆者が、科学的根拠のない人間の代替医療者に転身を遂げたのである。僕が獣医学部で勉強していた頃も、彼はまだ楽しそうにホメオパシー診療をしていた。

エトルフィンは大型の草食動物にはすばらしく効果があったが、肉食動物には効かなかった。南アフリカでは、僕たち獣医は、ライオンに麻酔をかけるときにはフェンシクリジン――人間用の麻酔薬で、街角では「エンジェルダスト」と呼ばれる違法薬物でもある――を使用した。北米の野生動物獣医の中には、一時期、**ピューマ**にもフェンシクリジンを使う人がいた。ずいぶん前に引退した同僚からは、サファリパークのライオンに麻酔をかけるために、アフターシェーブローションの瓶に「エンジェルダスト」を詰めてヨーロッパに密輸したと聞いたこともある。フェンシクリジンの投与は愉快な経験であるはずがない。効果が出るまでに時間がかかり、ライオンは痙攣《けいれん》したり、嘔吐したり、ときには発作に襲われたりすることもあった。幸い、フェンシクリジンは新たな人間用麻酔薬ケタミンに切り替えられた――米軍がベトナム戦争中にケタミンに切り替えたときに。ケタミンは今でも野生動物の主要な麻酔薬である。

　論理的に考えて、同じネコ科動物であれば同じように薬物を代謝しそうなものだが、実際にはそうではない。奇妙なことに、**トラ**はライオンと同じような大きさなのに、同じ量の麻酔薬に耐えることができず、麻酔下で発作を起こしやすい。また、麻酔薬に対して大きく異なる反応を示すのがクマ科の動物だ。10年前、僕がカンボジアで保護された**マレーグマ**を輸送するために初めて麻酔をかけたとき、同じ地域に生息する**ヒグマ**や**ツキノワグマ**によく効く薬を使った。ところが、マレーグマの体は同量の薬剤を軽々と吸収してしまい、大量に投与して眠らせるしかなかった。その後、何時間も麻酔が効いた状態が続き、僕は15分おきにトラックを停《と》めて、クマたちの体が過熱しすぎないように、水で濡らさなければならなかった。幸いなことに、マレーグマは無事だったが、二度とマレーグマにはその薬剤を使っていない。**ジャイアントパンダ**も薬物治療、とりわけオピオイド系薬剤に対しては、独特な反応を示す。たとえばトラマドールは、人間にも動物にもよく使われる鎮痛剤であり、人間の場合、副作用は最悪でも嘔吐するか、少し朦朧《もうろう》とする程度である。ところが大型動物の場合は、ずっと大きな影響を及ぼすことがある。以前、同僚が関節炎のジャンアントパンダにトラマドールを一度だけ低用量で投与したところ、ほぼ4日間飲まず食わずで眠り続けているのを見て愕然《がくぜん》としたそうだ。

「空飛ぶ注射器」の限界

「空飛ぶ注射器」（麻酔銃はもともとそう呼ばれていた）で注入する濃縮薬には、やはり限界もある。オスの**オジロヌー**に麻酔銃を撃つのは比較的やりやすい。オスのオジロヌーは繁殖期には縄張り意識が強いが、親類の**オグロヌー**ほど凶暴ではない。アフリカ南部のブッシュベルド（草原地帯）では、オジロヌーのオスが数百メートルおきに小さな縄張りに立ち、通り過ぎるメスを見張り、隣りのオスが自分の縄張りに侵入したら追い払ってやろうと目を光らせている。ゆっくりと斜めから距離を縮め、50メートル以内までは車で近づくことができる。真正面から近づくと、どんな動物も確実に怖がらせてしまう。よく整備された麻酔銃なら遠くからでもそれなりに命中させられる。ただし周囲に**シマウマ**がいると、そうはいかない。あたりをうろつくこの「パジャマを着た**ロバ**」たちはずっと疑り深い。こちらが麻酔銃の射程距離に入る前に、オスのシマウマが大きくひと鳴きし、いっせいに逃げ出すので、それにつられて目当てのオスのオジロヌーまで逃げ出してしまうのだ。下手すると、丸一日、跳びはねながら逃げていく縞柄《しまがら》の尻の群れを眺めるばかりで、**ヌー**にたったの1発もダートを撃ち込めないというはめになりかねない。とはいえ、シマウマのフライトゾーン（人が近づいても逃げない距離）は、ほかの動物に比べれば妥当である。たとえば、ナミブ砂漠に生息する**ゲムズボック**——オリックス属の中でもとても美しい動物——は、何キロも離れたところから人間を見つけることができる。せっかく小さな群れを発見しても、ランドローバーから麻酔銃を撃てる距離まで近づけず、ただ地平線上の小さな砂埃《すなぼこり》のような影を眺めるしかないこともある。

麻酔銃を動物園で使うときはもっとやりやすいが、それでも怪我をさせるリスクはあるし、患者にとって不快で痛みを伴う経験であることにかわりはない。獣医にとっても、あまり楽しいことではない。獣医になってまもない頃、メスの**ゴリラ**に麻酔銃を撃たなければならないことがあった。彼女は何が起こるかわかっていて、隅っこで震え、藁《わら》の中で身を隠そうとして鳴いていた。そんな彼女にダートを撃ち込むのは神経のすり減る、つらいことでもあった。また長年、さまざまな事故も目撃してきた。妊娠中の**レイヨウ**の脳にダートが撃ち込まれたり、あるいは不運にも患者を骨折させたり、不幸にも死なせたりすることもあった。

現在、動物園では、患者に安全に手ずから注射できるように挟体《スクイズ》ケージ［動物を両側から格子で挟み、動きを制限する治療用の檻］付きの囲いを設計したり、さらには動物に「人間に注射される訓練」を実施したりしている。**トラ**の成獣が麻酔注射を落ち着いて受けるように訓練されるのは、患者にとっても獣医にとってもいいことだ。アドレナリンが急増することもなく、麻酔の効果がすみやかに、ずっと安全に表れる。これは**チンパンジー**から**ジャイアントパンダ**まで、あらゆる動物で実施されている。

患者の麻酔のストレスを軽減する方法はほかにもある。たとえば**クマ**のような動物には、餌に薬を入れて麻酔をかけることもある。カルフェンタニルはモルヒネの1万倍、エトルフィンよりも強力なオピオイドだ。大匙《おおさじ》1杯のハチミツと混ぜると、クマは喜んで麻酔にかかってくれる。さらにありがたいことに、その後も何度でも喜んで舐《な》めてくれるので、ストレスを与えたり警戒させたりせずに、手軽に繰り返し麻酔をかけられるようになった。この方法は、動物園の中で一番疑り深い患者、**チンパンジー**にすら効果がある。

強力なオピオイドは**ゾウ**の麻酔以外には使い道がない。人間にはほんのわずかな量でも致命的となりうるからだ。２００２年10月、チェチェン共和国のテロリストがモスクワの劇場を占拠し、約９００人を人質に取ったとき、ロシア当局はテロリストを無力化するために、化学薬品を換気システムに注入した。悲しいことに、１００人以上の人質まで亡くなった。ロシア政府はその薬品名を明かさなかったが、のちにポートンダウンの英国国防省軍事研究施設で衣類の分析をしたところ、その化学薬品の混合物にカルフェンタニルが含まれていたことが判明した。

カルフェンタニルはかつてヘロインに混ぜられていた。当然ながら、依存症者の想定を超える威力があり、事故死が後を絶たなかった。そうした問題から、僕ら獣医が野生動物の麻酔に多用していたエトルフィンやカルフェンタニルなどのオピオイドの入手制限が非常に厳しくなった。現在、世界の多くの国々で、純粋に野生動物の治療用に使いたくても輸入できない事態となっている。場合によっては、半世紀前に使用していた調合薬よりも安全性も効果も低い麻酔薬を使わなければならない。最近、勤務国でエトルフィンを輸入できなかったため、僕は20年ぶりに**キリン**を麻酔死させてしまった。とても悲しく、非常に悔しい思いをした。

鳥の麻酔は「時間差」との戦い

経口麻酔薬は人間だけでなく、野鳥にも使用されてきた。**カナダヅル**は、バルビツール酸系のα－クロラロースをトウモロコシと混ぜ、重い鎮静作用で飛べなくなったところを手で捕獲する。ただし、**ツル**が回復するのに24時間かかり、その間《かん》は体温調節が難しくなる。鳥の命を守るためにも、鳥の体が熱くなりすぎないように、あるいは逆に冷えすぎないようにしなければならない。α－クロラロースは、実はおもに殺鳥剤（農作物を食べる鳥を殺す薬剤）として販売されている。そのことからも、麻酔が生と死の危うい境界を進む治療であることがわかる。
一番危険なのは、鳥が麻酔薬の混ざったトウモロコシを食べたあと30分以内に——麻酔の効果が出る前に——飛び立ってしまうことだ。だから薬は午後遅くに与えるのが一番いい。もしツルが飛び立っても、近くでねぐらにつく可能性が高い。多くの鳥には、素嚢《クロップ》（食道の膨らんだ部分）があり、そこに食べ物を一時的に蓄えることができる。飛び立つ前に胃袋の許容量を超える食料をすばやく飲み込むことができ、捕食者の手を逃れるのに役立つ、賢明な進化適応である。だがそれは、α－クロラロースを経口摂取しても、クロップに留まっているあいだは効果が出ないということでもある。麻酔が効く前にツルが飛び立ってしまうと、捕食者に捕まって食べられてしまうリスクがあるうえ、捕食者にも麻酔の影響が及ぶ可能性がある。

麻酔銃は、**ヒラシュモクザメ**にはうまく機能しない。**サメ**の皮膚は驚くほど頑丈で、歯状の突起（皮歯《ひし》）で覆われている。皮歯とは、象牙質《ぞうげ》などでできた歯のように重なる微細な鱗《うろこ》のことで、人間の口にある歯と同じように、神経や血管のある歯髄腔《しずいくう》を持つ。悲しいかな、この神秘的な皮膚も、人間にかかると安物の紙やすりにしかならなかった。人間は進化の驚異に対する称賛に欠けている。

サメやその他の魚に麻酔をかけるには、水に薬を溶かせばいい。一番効果が高く毒性が低い薬は、オイゲノールだ。これはクローブ油の主成分であり、またナツメグ、シナモン、バジルにも含まれている。オイゲノールには局所麻酔作用もあり、歯科では小さな傷をパッキング（体腔《たいこう》や傷口に吸収材として詰めること、またはその材料）するのに使用される。**カクレクマノミ**に麻酔をかけるには、オイゲノールの希釈液の容器に入れればいい。徐々に動きが遅くなり、水面に浮き上がってくる。簡単な検査なら、クマノミを溶液から出して、手触りがよく摩擦のない尿漏れ防止パッドを水で濡らし、その上に乗せればいい。麻酔を解除するには、ただニモを海水に戻すだけでいい。また、濃度の異なる容器をいくつか用意すれば、哺乳類や鳥類に使うガス麻酔器の調節ダイヤルさながらに、麻酔の深度を変えることもできる。**アナゴ**の手術のように、長時間に及ぶ場合には、ウォーターポンプ式麻酔器が有効だ。この麻酔器には小さなポンプがついていて、水を魚の口に送り込み、エラから酸素を供給できる。水中の有効酸素量は空気中の25分の1しかないため、魚のエラはひだや繊維を進化させて、広大な表面積を持つようになった。ポンプの吸水チューブを濃度の異なるオイゲノールに浸ければ、麻酔深度を変化させられる。

死んだふりをしてくれる動物たち

持続性不動状態《トニック・インモビリティ》［動物が敵に襲われたときにとる死を真似た反応。擬死、動物催眠とも］を利用することで、麻酔をかけずにすませられることもある。たとえば、恐ろしい見た目で、体長が3メートルもある**シロワニ**［サメの一種］に超音波検査をする場合、仰《あおむ》向けにしてストレッチャーに乗せただけで固まって動かなくなるので、その10分ほどを利用して手早く検査する。**キンケイ**［キジの一種］もやさしく仰向けにすることで、催眠をかけられる。同じ方法を使って、フリードリヒ・ニーチェからアーネスト・ヘミングウェイまで、あらゆる人々が鶏《ニワトリ》に催眠をかけている。また、**ツナギトゲオイグアナ**にも催眠をかけられる。イグアナの閉じたまぶたを指先でそっと1分ほど押さえると、鼓動が遅くなり、数分間じっとしているので、麻酔をしなくてもX撮影ができる。残念ながら、**サメ**にとってはトニック・インモビリティはストレスであり、ストレスホルモンを測定すると数値が上昇する。おそらく**シャチ**に襲われたときのような、ある種の恐怖反応なのだろう。**キタオポッサム**や**シシバナヘビ**も、捕食されないように死んだふりをする。「クマに襲われたら死んだふりをしろ」というのはよくある忠告だが、言うは易《やす》く行なうは難《かた》しだ。とはいえ、イグアナにとっては、体の仕組みが異なるため、ストレスにはならないようだ。人間にも、ストレスを感じたときに、閉じたまぶたを軽く押して心拍数を下げ、不安を解消する人がたくさんいるが、これもイグアナと同じ眼球心臓反射を利用している。

ただし、シロワニの胃に長い内視鏡を入れるときには、僕の場合、トニック・インモビリティの時間では足りない。とはいえ、仰向けにすれば、ほかの動物と同じ麻酔薬を注射するのに最適な体勢になる。長い針を使って、尾の裏側、尾椎《びつい》のすぐ下の、まったく見えない奥深くの静脈まで刺せばいい。この手法を使えば、**エメラルドツリーボア**［緑色の大型ヘビ］、**サイイグアナ**、**ワニガメ**にも、嚙みつかれることなく麻酔薬を静脈に注射できる。

鳥の麻酔は気道チューブが必須アイテム

最新の吸入麻酔薬は、重症患者でも極めて安全であり、フェイスマスクを使ってわずか２分で、**ナキサイチョウ**に全身麻酔をかけることができる。１９６０年代にハロタンが登場すると、鳥のガス麻酔に革命をもたらした。それまでは注射剤を使うしかなく、鳥をバタバタと死なせていた。鳥の呼吸器系は吸い込んだ物質にとても敏感だ。炭鉱労働者たちは、危険な爆発性ガスを検知するために**カナリア**を見張り役に使った。また、テフロン加工のフライパンを空焚きするだけでも、塗膜から発生するフッ化炭素によって、ペットの**アカコンゴウインコ**を死に至らせる。

巧妙に進化した鳥類の呼吸器系は、哺乳類の半分のサイズと重さで飛行に適した軽さを保ちながらも、酸素交換の効率は20倍にもなる。ふいごのように空気を送る複数の気嚢《きのう》と、肺胞や横隔膜を持たない細かいスポンジ状の肺のおかげである。

空気は鳥の体内をぐるりと回る。まず体の後部にある気嚢に取り込まれ、それから肺を通過して、最後に前部の気嚢に入るまでのあいだに、鳥は酸素を吸収する。つまり、鳥たちは古い教会のオルガンのふいごのように胸を動かし、空気を循環させ続ける必要があるのだ。鳥の場合、哺乳類のように単純に体内の気道から気体が拡散するわけではない。ただ強くつかむだけで鳥は窒息死するし、麻酔下では胸の動きが小さくなる。手術中にうっかり小さな**スコットランドイスカ**の体に指を押しつけたり、**ラケットニシブッポウソウ**の左右対称のX線写真を撮るために、羽と脚をテープで留めたりすることは、病状を悪化させるだけだ。麻酔がごく短時間であれば、通常問題はないが、麻酔が長引けば、二酸化炭素が蓄積され、眠っている患者を致命的に害することになる。

こうした事態を防ぐため、気管内チューブを気管に挿入する。それから人工呼吸器を使って、あるいは、シンプルに風船のような袋を定期的に手でしぼって、空気を送り込む。そうすれば、鳥が自力で胸を動かさなくても、酸素と二酸化酸素の交換を続けられる。この手法により、繊細な患者を何時間も眠らせたまま、複雑な手術でも安全に実施できるようになった。ときには、**エジプトリクガメ**のような小さな患者のために、静脈カテーテルを改造して専用チューブを自作することもある。

5000年以上前のエジプトの石板には、すでに気道チューブについての記述がある。だが当時は、チューブを挿入するために気管切開が必要だった。ありがたいことに、現代の僕たちは麻酔をかけるたびに気管切開をする必要はないが、アレクサンダー大王は戦場で負傷した兵士の気管を剣の切っ先で切り開いたとさえ言われている。ナンセンスかどうかはさておき、古代でも呼吸にとって気道が開いていることの重要性はよく理解されていたということだ。気管チューブは命を救うこともできるが、見えない気管に闇雲に突っ込むと、重傷を負わせる危険性もある。また、気管の入り口には、繊細で傷つきやすい声帯もある。そんなわけでチューブは現在、プラスチック製になっている。さらに約１００年前、喉頭鏡《こうとうきょう》が登場すると、喉を切開したり声帯を残忍に扱ったりすることなく、気管の開口部を見ながらチューブを挿入できるようになった。

現代的なチューブが生まれたのは、第一次世界大戦中、あちこちの野戦病院を駆け回ったことから「オートバイ麻酔医」と呼ばれたアーサー・ゲーデルと、彼の「**犬**を溺死させずにすんだ実験」のおかげである。彼が開発した柔らかいプラスチック製のチューブは、今日《こんにち》さまざまな用途に使われている。たとえば、**ゴリラ**の開胸手術では、人工呼吸器で生命を維持する際に、肺を潰さないために不可欠だ。また、**セーブルアンテロープ**に麻酔をかけているとき、大きな反芻《はんすう》胃から逆流した液体が気管に流れ込み、致命的な誤嚥《ごえん》性肺炎を防ぐのにも役立つ。ゲーデルは新しいチューブの試作品ができたとき、チューブの性能を試す最良の方法は、飼い犬を鎮静剤で眠らせ、チューブを挿入して、1時間バスタブに沈めておくことだと考えた。幸いテストは成功したが、その実験を知った家族が、彼のことをどう思ったのかは誰にもわからない。

僕たち野生動物の獣医は、**メガネグマ**から**エダハヘラオヤモリ**まであらゆる動物に対して、ガス麻酔を維持するために気管内チューブを使用する。とはいえ、挿管が難しい動物もいる。たとえば、ほとんど開かない細長い口を持つ**オオアリクイ**は厄介だ。実は、オオアリクイの気管の入り口は胸部にあるため、細くてしなやかな内視鏡で、長さ半メートルの特殊なチューブを挿入する必要がある。ほかにもハードルの高い動物はいる。**オウサマペンギン**の気管には、縦に仕切る隔壁があり、深く潜ったときに気管が歪《ゆが》んだり潰れたりするのを防いでいる。**エリジロサギ**の気管は漏斗《ろうと》状に狭まっていて、入り口にある小さな隆起で、小魚が気管に入るのを防いでいるが、チューブの挿入を厄介にもしている。

哺乳類の気管は、C字形の不完全な輪状軟骨でできていて、両端を繋ぐ筋肉によって柔軟性が保たれている。一方、鳥の気管は完全な輪状の軟骨が重なり合っているため、気管を拡張する余地がない。この繊細な気管を破裂させないためには、気管内チューブの風船《カフ》状の先端を膨らませるときに注意が必要だ。爬虫類《はちゅうるい》も要注意である。たとえば、**オオアナコンダ**の気管は長さ1メートルもあるうえに細いし、**ビルマホシガメ**の気管は、捕食者の**キンイロジャッカル**が現れたらすばやく頭を甲羅に戻せるように、口のすぐ奥で2本に分かれている。

麻酔がイヤで息を止めてしまう動物たち

ガス麻酔は爬虫類にもよく効く。では、なぜ鳥類の麻酔導入時のように、マスクを使うことができないのか？ イソフルランのような麻酔ガスには刺激臭があり、爬虫類の息を止める能力は驚異的だからだ。**アカウミガメ**は呼吸を止めながら1、2時間泳ぎ、最長では10時間息を止めていたという記録がある。これは爬虫類では例外的なことではない。庭の池に落ちたペットの**ギリシャリクガメ**が数時間後に発見され、心配で胸が張り裂けそうな飼い主に無事に保護されてケロリとしていることは、さほど珍しくはない。**ワニ**の中には、何時間も息を止めることができ、さらに年に数回しか食べない種もある。昔の分類学者が爬虫類を「原始的で下等な動物」と記述したのは滑稽《こっけい》ですらある。僕たち人間の大きな脳はそういう状況ではあまり役に立たないが、爬虫類は野生生活に見事に適応しているのだ。

しかし、大きな脳を持つ哺乳類の中にも、長時間息を止める必要のある動物がいる。彼らもまた麻酔に重大な問題を抱えている。たとえば、**ハンドウイルカ**は水中で生活しているが、空気を吸っている。**イルカ**は知性ある社会的動物であり、人間よりも約10％大きな脳を持っている。研究者はずっとイルカの脳を調査したがっているが、麻酔がハードルとなっている。１９２０年代、漂着したイルカに円錐《えんすい》形フェイスマスクでエーテルを吸わせようとする原始的な試みは、たんにイルカを死なせただけだった。その後、半世紀にわたってさまざまな試みがなされたが、似たり寄ったりの結果となった。結局、進歩をもたらしたのは、冷戦時代の軍の巨大な資源だった。米国水中戦センターは、膨大な費用をかけて飼育・訓練している野生のイルカの治療のため、イルカの麻酔を検討した。僕はハンドウイルカに針の穴サイズの鍵穴手術を行なう方法を研究していたとき、機密指定解除された海軍ミサイルセンターの古いフィルムを見たのだが、実に興味をそそられた。イルカは溺れないように脳の半分だけで睡眠をとることはよく知られている。だが、実はイルカも人間と同じように脳の両側を使って眠ることもできることはあまり知られていない。

脳神経外科医の友人は、目を覚ましていることは「低レベルの脳損傷が続いている状態」だと表現する。眠っているイルカが溺れたり、眠っている**キリン**が**ライオン**に忍び寄られたりするリスクがあるとはいえ、睡眠は生存に不可欠なものだ。穏やかな海では、イルカは直立の姿勢で漂い、噴気孔だけを水面から出して、脳の両側を使って眠る。**セイウチ**や**アザラシ**と同様に、イルカも普通は短く速い呼吸をして、長いあいだ呼吸を止めている。脳の両側で眠っているときには、呼吸をする直前に尾びれを打って、しっかり噴気孔を水面上に出すという巧みな反射行動を備えている。イルカに麻酔をかけるとき、この尾びれを軽く打つユニークな反射は、麻酔深度を監視するのに役立つ。イルカに麻酔には難題が山積みだ。独特な呼吸をするので、通常の人工呼吸器の使用は有害であり、イルカの麻酔には呼吸を止める通常のパターンを模倣した特殊な人工呼吸器が必要になる。呼吸を止める習性、強い咽頭《いんとう》反射、噴気孔と気管のあいだに独特な生体構造があるおかげで、呼吸チューブを挿入することも大変だ。イルカは陸上で重力に圧《お》し潰されるよりも、水中で均等な圧力に包まれるように進化してきたため、水槽内で麻酔をかけるほうがうまくいくが、そうすると獣医がしなければならないその他のあらゆることが難しくなる。

たとえリスクがあっても、少なくともイルカには麻酔をかけることができる。いまだに麻酔をかけるという目的が達成されていない動物は**クジラ**だ。何人かの勇敢な先駆者は、クジラが浮上したときにボートから麻酔銃を撃ち、さまざまな組み合わせの薬物を試してきたが、まだ効果的に鎮静化さえできていない。なぜ野生のクジラを鎮静化させる必要があるのかと疑問に思うだろうか？　悲しいかな、答は人間のせいである。無頓着な消費主義によって、海はプラスチックや捨てられた漁具・釣具などのゴミであふれ返っている。そうしたゴミに、クジラはよく絡まることがある。だが、ねじれたり埋め込まれていたりする網や糸を取り除くことは極めて難しい。しかも、患者は突然、水深2キロメートルまで潜って、1、2時間水中にとどまり、1キロメートル先で浮上することができる。数トンの尾びれに叩かれることは決して小さなリスクではない。数年前、ある献身的なクジラ救助隊員が、悲しくもそれで命を落とした。野生動物の獣医の中には、この作業全体をより安全でストレスの少ないものにするために、なんとかクジラを鎮静化する方法を見つけようと粘り強く努力を続けている人たちもいるが、残念ながら、まだそこには至っていない。

科学の進歩にもかかわらず、野生動物に麻酔をかけることはいまだに難しい。だが、「野生の獣を鎮静化」する前段階、ただ野生の獣を捕獲しようとするだけでも、ときにいっそう大変な困難が待ち受けている。

2

靴ひもで
ワニを捕まえる

捕獲する

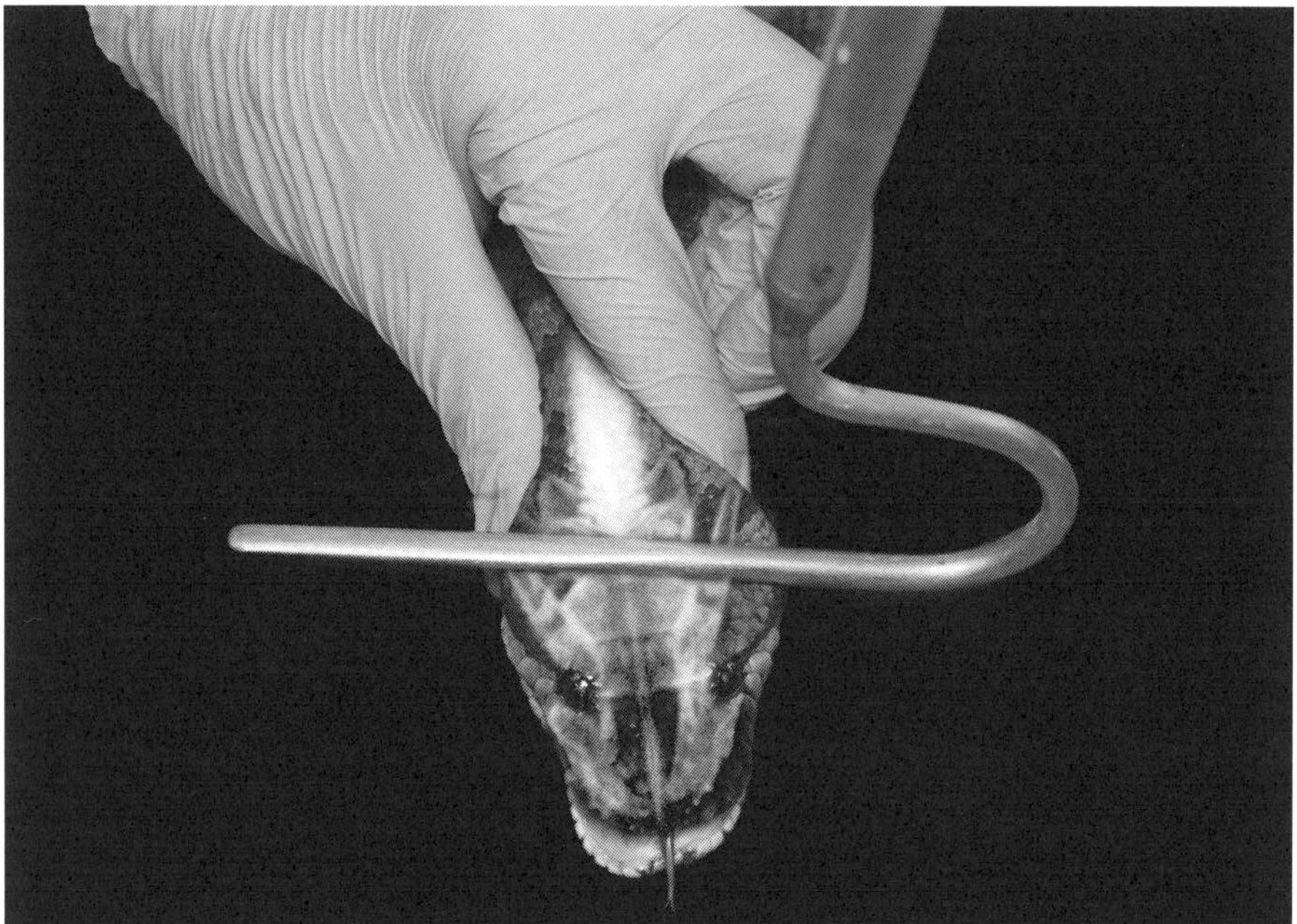

フックでヘビを固定するときは、柔軟な顎を潰すようにして頭を押さえる。脳はしっかりと保護されているので心配はない。ただし、頭蓋後部には脆い関節がひとつしかないので、絶対に首を押さえてはならない。

結婚を機に、妻が僕に諦めさせたことはいろいろある。一番懐かしく思い出すのは、警察の麻薬の強制捜査に同行し、**毒ヘビ**を捕まえる仕事だ。防弾チョッキを着た屈強な警官たちに囲まれ、早朝の警察署で説明を受ける。彼らが〝エンフォーサー〟と呼ぶ小型の破壊鎚《づち》で、鉄骨鉄筋で補強されたドアを打ち破るのを見つめる。いろんなレベルで拘束されながら、ときに素っ裸で、せわしなくドアの外に連行される人々。それから短い頷《うなず》きを合図に、僕はヘビ用フックと空っぽの枕カバーをつかんで、室内に入る。いったい何が待ち受けているのかよくわからないままに。

咆哮《ほうこう》する**ライオン**を麻酔銃で撃つことも、**ジャイアントパンダ**に手術するのも、不機嫌な**バッファロー**から逃げるのも、完全に意識のある**ワニ**に超音波検査をするのも、どれもこれも僕の副腎を健康的にマッサージしてくれる。だが、毒ヘビを捕まえたときほど、アドレナリンが爆発し、頭脳が明晰《めいせき》になり集中力が研ぎ澄まされることはない。

自分の患者を「捕まえる」などと書くと奇妙に感じるだろう。とても医学とは思えない。僕の同僚の人間を治療する医師たちは、通常、救急治療病棟で患者を捕まえるために走り回る必要はない。僕たち獣医は小児科医のように、患者に自分が助けようとしていることを伝えたり、これからどんなことをするのか説明したりすることができない。小児科医との違いは、人間の子どもの患者は、**ヒョウ**のように襲いかかってきたり、怒った**ガウル**［偶蹄目ウシ科］のようにツノで突いたりできないことだ。

だが、なぜ捕まえる必要があるのか？　そんな声が聞こえてきそうだ。ただ麻酔銃を撃てばいいだけなのに？　ジェームズ・ボンドの映画では、麻酔銃で首に**ミバエ**サイズの何かを撃ち込まれた人間が即座に眠ってしまうが、現実はがっかりするほど違う。麻酔銃の効果に即効性はまるでない。僕は**クビワペッカリー**が麻酔銃を撃たれてから30分経っても、ものすごい勢いで駆け回っているのを絶望的な気持ちで見つめた経験がある。少なくとも科学論文によれば、もう意識を失っているべき量の薬物が体内にあるという事実を、ストレスでアドレナリンの分泌された体が無視することはよくある。麻酔銃そのものも、ストレスの緩和には役に立たない。結局のところ、動物を銃で撃っているわけだから。麻酔銃の中には、実際に改造銃から発射するタイプのものもある。昔のより粗悪なモデルでは、麻酔薬入りの空包が野生の患者の体を貫通し、殺してしまうことも少なくなかった。ゾウ撃ち用の大口径銃《エレファント・ガン》の弾丸と同じ直径のこの金属製ダートは、運が悪いと同じ効果を発揮した。

　現在の通常のダート（注射器型）は軽量プラスチック製だが、針はやはり金属針だ。僕は成獣の**チーター**の後ろ脚の骨が、吹き矢に刺されただけで折れたのを見たことがある。野生動物を治療のために捕獲するとき、麻酔銃は最初の選択肢にはならないことが多い。足の指のあいだに詰まった石を取り除くだけのために、**レイヨウ**の脚を骨折させる危険を冒したくはないだろう？

麻薬捜査のヘビ捕獲係

　野生動物の患者がみずから囚《とら》われの身となってくれることもある。たとえば、捨てられたアイスクリームカップに潜り込んだ**ハリネズミ**だとか、汚水処理タンクに落っこちた怒れる**ラーテル**

［イタチ科］だとか。しかし、ほとんどの場合は、もう少し手間がかかる。僕は長年、コートハンガー、トラ用の膣鏡《ちつきょう》、枕カバー、さまざまな棒、古いヨガマットなどを使って、**ヘビ**を捕まえてきた。麻薬捜査でヘビ捕獲係をしていたときには（専門医になる勉強をする傍ら、小遣い稼ぎのためにやっていたのだが）、情報提供者の話では、**キングコブラ**がウヨウヨ放し飼いにされているはずが、ほとんどの場合、毒のない**ネズミヘビ**が２匹だけとか、小さなガラスの水槽に小さな**ボールニシキヘビ**がいるだけだった。そうしたヘビが人を殺すことはありえない。そのヘビを使って首を絞めようとしても無理だろう。たいていの麻薬の売人は飼っているヘビが人を殺せると吹聴《ふいちょう》するだけだが、ごくたまに頭のイカれた売人が、実際に部屋を**ダイヤガラガラヘビ**でいっぱいにしていることがある。

ヘビ用フック、コートハンガーで作った即席の道具、棒、ホウキなどでヘビを持ち上げ、自分の体の噛まれそうなあらゆる部分からヘビの頭を遠ざけておく。そうすれば袋や容器の中にすみやかにご案内できる。枕カバーなどの袋の口を結束バンドで閉じておけば、ヘビがどの位置にいるかもはっきりわかるので、簡単かつ安全だ。木箱に入れて蓋をむやみに開けると、ヘビが顔に向かって飛び出してくる危険がある。当然ながら、毒ヘビの取り扱いの鉄則は、手を使わないようにすることだ。ヘビの尻尾をつかんで、ヨーヨーよろしくぶら下げるのが、オーストラリアのテレビ司会者のあいだで流行《はや》っているようだが、悪手である。**パフアダー**のような重いヘビだと背骨を傷つけてしまうし、**ブラックマンバ**のような賢いヘビなら、横から攻撃すればまだ人間を噛めると気づいてしまうかもしれない。獣医が尾から血液を採取するなどの処置を行なう際には、硬くて透明なぴったりしたチューブ（身をくねらせられないように）に入れるのを勧めている。あるとき、傷ついた**サンゴヘビ**の脇腹の裂傷を洗浄したいのに、手元には**トラ**の膣鏡として使用するアクリルチューブしかないことがあった。そこで、ヘビが排水溝を通り抜けるときに、そのチューブを使って前部を拘束し捕獲した。見た目は似ているが無害な**キングヘビ**との見分け方のフレーズ、〝黒地に赤は毒がない、黄色に赤は仲間を殺す〟をブツブツ唱えながら、透明なチューブに収めた**ハーレクインサンゴヘビ**の鮮やかな――黒地に赤の――縞模様を観察するのは安心できる。ただし残念ながら、そのフレーズは北米以外では役に立たない。アジアに生息する毒を持つサンゴヘビの中には黒地に赤の模様を持つものもいるのだ。

それでもときには、毒ヘビを手で扱わなければならないこともある。そういう場合には、ゴムマットのように、頑丈で少し弾力のあるものを使うのが最適だ。ヘビ用フックは、ゴルフクラブのヘッドを切り落とし、そこに細くて平べったいフックをつければできあがり。緊急時には、針金のコートハンガーがあれば適切なフックに早変わりする。フックを使ってヘビを持ち上げれば、手を使わずに袋の中に入れることができるし、ヘビの頭をしっかり固定しておき、噛まれずに頭のすぐ後ろの部分をつかむこともできる。**トカゲ**の頭を固定すると頭蓋骨を潰してしまうが、ヘビの場合は生体構造のおかげでそうならずにすむ。ヘビの小さな脳は頑丈な頭蓋骨で守られているが、それ以外の頭の骨や顎の骨は靭帯で緩く繋がっているだけなのだ。そのおかげで、自分の頭部よりもずっと幅の広い動物を呑《の》み込むことができる。たとえば、**アフリカニシキヘビ**は、**スプリングボック**〔偶蹄目ウシ科〕を締めつけて窒息死させたあと、上下の顎の骨をゆっくり動かしながら、口の内側に向かって伸びている歯で体内に押し込むようにして前進する。顎の関節が外れるわけではなく、柔軟性に優れているのである。また、ヘビ用フックは、潰れたように見える頭を固定して治療する際の緩衝装置としても機能する。

ヘビには首と頭を繋ぐ関節（顆《か》突起）がひとつしかない。人間を含む多くの哺乳類には2つあるが、これはヘビのデザイン上の弱点だ。ヘビの頭の後ろを不用意に押さえつけると、背骨が脱《だっ》臼《きゅう》し、脊髄《せきずい》が切断されることがある。ヘビは脳をしっかり守っている反面、体のほかの部分は驚くほど脆《もろ》いのである。体長全体が数百本の細い肋骨で構成され、人間が強く握りすぎると簡単に折れてしまう。

ヘビは尊敬に値する存在だ。ブラックマンバは毒を持ち、人間が走るのと同じくらいの速さでスルスル進むことができ、大切な卵に近づこうとするあらゆる生き物を追いかける。ヘビを固定したあとでも、細心の注意を払って正確に取り扱う必要がある。**ガボンアダー**は口の先のほうに長い牙がついており、口をしっかり閉じて固定してあるはずなのに、こちらを刺すことができる。牙で自分の下顎の皮膚を突き刺して、人間を噛んだことすらある。**ブームスラング**は奥に短い牙を持ち、捕まえられているときでも、顎をもぞもぞと上下に動かして噛みつくことができる。ブームスラングの噛み傷は小さく、最初の数時間は症状が現れないので、幸運にも難を免れたのかと錯覚させられるが、やがて抗凝固作用のある猛毒が致命的な効果を発揮する。また、ヘビはやられたと見せて攻撃を仕掛けてくることもある。捕まえていた**ヌママムシ**が突然手から脱出し、宙を飛んで足元に着地したら、安心できない。そもそも、ヘビの真ん前に立ってはならない。**モザンピークドクハキコブラ**のように、噛めない状況でも、人間の目に向かって牙から毒を噴射するヘビもいるからだ。僕が眼鏡に感謝する理由のひとつでもある。

靴ひもでワニを捕まえる

ときには、その場しのぎの奇抜な物を使って動物を捕獲することもある。たとえば、靴ひもで

ワニを捕まえたりだとか。大きな**ナイルワニ**はヘビよりも恐ろしく見えるかもしれないが、捕まえるのは楽な場合が多い。ほかの人にワニの気を引いてもらいながら、後方から近づき、ワニの背中に乗ったら、手で顎をつかんで閉めることができる。そうしたらズボンのベルト、粘着テープ、靴ひもでも充分に、恐ろしい獣の口を安全に閉じておくことができる。ワニの口は、体重0・5トンの**シマウマ**の脚を真っ二つに折ることもできるが、その筋力はすべてその獰猛《どうもう》な顎をしっかり閉じるために使われている。つまり、口を開けるほうの筋力は弱いのだ。また、水中で「デスロール」と呼ばれる高速回転運動をされないように、ワニを捕まえるときは、必ず陸上にいるときを狙うようにしている。また暖かくなる前、早朝に捕まえるのがベストだ。ワニは冷血動物（変温動物）なので、あらゆる代謝過程が環境温度によって調節されている。体が冷えた状態のワニのほうが気力がなく、人間の腕に噛みついて引きちぎる可能性が低くなる。

ホウキは捕獲道具の中でももっとも便利なもののひとつだ。動物園の**ヒョウ**に麻酔をかけたが、まだ目を覚ますかもしれないときに近づく場合にも、不機嫌な**ケープタテガミヤマアラシ**を木箱に入れようとするときにも、ホウキが１本あれば噛まれたり突き刺されたりされずにすむ距離を取れるし、患者を傷つけることもない。**キンイロジャッカル**を罠《わな》にかけ、そこから逃げないようにホウキで押さえておけば、注射をする時間を稼ぐことができ、患者も医者も取っ組み合うリスクを冒さずにすむ。粗大ゴミに出された古い食器棚の扉と取っ手も、手強《てごわ》い**クビワペッカリー**を——噛みつかれることなく——移動させる優れた補助用品となる。暴徒鎮圧用シールドに似た豚《ピッグ》用ボードも市販されているけれども。

タランチュラを素手でつかむ方法

ラップフィルム、鉛筆、画家の絵筆などは、小さいが短気な患者をなだめるのに最適だ。南アフリカでの子ども時代、僕は友だちと素手で**サソリ**を捕まえる度胸試しをしたことがある。あまり分別のある遊びではない。子ども時代にも、小さなハサミと筋肉質な尻尾を持つサソリを捕まえてはならないということは知っていた。そういうサソリは強い毒を持ち、毒で獲物を殺せるからだ。そこで、もっと大きくて恐ろしそうに見える、ハサミが派手で、尻尾が細いサソリを狙った。万が一刺されても、それほど深刻な事態にはならない。サソリは口の真正面にあるものしか刺せないので、獲物のほうに体全体を向ける必要がある。尾を横に向けたまま刺すこともできない。だから、わりと簡単に捕まえることができる。後ろから近づき、尻尾を親指と人差し指で両側からつかむ。それも反り返った尻尾のなるべく上のほう、怖い針になるべく近いところをつかむのが理想的だ。指ではなく、先端にパッドのついた長い鉗子《かんし》を使うことで、よりプロフェッショナルに安全に適切な容器に収容することができる。**タランチュラ**の捕獲はさらに興味深い。カンボジアの子どもたちは、**コスタリカゼブラレッグタランチュラ**の巣穴を探し出し、電光石火のごとく手を突っ込み、タランチュラを引っ張り出す。不機嫌ですぐに噛みつくと評判の**クモ**をそんなふうに捕まえられる秘訣は、子どもたちの恐れを知らぬ態度にあるにちがいない。それ以外には、慎重に巣穴を掘って、クモが出てきたら、鋤《すき》で持ち上げてバケツに入れるという方法もある。カンボジアではクモは食材として売られたり、タイの食品市場に輸出されたりする。多くの観光客が珍味としてタランチュラのフライを口にしているが、現在では多くの地域でタランチュラが姿を消しており、そのせいで昆虫やネズミが増殖し、稲などの穀物に被害が出ている。

飼育下の**ブラジリアンサーモンピンクタランチュラ**を捕まえるのはいたって簡単だ。脚を伸ばすとディナー皿ほどの長さがある世界最大級のクモでありながら、**ゼブラレッグ**などのアジアのタランチュラや、アフリカの**バブーンスパイダー**に比べると、噛まれにくい。南米のタランチュラの多くは、噛みつくのではなく、捕食者の顔に向かって刺激性のある体毛を飛ばすことを主な防御方法としている。実はこれは噛まれるよりもずっと厄介だ。両端に棘《とげ》のあるこの刺激毛は、皮膚や鼻に痒《かゆ》みをもたらし、喘息《ぜんそく》のような気管支痙攣を引き起こすこともある。だが、本当の標的は目だ。信じられないほど痛いこの毛は、敵を失明させることもある。その小ささと棘のある性質から取り除くことが難しく、長期的な問題をもたらす可能性もある。タランチュラの飼育器を掃除するだけでも、絶対に目に毛が触れることがないようにと僕らは神経を尖《とが》らせている。

メキシカンレッドニータランチュラはラップで固定して安全に検査することができる。とはいえ、僕は今でもタランチュラを検査するときには手で捕まえるのが好きだ。補助道具として、水彩画用の小さな絵筆と先端に消しゴムのついた鉛筆を使う。まず絵筆で、最初の小さな脚の一対に見える部分をそっと撫《な》でる。実はこれ、触肢《しょくし》または偽脚《ぎきゃく》と呼ばれるもので、脚よりも多くの神経と受容体があり、タランチュラはこれで味や周囲の環境を感じることができる。タランチュラには小さな目が８つあるが、細かいところを見るにはかなり力不足だ。地上に棲《す》むタランチュラは触肢や脚や体に生えた毛で空気の動きを感知し、獲物を検出して捕らえる。それぞれの毛の根元には神経がある。触肢を撫でることは、**トラ**の耳元で囁《ささや》くような神経刺激であり、クモの気分を教えてくれるのだ。苛立っているクモは即座に体を持ち上げ、鋏角《きょうかく》を剝《む》き出してくるが、素直な**サーモンピンクタランチュラ**はじっとしている。どちらにしても捕まえなければならないが、何が起こりうるかを把握しやすくなる。それから右手で鉛筆を持ち、鉛筆の先の消しゴムを使って、すばやくタランチュラをそっと、でもしっかりと固定する。消しゴムは摩擦があるので、鉛筆が滑り落ちたり、僕が拾おうと手を伸ばしたときにタランチュラがひっくり返って嚙みついてきたりすることもない。次に、鉛筆の代わりに左手の人差し指でクモを固定し、それから親指と中指を両脚のあいだに置いて、クモを上向きに持ち上げる。実に簡単だ。そうすれば口の中を洗って分泌物を採取したり、怪我をした脚を治療したりできる。ただし、揺れ動く脚には触れてはならない。それぞれの足の先には、かろうじて見えるほど小さなフックが2つずつついている。もしそれに触れたら、クモはひっくり返って、僕の手のひらに鋏角を突き刺すだろう。

どんな動物にも、安全に捕獲して扱いやすくするコツがある。**レムールネコメガエル**を乾いた手で捕まえたり扱ったりすると、皮膚を保護する目に見えない粘液を傷つけ、皮膚感染で1週間以内に死んでしまうものもいる。濡れたゴム手袋を使えば、それを防ぐことができる。また手袋は現在世界的な両生類の減少に関与するツボカビ症のような病気の蔓延《まんえん》防止にも役立つ。しかしながら、保護活動のために**オタマジャクシ**をラテックス手袋で扱うと、ほとんどが1日以内に死んでしまう。どうしても避けられない場合には、ビニール手袋を使う必要がある。両生類の皮膚は非常に薄く、体のほとんどは、細胞数個分の厚さしかない。僕らにとっては無害な物質が、その薄い皮膚のバリアを越えて、毒をもたらすことは多々あるのだ。プラスチック容器に入れることさえ、微量の生物活性物質が水中に浸出して、命に関わることがある。水生生物特有の結核など両生類の致命的な感染症の多くは皮膚から侵入するため、粘液層は重要な防御機能を果たしている。その点、濡らした尿漏れ防止シートは皮膚を傷つけることがなく、**カエル**や**イモリ**を置いて治療するのに理想的である。

猛禽《もうきん》類にはバスタオル

カンムリクマタカをつかむときには、手袋はあまり役に立たない。鉤状《かぎじょう》に曲がったくちばしは、めったに逆立つことのない羽の冠よりも目立つけれども、それだけを用心すればいいわけではない。注意すべきは**クマタカ**［世界的にはワシの種類］の足だ。アフリカの**ワシ**の中で一番大きいわけではないが、この印象的なクマタカは小型の**レイヨウ**や**サル**ならペロリと平らげてしまう。罠からワシを外すときに、長い鉤爪と強力な足で人間の頭蓋骨を貫通させられる猛禽類から身を守るには、鷹《たか》狩り用の革の手袋では——鎖帷子《くさりかたびら》で覆われてでもいないかぎり——まったく役に立たない。

　野生のワシや**ハヤブサ**を捕まえるには、まず餌の入ったケージの上に、釣り糸で作った小さな輪なわを無数に仕掛ける。そして遠くから双眼鏡で罠を見張りながら、長く退屈な時間を過ごす。ワシの巣からヒナ鳥を捕獲すればずっと早くすむが、たとえツリークライミングの達人でも、怒れる親ワシの爆弾さながらの急降下で足場を失ったり、高い木に登る途中でバンジージャンプをするはめになったりする危険がある。そんなわけで何時間も罠を見張ったあと、ようやくワシが舞い降りてきてケージの餌を奪いにくる。するとケージのまわりを覆う無数の輪っか状の罠に足が絡まっていることに気づく。長い待ち時間が終わり、ケージに駆けつけ、医者も患者も怪我をしないように注意しながら、鳥を罠から救出する作業が始まる。何十年ものあいだ若い獣医たちに怪我の危険性を説き、猛禽類はくちばしよりも足に集中するようにと教えてきた僕自身、**オジロワシ**をつかんだときに頬の小さな肉をえぐられた傷痕が残っている。

　伝統的な鷹匠の籠手《こて》の廉価版である革製の溶接用手袋は、**イグアナ**や**コンゴウインコ**から肉食動物や霊長類まで、どんな動物でも扱える最高の道具として、どういうわけかもてはやされている。なるほど、この手袋は薄い、不格好、フィットしない、手の動きに鈍感という完璧な組み合わせである。あたかも保護されているような錯覚に陥り、コンゴウインコに手袋越しに手を引き裂かれたり、**フクロウグエノン**に薄い革を嚙み切られて、指を切断されたりするのに適している。不運にも僕は、その革手袋をはめた人の手から**ハンドラーワシミミズク**の足が滑り落ちたときに、手首を鉤爪で串刺しにされたことがある。

ワシや**フクロウ**をはじめ、ほとんどの猛禽類を扱う最高の道具は、バスタオルだ。鳥の頭からかぶせてしまえば、鉤爪にズタズタにされることもなく、足をつかむことができる。また、鳥が羽をバタつかせて暴れ、怪我をするのを防ぐこともできる。粗い麻布《ヘシアン》の米袋、ジャケット、寝袋、それに類する物はなんでも効果的に使用できる。**セイカーハヤブサ**から**オウム**まで、ほどよいサイズの鳥であれば、タオルですっぽり包んで、羽や頭など検査や治療が必要な部分だけ出しておけばいい。ちなみに僕はその手法を「ブリトー方式」と呼んでいる。

「スワンバッグ」も同じ効果がある。これは野生動物保護活動家の友人、コリン・セドンによって考案されたバッグだ。彼はむずかる**コブハクチョウ**を布製の道具袋に入れて拘束しておき、くちばしから釣り針を外した。現在、**ハクチョウ**、**ガチョウ**、**ツル**、**ペリカン**などを扱ったり運んだりする人たちは、防水キャンバス地にベルクロストラップと持ち手がついた円形のバッグをどこでも使っている。掃除や保管が簡単で、円柱の状態で鳥を拘束できるし、バッグの中で鳥がウンチをしても、車内に飛び散らずにバッグを汚すだけですむという利点がある。

鳥の中には、危険なくちばしを持つものもいる。**スミレコンゴウインコ**の顔には、天然のクルミ割り器が装着されている。いや、指1本を簡単に切り落とせる園芸用の剪定《せんてい》ばさみと言ったほうが正確かもしれない。このインコを扱う道具として僕らが選んだのもタオルだ。この布があれば、インコから指を隠すことができる。オウムやインコは、くちばしを第三の脚のように使って木によじ登る。そのため、くちばしが木登りに忙しい瞬間を狙えば、安全に捕まえることができる。

ほかの鳥のくちばしの危険性も軽視されがちである。僕が釣り糸に絡まった**サギ**を救い出そうとしたとき、ストレスを受けたその鳥は必死で唯一の防御策を講じた——まるで襲いかかる**ヘビ**のように、鋭い短剣のようなくちばしで電光石火のごとく僕の目を突いたのである。眼鏡のおかげで大事には至らなかったが、その一突きは僕の眉間をかすめた。ちなみに、豊かな羽毛と箸のような脚を持つサギを取り扱うときには、長く脆い脚を傷つけないように配慮しなければならない。また、**シロカツオドリ**も自己防衛のために目に襲いかかることがある。僕の眼鏡も、この最大種のカツオドリの攻撃からは僕を守ることはできないだろう。シロカツオドリの世界最大の繁殖地から30分ほどの場所に住んでいる僕は、この印象的で繊細な鳥を扱うときはつねに細心の注意を払っている。

多くの鳥にとって、くちばしは唯一の防御手段だ。たとえ相手に傷を負わせるには全然役に立たないとしても。**フラミンゴ**を治療すると、斜めに曲がったくちばしの先で猛烈につついばんでくるものの、針でちょっと刺されるほどの痛みさえなく、噛まれないように努力する価値もないと気づく。フラミンゴは逃げる以外の防衛手段をほとんど持たない。そのため、巨大なコロニーを作り、ほかの動物が近寄らない不毛な腐食性の湖で繁殖する。それでも、フラミンゴはもっとも長生きする鳥の一種だ。アデレード動物園の**オオフラミンゴ**は83歳まで生きた。防衛手段のない鳥としては悪くない寿命の長さである。

ハゲワシの生け捕りは持久戦

一方、特に警戒すべきくちばしを持つ鳥もいる。僕が野生で罠にかけなければならなかった鳥の中でも、とりわけ賢く捕獲が難しかった鳥――**ハゲワシ**（**ハゲタカ**、**コンドル**ともいう）だ。たった2羽捕獲するのに、なんと4カ月もかかった。ほかの猛禽類とは違い、足の爪はずんぐりした鉤爪で目立たないが、くちばしは凶暴と言えるほど強い。動物の死骸に真っ先に飛びつき、ほかの動物に追い払われる前に、大急ぎでくちばしで分厚い皮膚を破り、肉や内臓を取り出す。

ハゲワシを捕獲した当時、僕はまだ若い獣医で、インドのハゲワシ個体群の崩壊を調査するチームの一員だった。ハゲワシは昔はごく普通の鳥だったが、たった10年でほぼ絶滅の危機に瀕《ひん》しており、それにより生態学的悲劇も引き起こされていた。野良犬の数が爆発的に増え、その結果、狂犬病による人間の死者も増えた。インドのゾロアスター教のコミュニティは、何世紀にもわたり信仰の一環として、円形の石積み構造物〝沈黙の塔〟に死者を横たえ、その処分をハゲワシに任せてきたため、特に問題を抱えていた。

僕たちの任務は、絶滅した場合に備えて、繁殖計画のためにハゲワシを捕獲することだった。ちなみに、それまでの試みは見事に失敗していた。残存する貴重な**カリフォルニアコンドル**を何羽も捕獲した来賓の専門家も、インドのハゲワシは1羽も捕獲できなかった。絶望した保護プロジェクトは、伝統的な罠猟を手がけるハンターの力を借りることにした。

ハゲワシは大きな集団にいると安心する性質がある。一方、ほかの動物がいないときに、死骸に降り立つときには、非常に警戒する。この性質は個体数が少なくなるにつれてより顕著になった。インドとパキスタンのあいだを行ったり来たりしながら、何キロメートルも上空を旋回して

2 靴ひもでワニを捕まえる
捕獲する

いれば、眼下のタール砂漠に罠を仕掛ける僕たちの姿が見えることだろう。そこでチームは朝4時に起床し、闇の中、小さな懐中電灯の光だけを頼りに、砂漠で悪臭を放つ死骸のところまで忍び足で歩いた。吠《ほ》える野犬——何匹かは明らかに狂犬病に罹《かか》っている——と鉢合わせしないように注意して。あらゆる種類のバネ式くくり罠を隠して設置したが、ことごとく失敗した。つねに野犬が罠の端を踏みつけていて、罠が作動してもきちんと閉まらなかったのだ。一度罠が作動すると、ハゲワシは何週間もその場所を避けるようになる。

チームに協力してくれた地元のハンター、アリ・フセインは、独特な伝統的手法を用いた。死骸から数メートル離れた場所に、棒や草を積んで小さな隠れ家を作り、その中にしゃがんで座る。そしてハゲワシが降りてくるまで長いときには10時間も、神経を張り詰めたまま、小さく体を丸めてじっと動かず、ひたすら待ち続けるのだ。昼過ぎになってもハゲワシが現れなければ、その白髪の60代の痩せた男性は持ち場を離れ、まるでオーブンのように暑い隠れ家から、草や小枝にまみれ、汗だくで出てくる。

もしハゲワシの小さな群れが着地したら、彼らが夢中になって餌を食べたり小競り合いをしたりするまで、アリは冷静にじっと待つ。それから10分以上かけて、そろりそろりと細い竹の棒を前に伸ばす。その棒の両側には、丁寧に切り揃《そろ》えた別の竹の棒がぴったりと添えられている。その竹の列を、標的のハゲワシに届くところまで慎重に伸ばしていく。中心の竹の先端は細く2つに割られてヘビの舌先のようになっており、イチジクの樹液を煮詰めたドロドロの汁が塗られている。その樹液はアリの家に代々受け継がれ、用心深く守られてきたレシピで作られたものだ。やがて、ついにアリがその棒でハゲワシを突く。ハゲワシはすぐさま飛び立とうとするが、くっついた棒に邪魔され、数秒、動きが鈍くなる。その瞬間、アリは隠れ家から飛び出し、ハゲワシに駆け寄って飛び乗る。ときにはアリが勝つこともあったが、それでも大事なハゲワシに逃げられることもよくあった。捕獲に成功しても、アリと彼の息子はいつもハゲワシの鉤状のくちばしのせいで、あちこちに深い傷ができた。ハゲワシのくちばしは指を切断するほど強力だが、それでもアリ親子は平気な顔をしていた。きっと何日も汗だくで暑い隠れ家にいるよりは、怪我するほうがマシだったのではないかと思う。

生け捕りがほぼ不可能な動物もいる。僕の友人、カースティ・オフィサーは、ベトナムで数カ月間粘り、別の島に暮らす**カットバラングール**の仲間を捕獲しようとしたが成功しなかった。そのサルが生息する山深い島には65匹の個体しか残っておらず、ほかの島に取り残され孤立したメスを捕まえて移住させたかったのだ。しかし、石灰岩の切り立った崖の上で、かつて狩猟の対象にされていたその霊長類を捕獲することは不可能だとわかった。その後、10年以上の努力の末、2匹のメスがようやく捕獲され、主流のグループとの合流に成功した。

一方、知能が高いからこそ、捕獲しやすくなる場合もある。南アフリカでは、数百年前から**チャクマヒヒ**の捕獲方法は変わっていない。まず、ヒョウタンの殻を乾燥させたものに穴を開け、その中にナッツを置いて、支柱に固定する。ヒヒは殻の中に食べ物があることを知っており、手を入れてナッツをつかむが、手を閉じたままでは小さな穴から手を出すことができない。ヒヒは大切な食料を手放そうとはせず、罠の前に座り込む。やがてハンターがやってきてヒヒを殺《あや》めるか、1980年代ならばケージに入れて外国の実験動物として売り払うかした。僕らは今でもこの方法を使ってヒヒを捕まえて、発信機付きの首輪を装着している。

野生動物の捕獲と聞くと、すぐにアフリカの大型動物を思い浮かべる人が多いだろう。1950年代から1960年代にかけては、動物園に送るためにアフリカの大型動物を車で追いかけて投げ縄で捕まえる全盛期だったが、実はアフリカの野生動物を一番大規模に捕獲していた時代は、古代ローマ時代だった。人類はすでに何千年も前から野生動物を捕まえていたのだ。エジプト人が**レイヨウ**や**チーター**、さらには**キリン**までひもで繋いで行進している場面を綴《つづ》った象形文字の石板があるが、どのようにして捕まえたのかという記録は残されていない。ローマ人は北アフリカの**ゾウ**を絶滅させ、地中海や北アフリカの多くの野生動物の個体数を大幅に減らした可能性がある。アウグストゥスの治世だけでも、３５００頭以上の**ゾウ**が狩猟で殺されたという。

捕獲時のストレス

最初の動物園の獣医たちは、つねに新しい種の患者やあらゆる未知の病気に直面していた。そうした初期の獣医師たちの治療結果は惨憺《さんたん》たるものだった。瀉血《しゃけつ》、水疱《すいほう》形成、水銀やヒ素、その他の有毒物質の投与、麻酔や無菌手術の欠如により、獣医が患者に効果よりも害をもたらしていたとしても驚きではない。その取り組みの中で、唯一かろうじて科学的と言えるのは、死後の解剖によって得た知見だけだ。ある動物園の老獣医は、無意味に見える治療について質問されたとき、「人は何かをしていると思われる必要がある」と不機嫌そうに答えたという。とはいえ、その状況は獣医の能力や知識の不足だけがもたらしたわけではない。動物園に到着するまでのストレスやトラウマが、動物たちの運命を決めてしまうことも少なくなかった。現在、動物園や保護区で暮らす**ゾウ**の中には、何十年も前に遠い土地で捕獲され、調教されたことによる心の傷を今もはっきり抱えている場合がある。この問題は、世界中の保護区に連れてこられたほかの動物たちにも見られる。密輸業者から押収された**センザンコウ**の多くは、現代の知識や薬剤を使っても、今もなお死に続けている。コルチゾールなどのストレスホルモンは、白血球の活動を鈍らせ、免疫システムを抑制するため、あらゆる感染症の罹患《りかん》に繋がりかねない。

野生動物研究者は今もなお、しかるべき注意を怠《おこた》り、得られるデータの科学的価値を信用するあまり、捕獲時に被験者に害をもたらすことがある。残念なことに、貴重な研究サンプルが採取されたあとは、野生の被験者の余生に与える影響についてほとんど考慮されないことも多い。野生動物の獣医師は、動物の福祉と健康の管理者として、研究プロジェクトに貢献できるよう努力しながらも、ときに同僚に異論を唱えなければならない。

くくり罠は、野生動物を捕獲するもっとも恐ろしい方法のひとつだ。この原始的な罠にかかった動物の恐怖と苦痛は、想像を絶するものがある。捕食者にいつ襲われるかわからない野外で、ワイヤーが肉に深く食い込んで身動きできなくなると、絶望のあまり、自分の脚を食いちぎる動物もいる。疲れ果て、喉が渇き、痛みに苦しむ状態が、運が良ければ1日ほどで終わるが、その後やってきたハンターに殺される。毎年、世界中で何百万もの動物が、この罠で殺されたり大怪我させられたりしている。くくり罠は無差別な罠であり、意図したターゲットだけを殺すわけではない。指を失った**チンパンジー**から、脚を失った**マレーグマ**、首を絞められた**カワウソ**、罠で死んだ**バビルサ**の母親と、その横で戸惑いお腹《なか》を空《す》かせた子どもたちまで、多くの犠牲が出ている。僕はくくり罠を心底嫌っている。これまで働いてきた国々であらゆる形や大きさの被害者の治療を通して、くくり罠がもたらす被害を目の当たりにしてきた。1日も早く、くくり罠が野蛮で非人道的な装置だと認識され、世界中で違法となる日を実現したいと思っている。

それにもかかわらず、野生動物の獣医は、ほかに方法がない場合、この恐ろしい装置を使って患者を捕獲する必要に迫られることがある。シュンドルボン［インド東部およびバングラデュ南部のガンジス川河口のデルタ地帯］のマングロープの生える沼地に生息する**ベンガルトラ**は今も麻酔銃で捕獲が可能だが、ロシア極東の広大な地域を放浪する**アムールトラ**は、ずっとまばらに分布している。また、氷点下の気温は、あらゆる種類の罠の仕組みを阻害する。最後の手段として、獣医はくくり罠に頼らざるを得なくなる。その際に使用するのは通常のくくり罠ではなく、分厚いビニールでコーティングされたワイヤーに、大きな音で鳴るベルが取り付けられたものだ。現在では、ベルが携帯電話のアラームに置き換えられ、キャンプで遠隔待機している野生動物の獣医は、動物が罠にかかったらすぐに知ることができる。そして獣医は罠にかけられた**トラ**――そうでもしなければ絶対にお目にはかかれない――にすばやく麻酔銃を撃つ。ほかには手立てがなく、この方法で何カ月も辛抱強く待ち続けて、ようやくひと握りのトラを捕まえられるのである。目的の動物の習性に特化した特別なくくり罠を使っても、ときには罠に駆けつけると、**ツキノワグマ**が暴れているのを発見し、解放するためだけに麻酔をかけなければならないこともある。ロシアの冬を知り尽くした野生動物のベテランによれば、くくり罠にかかったときの行動は、動物の種類によってさまざまだという。トラがかかると、怒り狂ってのたうち回り、咆哮《ほうこう》が1キロメートル離れた場所でも聞こえる。しかし、コルチゾールの血中濃度で計測するストレスレベルは、トラの騒がしい態度から想像されるほど高くはない。一方、地球上でもっとも絶滅の危機に瀕しているネコ科動物のひとつで、野生に生息する個体数が１００頭以下と希少な**アムールヒョウ**を捕獲したときは――罠のアラームが鳴ったとき、誤報だと思うのも仕方ないだろう――いたって静かにうずくまっている。ところが、そのメスのアムールヒョウの血液を採取してみると、コルチゾールのストレスホルモン値はものすごく高い。彼女は明らかに、自分が通りすがりのトラや**クマ**にとって格好の餌食となることを理解していたのである。

僕はどうしてもほかの選択肢がないとき以外には、くくり罠を使わないことにしている。仕方なく使うときには、分厚いビニールで覆われたワイヤーの輪を長い棒の先に取り付けるだけで便利な捕獲装置のできあがりだ。捕獲棒《キャッチ・ポール》はさまざまな目的で使用される。禁猟区監視員が狂犬病の**犬**を捕まえるときに。自然保護官が排水溝で動けなくなった**アライグマ**や、地下室に閉じ込められた**コヨーテ**を救出するときに。あるいは、漁網に絡まった**ゼニガタアザラシ**を扱うときに。顔面に腫瘍のある**タスマニアデビル**を捕まえるときに。果物市場で暴動を起こした**ベニガオザル**をくくり罠にかけるときに。

罠は捕捉器具よりも外傷が少なくてすむ場合もある。最良の罠は野生動物保護区や動物園内にあらかじめ設置されているものだ。それなら動物自身の行動を利用して、安全かつ最小限のストレスで捕獲できる。掃除や給餌のために、日々屋外と屋内を行き来する動物たちは、やがてその日常の段取りに慣れていく。たとえば、ケージに繋がるトンネルの入り口に引き戸がついていれば、**アゴヒゲオマキザル**を捕獲する必要ができたときに、簡単に集団から隔離することができる。そのトンネルが取り外し可能であれば、そのまま病院に運ぶこともできる。さらに、そのトンネルケージにスライド式の壁と取っ手がついていれば、診察の際にはスクイズケージに早変わりする。数秒間、ケージごと横に倒して**サル**が動けないようにすれば、安全に注射をすることもできる。この方法は、壁に囲まれた飼育場の中を飛び回るアドレナリン全開の**オマキザル**を棒に取り付けた網で捕まえようとするよりも、あるいはロープのあいだで跳んだり揺れたりして逃げ回る繊細な患者に麻酔銃を撃とうとするよりも、はるかにストレスを与えずにすむ。

再導入したビーバーは寄生虫も一緒に連れてくる

野生の場合には、罠にかけることがさらに難しくなる。普通は、くくり罠よりもリスクの低い簡単なケージ式の仕掛けを使う。たいていは圧力板が設置してあり、**クズリ**が中に入って板を踏んだとたん、ドアが閉まる。餌がついていて、**ボブキャット**が餌を引っ張ると、ドアが閉まる仕組みのものもある。**アライグマ**のような賢い動物が罠から逃げる方法を考えつかないように、一度閉じたドアはバネクリップでロックされる。こういった箱罠にはさまざまな種類があり――リモコン式のものもある――あなたが思いつくほとんどの哺乳類を安全に生け捕りにできる。

僕はイングランドとスコットランドに**ヨーロッパビーバー**を再導入〔絶滅した野生生物をかつての生息地で復活させること〕するために、10年以上にわたって捕獲と検査を繰り返した経験から、罠が機能するまでには長い時間がかかることを学んだ。僕たちはビーバーを放流する前に、感染症に罹っていないか、特に**多包**《たほう》**条虫**《じょうちゅう》という動物由来感染症《ズーノーシス》を引き起こす厄介な**サナダムシ**がいないかどうかをチェックする必要があった。その再導入は、英国に初めて野生の哺乳類が戻ってくる画期的な出来事だった。しかし、一部の熱狂的なビーバーファンにとっては、お役所仕事の進行が遅すぎたようで、かなりの数のビーバーが逃げ出すことになった。ビーバーたちはテイ川沿いに広がり、しあわせに家族を増やしていた。僕たちはできるだけ多くのビーバーを捕獲し、健康診断を実施するよう依頼され、8カ月という充分に思える期間を与えられた。チームにはビーバーに詳しい生物学者もいて、ビーバーの好物であるカブ、リンゴ、レモン、アスペンなどを入れたバネ式の箱罠を用意した。ビーバーが餌を取ることに慣れるように、事前に1週間だけ、鍵をかけずに開放しておいた。ケージは広範な地域の、道路から離れた場所に設置された。僕らは最初の1週間で3匹のビーバーを捕獲し、自信を持った。しかし、当然ながらビーバーにはビーバーの計画があり、その後、４匹目のビーバーを捕まえるまでに2カ月かかった。

イングランドの別のプロジェクトでは1週間という期間が与えられ、スカンジナビアから罠捕獲の専門家を招いた。彼らは夜な夜な木の上に隠れ、ビーバーが姿を現したとたん飛びかかるという、まるでランボー映画のような手法を用いた。僕たちは18匹のビーバーを怪我もさせずに捕まえることができた。このヨーロッパ最大の齧歯《げっし》動物を捕獲したら、特大の粗い麻布《ヘシアン》のジャガイモ袋にまとめて押し込むのが、もっとも簡単な方法だ。ビーバーたちは袋の中でおとなしくしている。袋の片隅にある穴から、ビーバーの鼻を出し、マスクを当ててガス麻酔をすることもできるし、袋の開口部から慎重に尻尾を引っ張り出せば、血液サンプルを採取することもできる。

動物界で一番人気の香水はオブセッション・フォー・メン

動物を罠に誘い込むのは難しい。とりわけ餌がふんだんにある環境で、なんでも食べられる知能の高い患者の場合はひと苦労だ。**ビーバー**ならば、リンゴ1個で、見慣れない罠に足を踏み入れるのに充分な誘惑になる。だが、**ヒョウ**にはその手は通用しない。この賢い動物は適応力が高く、こっそり都市に暮らすことさえあり、**シロアリ**から**レイヨウ**までどんなものでも食べる。ただし、ひとつだけ弱点がある。その弱点は罠捕獲には使えないが、人間にヒョウを警戒させ、安全な場所に移動させる動機付けにはなる。ヒョウはどうも**犬**の味に目がないようなのだ。

インドではこれはメリットと考えられている。野犬の数が膨大で、人間の狂犬病患者数が世界一だからだ。ある調査によれば、ムンバイに棲むヒョウは、年間１５００匹の野犬を食べている。それにより、年間1000人以上の人間が犬に噛まれるのを防ぎ、年間100人以上の人間が狂犬病で死亡するのを防いでいると推定されている。ムンバイのヒョウの食事の半分は、犬で占められているようだ。一方、アフリカでは、ヒョウが農場のそばで長年暮らすこともあるが、家畜を食べることはない。誰もヒョウがそこにいることに気づかない——犬が食べられるまでは。一度その味を覚えると、ヒョウはまた戻ってきて、さらに多くの犬を食べようとする。窓や犬用の出入り口から家の中まで入り込み、飼い犬を狩ることさえある。究極のサバイバーであり、順応性の高い動物であるはずのヒョウにしては、実に奇妙で危険な行動だ。ヒョウは通常、人間との接触を避け、必要であればシロアリや小型齧歯類《げっし》だけを食べて生きることもできるのに。

犬は家畜を守るために飼われているが、飼い主は犬を失ったほうが動揺が大きく、ヒョウを追い払いたいと思うようになる。では、どうやって罠にかけるのか？　罠の外には安全に入手できる餌がほかにたくさんあるし、犬を餌にするわけにもいかない。そういうときは、高級ファッションブランドの出番である。

カルバン・クラインの香水、オブセッション・フォー・メンは、〝ベルガモット、マンダリン、バニラのノートに、白檀《びゃくだん》とオークモスのミドルノートを調合した香り〟として販売された。身も蓋もない言い方だが、単なる麝香《じゃこう》のにおいである。しかし、ヒョウには魅惑的らしく、このにおいには抗《あらが》えないらしい。ヒョウの罠の餌としては完璧だ。インドでは人食い**トラ**を捕獲する試みに使用されたこともある。南米のジャングルではカメラトラップ［赤外線で野生動物の動きを感知したときにだけ撮影する設置型カメラ］にこの香水を振りまくと、**ジャガー**の訪問率が高く、個体数調査をやりやすくしている。カルバン・クライン社は、動物界での評判の高まりを好ましく思わなかったのか、数年前にこの香水の製造を中止した。とはいえ、何十年もの人気商品であり、まだ在庫が豊富にあるため、今のところは使い切って困る事態には至っていない。

また、過去の毛皮目的の密猟者たちに支持された香りを使うこともある。海狸香《かいりこう》は、ビーバーが縄張りを示すために出す刺激臭のある分泌物で、オー・ドゥ・ランコムは、**クマ**と**オオカミ**に好まれる。海狸香は、かつてシャネル、ランコム、ジバンシィの香水の成分にも、革の香りを出すために使われていたが、僕としては夜のデートにつけていくのはオススメしない。そのほかにも、**ロックハイラックス**の糞《ふん》や、**アナグマ**の尾の下にある尾腺《びせん》の分泌物などを、動物をおびき寄せるための香りとして使っている。

モグラのいない場所でモグラは捕れない

罠は絶滅を防ぐための切り札にもなりうる。**クロアシイタチ**は、**プレーリードッグ**を専門に食べる動物だが、生息地が農地に転用されたため、餌のプレーリードッグよりも急速に個体数が減少した。さらに、北米に上陸した腺ペスト菌が、プレーリードッグを殺すだけでなく、クロアシイタチにも害を及ぼした。そんなわけで、クロアシイタチは１９７９年に絶滅したと思われていたが、2年後、**犬**が死んだイタチを持ち帰ったことをきっかけに、クロアシイタチの小さな集団が発見された。１９８７年、最後の生き残りである18匹のクロアシイタチが捕獲され、種の保存のための飼育が開始された。使用された捕獲器は、金網の筒にネズミ捕り用のドアを取り付けただけの、これ以上ないほどシンプルな罠だったが、ちゃんと役目を果たした。現在、１０００匹以上のクロアシイタチが野生で生存しており、さらに数百匹が飼育下繁殖プログラムにより、今でも野生に戻されている。

罠を仕掛けるとき、当然のことがいまだに見落とされることがある——罠を仕掛ける場所に、捕獲しようとする種が実際に生息していなければならないということだ。ある北アイルランドの大型園芸店チェーンでは、数カ月にわたり、**モグラ**捕獲器とモグラ駆除剤のプロモーションを行なったが、アイルランド島にはモグラが全然いないことが指摘されて中止になった。最後の氷河期が終わる頃に海面が急上昇したため、イングランドから渡ってくることができなかったのだ。英国本土に生息するほかの哺乳類もたどり着けなかった。たとえば、アイルランドには**イタチ**がいない。

罠はどんな動物でも捕獲できるわけではない。映画『ハタリ！』を見れば、20世紀のほとんどの期間で、アフリカの大型野生動物の捕獲がどんなふうに行なわれていたのかがわかる。動物たちはただ追いかけられ、長い棒につけた輪なわで捕まえられ、あるいは網にかけられ、大きな木箱に入れられた。もともとは**馬**に乗って捕獲していたが、自動車の登場により、馬よりはるかに速く走れる動物や、たんに危険で近づけなかった動物も追いかけられるようになった。また、ハリウッドスターが身を守りながら、映画撮影のために気の短い**クロサイ**を追いかけられるようにもなった。

『ハタリ！』の映画プロモーターは、ジョン・ウェインやほかの俳優たちがスタントを使わずに男らしく体を張って動物たちを自力で捕まえたと熱心に宣伝していた。映画の中には、今では絶滅の危機に瀕している**ベイサオリックス**が炎天下で長い追跡の末に疲れ果て、口を開けて喘《あえ》いでいるシーンがある。**ベイサ**や近縁種の**ゲムズボック**は、サハラ以南のアフリカで一番暑さに強いと言われている。彼らの頭部にはユニークな循環システムがあり、呼吸するときに鼻の毛細血管を使って脳に流れる血液を冷やすことができる。車のラジエーターに相当する機能を備えているのだ。ほかの動物ならば脳に致命的なダメージを引き起こすような体温上昇にも耐えることができ、汗をかくために必要な水分を節約できるのも、乾燥した地域に生息する**オリックス**ならではの性質だ。彼らは最高のアスリートであり、長距離ランナーである。そんなベイサがあれだけ疲れ切るほど追い立てられたということは、おそらくこのベイサは撮影後、捕獲性筋疾患《キャプチャー・ミオパチー》で死んでしまったにちがいないと思う。

必死で逃げた動物に起こる悲劇の病

捕獲性筋疾患《キャプチャー・ミオパチー》は、筋肉を酷使したあとに起こる悲惨な病気だ。全速力で長時間走り続ける**ベイサオリックス**は、活動筋に充分な血液と酸素を運ぶことができない。筋線維内の嫌気的代謝は、超短時間でスピードを上げるために役立つ生存メカニズムであり、ベイサが**ライオン**から逃げたり、人間の短距離走者《スプリンター》が１００メートル走で金メダルを獲得したりするのを可能にする。しかし、それによって筋肉中に乳酸が生成され、乳酸を血液中から除去するために、ランナーには――人間であれ動物であれ――相応の回復期間が必要となる。だからこそ、マラソンランナーはスプリンターよりも遅いペースで走る。彼らが長時間走れるのは、筋肉の代謝が血流と酸素によって支えられる範囲を超えないペースを保っているおかげなのだ。

過度な運動は、大量の乳酸と熱を発生させる。筋肉中の酸は、ほとんどのものに対して行なうことをする――つまり、乳酸が筋肉を破壊し、過剰な熱が事態を悪化させる。心臓の筋肉が、過度に収縮と弛緩を繰り返したせいで致命的なダメージを受け、動物が捕獲後すぐに死ぬこともある。一般的には、翌日は体が硬くなるだけで、数日後に死ぬケースが多い。筋肉の破壊により、筋肉中の酸素貯蔵タンパク質、ミオグロビンが大量に放出される。ミオグロビンは巨大な分子であり、腎臓で濾過《ろか》するのが難しい。大量に生成されると、腎臓の尿細管を塞いでしまい、腎不全を起こして死に至るのだ。また、ミオグロビンによる腎不全により、車に轢《ひ》かれたが生き延びた**シカ**や**ヘラジカ**が、数日後に死ぬこともよくある。

学生たちに『ハタリ!』の映像を見せながら捕獲性筋疾患の説明をするとき、今や絶滅寸前の**クロサイ**が、映画のためだけに追いかけられ、棒で突かれ、強打され、捕獲されるのを見て、僕は涙が出てくる。映画の交通事故のシーンに使われる古い車のように使い捨てにされるクロサイ。苦しそうに耐える様子を映像で見るかぎり、あのサイが生き延びたとは到底思えない。

捕獲性筋疾患は哺乳類だけに起こるわけではない。筋肉質の大きな脚を持つ**ダチョウ**もまた、その危険性がある。ダチョウは古代ローマ時代から闘技場用に捕獲されてきた。ジグザグと行きつ戻りつしながら走る彼らは、高速で走るオフロードカーよりもはるかに機動性が高く、ただ追いかけるだけではなかなか捕まえることはできない。幸い、ダチョウが古典的な捕獲方法によって捕獲性筋疾患になることはめったにない。

巨大な目がダチョウをおバカさんにした!?

僕は南アフリカの獣医学部時代に、**ダチョウ**の扱い方を学んだ。ダチョウの飼育は、150年前、ヨーロッパ富裕層に帽子の羽根を供給するため、南アフリカのオウツフールン周辺の狭い地域で開始され、現在でも飼育のほとんどが同じ地域で行なわれている。オウツフールンの観光客は、ダチョウに乗るだけでなく、ダチョウのオムレツやステーキを食べたり、ダチョウの卵に彫刻した工芸品やダチョウの革靴を買ったりもできる。なんとダチョウの足で作った灰皿まで売られているそうだ。誰が欲しがるのかは謎だけれど。

ダチョウを扱う仕事を始めてから、彼らがいかに愚かなのかを知って、僕はとてもがっかりした。その理由は目にある。ダチョウの目は鳥類の中で、いや、陸上動物の中で一番大きい。ビリヤードの球よりもやや小さいくらいで、僕たち人間の目の実に5倍以上の大きさである。巨大な目は、夜間の捕食者を避けるための優れた暗視能力と、**ワシ**の目ほどは解像度が高くないとはいえ、スピードを出して走るときにも良好な視力を与えてくれる。しかし、巨大な目には代償がある――頭蓋骨に脳を入れるスペースがほとんど残らないことだ。実際、ダチョウの脳は、片方の目の4分の1のサイズしかない。

僕のお気に入りのダチョウの捕まえ方は、古い靴下を使う方法だ。柵の脇に立ち、靴下を手袋代わりにして、つま先部分に指を入れて手首まで覆ってから、その上に石英の小石と、銀貨一枚でも置いてダチョウに差し出すだけでいい。ダチョウは好奇心を抑えられず、寄ってこずにはいられない。たとえほんの数日前に同じ方法で僕に捕まえられていたとしても。石ころはもちろん、コイン、お菓子の包み紙、ボルトとナット、時計など、キラキラしていて飲み込めそうなものになら、ほぼどんなものにも吸い寄せられる。ほかの鳥類同様に、ダチョウには歯がない。これは飛行中にバランスを取るための進化的適応である。その後、自然はダチョウを、草や低木を食べて生きる「大きな飛べない**牛**」に進化させることにした。だが、歯がないせいで、しょっちゅう石ころを飲み込み、筋肉質の大きな胃ですり潰すはめになっているにちがいない。そこで僕は親指さて、光る石に吸い寄せられたダチョウは、嬉々《きき》として石をついばんでいる。

2 靴ひもでワニを捕まえる
捕獲する

と人差し指で、ぱっと上下のくちばしを挟み込む。すかさずもう一方の手で、靴下をダチョウの頭から首まですっぽりかぶせて、目を覆う。それからくちばしをつかんだ手を離す。目を覆われ、世界が真っ暗になると、ダチョウは何が起こっているのかわからず、じっと立ち尽くす。これで僕は、ダチョウをどこかに連れていき、血液を採取したり怪我を治療したりできるというわけだ。

悲しいかな、似たような鳥に試しても、この方法は通用しない。頭から布をかぶせられても、**エミュー**はジャンプやキックをしながら闇雲に走り続ける——布が外れるか、疲れ果てるか、障害物にぶつかって倒れるかするまで。飛べない大型の鳥類はひっくるめて走鳥類と呼ばれているが、実はどれも同族ではない。それぞれ別の祖先から進化してきたため、外見は似ていても行動はバラバラなのだ。

ダチョウを扱うもうひとつの方法は、「ダチョウの杖《つえ》」を使うことだ。普通の羊飼いの杖に似ているが、もっと長く、先端がS字になっていて、突進してくるオスをかわすことができる。その杖の主な目的は、ダチョウの首を捕まえることだ。首の後ろに軽く引っかけると、頭が地面に向かって倒れてくる。そうすることで、ダチョウに蹴られるのを防ぐことができる。

ダチョウはたったひと蹴りで人間の腸《はらわた》を抜き出せる——僕の祖母はそう言って、いつも僕を脅していた。毎年、多くの人々がダチョウに怪我させられたり殺されたりしているが、寡聞《かぶん》にして、ダチョウに内臓を蹴り出されたという科学的報告を見たことは一度もない。ただし、ダチョウの足の爪に引っかかれたら裂傷を負うだろうし、もし腹部を強烈に蹴られたら、肝臓などの内臓が致命的に破裂することだろう。ダチョウが駆使するほかの武術は、たんに人を倒して、踏みつけ、飛びかかることだ。ダチョウの体重は90キロにもなり、人間の腸を致命的にすり潰すにはもってこいの重量である。

ダーウィンレアなどの小型走鳥類を捕まえるのは、頭を覆う布が役立たなくても、それほど苦労はない。ピッグボード、暴動鎮圧用シールド、古い食器棚の扉などを使って、蹴られることなく移動させることができる。つかむ必要があれば、古い羽毛布団で包みながら柵の隅に追い込んでつかめばいい。動物園にはつねに羽毛布団の豊富な在庫がある。地元の病院やホテルでは、失禁した客や好色すぎる客が汚した羽毛布団をしょっちゅう取り替えているからだ。とはいえ、オーストラリアのクイーンズランド州北部を走り回る怪我をした野生のエミューを捕まえるには、羽毛布団はあまり役に立たない。その場合は、網が必要になるだろう。

尻尾をつかんでもいい動物、ダメな動物

網は万能だ。魚捕り用の網（タモ網）は、**オオコウモリ**から**フクロテナガザル**まで、救護センターや動物園にいる中型の動物ならば、たいてい捕まえることができる。タモ網はぴょんぴょん跳ねながら通り過ぎる**アカクビワラビー**を捕まえるのにも最適だ。野生の**ワラビー**は、海賊映画に出てくるようなぱっと開く投網《とあみ》で捕まえたり、木のあいだに張っておいた網に追い込んだりして捕まえることができる。野生のワラビーと**カンガルー**用として、柵と柵のあいだに、両端に引きひものついた網のトンネルを設置するという工夫もされている。ワラビーがこのトンネルに入ったら捕まえて、注射を打ち、そのまま解放する。数分もかからない。ワラビーはカンガルーよりもずっと小さいが、勢いよく蹴られたり、噛みつかれたりして痛い思いをすることがある。網の中にいるワラビーを押さえるときは、筋肉質の太い尻尾の付け根をつかむのが一番いい。尻

尾をつかんでおけば、顔を蹴られずにすむのでありがたい。カンガルーは、オス同士が足で蹴り合って戦うときには、間違いなくキックボクシングの名選手だが、正面に敵がいる場合に限られる。

ただし、ほかのほとんどの動物では、尻尾は絶対につかんではならない。**鳥**の尻尾をつかむと、長い羽が抜けて禿《は》げた切り株となり、飛行が制御できなくなる。**サル**の尻尾をつかんだら、即座に振り返って飛びかかり、嚙みついてくるだろう。細長い尻尾を持つ患者のほとんどは、尻尾をつかむと尾骨が脱臼して怪我をさせる危険がある。**デグー**の場合は、うっかり尻尾をつかむと、尻尾の皮が丸ごと剝がれてしまうという恐ろしい性質を持っている。出血して露出した尾の骨はどうすることもできず、皮の剝がれた尾を切断するしかなくなる。

グリーンイグアナの場合は、さらにすごいことになる。間違っても、ぶら下がっている尻尾をつかんで枝から引き剝がそうとしてはならない。ビュン、とすごい勢いで尻尾が振られたかと思うと、手の中にもだえる尻尾だけが残される。当のイグアナは尻尾の根元から先を失《な》くした状態で、カンカンに怒って走り去り、枝のあいだに消えてしまう。とはいえ、これは話に聞くほど悲惨なことではない。**トカゲ**の仲間の多くは、捕食者に尻尾をつかまれても生き残れるように、自《じ》切《せつ》と呼ばれる能力を進化させてきた。**ギュンターアオスジカナヘビ**は敵の気をそらすために鮮やかな青色の尻尾を持っている。**スペックルドイシヤモリ**は、大きな尻尾が脂肪の貯蔵庫となっている。そしてその太った尻尾をつかまれたとたん、さっさと切って捕食者に進呈する。**ヤモリ**の多くは新しい尻尾を生やすが、元のように美しく生えることはない。獣医としては、怪我した尻尾を切断するのではなく、新しい尻尾が生えてくるように取り除く技術を用いる。だが、**サバンナオオトカゲ**に尻尾を自切させようとすると、血まみれのぐちゃぐちゃ状態になる。トカゲやヤモリの中にも、この奇術が使えない種類もある。たとえば、**オウカンミカドヤモリ**は尻尾を外すことはできても、再び生やすことはない。獣医は目の前の患者の特性を知る必要がある。

網は魚から小鳥までどんなものでも捕まえられる優れもので、病気のスクリーニングプロジェクトでは、ポールのあいだに吊るしたかすみ網［野生鳥類を捕獲するための張り網。糸が細く、張ると薄く霞（かすみ）がかかったように見える］を使う。低空飛行のヘリコプターからかすみ網を投下すれば、オスの**ビッグホーン**ですら捕まえることができる。ただし、網を投下した者まで一緒にヘリコプターから投下されてしまうこともたまにある。ヘリコプターは極端な網の投下方法なのかもしれない。網《ネット》ガンはもっと実用的だ。ヘリコプターから網を発射できるだけなく、ムンバイの屋根から屋根へ——クリケットワールドカップでインドの選手が打席に立とうという絶好の瞬間に——テレビアンテナをへし折りながら飛び回る**アカゲザル**を捕まえることもできる。ネットガンは便利だが、リスクも伴う。発射される網のまわりには重りがついており、それが**マカクザル**の赤ん坊に激突すると、腕を骨折させたり、死なせたりすることもある。

インパラを捕まえるには、樹木のあいだに木の棒に吊るして隠しておいた網に追い込めばいい。この落とし網は動物が駆け込むと倒れる仕掛けになっている。一度に数匹を捕らえることができるが、**レイヨウ**などは網がきつく絡まり、脚を骨折することもある。苦しそうに鳴く子どもを助けようとした母親が首を網で絞めてしまうこともある。大きな群れにいるすべての個体を、怪我をさせずに捕まえるのは難しい。また捕獲チームのメンバーが、急いで動物たちを解放しようとして怪我をする危険性もある。

地味かつ独創的な巨大漏斗型捕獲

神経質で怯《おび》えやすい**クーズー**［偶蹄目ウシ科］の群れを捕まえるのは厄介である。麻酔銃を使うのが難しく、薬物によっては予測不可能な行動をする。網にかかるとパニックになって怪我をするし、オスは長いらせん状のツノがあるので危険だ。ベストな方法は、乾季に彼らの習性を利用して、まったく手をかけずに、群れで捕獲することだ。ビニールシートを使うだけの独創的な方法なのだが、成功させるには事前の計画と熟練したチームが必要になる。

　この方法を考案したのは、シュシュルウェ＝イムフォロジ自然保護区の野生動物保護官、ジャン・オエロフだ。１９６８年、同保護区で、余剰の**レイヨウ**を馬上から輪なわと網で捕まえようとしたとき、多数死なせる事件が発生した。それを目撃したオエロフは、レイヨウは障害物が頑丈かどうかは知らないまま、それが目に見えるかぎり、衝突を避けようとするはずだと考えた。そこで木々の中に色のついたビニールシートで巨大な漏斗状の道を作り、レイヨウをそこに追い込んで、囲いの中に導くようにした。馬や車に乗った人間は、牧羊犬の役割と大差ないことをするだけでいい。激しく追いかける必要はなく、群れを集めるときのように、邪魔なものを避けるというレイヨウの習性を利用する。レイヨウを自然の群れの状態のまま誘導することは、ストレスを軽減し、捕獲性筋疾患を防ぐことにも繋がる。冬場の一番涼しい時間帯、できるだけ早朝に行なうのが一番安全であり、つまりチームは朝４時に起床することになる。

　巨大な漏斗状の道を、カーテンで仕切れば、グループに分けて捕獲することもできるし、「ボマ」と呼ばれる囲いに繋げるだけでもいい。また、トラックの輸送用コンテナにじかに繋げることもできる。トラックの荷台は地面の高さまで下げられるので、レイヨウは走ったまま地続きに荷台に乗り込むことができる。この方法のデメリットは2点。費用が高いことと、計画や準備に多くの時間を要することだけだ。またこの方法が実際に効果を発揮するのは、植物のおかげでビニールシートが接近する動物たちの目に入らずにすむ、アフリカ南部のブッシュベルドだけである。東アフリカの開けた草原地帯では、動物たちはたんにビニールシートを避けて通り過ぎてしまう。そのため木々がまばらな場所では、さらに多くの作業と準備が必要となる。ビニールの壁を溝の中に隠す場合には、ポンと飛び出す仕掛けが必要だし、鋼線からカーテンのように吊るす場合には、動物が中に入ったとたん閉まる仕掛けが必要だ。**スプリングボック**のように捕獲できない種類もあるが、ほとんどのレイヨウ、**バッファロー**、**キリン**は——そして**リカオン**も——この方法で捕獲することができる。

大量捕獲の一時的囲い《ボマ》に派手さはない。ドキュメンタリー番組の制作者は、ヘリコプターから麻酔銃を撃たれる1頭の**サイ**を撮影するほうを好む。しかし、これは動物のストレスや怪我を軽減する革命的な方法だ。さらに、この方法のおかげで、アフリカ南部全域で、大型野生動物の大規模捕獲と移動が可能になった。その結果、以前よりも多くの土地が、野生動物の放牧に使用されるようになった。南アフリカ共和国だけでも、毎年100万頭の大型野生動物の3分の1以上が移動されている。ちなみに南アフリカには推定1万カ所の遊興狩猟のための獲物動物飼育牧場があり、その面積は1500万ヘクタールにもなる。国立公園や地域の自然保護区とは別に、南アフリカの私有地全体の20%近くが狩猟獲物飼育牧場として運営されていることになる。

つまり、現代のアフリカ南部の野生動物の捕獲量は——ローマ人がほとんど興味を示さなかったレイヨウが中心とはいえ——古代ローマ時代に匹敵するのかもしれない。オエロフが考案した捕獲方法は、ローマ時代でも布と竿《さお》を使えば可能だったはずで、古代人が先に思いつかなかったことに感謝すべきだろう。2000年後の狩猟獲物の捕獲方法は、ローマ時代よりもずいぶんと改善された。栄養状態のいい健康な動物を、ほぼストレスなく捕獲するほうがずっといい。

さて、ついに患者たち――罠にかけられて怒ったトラ、尻尾をしっかり握られた**ワラビー**、ボマに追い込まれたバッファロー――を捕獲できた。安全な環境で、動物が抱える問題を治療できるように、正しく麻酔処置も行なった。しかし、僕たち獣医にはまだ、その問題が何なのかを突き止めるという仕事が残っている。

3

オオカミの毛でストレスを測る

採取する

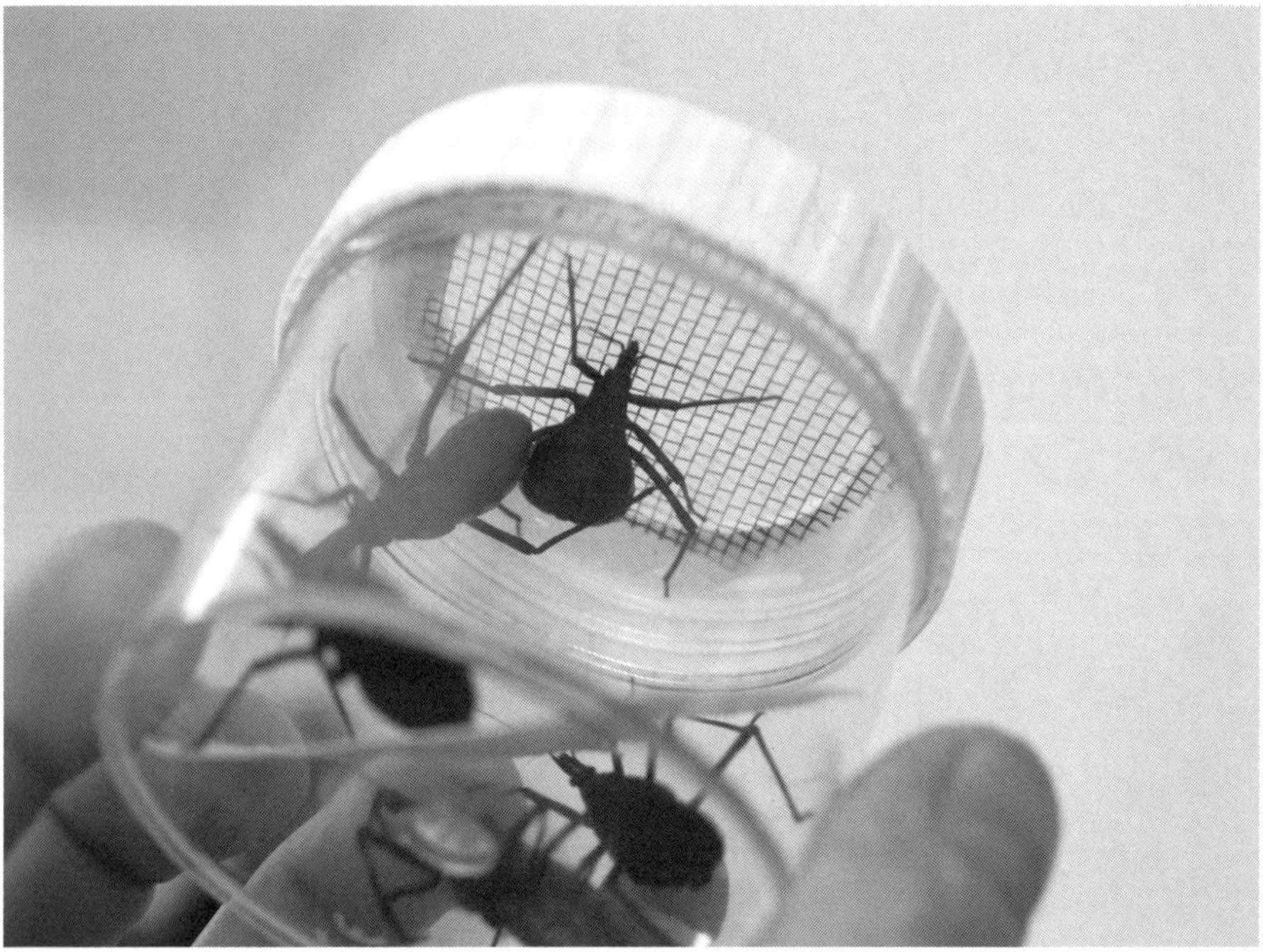

お腹を空かせ、「生きた注射器」になる準備ができているメキシコサシガメ。この昆虫は、非協力的な野生動物の患者から、麻酔もせずに血液サンプルを採取することができる。

アマツバメは驚異的な鳥だ。一生のほぼすべてを空中で過ごす。昆虫を捕まえて食べ、飲み、交尾し、飛んだまま空中で眠る。1年近く地上に降りないこともある。僕が合法的に車を運転できる速度と変わらぬ速さで飛ぶことができ、1年間で20万キロメートルもの距離を飛行する。体重はチョコバー1本分よりも少なく、脚の長さはマッチ棒の4分の1、脚の血管は綿糸ほどの太さしかない。そんなアマツバメは、まず捕獲するだけでも小さな骨を折ってしまうリスクがあるうえ、寒い日に脚の静脈から採血するとなると不可能に近い。アマツバメに触れることなく安全に血液を採取できるなら、そのほうがずっといい。

採血に一役買ってもらうのは、**メキシコサシガメ**だ。またの名を「吸血虫」という、**トコジラミ**である。原産地の南米では、**アルマジロ**の巣穴や動物の巣に生息するこの大型昆虫は、被害者が眠っているあいだに、長く鋭い口器で血を吸う。刺されて目を覚まさない動物はいないので、彼らは麻酔成分を含むように唾液を進化させ、それを被害者に注入している。

「生きた注射器」の準備方法は以下のとおり。まず、メキシコサシガメを無菌の研究室で繁殖させ、病気を持っていないことを確認する。それからお腹を空かせたこの吸血虫を人工卵の中に入れる。卵には、吸血虫が頭を出すことはできるが、逃げ出せないくらいの小さな穴を開けておく。これで生きた注射器の準備は万端だ。この人工卵をアマツバメの巣の中に置いておけば、アマツバメが気づかないうちに、血液サンプルが採取されている。数時間後にダミーの人工卵と風船のように膨らんだ虫を回収すれば、無事にサンプルを入手できるというわけだ。サシガメが、僕が麻酔をかけて採取するよりも多量の血液を吸っていることもザラである。この方法の場合、唯一の敗者はサシガメで、処刑され、せっかく吸った食料も奪われる。また、刺咬《しこう》昆虫も、さまざまな動物園の動物の採血を担当しており、**カバ**、**サイ**、**キリン**など、目覚めているときには採血に協力してくれない動物たちから、最大1ミリリットルの血液を採取できる。

　野生動物の獣医をしていると、動物を捕獲せずに最大限の健康情報を入手する達人になる。往々にして、不快なサンプルほど明らかになる情報も多い。排泄《はいせつ》物は金の卵で、野生動物の個体群の健康状態を、彼らを煩《わずら》わせずに評価するのに役立つ。**ゴリラ**の咳と一緒に吐き出された、巣の葉っぱに付着した痰《たん》を検査すれば、外国人観光客から感染した呼吸器疾患が見つかるかもしれない。浜辺に打ち上げられた**マッコウクジラ**の胎盤の一部は、そのクジラが体長8メートルもの巨大な寄生蠕虫《ぜんちゅう》、**プラセントネマ・ギガンティシマ**に感染しているかを教えてくれる。ヒマラヤの岩に**ゴールデンターキン**が飛ばした尿のしずくから、そのメスが妊娠しているかどうかがわかる。アトラス山脈の茂みの棘に絡まった**バーバリーシープ**の毛の房から、ストレスホルモンのレベルを測定し、彼らが気候変動にどのように対処しているのかを判断する。また、**ハイイロアザラシ**が砂浜に残した糞の塗布標本は、一見美しい湾が人間の下水によって汚染され、アザラシの体内に抗生物質耐性菌が存在することを浮き彫りにする。

　動物を捕獲せずにサンプルを採取することは、動物にとって良いことだが、課題もある。海洋生物学というと、**ジンベイザメ**と一緒にダイビングをするような華やかなイメージがあるが、現実はそれほどエキサイティングではない。**ザトウクジラ**の皮膚細菌の研究をしている人々は、剝がれ落ちた皮膚の断片をほんの少し集めるために、何カ月もかけて海でクジラの群れを追いかける。クジラが水面に浮かび上がるとき、剝がれた皮膚の小片が落ちる。収集家たちは、クジラが沈む前に必死で近づいて、長い棒の先につけた細かい網でその小片をすくい上げようとする。もっとハイテクを駆使した標本収集では、ペトリ皿《シャーレ》をつけた小型のドローンをクジラの上に飛ばして、呼吸蒸気または「潮吹き」を採取して、細菌や真菌を分析したり、個々の健康状態を評価したりする。このサンプルはDNA検査もでき、個体群の遺伝的健康状態を調べることもできる。話を聞くだけだと、ずいぶん簡単なことのように思えるが、実際はクジラがどこに浮上するかを推測し、船に乗り続け、波に揉《も》まれながらビデオリンク経由でドローンを操縦してサンプルを採取しなければならない。しかも、ドローンをクジラにぶつけたり、海に墜落させたりしないように気をつけながら。

なぜ野生動物のサンプルを採取するのか？

野生に生きる動物のサンプルを採取する理由はたくさんある。双眼鏡で見たときに、ある個体が病気や怪我をしているように見えたからというだけではない。問題が山積しつつあるこの地球で、環境中にどんな毒素が蓄積されているかを知るのは重要なことだ。ある種がなぜ減少しているのかについて理解を深め、状況を変えるために行動することもできる。

ドキュメンタリー番組のおかげで、プラスチックがもたらす危険性が世界中で喚起された。はるか遠くの島々に生息する**ミズナギドリ**の胃の中にはプラスチックの破片がある。**アオウミガメ**はプラスチックのストローで喉を詰まらせている。子ども向け映画のキャラクターにもなっている**イワトビペンギン**は、6本入り缶飲料《シックスパック》を留めるプラスチックのリングに、首を絞められそうになっている。僕は何時間もかけて、内視鏡で**ゼニガタアザラシ**の胃からプラスチックを回収したり、**オオハシウミガラス**の脚に食い込んだナイロン製の釣り糸を外したりしたことがある。世界の野生動物たちは、プラスチックの海で溺れかかっているように見える。それでも、目に見えるものを認識して行動を起こすことは、まだたやすい。致命的に深刻な汚染は目に見えないため、世論を喚起することがずっと難しいのだ。

僕たち人間は、あらゆるニーズに対応した化学物質を発明してきた。ある化学物質がどんな問題を引き起こすのかが、何十年も使用してから初めてわかることもある。ダイオキシンは、紙の漂白、農薬やポリ塩化ビニル《PVC》プラスチックの製造などの工業プロセスの副産物として生成され、多くの野生動物のガン、肝障害、免疫抑制、成長異常、ホルモンの乱れとの関連が指摘されている。しかし、ダイオキシンはよく知られた環境有害物質のひとつにすぎない。環境有害物質はほかにも——カーペットの接着剤に使われるホルムアルデヒド、化粧品に含まれるプロピレングリコール（保湿剤）、殺菌消毒石鹸《せっけん》やマットレスに使われるトリクロサン（抗菌剤）、シャンプーに含まれるジエタノールアミン、ゴムや潤滑油の製造に使われるベンゼンなど——実に何千種類もある。最近作られた化合物で、まだモニタリングされていない場合、これから何らかの影響が出る可能性もある。鉛、カドミウム、ヒ素、水銀などの重金属は、製造工程での使用が中止されてから半世紀が経った今でも、北極圏にふんだんに蓄積されている。

20世紀は工業化学の絶頂期だった。科学者や研究者はまるで魔法のような驚くべき製品を世に送り出した。ポリテトラフルオロエチレンは、焦げ付きにくい調理器具や、防水加工のアウトドアウェアを実現させた。さらには航空宇宙のコンピュータ配線や、音楽家のトランペットのバルブオイルにも使われているし、病院の静脈カテーテルの表面に細菌が付着しないようにする補強用素材としても活用されている。ポリテトラフルオロエチレンには、何百という役立つ用途がある。ところが、この奇跡的な物質の製造には、人間や動物に深刻な健康被害を与え、複数の腫瘍との関連が指摘されているペルフルオロオクタン酸のような、より危険な化合物が必要とされる。現在、そうした化合物は、**魚**や**アザラシ**、**ワシ**や**ホッキョクグマ**などの動物だけでなく、世界中のほぼすべての人間の血液中で検出可能レベルに達している。

胃をプラスチックでいっぱいにしたミズナギドリの死体は、明らかに公害による死であり、迫力ある写真になる。しかし、さまざまな毒物の影響が蓄積し、**シロイルカ**が数十年かけてゆっくり減少している原因を、明確に特定するのは難しい。世間の関心を惹《ひ》くような効果的な写真もない。シロイルカとホッキョクグマは頂点捕食者であり、食物連鎖の下位を占める動物の体内で発見されたあらゆる毒素を体内に蓄積している。この問題は複雑であり、長期にわたってサンプルを採取し、毒素レベルをモニタリングし、個体群の状態と関連づける必要がある。死んだ動物から採取したサンプルは役に立つが、全体像を語っていない可能性もある。とはいえ、何十年という長期にわたり、毎年ヘリコプターからホッキョクグマに麻酔銃を撃って血液を採取することは、費用も時間もかかり、当事者であるホッキョクグマの健康にとっても好ましくない。

動物に手で触れたり、麻酔をかけたりすることはつねにリスクを伴う。僕たちはできるかぎり、動物を捕獲せずに健康情報を入手する道を探っている。たとえば、捨てられた**ハヤブサ**の卵殻があれば、農薬を測定できる。1962年に出版された自然保護活動論者、レイチェル・カーソンの著書『沈黙の春』のおかげで、有機塩素系殺虫剤ジクロロジフェニルトリクロロエタン（DDT）が卵の殻を薄く割れやすくすることが全世代に知れ渡った。ハヤブサの生息数の激減は、やがて多くの国々でDDTが禁止される一助となった。また、クロム化ヒ酸（CCA）という防腐剤で処理された木材は、わずかに緑色を帯びて見える。残念ながら、時間が経つにつれて、ヒ素は土壌に溶け出してしまう。ヒ素が**ワニ**の卵から検出されることもあり、その地域の汚染レベルを知ることができる。評価したい環境に応じて、**シロカツオドリ**から**カミツキガメ**まで、いろんな動物の卵を調べれば、さまざまな有害物質——有機塩素系殺虫剤やポリ塩化ビフェニル（ＰＣＢ）、難燃剤など——が検出されることもある。

環境の汚染度は鳥の羽に現れる

ケワタガモの羽毛は高価な羽毛布団に詰められるが、羽毛の用途はそれだけではない。**アイサ**が巣の中の卵を保護するために使った、抜け落ちた羽毛を検査すれば、重金属などの有害物質を測定できる。**ススイロアホウドリ**の生え替わった羽に含まれる水銀の濃度は、彼らが巣を作る孤島にどの程度汚染が及んでいるのかを教えてくれる。羽は理想的な検査サンプルだ。新しい羽が伸びるのも早く、たった数週間で生え替わることもある。蠟《ろう》引きの鞘《さや》に包まれた、まるで太い髪のように見えるものが生えてきて、鳥がくちばしで鞘を取り除くと羽が現れるという驚くべき構造だ。羽は毎年、たいてい特定の季節に生え替わり、断熱性、防水性、飛行能力などを更新する。その特徴のおかげで、毒素が体内に侵入し、羽に浸透した時期を正確に突き止められるのだ。

これは大型の海鳥に限った話ではない。**ヨーロッパシジュウカラ**でも、羽に含まれるカドミウムを正確にモニタリングできる。カドミウムによる環境汚染は、金属採掘やバッテリーのリサイクルだけでなく、煙草の煙からも起こる。煙草１本あたり、１～２ミリグラムを排出する。世界中で毎日１８０億本の煙草が販売されており、一部の都市部ではカドミウムがあっという間に蓄積する。カドミウムなどの重金属が、ヨーロッパシジュウカラの好奇心旺盛な性格を変えてしまうこともある。探索行動が減ると餌を見つけにくくなり、その能力が一番必要とされる都市や公園で生き延びることが難しくなる。

羽の検査は、人間の健康リスクも浮き彫りにする。ベネチアに生息する**シロチドリ**の羽は、繁殖能力に影響を与えるほど高いレベルの水銀を含んでいる。水銀汚染は、火山の噴火によって自然に発生することもあるが、ベネチアの場合は明らかにそれが原因ではない。おそらく発電所や焼却炉だろう。水銀はチドリが食べる小さな無脊椎動物に生物濃縮されるが、観光客が高い料金を払って食べる地元の魚介類にも蓄積されている。また医療用焼却炉が鳥類の水銀源となるように、人間の病院のX線検査にも使われるバリウムが、病気の**スズメ**の羽から検出されることもある。各自のより良い健康のためにも、人間も動物も互いにうっかり毒を盛らないように注意しなければならない。

同じことは食べ物でも起こりうる。ハンターは**カモ**や**ガチョウ**を撃つ。あるいは少なくとも撃とうとする。しょっちゅう撃ち損なうことが問題になる。鉛の弾丸は湖や川の底に沈む。乾燥して干上がった年には、カモは川底の小石や砂と一緒に鉛の粒子を取り込み、胃の中で餌としてすり潰してしまう。鉛の弾丸は川の流れによってゆっくりと削られ、川の水とその中のあらゆるものを汚染する。鉛の毒に重度に侵された場合は明らかにわかる。たとえば、**コブハクチョウ**が奇妙な神経症状と下痢を発症した状態でよたよたと歩き回ったりする。しかし、軽度に体内に鉛が蓄積されている場合は見た目にはわからず、たんに弱った鳥になるだけだ。皮肉にも、こうした鳥は撃たれて死ぬ確率のほうが高いので、ハンターとその家族は徐々に毒を盛られていくことになる。

毛を調べて、動物のストレスを知る

肉食鳥類は重金属の影響を一番受けやすく、人間と同じように、食べた鳥から重金属を体内に蓄積する。タスマニアのダーウェント川河口に生息する**シロハラウミワシ**の羽には、餌となる**ガチョウ**の羽の200倍以上の水銀が含まれている。また、ポルトガルの発電所周辺で餌の鳥を捕獲している**ボネリークマタカ**の羽は、水銀濃度がとりわけ高い。毎年羽が抜け落ちるおかげで、このように1羽も捕獲することなく、さまざまな年の環境をモニタリングできる。

羽はあっというまに伸び、その後、抜け落ちるまでの1年は成長が止まる。一方、毛はゆっくりと継続的に成長する。種によって、1カ月に毛が伸びる長さは、1ミリ以下から2センチ以上まで幅がある。**トナカイ**や**ホッキョクギツネ**は気温の変化に対応するために季節ごとに毛が生え替わるが、**タテガミナマケモノ**は最長で10年間も毛が伸び続ける。毛にも、羽と同じ毒素が検出されるが、得られる情報は異なる。茂みの棘に絡まった毛の塊は、数週間のうちに起きたことではなく、その動物が数年にわたりどんな環境にさらされていたのかを教えてくれる。毛を分析すれば、その毛が成長するあいだに取り込まれた毒素の総量がわかる。さらに毛が抜けた時期とその種の毛の成長速度がわかれば、1本の毛は、その動物がさまざまな化合物にさらされた時期を刻んだ暦となる。**ハイイログマ**の毛の中で、水銀、銅、亜鉛が含まれる部分は、カナダの川で産卵中の**サケ**を丸飲みした短い期間と相関関係がある。毛のサンプルは大量になくてもいい。鉛の汚染レベルを分析するには、**モリアカネズミ**の毛が1本あれば充分なのだ。

毛は毒素だけでなく、さまざまなことを教えてくれる。僕たちは子どもの頃、**オオカミ**のような捕食動物は、年老いた動物や弱い動物だけを狙って、結果的にその群れに貢献すると聞いて育った。毛のおかげで、その逸話を検証できる。オオカミに殺されたカナダのサスカチュワン州の**バイソン**の毛は、ハンターに撃たれたバイソンよりも、ストレスホルモン（コルチゾール）の濃度がずっと高かった。また、そうした強いストレスにさらされたバイソンは、骨髄に蓄えられた脂肪の量が少なく、痩せていて生きるのに必死であることが確認された。つまり、オオカミは実際に群れの中の弱者、栄養状態の悪いもの、ストレスレベルの高いものを選び取り、群れの健康を保つのに役立っている。逆に、戦利品を誇示するハンターは、最高の獲物を撃つことを自慢し、その群れから一番強い遺伝子を奪っているということだ。

　コヨーテや**チンパンジー**などある種の動物では、体のどの部分から生えてきた毛であっても、コルチゾール値が一定になる。一方、**カナダオオヤマネコ**のような種では、同じ脚の異なる場所の毛であっても、コルチゾール値にバラツキがある。毛のコルチゾールは、動物の生活においてストレスのかかる時系列のタイムラインを示す。その種をどれだけ長く観察しても得られない情報を、毛から探り出すことができる。最初は戸惑うような結果が出ることもある。

　たとえば、**クロクマ**のオスはメスよりもコルチゾール値が高いが、ハイイログマはメスのほうが高い。ハイイログマは、サケを食べる量が少ないとストレス値が一番高く、クロクマは、魚が少ない地域に生息しているとストレス値が一番高い。これは個々のクマがどれだけ食べたかにかかわらず、そういう結果になる。つまり、ハイイログマは冬眠のために充分な食料を得られないことがよりストレスとなり、クロクマは食料不足そのものよりも、ほかのクマの脅威や、食料が不足しているときのケンカや社会的競争がよりストレスとなっていると思われる。

　スカンジナビア半島の**ヒグマ**は、人間のそばで暮らすとストレスを感じる。捕獲時にも、毛のコルチゾール値が上昇する。捕獲作業は数時間で終わり、毛は1年以上かけて成長することを考えると、予想外の結果である。コルチゾール値が最大になるのは、カルバートトラップ（おもに北米でクマを捕獲する際に使用される、落とし戸《トラップ・ドア》付きの金属製大型パイプ）で捕獲された場合で、ヘリコプターで追跡され、麻酔銃を撃たれたクマ以上に、高いコルチゾール値を叩き出す。

風力発電所は、二酸化炭素排出量の削減に役立つ一方で、鳥類への影響が批判されている。風力発電所が哺乳類に与える影響は、鳥類ほど表立っては出ていない。**ヨーロッパアナグマ**は明白なストレス行動を示さないので、毛のコルチゾール値は有効な助けとなる。ある風力発電所から1キロメートル以内に生息する**アナグマ**の毛は、10キロメートル離れて暮らすアナグマの毛よりも、コルチゾール値が250％も高かった。また、その後の年月も減少することがなかった。アナグマは騒音に適応できず、極度のストレスを受け続けているということだ。

一方、腸内寄生虫を持つトナカイは、薬で（寄生虫除去）治療したトナカイよりも、毛のストレス値が低かった。トナカイと正常な腸内寄生虫は、おそらく数千年前から共進化してきたのだろう。

僕たちの遠い霊長類の親戚である、マダガスカルの**ハイイロネズミキツネザル**は、毛のコルチゾール値が高いと生存率が低下する。慢性的なストレスは死をもたらす。ほかの霊長類にとってのストレスも、人間が経験するものと似ているのではと思うだろうが、必ずしもそうとは限らない。人間の近くで暮らす**ベルベットモンキー**のオスの毛のコルチゾール値が高いのは予想どおりだが、ウガンダの野生のチンパンジーの巣から採取した毛のコルチゾール値は、エコツーリズムが盛んな地域や違法伐採のある地域であっても、上昇することはない。チンパンジーは知能が高いので、おそらく人間と同じように変化にすばやく適応し、常態化できるのだろう。ところが、チンパンジーを動物園間で移動させると、毛のコルチゾール値が正常に戻るまでに1年以上もかかる。人間と同じように、チンパンジーにとっても社会的混乱は極めて大きなストレスとなる。また、いじめられたチンパンジーのコルチゾール値が一番高くなるのも、驚くにあたらない。**ワオキツネザル**の毛のコルチゾール値は、彼らがどのような気候現象をストレスに感じているのかを理解するにも役立つ。あらゆる年齢層で干ばつをストレスに感じる一方、若いキツネザルはサイクロンもストレスに感じている。

毛から社会的ストレスを計測できるのは、ちょうど人間の子どもが激しい嵐を恐れるのと同じように。**ドルカスガゼル**の毛のコルチゾール値を用いて、社会的ストレスや園内飼育の影響を評価している。この情報は、個々の動物のケアを変えることで、その動物の福祉を向上させるのに役立つ。また動物保護区では、**テナガザル**や**ツキノワグマ**用に新設した囲いのおかげで、以前よりも保護動物のストレスが軽減されたことをコルチゾール値の比較で示し、出費を正当化することもできる。

動物園で暮らす、人間に一番近い親戚、霊長類の**ボノボ**の場合、強いストレスを感じると毛を抜くようになる。その毛は傷《いた》みがひどく検査できないため、尿でコルチゾール値を検査する必要がある。また、しあわせホルモン（オキシトシン）も尿で測定できる。オキシトシンは絆《きずな》を深める役割があり、出産後の母親の体内で急増する。オキシトシンの測定は、ボノボが産んだばかりの赤ん坊の面倒を見るか、拒絶するかの判断に役立つ。また、チンパンジーの集団が社会的に強い絆で結ばれているのか、それとも暴力的争いに発展するのかを見極める材料にもなる。

尿サンプルは情報の宝庫

尿を検査すると、さまざまなホルモンや腎臓から排出される物質がわかる。動物園の**ボノボ**の妊娠であれば、コンクリートの床から尿を注射器で吸い上げ、スーパーで売っている安い妊娠検査キットで調べれば判明するが、野生のボノボの尿は地面に消えてしまう。

保護区にいる動物や、野生に帰すためにリハビリ中の動物にとって、尿は今も重要な非侵襲性の診断サンプルである。安価な尿試験紙で、たった1滴の尿から多くの情報を得ることができる。尿中のブドウ糖は、**ワタボウシタマリン**が糖尿病である可能性を示唆しているかもしれない。血中濃度が非常に高くならないかぎり、尿にブドウ糖が混じることはないはずだが、それよりも可能性の高い原因はストレスだ。タマリンがいじめられたと感じているせいかもしれない。その場合、タマリンが必要としているのはインスリン療法ではなく、仲間を変えることなのだ。

酸性だろうとアルカリ性だろうと、尿は貴重な健康情報となる。肉食の哺乳類や多くの霊長類は、普通、酸性の尿を出す。アルカリ性の尿はさまざまな問題を示唆する。たとえば、高齢の**ウンピョウ**の腎臓病や**バーバリーマカク**［霊長目オナガザル科］の膀胱炎《ぼうこうえん》から、**タテガミオオカミ**が嘔吐したからとか、**カニクイザル**が布を飲み込んで胃を詰まらせたなど一風変わった原因まで。しかし、大半の場合、アルカリ性の尿の原因の多くは、地面にしばらくたまっているあいだに、細菌が尿のpHを変化させながら、自由な食事を楽しんでいるだけである。慌てて治療を始める前に、このことを思い出すことが肝要だ。

肉食動物とは違って、草食動物の尿は普通アルカリ性だ。酸性の場合には、小麦を大量に食べた**ダマジカ**や、食欲のない妊娠中の**マーラ**など、いろんな問題を示唆している。また、尿のpHのわずかな変化が、問題の発生を知らせることもある。たとえば、観光客が保護区の柵越しに食べ物を与えて、**スマトラカモシカ**の食事のバランスが崩れていたとする。獣医は尿のpHの低下からそれを察知し、スマトラカモシカが蹄葉炎《ていようえん》（痛みを伴うひづめの炎症）を発症する前に手を打つことができる。

資金力の限られた発展途上国での野生動物保護センターでは、赤キャベツを煮て、冷めたら少量のアルコールを加え、そこに浸した紙を天日干しして、尿pH試験紙を自作する。高価な医療用の試験紙と同じように役立つうえ、動物とスタッフが煮キャベツを食べられる利点もある。

感染症や毒素も、尿で検出が可能だ。**ラクダ**から**プレーリードッグ**まで、さまざまな患者の尿から、レプトスピラなどの細菌が検出されることもある。**チンパンジー**の尿に、サルT細胞白血病ウイルスに対する抗体が検出され、**ワピチ**の尿に、赤血球に寄生する涙の粒の形をした微小原虫、**バベシア**に対する抗体が検出されることもある。**カバ**の尿に、カバの血管を泳いで一生を終える奇妙な寄生虫、**住血吸虫**《きゅうちゅう》の虫卵が交じっていることもある。問題は、検査のためにいかにして尿サンプルを採取するかである。動物園や保護区であっても、場合によっては難しい。

動物園において、尿検査は重要な役割を担っている。**ライオン**や**トラ**のような肉食動物の健康を考えて、さまざまな種類の肉を手頃な価格で用意することは困難であり、動物園は死んだ畜産動物に頼ることが多い。牛、羊、豚、鹿の死体が発見されると、人間の食用には適さないと判断され、動物死体回収業者によって回収される。溶かして糊や石鹸に加工されるのではなく、動物園の動物の餌になる場合もある。ときおり薬物で安楽死させた家畜を誤って（あるいは不正に）業者が回収し、うっかり動物園の肉食動物に毒を盛ることがある。僕はライオンがよろめいて方向感覚を失ったり、トラが倒れたり、**オオカミ**が意識をなくすのを見たことがある。そんなときは、地元の人間の病院で尿の薬物検査を行ない、正しい治療が開始される。

鳥類と爬虫類の尿は、大きく事情が異なる。受精後30時間内に卵を産むので、妊娠検査は存在しない。尿と糞はひとつの開口部、総排出腔から排泄され、卵もそこを通って出てくる。鳥の排泄物は、明らかに3種類に分かれる。ひとつは糞、もうひとつは液体の尿、そして3つ目は鳥類や爬虫類特有の白い尿酸塩だ。この真っ白な沈殿物の主な成分は不溶性の尿酸で、食べすぎた人間の場合だと関節が痛む痛風の原因となるが、鳥の場合は食べたタンパク質から出る通常の排泄物だ。自家用車を汚して持ち主を苛立たせているが、検査のために糞便を採取するときには便利な目印となる。尿塩酸の色の変化は病気の警告となる。緑色の尿酸塩は肝臓に問題があることが多く、たとえば、動物由来感染症のオウム病に感染している可能性もある。

ジャイアントパンダの妊娠診断は飼育員泣かせ

人間の妊娠検査は多くの哺乳類には通用しない。妊娠の仕組みも胎盤の種類も、ホルモンの変化も人間とは異なるからだ。**ムツオビアルマジロ**は、受精した胚《はい》の着床を遅らせることができる。これは胚休眠と呼ばれ、アルマジロの受精卵は数カ月間、子宮の中でくっつかずに浮遊する。ホルモンの変化はごくわずかで、着床するまでは妊娠検査は役に立たない。

アビシニアジャッカルは偽妊娠をすることがある。排卵後の卵巣に黄体が形成され、プロゲステロンなどの妊娠を維持するためのホルモンが分泌される。卵子が受精しなかった場合、妊娠は起こらないのに、それでも卵巣は黄体を形成し、通常の妊娠ホルモンを分泌する。アビシニアジャッカルは妊娠したかのように振る舞い、巣穴を作り、乳腺を肥大させて乳を出すことすらある。体は妊娠していると思い込んでいる。もちろん、実際には妊娠していないのだが。

ジャイアントパンダほど妊娠診断に悩まされる動物もいないだろう。パンダは胚休眠と偽妊娠の両方を行なうため、ホルモン分析が複雑だ。最近、国際自然保護連合（ＩＵＣＮ）のレッドリストで「危機（EN）」から「危急（VU）」に引き下げられたばかりで、どの動物園でもパンダの出産は重要である。おそらく個体数を増やせるかどうかよりも、来園者数を増やせるかどうかという経済的な意味合いのほうが大きそうではあるが。僕も自分の目で見たことがあるのだが、中国のパンダ保護研究センターでは、パンダに赤ん坊を産ませることは難しいことではない。相性の良さそうなパンダ同士をペアにして自然に交配させ、年に一度しかない36時間の妊娠可能期間を把握し、ささいな行動から妊娠したらしいメスを見分ける。そのすべてがわずか1日以内に起こる。多数のジャイアントパンダに接した経験から、パンダの行動の微妙な違いを察知することが鍵となる。

西洋の動物園では、メスが1頭しかいないので、異なるパンダを比べて微妙な行動の違いを知ることができない。動物園やメディアから獣医に強いプレッシャーがかかる中で、多くの検査が試行され、発表されている。ある検査の結果どおりに見事に妊娠が判明しても、翌年別の動物園で同じ検査をしたところ、まったく妊娠していないパンダに同じ結果が出たりする。尿中のエストロゲン、プロゲストゲン、プレグナンジオール、プロスタグランジンF2α、リラキシン、セルロプラスミンなどの急性期タンパク質、その他の化合物を複雑なグラフで何カ月も毎日測定し、ほかのホルモンと関連づけながら、さまざまな急増、急減、比率、交差を判断する。僕は10年間、何カ月分ものパンダのグラフを調べたけれど、宝くじと同じ運任せの結果しか得られなかった。残念ながら、調査を始めた頃よりも何ひとつ賢くなっていないと認めざるを得ない。グラフの意味をめぐる熱心な議論は、第一線の生殖科学者に任せて、僕は地面にたまった尿を注射器で吸い上げて検査する程度にとどめておくのがよさそうだ。

パンダのような複雑な技術を用いる検査ではなく、3000年前に古代エジプト人が使っていた安価で簡単な妊娠検査を使用することもある。古代エジプト人は女性に大麦や小麦の種に尿をかけさせて、妊娠を診断した。妊娠中の尿は種子の発芽を早める。この検査は、超音波のような最新技術と比べても約70%という高い精度で診断できる。**マントヒヒ**などのサルでも有効だ。ただし、草食動物には使えない。**ブラックバック**や**バンテン**〔偶蹄目ウシ科〕などの反芻動物には、サンスクリット語で「聖なる牛」という語から名付けられたプニャコティ検査が有効だ。緑豆に尿をかける検査だ。妊娠した反芻動物の尿は、緑豆の種子の発芽を5日間遅らせ、成長を阻害する。妊娠中の草食動物の尿には、種子の休眠を維持するための植物ホルモン、アブシジン酸が高濃度に含まれている。**ヤク**の尿は、緑豆にとっての睡眠薬のようなものなのだ。

ホカホカウンチは動物からの貴重な贈り物

チョウゲンボウから学んだサンプル採取のコツがある。**キタハタネズミ**は尿で印をつけながら道を進む。ほかの多くの動物と同じように、嗅覚による道しるべだが、それだけではない。ハタネズミは、人間には見えない近紫外線スペクトルを見ることができる。ハタネズミの尿は――僕らの目には見えないが――日光の近紫外線スペクトルでは明るく見え、ほかのハタネズミに縄張りを守るよう視覚的な警告を与える役目も果たしている。チョウゲンボウも、このスペクトルの光を見ることができる。辛抱強く宙を舞いながら、ハタネズミがつけたばかりの道しるべをじっと観察する。少しでも動きを察知したら、急降下してハタネズミに襲いかかり、食事にする。同じ方法で、僕らも夕暮れどきに、強力なブラックライトの懐中電灯（紫外線を放射し、普段は見えないものがかすかな蛍光色を発して見えるライト）を使って、齧歯動物のサンプルを探すことができる。夜、紫外線ライトを持って、ナミビアで**ケープアラゲジリス**の尿を探して歩き回っていると、同じように紫外線で光る**サソリ**が浮かび上がる。それを避けながら、光る尿の跡を追っていると、本当の目的である糞にたどり着く。その糞もまたかすかに光っている。糞が新鮮なほど明るく光るので、クリプトスポリジウムなどの腸内感染症の検査のために、一番新鮮なサンプルを選ぶことができる。クリプトスポリジウムは人間にも感染する可能性があり、糞を調べれば、ジリスが原因で人間に感染したのか、逆に人間の不衛生な環境が原因でジリスに感染したのかを判断できる。

動物を煩わせずに採取できるサンプルの中で、ウンチはまさに途絶えることのない贈り物だ。人間の医師や家畜の獣医は、通常、腸内寄生虫や腸内細菌感染症など、ごく少数の検査にしか糞便サンプルを使用しない。だいたい患者に質問したり、超音波検査をしたりできるときに、どうして臭くて不快なサンプルをわざわざ採取したりするだろう？　また、人間の患者に有害な便をプラスチックの入れ物に押し込んでもらうよりも、血液を採取したほうが社会的に受け入れられやすい。それに対して、患者が野生動物の場合は、入手できるものでなんとかするしかない。

ウンチは数時間後でも数日後でも同じに見えることもある。検査によっては、できるだけ新鮮なサンプルが必要になる。獣医師が病気の**ジャイアントパンダ**には目もくれず、赤外線カメラであちこちのウンチの山を覗き込み、どれが一番ホカホカなのか——つまり出来立てホヤホヤなのか——を調べているのを見ると、動物園の飼育員たちは困惑するようだ。腸の問題を引き起こす細菌種は、この微生物の〝食べ放題のビュッフェ〟で、ほかの侵入細菌の力を借りて異常増殖する。そうなると、検査室で正しい診断ができないため、獣医も必死なのだ。早朝に**ゾウ**の糞を集めるときには、このハイテク糞発見器カメラが役に立つ。国立公園の**スリランカゾウ**が集まる場所の近くには、いたるところに糞の山がある。赤外線カメラを使ってすばやく一番ホカホカの山を見つければ、厚皮動物たちを過度に困らせずにすむ。

では、ジャイアントパンダのように単独で行動する動物はともかく、**オマキザル**の大群の中で、どのウンチがどの個体のものかを見分けるにはどうすればいいのか？　それにはちょっとした魔法をかけるといい。ジャムやピーナツバターに、異なる色の化粧用のキラキラ成分を混ぜておくのだ。どの個体がどの色を食べるかを双眼鏡で観察しておけば、どのウンチが誰のものだかわかる。面白みに欠ける自然の代替品としては、トウモロコシやレンズ豆も使用できる。

さて、これで新鮮な糞便を手に入れ、どの動物のものかもわかっている。それでどんな検査ができるのか？　まあ、ほぼあらゆることがわかる。食生活の分析、栄養やビタミンの状態、消化状態の診断、剝がれた腸内細胞のＤＮＡ分析、寄生虫の有無、各種感染症のチェック、ストレスホルモンの計測などが可能だ。妊娠を診断することもできる。尿ではなく糞便を使って妊娠を診断するのは難しく、高度な検査機器が必要となるが、**チーター**のように、糞便を使った妊娠検査の信頼性が高い種もある。チーターはオスの繁殖能力が非常に低く、交尾を観察するだけでは妊娠を予測できないため、実に有用な方法だ。

糞便は腸から遠い臓器の病気も発見できる。**ヨーロッパアナグマ**の肺がウシ型結核菌に感染しているとき、糞便だけで病気を発見できることもある。アナグマの結核検査として最良とはいえないが、それでも咳き込み、飲み込まれ、消化された微量の細菌が、ほかの多くの細菌と一緒に混ざって糞便となって検出されるとは実に印象深い。

病気に感染していなければ、糞便から貴重な情報を得ることもできる。たとえば、**マゼランペンギン**は、個体数が減少しており、乱獲から気候変動まであらゆるものが原因と考えられている。この問題を理解するには、ペンギンがどんなものを食べているかを知ることが非常に重要だが、一生の大半を海で過ごす鳥類となると、簡単にはいかない。数十年前、僕がアルゼンチンのウシュアイアで初めてマゼランペンギンを見た当時は、かなり不愉快な検査によってその情報を入手していた。ヒナに餌を与えるために戻ってきた親ペンギンを待ち伏せ、胃の中にチューブで水を入れ、哀れな親鳥がヒナのために集めた餌を全部吐き出すまで水を入れ続けるという方法だ。その後、胃の内容物を分析し、ペンギンが何を捕食していたのかを調べた。現在は、もっと友好的な方法でペンギンの食生活を調査しており、水責めは必要なくなった。ウンチを集めて、ペンギンが食べたさまざまな魚のＤＮＡを分析できる。ＤＮＡの分析結果は驚くべきものだった。数種のペンギンが、定期的に**クラゲ**を食べていたのである。クラゲは飲み込んだとたん分解されてしまうため、昔の無理やり吐き出させる検査方法ではわからなかったのだ。クラゲの数は海水の温暖化により増えているようだが、ペンギンは乱獲や気候変動に対応するためにクラゲを食べているのだろうか？　それともただ好物なのだろうか？　その点は今もわかっていない。

　消化過程の入り口で分泌される唾液も、有用な検査サンプルとなる。僕が新米獣医だった頃、**アフリカスイギュウ**に麻酔をかけ、口蹄疫の検査をするときには、プロバングという先端に小さなカップのついた長い金属線をスイギュウの喉に入れて、唾液と粘液を採取したものだ。新しい検査方法では、ずっと少ない唾液の量ですむようになった。ブルガリアの森で**イノシシ**の検査をするときも、トウモロコシの穂軸にロープを結び、何粒かを綿棒の先端と入れ替えておいて、唾液を染み込ませれば、あとで検査できる。**モリイノシシ**の検査をするときにはトウモロコシの穂軸がなければ、太くて柔らかい綿ロープに美味《おい》しそうなにおいのするフルーツを擦り込んで、木に結んでおく。イノシシがロープを噛むと、唾液が染み込むという仕組みだ。**チンパンジー**の唾液は、病気の検査にも使えるし、ストレスを検出するのにも役立つ。何カ月分もの全体像を示す毛のサンプルとは違って、唾液のコルチゾールは1時間足らずで変化する。保護区や動物園では、学校団体客の騒がしさや、近くのレストランから漂うバーベキューのにおいが、チンパンジーにとってストレスになっているかどうかを唾液で調べている。

寄生虫は、ウンチで一番簡単に検査できるもののひとつだ。糞便を濃い食塩を水に溶かすと、虫の卵が水面に浮いてくるので、それを集めて顕微鏡で調べればいい。この方法は簡単かつ安価であり、**マウンテンゴリラ**から**キンイロアデガエル**まで幅広い動物に使える。もし卵が見つかれば、**ケヅメリクガメ**が腸内寄生虫に感染していることがわかる。家畜獣医師は、飼育されている犬、猫、牛、羊、馬の寄生虫、**ノミ**、**ダニ**の治療に多くの時間を割いている。しかし、野生動物は何百万年ものあいだ、寄生虫とともに進化してきた。**カメ**の寄生虫を治療することが、かえって害をもたらすこともある。寄生虫を殺す薬の中には、カメを麻痺させたり殺したりするものもある。また、野生のカメの中には、食べ物が腸内をゆっくり移動するときに、寄生虫が腸内で食べ物を攪拌《かくはん》してくれるおかげで、腸管の表面から栄養を取り込みやすくなっている種もいるようだ。栄養価の低い草を主食にしている場合には、寄生虫はありがたい存在なのだ。

ほとんど捕獲が不可能な動物の場合、糞便が唯一のサンプルになることもある。再導入された**シロオリックス**の乾燥した糞の塊がいくつかあれば、砂漠のまばらな植物から充分な栄養を得ているか、どんな植物を食べているのか、寄生虫に悩まされていないかなどがわかる。このオリックスは双眼鏡でしか見ることができない。それ以上近づけば、地平線の彼方に砂煙を上げて消えてしまうからだ。つまり、そもそも発見できなければ、双眼鏡で見ることすらできないということだ。アリストテレスの説によれば、昔、誰かがこのほぼ絶滅したオリックスのツノが1本折れているのを遠くから見たことが、ユニコーン神話の元となっているらしい。2016年に野生で絶滅した後、25頭のシロオリックスが、チャド共和国のスコットランドほどの大きさの砂漠の自然保護区に再導入された。砂漠の保護区では、小さくて乾いた糞便を見つけるのは難しい。とはいえ、山深いジャングルで**トラ**の糞を見つけるのもまた難しい。動物園のトラの糞で訓練された追跡犬に頼るのは、野生のトラの糞を発見するもっとも効果的な方法のひとつだ。ただし、森の樹冠に棲む動物の場合には、犬には頼れない。

ウンチ発見の頼もしい助っ人たち

新鮮なウンチを見つけるのが不可能な鬱蒼《うっそう》と植物が生い茂る場所では、昆虫に助っ人を頼む。コートジボワールでは、ある種の**ハエ**が**スーティマンガベイ**に引きつけられる性質を持ち、密集した熱帯雨林の中を移動するスモーキーカラーのサルの小集団を追いかけている。マンガベイの臭い糞に集まるハエもいれば、汗臭いマンガベイのまわりを好むハエもいる。いろんなハエを検査すれば、炭疽《たんそ》菌がマンガベイの皮膚のただれを引き起こしているのか、それとも炭疽菌が腸管内に存在し、多くのマンガベイを殺す可能性があるのかを知ることができる。

クロバエは、野生動物のミニチュア国勢調査員だ。アフリカやマダガスカルでは、簡単なハエ取り器を使って、野生動物が最近どんな動物を食べたのかを特定し、病気の発生を予見することができる。クロバエの力を借りれば、腐りかけた野生動物の死体を見つけるべく、何百時間もかけて密生した植物の中をとぼとぼ歩き回らなくてもすむのである。

また、血液サンプル採取の助っ人は前述した**サシガメ**だけではない。**ダニ**を検査すれば、関節や脚の痛みに苦しむ**オジロジカ**がライム病に罹っているかどうかがわかる。また、アイルランドのヘザーが生える原野で、**アカライチョウ**が死んでいるのは、**ヒツジ**のウイルス、跳躍病が原因かどうか調べるときにも、ダニが役に立つ。

ほかにも助っ人はいる。特別保護を計画するにあたっては、その地域に対象の動物が生息しているかどうかを調べなければならない。しかし**アンナンホエジカ**のように、小さくて内気で希少で夜行性の動物の場合は難しい。ベトナムの山岳地帯で最近発見されたばかりのこの小さなシカを見つけるのは、ほぼ不可能だ。カメラトラップでも苦戦を強いられ、サンプル採取も事実上不可能。そんなとき助けてくれるのが、忌み嫌われがちな**ヒル**だ。腸内のＤＮＡを検査すれば、何の血を吸ったのかがわかり、この孤独を好むホエジカの生息場所を特定することができる。

ときには、動物そのものを生きたまま（害を与えずに）検査に使うこともある。たとえば、高周波非侵襲性バルボメトリー検査では、２本の小さなセンサー付きワイヤーを、**カキ**や天然の**二枚貝**の上下の殻の縁に貼りつけ、餌を食べるときに殻を開く頻度と時間の長さをモニタリングする。こうした貝類は、１００万分の１単位で計測される水中毒素レベルから、水温や塩分濃度の微細な変化まで、水質の変化に極めて敏感で、それが殻を開けるパターンやタイミングに表れる。この簡単なセンサーをつけた二枚貝を海底のあちこちに設置して、海底全体の健康状態をモニタリングすれば、微妙な水質の変化や、毒性のある藻類の開花を早期に発見できる。そんなふうに、生きた動物を使って健康診断ができるというわけだ。

生体検査用ダートで幹細胞を保存する

患者を捕獲したり麻酔したりすることなく、筋肉サンプルを採取しなければならないこともある。そんなときのために特殊な麻酔銃がある。針のついた注射器ではなく、事務用パンチで開けた穴ほどのサイズの、先の尖った小型金属チューブを撃ち込むのだ。その生体検査用ダートを、サンプルが必要な**セーブルアンテロープ**に撃ち込むと、皮膚とその下の筋肉の薄い芯を切り取り、チューブ内に肉片を残したままダートが抜ける仕組みになっている。これは狙われた個体にとって愉快な経験ではないが、それでも捕獲され麻酔をかけられるよりはストレスが少なくてすむ。生体検査用ダートは、捕獲がもっとも難しい大型肉食動物の検査に役立つ。**シャチ**は海の頂点捕食者であり、食物連鎖の中で下位の動物が食べた毒素をすべて脂肪層にため込む。一部の海域ではシャチの群れが小さく分裂し、近親交配による遺伝的特徴が問題になりつつある。この問題の研究に協力する野生動物の獣医は、強力なクロスボウから発射される生体検査用ダートを使う。シャチが潜水したときに貴重なサンプルが海底に沈まないように、ダートには鮮やかな黄色の浮きが取り付けられている。

麻酔銃にはもっと優しい使い方もある。針の代わりに、粘着テープを貼りつけるのだ。仲間とケンカ中の**ブタオザル**に撃ち込めば、イライラしたサルは不快そうにダートを引き剝がすので、有用な毛のサンプルを採取できる。たった2、3本の毛でも、検査にとっては金の卵となりうる。毛包から引き抜かれた生きた毛には、根本に小さな球状の細胞がついている。それがあれば、多くの遺伝子検査やポリメラーゼ連鎖反応による超高感度な疾患検査が可能になる。この質素な毛の根元にわずかに見える膨らみは、絶滅の危機に瀕した動物のもっとも貴重なサンプルのひとつ、幹細胞を生成するために使用することもできる。精子や卵子の凍結に注目が集まっているが、幹細胞は精子や卵子だけでなく、ほかの細胞（遺伝、免疫、病気の罹りやすさの検査に役立つ細胞）を生成する可能性も秘めている。研究者たちは幹細胞から精子や卵子を確実に生成するという目標に向かって日々研究を重ねている。実現すれば、絶滅した動物でさえ、新たな胚を作ることができるようになる。ひとまず、僕たちはサンプルを集めて保存し、技術の発展を待っている。というのも、その技術が実際に活用できるようになる前に、多くの絶滅危惧動物が消えてしまう可能性があるからだ。この研究は、野生動物の絶滅という満ち潮に抗うための、いまだ完成していない最後の究極の水門なのである。

直接手を触れない検査（羽や糞といったサンプル採取）によって、野生動物の健康状態について多くのことがわかるが、それだけでは不充分なこともある。場合によっては野生動物の患者に触れて、何が起こっているのかをよく知る必要もあるのだ。

4

ヤマアラシのつかみ方とフクロウの目の覗き方

触診する

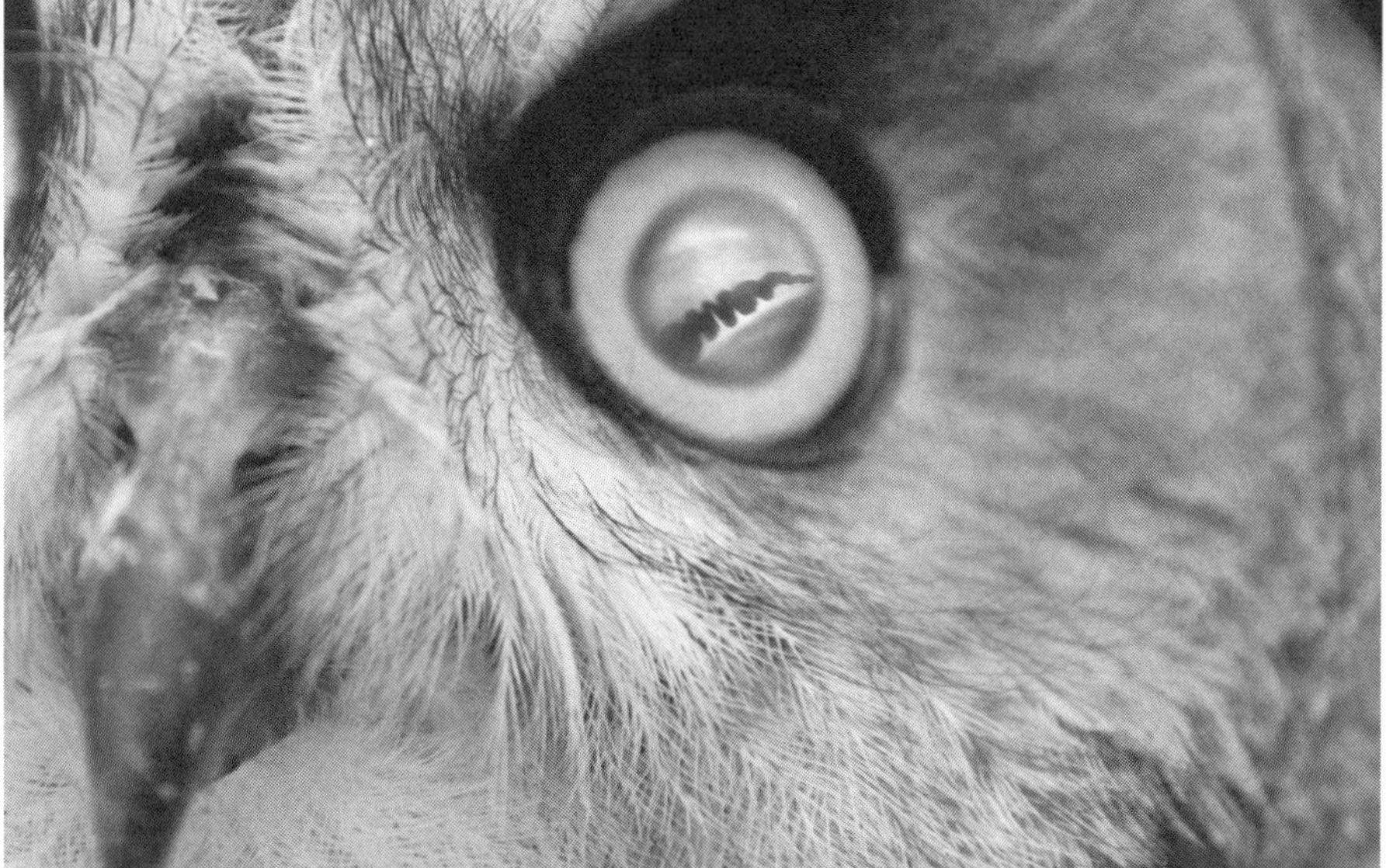

フクロウの目の奥にある網膜を調べると、目に見える血管はなく、ペクチンと呼ばれる波状の黒い突起があり、その中に血管が含まれている。

お腹まで体毛で覆われている**アフリカタテガミヤマアラシ**の内臓を触診するにはどうすればいいのか？　ヤマアラシの体毛は鋭く、棘《とげ》のようになっていて、刺さると根元から抜けるという恐ろしい習性がある。**ライオン**ですらヤマアラシには近づかないようにしている。そんなヤマアラシに麻酔をかけ、棘の森を慎重に探る。骨盤の近くに大きくて硬いしこりを見つける。腫瘍や腸閉塞ではないかと心配になるが、実は正常な脾臓《ひぞう》だ。ちなみに人間の脾臓は小さく、肋骨のすぐ下あたり、胃の横にある。野生動物の正常な状態を把握するだけでも難しいのに、病気の原因を探るのは至難の業である。

　人間の子どもであれ、**ラマ**であれ、漂着した**ゴンドウクジラ**であれ、どんな患者でも身体診察は先史時代以来の医学の本道である。現代の診断検査やレントゲンが登場してまだ1世紀あまりしか経っていない。駆ける**ブラックバック**や、跳躍する**トムソンガゼル**の歩行を観察して、跛行《はこう》（歩行障害）の兆候がないか調べる。聴診器を当てて、肺真菌（カビ）症に感染した**マカロニペンギン**の肺が、ときおりパチパチとかすかに鳴る音や、地雷探知の訓練を受けた**アフリカオニネズミ**の心臓弁から漏れるヒューという静かな音に耳を傾ける。老齢の南米の**ヤブイヌ**に麻酔をかけてから手で触れ、関節炎を患う膝関節の軋《きし》むような動きを感じる。**カオジロガン**の羽のあいだに指を走らせ、羽毛の海の下で見えない、小さな散弾の傷を感じる。**クリップスプリンガー**の息のにおいを嗅いだとき、かすかにマニキュアのようなにおいがすれば、その個体の代謝は妊娠の準備ができていないことを示し、**ロエストモンキー**のフルーツ臭のする息は糖尿病の可能性を示唆する。**シタツンガ**の下痢便からかすかに梨の香りがしたら、おそらくロタウイルス感染症だろうし、**アカクモザル**の糞から甘ったるい悪臭がしたら、非常に恐ろしいクロストリジウム・ディフィシル感染症の疑いが濃厚だ。思慮深く除外した味覚をのぞき、すべての感覚を駆使しなければ、言葉を発しない野生動物の患者の病状の謎をシャーロック・ホームズさながらに解明することはできない。

血液検査やレントゲン、MRI検査などが爆発的に普及した現在では、身体診察を行なう人間の医師や家畜獣医師はどんどん減っている。診察自体が大雑把《おおざっぱ》になっていることからもわかる。最後にあなたが医者にかかったときのことを思い出してほしい。その医師は、暗い部屋で検視鏡であなたの目を覗き込み、鼻の奥を見て、心臓や肺の音を聞き、腹部を触り、血圧を測り、ゴムのついたハンマーで膝の反射をチェックしただろうか？　そうしなかった可能性もあるだろう。現在、多くの医師の診察では、身体的な接触がまったくない。時間がないこと、ほかの検査が簡単にできること、不適切な接触と非難されるのを恐れることなどが影響している。ペットの犬でさえ、個々の神経を調べるために教わったさまざまな検査がほとんど行なわれていない。手っ取り早くすませる獣医師は、フラフラしている患者をMRI検査に回すだけだ。

新型コロナのパンデミックは、ビデオ通話や電話を通じて、患者がその場にいなくても診察できるとされる遠隔医療への不可逆的な流れを推し進めた。あなたを診察する医師は人間ですらないかもしれない。「エイダ・ヘルス」のようなアプリは、コンピュータのアルゴリズム（AI）によってあなたの症状を処理する。どれも必ずしも悪いことではない。手頃な費用で医療を受けられない地域は世界中にたくさんある。裕福な国であっても、対面診察は5分だけと制限されている場合もあり、こうしたアプリは、基本的な健康相談や検査を受ける機会を提供してくれる。

新型コロナの流行当初、僕は東アフリカの拒食症の**チーター**についてアドバイスをし、ロシアで押収された脊髄に問題のある**ライオン**を診察し、西アフリカの**チンパンジー**の骨折した脚を簡単に治す方法を説明した。すべてスコットランドの自宅から1週間以内に行なったことだ。とはいえ、僕にとってはどれも目新しいことではない。数年前には夜行列車で移動中の午前3時に、インドネシアの獣医たちと、**ボルネオオランウータン**の緊急腹部手術について話し合ったりもしていた。

触れる機会には徹底的に触るべし

それでも、実際に手で触れて診察することに勝るものはない。全力は尽くしていても、電話や数秒のビデオを通しての診察で、恐ろしく誤った判断を下したこともある。野生動物の患者に触れられる機会はめったになく、その貴重な機会を当たり前だとは思わないよう心がけている。そんなわけで僕が行なう身体診察は、まるでスペインの異端審問のような徹底ぶりとなる。**チチュウカイモンクアザラシ**の鼻の穴を覗いて鼻ダニがいないか調べたり、**マンドリル**の前立腺を、手袋をはめた指を挿入して触ったり、あらゆる部分を触診して調べる。ペットの犬や猫は自分の症状を説明することができないだけだが、**リーチュエ**［偶蹄目ウシ科］の子どものように、獲物にされる動物の患者は、獣医師の助けになるような病気の兆候を平然と隠そうとする。もし**メキシコアカボウシインコ**が病気で弱っていたら、空腹の**クーパーハイタカ**は、当然ながら獲《と》りやすい餌としてそのインコに狙いを定めるだろう。

たとえ研究プロジェクトのために短期間捕獲されているだけでも、基本的な診察は欠かせない。鳥類標識調査員は獣医ではないが、鳥の体重や体のサイズを記録する。そうとは認識されていないが、これもある種の健康診断のようなものである。異常に小さかったり軽かったりする鳥は、具合が悪いか、その地域環境に対処するために必死に闘っているのかもしれない。鳥類標識調査は鳥の寿命や行き先を知るのに役立つ。データを分析することで、気候変動の影響、地域の工場からの重金属汚染、農業の変化が鳥類に与える影響を推定することができる。個々の鳥の測定値を、その個体群と周囲の環境の健康診断として利用するのである。僕の友人のリアム・リードのように、熱心な鳥類標識調査員兼獣医がいるのも不思議ではない。彼は1羽の**ツバメ**の健康状態をチェックするだけでなく、長期にわたる個体群全体の健康状態をチェックしているのだ。

　急いですませようとすると、明らかに問題があるところだけに集中して調べようとしがちだが、それは誤っている。非常にもどかしいことに、獲物にされる動物は症状を隠す名人だからだ。たとえば、ある秋の朝に、**ニアラ**［偶蹄目ウシ科］の子どもの世話をしたときのことだ。餌の量がいつもより少なめだったが、遠目にはまったく問題がないように見えた。ところが腹の動きを確認しようと捕まえたとたん、数秒後には僕の腕の中でぐったりして死んでしまった。解剖してみると、胸の半分が巨大な腫瘍となっていた。信じられないことに、そのニアラの子どもは、その状態でずっと生きており、元気そうですらあったのだ。

　たとえ悲惨な事態を想定していなくても、患者に手で触れたら、獣医は人獣共通の救急重症度《トリ》判定《アージ》検査ＡＢＣに従って確認する。Ａは気道（Aireways）。この**セーシェルセマルゾウガメ**は気道が通っているか？　気管や鼻の穴が粘液で塞がれていないか？　Ｂは呼吸（Breathing）。この**ハイイロアザラシ**は、人間や**犬**がするようなスムーズで規則的な呼吸をしているか？　もしそうだとしたら、これは危険信号だ。水中で暮らすアザラシは短く一気に呼吸するのが普通だからだ。そのアザラシは重度の肺線虫感染症に罹っている可能性がある。Cは循環（Circulation）。このヒゲワシは翼の下でも、心拍と同じように規則正しい脈があるか？ 聴診器を当てたとき、ブクブクとかシューとかいう雑音が聞こえないか？ 血は体の隅々まで届いているか？ それとも翼の先が冷えて血の気がなく、血流が妨げられ、翼の組織が死滅している兆候があるか？

患者が即座に〝せわしなきこの世を去る〟［シェイクスピアの『ハムレット』の台詞］危険性がないことを確認できたら、いよいよ診察開始だ。たとえば、ある**アフリカタテガミヤマアラシ**の後ろ足の甲の皮膚が赤くなっているとする。だからといって、皮膚だけに注目して、真菌や細菌や、ワニのような形をした**ニキビダニ**がいないかとチェックするのではなく、全身をくまなく調べる必要がある。もしかしたら、脊髄の損傷で足を引きずっているのかもしれないし、腎臓の感染症のために排尿時に無理な姿勢を取って足をこすりつけたのかもしれない。白内障が原因でつまずいたのかもしれない。最初に偏りなく検査を行なうことが重要だ。そうでないと、単なる症状だけを手当てしたり、まったく誤った問題を治療したりする危険性がある。

触診の前に、医学的な問題がまったくない可能性を考慮することにも価値がある。長年、僕は途方にくれた多くの若い獣医に助言を求められてきた。彼らの患者——たとえば、**フサオマキザル**——は体重が減り、毛並みが悪くて、世話をする人々を心配させている。ところが、あらゆる血液検査や検便、レントゲン、超音波検査をしても、結果はすべて正常と出る。ついては、ツツガムシ熱からエプスタイン《E》・バー《B》・ウイルス（伝染性単核球症）まで、さらなる検査についてのアドバイスをしてほしいというわけだ。そこで、スタッフにざっと調べてもらうと、そのオマキザルは5頭のオスの独身グループの一員で、ほかの4頭は威張っていることがわかる。食事は栄養士によって綿密に計算されており、毎日食べ物が残っていることはない。つまり、ほかのメンバーがそのオマキザルをいじめていて、彼の分まで食べて太っているだけなのだ。その場合、解決策は新しい検査や投薬ではない。食べ物を増やすか、彼をほかのグループに移動させるだけで、問題は消える。

目は健康状態を映す窓

実際に患者が目の前に来たら、左足でもヘソでも、どこからでも検査を始められるが、僕らは個性に関連する部分から始めることが多い。つまり、顔である。目は心の窓と言われるが、患者の健康状態を推し量る窓でもある。

モリフクロウの目は、動物の中で一番観察しやすいかもしれない。フクロウの目には巨大な瞳孔があり、覗き込むと美しい。モリフクロウの目は、狩りの際にかすかな月光を集められるように巨大であるだけでなく、ほかのフクロウと同様、丸みを帯びてすらいない。彼らの目はキノコの形をしている。大きく美しい目の正面側は、実はマッシュルームの柄に相当する、一番小さい部分なのだ。奥にある後房が一番大きなマッシュルームの傘の部分になる。巨大な2つの目が頭蓋骨の中でぎゅう詰めになっている状態だ。そのため、一方の目に明るい光を当てると、光がその目を通過して、もう一方の目まで届き、もう一方の目の瞳孔が収縮するほどである。

急降下して**ネズミ**を捕らえたり、木に留まったりするときに、大きな目に圧力が加わると、柔らかい眼球が変形したり、グラグラしたり、ピントが合わなくなったりしかねない。それだと、時速240キロメートルで獲物に飛びかかる**イヌワシ**は困ってしまう。その問題を解決するため、鳥類は強膜骨という紙のように薄い骨を白目の中に埋め込み、眼球を硬くしている。眼球骨は、見事な夜間視力を可能にする**アメリカワシミミズク**の奇妙なキノコ形の目を保護する唯一の方法なのだ。

しかし、何万年もかけて完璧に進化した多くの動物の適応と同じように、最近の人類の変化は鳥類に大きな問題を引き起こしている。細い骨に支えられた巨大な眼球は、飛行中の過酷な状況下で焦点を合わせるには最適だが、硬い眼球は損傷もしやすい。晴れた日にリビングの窓に衝突するだけで、**クロウタドリ**は失明してしまう。**カワラバト**など鳥類は、**チーター**が走るよりも、さらには人間の運転する車よりも速いスピードで飛べるのだから、驚くことでもない。そんな速度で衝突すれば、人間なら命に関わるだろう。一方、夜遅くに車のフロントガラスにぶつかったモリフクロウは、衝撃を受けた1分後には飛び去り、平気なように見える。しかし、過去20年間に僕個人が診察した1000羽以上の負傷したモリフクロウのうち、成鳥の40％以上は網膜剥離などの深刻な目の内部損傷を受けており、誤って放鳥すれば餓死してしまうほど視覚に障害を負っていた。衝突による目の損傷は、現在、世界中の野生動物リハビリテーションセンターにフクロウが収容される、もっとも一般的な原因ではないだろうか。そんなわけで、フクロウの翼が折れていないか確かめる前に、まずは目をチェックするのである。骨折なら多くの場合、すぐに治せるし、2週間もすれば患者は飛べるようになるが、検眼鏡を覗き込んで網膜剥離を見つけても治療はできず、フクロウにとっては死の宣告となる。

神は網膜に血管を走らせるか？

フクロウの目を検眼鏡で見ると、ほかの鳥類と同様に、網膜が人間とは異なっていることがわかる。**ゴリラ**や**ジェレヌク**［別名キリンレイヨウ］のように網膜の表面に酸素を運ぶ血管が蛇行しているのではなく、鳥類の網膜は血管が見えず、一面ピンク色をしている。その代わり、網膜の表面から絞り出された黒い**ナメクジ**のようなものが突き出ている。これは櫛状《くしじょう》突起と呼ばれる血管の塊で、**ブルーイグアナ**などの一部の爬虫類にもある。

当初は人間の目こそが神の創造の証拠とされていたが、のちに科学者たちは目の解剖学的構造を理由に進化論を支持するようになった。もし万物の設計者が存在するならば、網膜の表面に血管や神経を走らせて、視力の邪魔をするはずがないというわけだ。哺乳類の目は、まさにそんなふうにできている。保護区で暮らす高齢の**ツキノワグマ**は、網膜血管の近くに小さな茶色の斑点が出ていることが多い。そうした少量の出血は高血圧の印であり、治療をせずに放置すれば腎不全や失明の危険性がある。また、**フェネック**の網膜は、一見するとほかの組織よりも小さいが、太い血管が異様にたくさん走っており、目の目的である視覚をとりわけ邪魔しているように見える。実は、網膜血管の一番の目的は、栄養や酸素を運ぶことではなく、冷却装置の役目を果たすことなのだ。フェネックの網膜に高エネルギー光子が当たると、砂漠の太陽が僕の首を焼くごとく、繊細な細胞層をあっというまに焼き焦がす。血管はその熱を吸収し、網膜から取り除く働きをしている。目の中にあるミニラジエーターのようなものだ。同時に、血液中の細菌が網膜に運ばれやすいという欠点もあり、眼科検査で感染を確認することもある。

人間と比べて優れた視力を持つ鳥がいる理由のひとつは、目に邪魔な血管がないことだ。また、鳥類は体のサイズのわりに目が大きく、視細胞が密集しているためでもある。**ヨーロッパノスリ**の網膜には、人間の5倍の視細胞が詰まっている。**アメリカチョウゲンボウ**が20メートル離れたところから体長2ミリの小さな昆虫——人間には小さすぎてとても見えない——を見つけられるのも、そうした構造上の違いによるものだ。僕らは遠くからトラックのナンバープレートをかろうじて読める程度だが、上空を飛んでいる**オナガイヌワシ**には、このページに書かれている文字が楽々と見えるのである。ところが、**オオカミ**の顔の前に同じ本を置いても、ペットの犬と同じように文字の存在を認識することすらできない。オオカミの目には、ほかの哺乳類と同様、人間が細かい部分を見るために必要な中心《ちゅうしん》窩《か》——光受容体が密集しているくぼみ——がない。気づいていないかもしれないが、あなたは視界のごく一部でしか何かを読むことはできない。前を見ながら、目の端で本を読んでみてほしい。それと同じくらい低い解像度で、オオカミや、ほかの多くの哺乳類は世界を見ている。オオカミの視力は、人間や**ボノボ**の４分の１しかない。オオカミが僕らと同じ細かいものを見るには、４倍近づかなければならないということだ。しかし、10ポイントのTimes New Romanフォントで論文を読むことではなく、**カリブー**の子どもを追うには充分なのだ。それにオオカミの目は低解像度だが、**ソウゲンワシ**の高解像度かつ繊細な目よりも、頑丈にできている。逃げるカリブーに顔を蹴られれば痛いかもしれないが、追いかけるオオカミが失明することはまずないだろう。

哺乳類では、類人猿と一部のサルだけが中心窩を持っている。中心窩は直径２ミリ以下、網膜表面の１０００分の１しかない小さなエリアだ。だが、その部分に繋がる神経は、視神経線維全体の半分を占め、脳の視覚処理作業の大半を担っている。その中心窩の中に、最高の視力を司《つかさど》る０・３ミリの小さなエリアがある。その表面には神経や血管が走っておらず、可能なかぎり高解像度でものを見ることができる。中心窩が大きければ大きいほど、脳の処理量も多く必要となる。そんなわけで、目は妥協案を採用した。中心の極小エリアにはボノボが種を剝くのに必要な細部を見分けられる視力を、そのまわりには**ヒョウ**が忍び寄ってくるのを発見するのに充分な低解像度の視力を、配置したのである。あなたが運転中に携帯電話の画面を読もうとしていると、近づいてくる巨大な大型トラックに衝突間際まで気づかないのも、同じように目の造りに限界があるからだ。しかし、もしあなたが**アオバネワライカワセミ**だったなら、運転中に携帯電話で楽々とメールを送ることができるだろう（文字の打ち方を学んでさえいれば！）。というのも、カワセミは2つの別々の中心窩を持っているからだ。また鳥類には、地平線と眼下の地面の両方にピントを合わせるために目が左右非対称になっているものもある。これは二重焦点レンズでなければできないことだ。

テレビのリモコンはライトセーバー

僕が駆け出しの獣医だった頃、誰かが「孤独なペットの**ヨウム**のためにテレビをつけっぱなしにしておくといい」と勧めるたびに、笑い飛ばしたものだ。鳥類は、人間よりもはるかに速い動きを感知することができる。1秒間に24フレームというのは、人間の目を欺いてテレビに映る別々の絵を動画として認識させるには充分だが、オウム目《もく》の鳥類の目には、一連の絵が奇妙な点滅するスライドショーとして映るだけだ。**オウム**が昔のブラウン管テレビの画面をじっと見つめていたのも無理はない。彼らが興味を持ったのは、飼い主が考えたように番組そのものではなく、ブラウン管に映し出される奇妙なジグザグの点滅だったのだ。おそらく、どうして人間はあんなものを何時間も見ているのだろうと不思議にも思っていたことだろう。**セキセイインコ**は蛍光灯が1秒間に60回パチパチと点滅するのも——僕ら人間のずっとスローな視力では知覚できないものまで——見ることすらできる。ペットの鳥がイライラして羽をむしり取ってしまうのも無理はない。

人間の視細胞は3色しか感知できないが、**セイロンキュウカンチョウ**の視細胞は4色を感知できる。また、人間には見えない紫外線も見ることができる。僕らの目には、セイロンキュウカンチョウは、首のまわりに小さな黄色い肉垂れのある、ありきたりな黒い鳥に見えるが、紫外線視覚では、緑、紫、青の交じったずっと色鮮やかな羽をしている。その色とりどりの羽を見て、ふさわしい交尾相手を選び出すのだ。**ホオジロエボシドリ**は、特定の紫外線色を認識して熟した実を見分ける。ヴィクトリア湖産**シクリッド**は、濁った流域を泳ぐために赤外線を見ることができる。彼らにとってテレビのリモコンは、ソファでゴロゴロしている人間が持つライトセーバーのように見えることだろう。また、**コイ**——地味な**金魚**のような魚（金魚もコイもじコイ科の魚である）——は、おそらく紫外線と赤外線の両方を見ることができる唯一の動物である。

人間、**オランウータン**、**クロザル**は、まだ幸運なほうだ。**アカクモザル**や**クロオマキザル**など南米の霊長類の多くは、2色の視細胞しかない。**セグロジャッカル**や**オセロット**と同じだ。夜、オセロットを探すときは、懐中電灯を当てると青緑色に光る目が目印になる。目の中にある反射層が光収集を強化するため、オセロットは僕たちの4分の1の光があれば、夜でも物を見ることができる。**エジプトルーセットオオコウモリ**から**オオメジロザメ**まで、多くの動物が暗闇や濁った水中で見るために、この反射する輝板を持っている。

夜、懐中電灯でセグロジャッカルを追跡すると、一瞬、片方の目が光るのが見えたと思ったとたん、姿をくらませてしまうことがある。ジャッカルの中には、明るいライトを見た瞬間に片目を閉じ、逃げるときに閉じていた目を開ける賢いものもいる。そうすれば、光を当てられた目が暗闇に順応するまで数分待つ必要もなく、闇の中で良好な視界を保って逃げることができるからだ。これは僕もよく真似する便利な技だ。興味深いことに、**フクロウ**は夜間視力が優れているにもかかわらず、目にこの反射層がない。

ツチブタの半透明な白目は、目の表面の感染症、赤ん坊の頃の栄養不良による白内障、またはたんに通常の第三眼瞼《だいさんがんけん》（瞬膜）の可能性がある。この余分なまぶたは、**トカゲ**だけでなく多くの種で（**ヨシキリザメ**や**クロヅル**など）、目の保護に役立っている。**サバククロコブラ**のようなヘビは瞬膜がないが、まぶたが結合して透明な保護眼鏡を形成し、土の中に潜るときに目が砂に入るのを防いでいる。彼らはこの眼鏡をほかの皮膚を脱皮するときに一緒に脱ぎ捨てる。**ボアコンストリクター**には、そもそもまぶたがないので、ハリー・ポッターにウインクしたくてもできなかっただろう。**ムカシトカゲ**はさらにその上をいき、小さなレンズと光受容細胞を持つ第三の目が、頭頂部についている。孵化《ふか》したてのときは透明な鱗状の皮膚の奥にはっきりと確認できるが、数カ月もすると見えなくなる。一方、**ハグルマブキオトカゲ**は、第三の目のまわりに白い輪がついていて、ほかの2つの目と見た目も変わらない。

アザラシの涙は元気な証拠

異なる種を診察するときには、種ごとの微妙な違いをたくさん覚えておかなくてはならない。ネコ科の**カラカル**は瞳孔が切れ長で、目が正面に向いており、**ヤブクマネズミ**のちょこまかした動きを見たり、小さな**ダイカー**［偶蹄目ウシ科］に飛びかかる距離を目測したりするのに適している。逆に、ダイカーは瞳孔が長方形で、目は頭部の両側についている。これは周囲330度の地平線を見渡し、カラカルなどの捕食者が忍び寄ってくるのを目ざとく見つけるためだ。**エダハヘラオヤ**

モリの瞳孔は2本のギターのような形をしており、**ガンギエイ**は世にも美しい房状の瞳孔をしている。

動物たちが抱える問題の小さな手がかりに気づくためには、何が正常なのかを知る必要がある。僕は高齢の**ジャガー**の目を注意深く観察して、星細胞腫《せいさいぼうしゅ》の脳腫瘍だと診断したことがある。脳圧の上昇によって視神経が少し膨らみ、視神経に向かって走る毛細血管の角度が変わったことに気づいたからだ。**ハイイロアザラシ**の子どもは、どんなに悲しそうに見えても、目のまわりの濡れた毛の輪を見れば、脱水状態ではないとわかる。水中で生活するアザラシの涙管は小さく、涙のほとんどはただ顔を流れていく。一方、アザラシの目のまわりの毛が乾いているのは脱水症状がひどく、体が水分を節約するために涙を作らなくなったサインであり、手当ての必要がある。

こうした違いは、興味深い雑学ではなく、視力が生存に不可欠な野生動物の患者を診察するときに必須の知識だ。僕の友人であるクラウディア・ハートリーのように、**クマ**から**アシカ**まであらゆる動物の白内障手術を行なう眼科専門獣医がいるのも不思議ではない。そしてこれは身体診察のほんの序の口、小さなひとつの臓器を調べただけにすぎない。口を開けて歯を調べたり、耳を見たり、顔の皮膚を調べたりすることは、まだ始めてすらいないのだ。

全身をくまなく調べてじっくり診察するのは時間がかかる。だが、ときにはほんの数秒で、できるだけ多くの情報を吸収しなければならないこともある。逃れようともがく**ソリハシセイタカシギ**を抱いたとき、枝のあいだを跳ねながら遠ざかる**ブラッザグエノン**をちらりと見たとき、あるいは、足を引きずった**バイソン**が、こちらをちらりと見つめたあと、遠くへ駆けていったときのように。ほかの動物の餌となる動物は、捕食者に狙われないように病気の兆候を隠すのが得意だ。獣医師に熱心に見つめられるのも、彼らにとっては不安の種となるらしい。**アメリカドクトカゲ**から**ゴリラ**まで、僕の患者のほとんどは僕を見るなり症状を隠してしまう。

最古の写真から読み解くゾウの悲しき運命

写真を見て熟考するだけでも、いろんな手がかりが読み取れることもある。野生動物の最古の写真——1850年に猛獣使いのヤコブ・ドリスバッハと**ジャガー**を写した銀板写真——を見ていると、僕ははるか昔に死んだこの患者を評価せずにはいられなくなる。ある写真では、ドリスバッハは、金の縁取りのある競技用ショートパンツを穿《は》き、聖書に出てくるサムソン［士師記に描かれる怪力の持ち主］のような編み上げブーツを履いた姿で、メロドラマ風に横たわり、ジャガーに襲われるふりをしている。一方、ジャガーはドリスバッハの胸の上でくつろぎ、口元は隠れているが、おそらく彼の首を舐めている。当時は写真の露光に数分かかっていたのだから無理もない。そのジャガーは四角い頭が目立つものの小柄なので、おそらくメスだろう。僕の目は前肢に引き寄せられる。ほんのわずかだが、足指がやや丸みを帯びていて、指の裏側の肉球がちらりと見える。ジャガーには奥に引っ込められた爪があるが、このジャガーは爪を抜かれている。おそらく子どものときに抜かれたのだろう。今でも押収されたサーカスのライオンの中に、悲しいかな、同じ小さな手がかりを見つけることがある。

アドバイスを求められたはいいが、地球の裏側から送られてくる不鮮明な写真や数秒間の動画に、誰かが英語に翻訳を試みた一行の文章しか判断材料がないということが、僕にはしょっちゅうある。経験を積めば、パターン認識により、ひと目見ただけで、微妙な手がかりに気づくようになる。**クロカンムリシファカ**が木々のあいだを不器用にジャンプしているのを見れば、尾の付け根に見えない傷があることがわかる。クロカンムリシファカにとって、尻尾はバランスを取るのに欠かせないものなのだ。高齢の**アカエリマキキツネザル**が雨の中でみすぼらしく見えたら、足指の関節炎が原因で、足の第2指にある特殊な手入れ用の爪を使って毛並みの防水性を保つことができないのではないかと考える。パターン認識は、もっとも一般的な知識から判断するが、ときには問題は別にあり、判断が誤っていることもある。新型コロナパンデミックのとき、隣りの大陸の病気の**チーター**について、1枚の写真と数行の文章でアドバイスを求められたとき、僕はらせん状細菌による胃の感染症の可能性を指摘して血液検査を進めたが、その結果、腎臓に問題があると判明した。直接診察していれば、強い口臭や歯茎の炎症、普通と見た目の違う尿などの症状でピンときたことだろう。獣医にとって、自分の手で患者を手で触ったり器具を当てたりすることに勝る診察はない。

　ジャガーの写真のほかに、**ゾウ**の2枚の最古の写真からも、これだけの年月を経たあとでも、わかることがある。イタリアで撮影された2頭の**アジアゾウ**の写真だ。1枚目の写真に写るゾウは子どもに見えるが、1メートルもある長い牙を見ると、少なくとも10代だと気づく。ただし背丈は世話係の背丈をやや上回るくらいしかない。細い肩、ぶよぶよの皮膚、ほとんど筋肉もなく発育不全で、明らかに栄養失調である。成獣のゾウは野生では1日に100キログラム以上の餌を食べる。写真が撮られたのは、19世紀半ばの、第一次イタリア独立戦争直後で、イタリア統一運動を指揮した司令官、ジュゼッペ・ガリバルディは亡命中であり、大食いの旅回りのゾウはおろか、人間でさえ食べ物に事欠く時代だった。このゾウがその後どうなったのかは不明だが、きっと長生きはできなかっただろう。

同じ年に撮影されたもう1頭のゾウのほうはまったく異なっている。フリッツという名の巨大なアジアゾウのオスは、ストゥピニージ宮殿の前にそびえるように立ち、横に立つ（人間としては）背の高い華やかな服を着た衛兵を見下ろしながら、不鮮明な口の中に餌を詰め込んでもらっている。フリッツは肥満体で、半分座りかけたような奇妙な姿勢で立っている。ゾウの体重のほとんどは前脚にかかるものなので、肥満のために前脚の関節炎が悪化し、その奇妙な姿勢で後ろ脚に体重を移して対処しているのだろうと思う。フリッツはその30年前にエジプト総督からサルデーニャ国王に贈られたもので、到着当初は音楽に合わせて踊り、周囲の森で野生動物を撃ちにきた狩猟用ロッジの客たちを楽しませていたという。悲しいことに、多くの捕獲されたオスのゾウと同じように、最終的には人を殺してしまい、罰として銃殺され、その剝製は今も宮殿の博物館に展示されている。虫に食われ、藁を詰められたフリッツの剝製の体は、より自然な姿勢となり、関節炎の負担がなくなった脚の骨はより自然な位置に置かれている。発育不全で飢えた旅回りのゾウとは違って、フリッツは裕福な貴族のもので、人間が食糧不足の時代にもかかわらず、毎日50斤のパン、16ポンドの炊いた米、5ポンドの砂糖、1パイントのワイン、2ポンドの煙草が与えられていた。自分の体重で脚が曲がるのも無理はない。

オスかメスか？——それが問題だ

僕たちは、あなたの主治医のように「煙草を吸いますか？」「ジムに通ってますか？」「親御さんは高血圧でしたか？」と野生動物の患者に尋ねることはできない。患者の年齢や性別を判断するのすら難しいこともある。同じ血尿という症状でも、年老いたオスの**フタイロタマリン**なら前立腺腫瘍の可能性があるし、若いメスのタマリンなら流産の可能性がある。

アヌビスヒヒは、オスには大きな外睾丸《こうがん》があり、メスには膨らみがあるため、性別の判別が簡単だ。だが、**シマテンレック**は、鳥類や爬虫類と同様に総排出腔がひとつしかなく、肛門と生殖口が分かれていないため、性別を見分けることができない。**ゾウ**ですら、遠くから見ているだけでは、その個体がオスかメスかは見分けにくい。ゾウのオスは陰嚢がなく、睾丸が胴の内部にあるし、メスは膣口が体の下側、股のあいだにあり、オスの陰茎包皮に似ているように見える。生まれたばかりのゾウを3メートルも下の地面に落とすのは得策ではないので、メスは腹の下側に産道（前庭《ぜんてい》）が走っており、赤ん坊の落下距離を最小限に抑えている。**サバンナゾウ**はオスとメスで頭の形が異なり、メスは赤ん坊を連れて群れを作るが、成獣のオスは単独または2〜3頭で行動する。その習性は性別を見分けるのに役立つ。

ブチハイエナは紛らわしい。オスよりもメスのほうが大きく、強く、支配権を握る性であり、これはライバルの**ライオン**から赤ん坊を守るという目的に合っている。さらに、メスの生殖器はオスの生殖器によく似ている。外側に膣はなく、陰唇は結合して陰嚢のようになり、大きな陰核《クリトリス》は陰茎《ペニス》に似ていて、勃起することすらある。東アフリカでブチハイエナに麻酔をかけるたびに、僕は彼らの生殖器を興味深げに眺める覗き魔のような気分になる。

ボリビアリスザルのメスも、突き出た陰核が小さな陰茎と間違われ、オスと思われることがある。捕獲したばかりの**ビーバー**の性別を見分けるには嗅覚を使う。おとなしくさせるためにヘシアンの袋に入れると、ビーバーはお尻に力を入れて肛門腺を絞り出し、縄張りを示そうとする。成獣のメスの分泌腺からは灰色のドロドロとしたものが出てきて、オスの分泌腺からは半透明の油っぽい液体が出てくる。お尻に鼻を近づけると、においが違うこともわかる。

多くの鳥は実にさまざまな色の羽毛をしている。**キゴシタイヨウチョウ**のオスは頭が鮮やかな赤で、メスはくすんだ茶色をしている。**オオハナインコ**のオスとメスはさらに違いが大きく、オスは緑色の羽毛にオレンジのくちばしで、メスは鮮やかな赤と紫の羽毛に黒いくちばしだ。初期のヨーロッパ人はこの2つが同じ種であることにさえ気づいていなかった。鳥の中には、メスを引き寄せるために鮮やかな羽が必須な種もいる。**コンゴクジャク**のメスは卵を抱くときに注意を惹かないように、くすんだ色をしているのがベストだ。一方、オスにとっては目立つこと、そして捕食されないことが、受け継ぐ価値のある遺伝子を持つ交尾相手だという証明になる。

　性別の手がかりが大きさだけということもある。オスの**ハヤブサ**はほかの猛禽類と同様、巣とヒナを守る必要があるため、メスよりも小さい。そのため、オスは小さく速く機動性の高い鳥を捕まえることができ、一方、強いメスは大きな鳥を捕まえることができる。ヒナに与える餌の種類を、つがいで最大化しているのだ。

　オスもメスも同じように見える鳥もいる。誤って2羽のオスの**アオボウシインコ**を一緒にしてしまうと、翌朝には一方が他方を殺しているだろう。僕が若かった頃には、こうした鳥の性別を知るには、麻酔をかけて、3ミリほど切開して内視鏡を挿入し、卵巣と精巣のどちらがあるかを確認するしかなかった。ありがたいことに、今はもうそんなことをする必要はなくなった。簡単な羽毛の遺伝子検査で、Z染色体が2本あるか（オス）、Z染色体とW染色体の両方があるか（メス）を調べるだけでいい。

　アミメニシキヘビの性別を見分けるには、先端が丸くなった金属製の細長い探針《プローブ》が必要だ。それを総排出腔の両側にある小さな穴から尾の方向に差し込み、その長さからヘビの性別を判別する。短いときは、浅い臭腺《しゅうせん》のあるメスで、長いときは、細長い空洞――裏返しになった陰茎

（半陰茎《ヘミペニス》）——のあるオスだ。**トカゲ**は**ヘビ**と同じだが、陸生や水生の**カメ**は異なる。**エロンガータリクガメ**は、メスの尾は幅広く、産卵のための開口部が体に近いところにある。一方、オスの尾は長く、総排出腔が体から離れたところにあり、交尾のときにメスに巻きつけられるようになっている。**カンガルー**や**ワラビー**のメスは子どもを育てるための袋を持つが、**タツノオトシゴ**や**リーフィーシードラゴン**は袋が膨らんでいるのがオスの印だ。**オウサマペンギン**や**コウテイペンギン**のように、オスが子どもを足にのせて歩く種もある。**カクレクマノミ**は性別が固定されておらず、すべてオスとして生まれたあと、一番大きいものがメスになる。映画『ファインディング・ニモ』では、ニモはママを失なったけれど、現実ならパパがママに変身したことだろう。究極の親代わりシステムだ。

　野生動物の年齢を特定するのも難しい。経験に頼ることが多く、たとえば**ビロードカワウソ**なら、歯の状態を見て推測する。若いカワウソならレントゲンを撮ると成長板が開いているのがわかるし、高齢のカワウソなら触診して関節炎だとわかることもある。年齢がわかっていれば、カワウソが嘔吐したときにも、高齢なら腎臓結石を疑い、若ければ腸内寄生虫を疑うことができる。**ゾウアザラシ**や**マッコウクジラ**は歯の年輪を数えれば正確な年齢がわかるが、生きている動物の場合はあまり役に立たない。若い**ヨーロッパノスリ**の淡黄色の虹彩《こうさい》は成鳥になると濃い茶色になる。一方、**ヨーロッパハチクマ**の虹彩は年を取るにつれ明るい黄色になる。鳥類では、少なくとも年に一度、擦り切れた羽毛が生え替わる。**ハクトウワシ**などほとんどの鳥は、飛び続けながら、種ごとにさまざまな順序で換羽《かんう》する。その習性は、生後5年間は尾の羽の色彩が徐々に変化するという特性と併せて、ワシの年齢を知るのに役立つ。

　また、羽毛は鳥の健康状態も教えてくれる。**ハジラミ**がいること自体は問題ではないが、数が多いときには、鳥が正常に羽づくろいしていない兆候を示している。たとえば、**コクチョウ**なら、舌の付け根の見えない部分に釣り針が刺さっていて羽づくろいが苦痛なのかもしれないし、**アメリカオシ**なら、鉛中毒で衰弱して羽づくろいが適切にできていないのかもしれない。**キジバト**の羽の縁が擦り切れているのは、ウイルス性脳感染症に罹り、筋肉の動きの協調が崩れ、羽づくろいをしようとして羽を傷つけてしまっていることを示唆している。若い**カラス**の羽にはフレットマークと呼ばれる透明な線が入ることがある。これはヒナのときに病気だったか、羽が成長するときに親から充分な餌を与えられなかったことを示し、弱った羽は簡単に折れてしまいがちだ。ありがたいことに、折れた羽は次の換羽期に新しい羽が生えるまでのあいだ、折れた羽軸に添え木のように爪楊枝《つまようじ》を入れて別の羽を繋げる「継ぎ羽《インピング》」という方法で修復できる。

検査するメリットVS検査しすぎるデメリット

人間であれ、ペットであれ、**パンダ**であれ、個々の患者の医療の基本は身体検査だ。動物園の毎年の健康診断は、獣医グループの半分には愛され、残りの半分には酷評されている。健康診断によって問題が発見されるたびに、効果があった証拠だと歓迎される一方で、動物園のすべての動物を捕獲し、麻酔をかけ、調べ、検査することのリスクも、不明瞭な血液検査の結果で誤診断して不要な治療をするリスクも、毎年積み上がっていく。健康診断は病気の患者を評価し、治療するために極めて重要なことではあるものの、人間に関するかぎり、多くの欧米諸国で愛されている年に一度の健康診断にはまったくメリットがないことが、あらゆる科学的根拠によって示されている。毎年健康診断をして、ＣＴスキャンや血液検査で異常がないか調べても、ガンや心臓病など一般的な病因による死亡リスクを減らす効果はない。そのことは、医学的根拠における国際的なゴールドスタンダードである、コクランによって示されている。健康診断は入院や欠勤、障害を負う確率を減らすことすらない。その一方で、不要なCTスキャンを繰り返すことは、実は生涯のガン発症リスクを高めることになり、良き予防医療とはいいがたいのである。

野生動物の患者の場合、動物園においてさえ、評価や治療の理想的水準がどの程度なのかわかっていない。病気の動物を見極めることは重要だが、**アルフレッドサンバー**のように餌にされる動物は、病気の兆候を隠すことも得意だ。さらに検査のために捕獲時に脚を骨折させたり、麻酔をかけて死なせたりするリスクがあり、もしその動物に何の問題もなかったとしたら悲劇でしかない。また健康そうに見える野生動物を調べてみると、僕らが正常と考える状態とのわずかな違いが定期的に見つかる。そうした差異を異常とみなし、ありもしない問題を検査し治療しようとすることで実害を及ぼすこともある。

身体検査は百科事典のように幅広い知見を与えてくれるが、なぜ患者が病気なのか、つねに答を与えてくれるわけではない。さて、意識不明のトゲトゲした**ヤマアラシ**をつかんでみたり、音を聞いたり、じっくり目を覗き込んだりしてきた。患者が成獣のオスだとか、あるいは若いメスだとかわかったとしても、病気の理由はわからない。患者の体内で実際に何が起こっているのかを知るには、ほかの方法が必要だ。通常は、血液を採取することから始める。

5

ハブの心臓に針を突き刺す

採血する

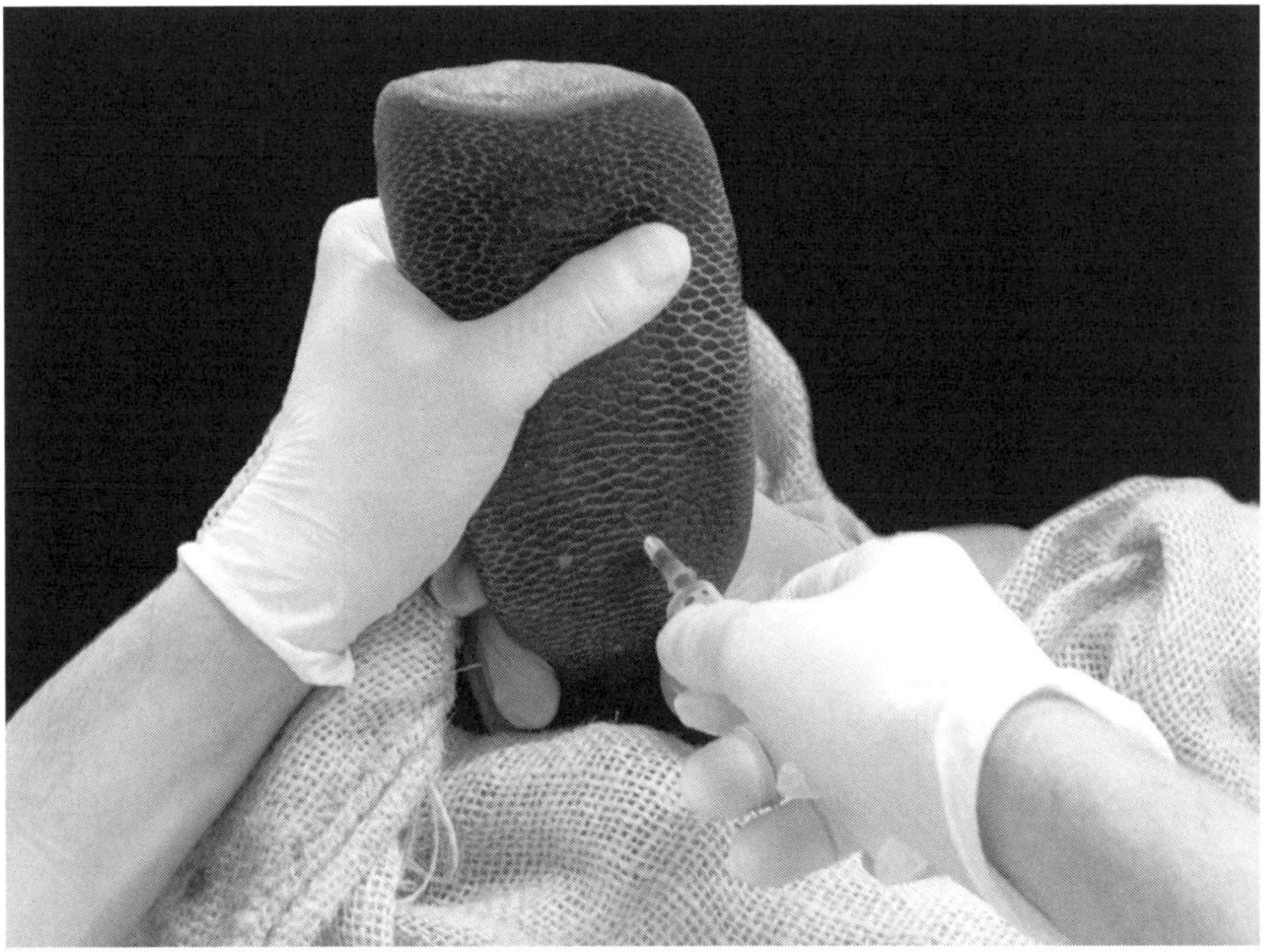

袋に入れたビーバーの尻尾の静脈から、血液を採取する。全身を分厚い防水性の毛皮で覆われているため、尻尾は体温を奪われる可能性のある数少ない部分のひとつだ。冷たい川から連れてこられたビーバーの静脈は細く収縮している。湯たんぽの上に尻尾を数分間置いたあとで採血するとやりやすい。

どうしても採血する必要があり、**オオサシガメ**を使うこともできない。しかもあなたの患者は、体重半トンの流線形の殺人マシン、**ヒョウアザラシ**である。ほかのアザラシを食べ、体重10キロの**オウサマペンギン**をおやつ代わりに呑み込む彼らにとっては、大人の人間も立派な食料だ。ありがたいことに、その獰猛《どうもう》な患者は氷上で安全に麻酔をかけられており、あなたという食欲をそそる存在には気づいていない。美しい曲線で横たわっているのだから、静脈から血を採ることは簡単なはずだろう？　ところが、南極の冷たい海で暮らすヒョウアザラシには、その流線形の見た目に反して、分厚い脂肪がある。どこかを縛って静脈を浮かび上がらせ、目で確認しながら針を刺すような採血は期待できそうにない。闇雲に針を刺して静脈を探し出さねばならず、いったいどこに刺せばいいのか、途方にくれる。

通常は駆血帯やゴムバンドを使って、あるいは指で静脈を押さえながら採血する。静脈は動脈と違って血管壁が薄いので、心臓に戻る血流をせき止め、静脈を膨らませて浮き上がらせ、目で見て、触って確認し、慎重に針を刺し込む。人間の腕であれば浮き上がった静脈を簡単に見分けられるが、**ニホンザル**の場合、保温性の高い分厚い毛皮が邪魔になってよく見えない。毛皮のごく一部を刈ったり剃《そ》ったりして、きちんと目で確認しながら、安全に血液サンプルを採取する。とはいえ、厚い毛皮を持つ動物には、それなりの理由があるものだ。採血のために、冬に**ホッキョクギツネ**の脚の毛を刈り取ってしまうと、皮膚が冷たくなり凍傷になりやすくなる。

ラッコは、体毛が1平方センチメートルあたり15万本と、あらゆる動物の中で毛が一番濃い。

一生を海で過ごし、交尾や出産も冷たい海水の中で行なう、カワウソ亜科で最大の種だ。**アザラシやイルカ**とは違って分厚い脂肪を持たず、体温維持をすべて防水性の高い毛皮に頼っている。毛皮目当ての狩猟者にとっては、**クロテン**以上に貴重な存在であり、１００万匹以上のラッコが毛皮のために殺され、その個体数はわずか１０００匹にまで激減し、絶滅の危機に瀕している。ラッコは原油流出の被害に非常に脆弱《ぜいじゃく》な種だ。１例を挙げると、１９８９年のエクソンバルディーズ号原油流出事故では、アラスカ沿岸で数千匹が死に、その数が回復するまでに四半世紀を要した。原油に毛皮の防水性を破壊されて凍死したり、必死で毛づくろいをしようとして有毒な油を飲み込んで死んだりする。そんな野生のラッコの毛を刈り取ると悲惨なことになる。毛を刈った部分の端から下毛に水が染み込み、ラッコはびしょ濡れになり凍えてしまう。海で暮らし餌を食べる海洋動物なのに、泳げず防水性も保てずとなれば、長くは生きられない。そんなわけで、毛は刈らずに、見えないまま頸動脈《けいどうみゃく》から採血するしかないのである。

　手さぐりでの採血は、ＳＦの宇宙人に誘拐されたシーンのようになることがある。その特定の種の解剖学的構造を基に、血管の位置を推測し、長い針を刺し込む。ラッコの頸動脈の位置は推測しやすい。毛皮をアルコールで濡らすという裏技を使えば、周囲の筋肉の構造が見やすくなる。ヒョウアザラシの場合、採血部位が脊髄のすぐ上あたりで、まったく見えない。骨盤の骨の感触から場所を推測し、脊髄を保護している椎骨まで非常に長い針を刺す。それから本能に逆らって、そっと針を進め、椎骨のあいだに到達したら、脊柱管の中まで針を押し込む。デリケートな脊髄のすぐ上に静脈叢《じょうみゃくそう》（大きく広がる静脈の網）があるので、そこを目指す。寒くなると熱の損失を抑えるために表面の血管は収縮するが、吹雪の中でも、温かい体の奥にある静脈叢は広がったままで、そこに針を到達させさえすれば、貴重な赤い泡がシリンジに数秒で吸い込まれる。

だがこの方法で、目を覚ましているヒョウアザラシから採血しようとする無謀な人間はいないだろう。動物園にならう、採血を嫌がらないように訓練されたアザラシもいる。そういうアザラシにとっては、もはや採血されることは不快ではない。とはいえ、初めて意識のあるアザラシから採血する獣医師にとっては、これほど神経をすり減らす体験もない。さまざまな種類のアザラシから何百ものサンプルを採取した経験があっても、僕は毎回、アザラシが襲いかかってくるのではないかとヒヤヒヤする。また、**オリノコワニ**の採血部位は、アザラシと同様に背骨のすぐ上だが、分厚い頭蓋骨のすぐ後ろ（脊髄が脳に繋がる後頭静脈洞）にある。

小さな甲羅の奥深くに頭を引っ込めた、非協力的な**セマルハコガメ**から採血するのも——神経質な患者が顔を出すまで何時間も待ち、出たと思ったら即座に引っ込められて失望することを繰り返さなくても——ありがたいことに可能だ。甲羅の真下に洞があるので、カメの頭と甲羅のあいだに細い針を慎重に刺し込めば、非協力的な患者から血液を採取することができる。

ハブの心臓に針を突き刺す

ヒョウアザラシ式に背骨近辺を闇雲に探る方法ではうまくいきそうもない患者もいる。たとえば、**ヘビ**の場合は、映画『パルプ・フィクション』のシーンのように、心臓から直接採血しなければならないこともある。大型のヘビなら、尻尾の下を走る静脈から採血する。毒を持つ**モノクルドコブラ**でも、安全確保のために、ヘビの前半分をアクリル樹脂のチューブに入れておけば手軽に採血できる。とはいえ、静脈が見えないのは同じである。尻尾の下の鱗のあいだから針を入れ、骨の真ん中に触れるまで刺し込み、それから針をじりじりと1、2ミリ戻すと、血がゆっくりシリンジに流れ込みはじめる。大きな**アミメニシキヘビ**の場合は、のたうち回って何かに尻尾を巻きつけようとするので、採血は非常に骨が折れる作業となる。

オスのヘビには裏返った陰茎（半陰茎）が左右に一対あり、これが問題を複雑にしている。表面にさまざまな棘や鉤がついている半陰茎は、普段は尻尾の内部、総排出腔の奥あたりに引っ込んでいる。あちこちを這《は》ったり、枝に登ったり、砂の中に埋もれたりするヘビにとって、陰茎が外に出ていたら怪我をするだけだ。進化は、怪我した場合に備えて、ヘビや**トカゲ**に予備の陰茎を与えた。2つの半陰茎は尻尾の付け根に隠れている。採血のときに針を半陰茎に刺されるのは、ヘビにとって不快なことである。また、針に付着した細菌を静脈に移し、血液で全身にめぐらせるリスクもあるため、絶対に避けたほうがいい。

小さなオスの**マツゲハブ**の場合、印象的な折りたたみ式の牙にどれほど触れないようにしたくても、尻尾のその先の部分が小さすぎる。ゆえに、心臓に刺すことになる。ハブの頭をチューブに入れ、患者を逆さまにして、体長の3分の1あたりで、心臓の位置を示すゆっくりしたリズミカルな脈動を確認する。ヘビの肋骨は頭から総排出腔までずっと連なっている。肋骨のおかげでヘビの臓器が横にズレることはないが、筒状の体の中で前後には動く。ゆっくりと脈打つ心臓の前後に指を添えて動かないようにし、腹板《ふくばん》と呼ばれる腹側の大きな鱗のひとつの端に針を差し込み、それから徐々に針を心臓まで沈め、そっと注射器を引く。血液はヘビのゆっくりとした心拍に同期して、ゆっくりしたリズムで赤い波となって注射器に流れ込む。ヘビに害を与えることはないという研究結果もあるが、脈打つ心臓に針を刺すという行為は、いつも本質的に間違っているように感じられる。

イタチ科の**グリソンモドキ**などの小型哺乳類の採血も、ヘビと同じくらい難しい。安全に麻酔をかけてから、心臓の手前にある主要な静脈——大静脈——を手さぐりで狙わねばならない。仰向けに寝かせて、心臓に血を戻している見えない太い血管を目指して、鎖骨の横にある胸の入り口に針を刺すのである。そこは安全性が確立された採血ポイントなのだが、採血のたびに心臓や肺が危険なほどそばにあることを思い出さずにはいられない。

人間に拉致されたカブトガニの地獄絵図

実のところ、血液のためだけに養殖されている野生動物もいる。**カブトガニ**だ。この奇妙な古代生物は、4億5000万年前に進化した。大昔に絶滅した彼らの親戚、**三葉虫**と同時期のことである。彼らの種の長い歴史の中では、恐竜が進化し絶滅したのはつい最近のことであり、人類の進化と絶滅も彼らの長い進化の旅からすれば、おそらくほんの一瞬のものとなるだろう。カブトガニは、第一次世界大戦で使用されたブロディヘルメットに似た大きさと形をしていて、逆さまになって泳ぎ、浅瀬にやってきて泥の中に卵を産みつける。飼育下繁殖が難しく、米国ニュージャージー州、デラウェア州、バージニア州の沖合で、毎年50万匹の野生の**アメリカカブトガニ**が捕獲される。研究室に運び込まれたカブトガニは、金属製の留め具で3日間体を固定され、鮮やかな青色の血液の3分の1を抜かれる。想像してみてほしい。金属製の実験台がずらりと並んだ列。その上に固定された先史時代から存在した種のカニたち。彼らの心臓を穿《うが》つ巨大な注射針が、背中から突き出ている。ガラスの牛乳瓶に滴り落ちる、貴重なターコイズ色の液体。その場面に立ち会う、マスクと滅菌着を身に着けた人間たち。まるで〝宇宙人に拉致された人間〟の逆をいく地獄絵図だ。生き残ったカブトガニは海に捨てられるか、魚の餌として売られる。

カブトガニの血液が青いのは、ヘモシアニンと呼ばれる酸素を運搬するタンパク質によるもので、**ムカデ**などの節足動物や**カタツムリ**などの軟体動物にも含まれる。カブトガニの血液は1リットルあたり、1万2000ポンドの価値があり、大型のメス1匹で3分の1リットルが採取されることもある。微量の細菌性エンドトキシンの存在下でも、独自の凝固能力を含んでいるのが特徴だ。細菌性エンドトキシンは細長い分子で、一部の感染症では人間の敗血症性ショックや髄膜炎などの深刻な問題の一因となる。10年前までは、カブトガニの血液はその最良の解決策だった。ありがたいことに、現在では徐々に合成化合物に置き換えられ、毎年集団拉致する必要は減りつつある。

これは動物の血液の一番珍しい商業的利用というわけではない。第二次世界大戦中、ドイツでは卵の代用品としてケーキ作りに使われたし、連合国は航空機の接着剤として使用した。一番奇抜な使用法は、ローマ人によるものだ。円形競技場から水道橋まで、血液をコンクリートに混ぜて建設したのである。ローマ時代のコンクリート建築が極めて丈夫なのは、動物の血液を混ぜたことで小さな気泡ができ、コンクリートがより軽く、より強くなったためでもある。また、体内に生命維持に不可欠な酸素を運搬する血液は、建材に空気を含ませる働きもする。

ゾウは耳から、キリンは首から

血管の部位によっては、患者よりも獣医のほうが困った事態になりかねない。僕は以前、病気の**コビトカバ**に麻酔をかけたとたん、カバが厄介な体勢で倒れ込んでしまい、通常、静脈注射を行なう部位である尻尾に触れられなくなったことがある。そのほかの部分はすべて分厚い脂肪で覆われているし、耳の中の細い血管は虚脱していた。残された唯一の選択肢は、舌の裏側の静脈だった。舌の筋肉には充分な血液供給が必要とされ、多くの動物はここに血管がたくさん走っている。ほかの静脈のように、血管を支える周辺組織がないため、針を刺したときに細い血管の集まりを破裂させてしまいやすい。また、口の中で作業をするのもハードルが高い。野生動物の麻酔の深度は判断が難しく、ときおり針を刺したときに痙攣を起こすこともある。舌下《ぜっか》静脈に針を刺したときに、カバが顎を閉じたら、獣医の腕は潰されるだろう。そのときは、腕を食われるまでの時間稼ぎとして、口の端につっかえ棒代わりに丸太を挟んで、なんとか事なきを得た。

とはいえ、たいていの動物の採血はそれほど難しくも奇抜でもない。簡単な患者もいる。**ゾウ**の耳には大血管網があり、暑いときには車のラジエーターのような働きをするので、採血がしやすい。**サイ**の耳の静脈も同様に見やすく、採血しやすい。尻尾は便利な採血部位であるだけでなく、採血するときの持ち手にもなってくれる。**ガウル**、**アノア**、**ヨーロッパバイソン**はどれも、**乳牛**と同様、尻尾の裏側から簡単に採血できる。また**魚**も、尾の下の静脈から血を抜ける。背中に棘と毒腺を持つ**オニダルマオコゼ**から採血するときもこの方法が効果的だ。**アメリカビーバー**の平らな尻尾は、裏側の真ん中に太い静脈が走っており、これほど採血に適した生体もない。尾採血は、**ナイルオオトカゲ**から**オニネズミ**まで、多くの動物で選択されている。

キリンも、長い首に走る大きな頸動脈がはっきり見えるので、採血しやすい患者だ。頸動脈は多くの種において採血しやすい部位である。小型の鳥類でも麻酔をかけずに採血できる。左手に**ブンチョウ**を持ち、人差し指と中指で首を挟んで、親指でそっと頸動脈を浮き上がらせれば、数秒で血液サンプルを採取し、その後すぐに放すことができる。ブンチョウの首には左右対称の長い列状に羽が生えている（羽が生えている領域を羽区《うく》と呼ぶ）ので便利だ。そっと息を吹きかけると、羽毛が分かれて静脈がよく見える。僕の場合は、あらかじめキャップのついた針を曲げて、針を静脈と平行にしておく。ほとんどの鳥は、右頸動脈のほうが太いので、採血もしやすい。**ヒゲペンギン**の首は、きれいな列になった羽区ではなく、羽が密集している。ペンギンは潜水もするので、普通の鳥のように耐水性があればいいのではなく、しっかりした防水性が必要だ。ペンギンの防水性は、**ヒョウアザラシ**や**シャチ**を避け、凍らずに過ごし、食料の**オキアミ**を充分に獲るという日々の生死をかけた闘いの場で、その真価を問われている。くちばしをのぞけば、密集した羽毛に覆われていない部分は短い足首と足であり、つまり僕らはそこから採血する。足首の内側には血管が通っているが、残念なことに、氷上や氷点下の海水で泳ぐときには、生命維持に必要な体温を逃がさないよう、血管は硬く収縮している。解決策は、足首に数分間湯たんぽや携帯用カイロを当て、血管が充分拡張してからサンプルを採取することだ。

　みずから進んで血を与えようとする動物もいる。いや、そのように見える——と言うべきか。**ツノトカゲ**は血圧を上昇させて、**コヨーテ**のような恐ろしい捕食動物に向かって実際に目から血を噴きかける。そうした能力を持つのは**トカゲ**だけではない。西インド諸島の**キールヒメボア**や**ヨーロッパヤマカガシ**などのヘビも、擬死（捕食者を阻止するために死んだふりをすること）の最中に口や鼻から血を出すことがある。まるで「ほら見てください、僕は死んでます、血がにじんでいて、たぶん腐ってるから、安全な食べ物じゃありません。捨て置いてください」とでも言っているかのように。さらにヤマカガシは、その効果を高めるために、悪臭を伴う肛門腺内容物まで排出する。究極のなりきり俳優だ。残念ながら、排出された血液は検査には使えないため、気難しい患者から採血しようと無駄な努力をする獣医をあざける効果しか生まない。

バイソンの血液型は50、ライオンは2つ──異種間輸血の難しさ

静脈に注射針やカテーテルを挿入する理由は採血だけではない。静脈ラインは麻酔から即効性のある鎮痛剤まで、さまざまな薬剤を投与するのに役立つ。また重傷や瀕死の動物の苦痛に歯止めをかけ、人道的に安楽死させるためにも重要だ。麻酔をかけられた患者のように、病気の動物も血圧が低下することがあり、静脈ラインを確保することが難しい場合がある。**イルカ**の尾びれの静脈を見つけるのは、絶好のタイミングでも難しいのに、発作を起こして浜に打ち上げられた**スジイルカ**の静脈を探しているときに、30人もの野次馬に取り囲まれ質問攻めにされたら、ただでさえ難しい処置にさらにプレッシャーがかかる。

血圧や血流を改善するために点滴をしたり、動物の命を救うために輸血をしたりすることもある。国によっては、ペットの犬のための血液バンクがすでに存在する。しかし、野生動物のための血液バンクは存在しない。以前、**牛**のヘモグロビンから酸素を運ぶ液体が作られ、貧血の動物や大量の血液を失った野生動物の患者を助けることができた時期があった。しかし、多くのバイオテクノロジー企業と同じように、人間の健康市場への移行が予想以上に複雑で困難であることが判明すると、数年後にその製品のパイオニアだった企業は倒産した。

緊急の場合、獣医は異種間輸血という手段を取ることがある。貧血症のサンクレメンテ島の**シマハイイロギツネ**は、ペットの犬から輸血すれば命を救うことができる。異種間輸血は命を救うこともできるが、病気の患者を死なせるリスクもある。動物の血液型は千差万別であり、たとえ研究されていたとしても、そのほとんどは解明されていない。**バイソン**や**アジアスイギュウ**には50以上の血液型があるが、**トラ**や**ライオン**には2つしかない。ネコ科の動物は、同種間であって

も致命的な輸血反応を起こす危険性が高いが、**オグロヌー**や**キツネ**は他種間であっても輸血耐性が高い。輸血反応を調べるには、血液型よりも、交差適合試験を行なうのがベストだ。手っ取り早く検査するには、たとえば、**イリオモテヤマネコ**（患者）の血清1滴に、地元の動物園の**アムールトラ**などのドナーから採取した赤血球1滴を混ぜればいい。もし細胞がひとつにまとまったら（凝集）、その血液を輸血するのは安全ではない。細胞がすべて分離したままであれば、致命的な反応を起こすリスクはぐっと低くなる。それでも、異なる種から輸血できるのは一度きりだ。貧血症の**コンドル**に**ハクトウワシ**の血液を輸血してうまくいっても、その後また輸血が必要になった場合には、**オオワシ**などほかの種の血液を使わなければならない。

たとえ交差試験で適合しても、輸血された赤血球は急速に分解されてしまう。**ハト**の赤血球を別のハトに輸血すれば1週間ほど持つが、貧血症の**アカオノスリ**に輸血しても半日しか持たない。それでも、異種間輸血は多くの鳥類で行なわれている。鳥は代謝が早いので、たとえ半日でも持たせることができれば、重症の鳥類患者を回復させることができるのだ。

動物園の獣医が採血される訓練を動物にしておくと、採血がしやすくなるだけでなく、患者のストレスを減らせるという利点がある。糖尿病の**ドリル**は、プリックテスト（皮膚テスト）のために指を出し、血糖値を測定し、適切な量のインスリンを投与されるよう訓練できる。**ゴリラ**や**ジャイアントパンダ**は、腕を特殊な囲い《シュート》に入れて採血させるように訓練できるし、**ペルシャヒョウ**は、餌を褒美にして、檻のあいだから尻尾を出し、獣医に採血させるよう訓練できる。

さて、楽々にしろ苦労の末にしろ、温かい血液のバイアルが無事に手に入った。次は、それを基に病気の診断ができるかどうか考えてみよう。

6

シカが鎌状赤血球貧血で死なない理由

検査する

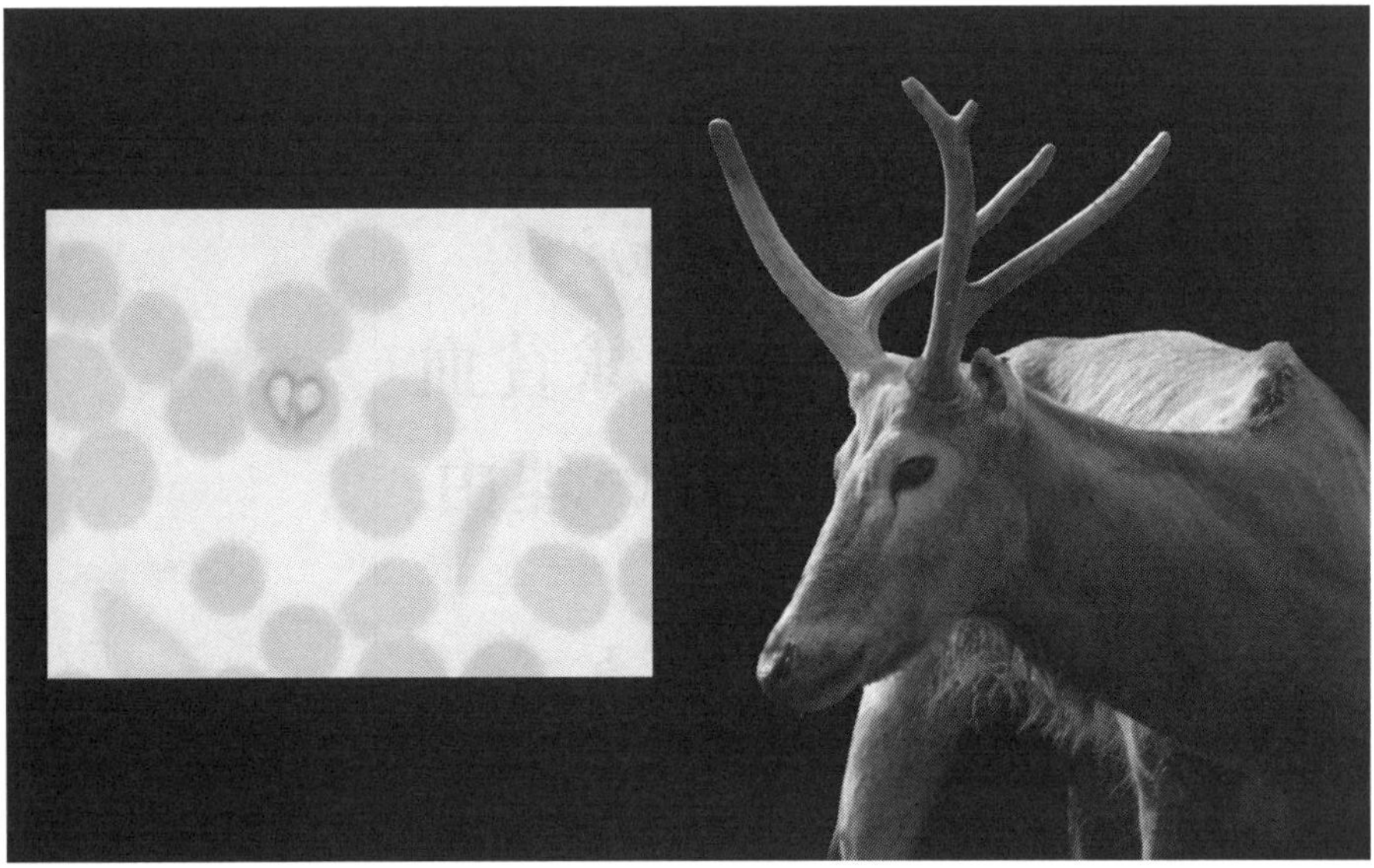

シフゾウの赤血球を顕微鏡で観察すると、鎌状赤血球貧血を起こしているように見えるが、このシカはまったく健康である。この現象は、血液中の寄生虫(写真に写っている紫色の涙形の小さな寄生虫、バベシアなど)への抵抗力をつけるといった、何かしらの進化による遺伝的優位性が背景にあると考えられている。

中国のシフゾウから採取した血液塗抹標本のスライドを顕微鏡で見ると、鎌状赤血球貧血の患者から採取したものと同じに見える。検査標本を初めてヨーロッパに送付したフランス人宣教師にちなんで、「ダビド神父の鹿」とも呼ばれるシフゾウの赤血球は、普通の丸いドーナツ形ではなく、細長い三日月のような棘のある奇妙な形をしている。人間ならば、この形状は死を意味するのだが、このシカたちはみんな健康そのものだ。

野生のシフゾウは絶滅した。大きくて不格好な体つき、歩くとひづめがカチカチと柔らかい音を立てる。そんな彼らを僕が初めて見たのは、1990年代、シフゾウを絶滅から救ったウォバーン鹿公園でのことだ。西洋人がシフゾウを発見したときには、すでに野生では絶滅しており、北京郊外の皇帝の狩猟園に残されたシフゾウだけが頼みの綱だった。ところが1世紀前、洪水で狩猟園の外壁が崩れ、ほとんどのシカが逃げ出し、あっというまに飢餓に苦しむ村人たちに食べられた。かろうじて30頭のシフゾウが残ったが、義和団の乱で狩猟園を占領したヨーロッパ連合軍が最後のシフゾウまで撃ち殺して食料にし、原産地では絶滅した。ありがたいことに、少数のシフゾウが科学的珍品としてヨーロッパに違法に密輸され、いくつかの動物園や庭園に生存していた。そのうちのひとつが、イギリスのベッドフォード公爵の所領ウォバーン・アビーで、可能なかぎり多くのシカが集められ飼育されていた。第一次世界大戦が勃発すると、ウォバーン以外の地に残っていたシカは食べられ、その生涯は悲しく閉じられた。幸いにも、ウォバーンではシカたちの命が繋がれ、1980年代には一部が中国に返還されている。

シカなどのひづめを持つ動物の赤血球は、不思議なものが多い。最小のひづめを持つ動物、**マメジカ**［別名ネズミジカ］の赤血球はとても小さい。**ラクダ**の赤血球は細長い楕円形だ。この形状は、ラクダが脱水症状を起こしたときに血液中の細胞がドロドロ（血液泥化）になるのを防ぎ、さらにラクダが水を飲んで水分補給したときに細胞が膨張して破裂するのを防ぐと思われる。**オジロジカ**から**ノロジカ**まで数種のシカの赤血球は、鎌状赤血球であることも多い。英国の解剖学者ジョージ・ガリバーは、初期のスケッチにシカの奇妙な赤血球を記録している。

　赤血球が鎌状になると人間は病気になるのに、なぜシカは健康でいられるのか？　1980年代に多くの研究がされたのにわからずじまいだったのは、その問題を解くための適切な道具がまだ存在しなかったからだ。最近になって、遺伝学という助っ人が登場した。鎌状赤血球を引き起こすシカの遺伝子は非常に古い。おそらくその異常を維持することに何らかの利点があるにちがいない。鎌状赤血球に関与するタンパク質（βグロブリン）は人間でもシカでも同じだが、鎌状赤血球に関与する遺伝子は異なるようだ。僕が育ったサハラ砂漠以南のアフリカの人々は、鎌状赤血球貧血を患う確率が高い一方で、鎌状赤血球に関与する遺伝子がひとつだけなら、マラリアに対する抵抗力が強くなる。ところが、その遺伝子を2つ持っている場合には病気になる。シカにも似たような進化上の利点があるはずで、まだ解明されてはいないが、おそらく血液中の寄生虫に対する利点があるのだろう。

　とはいえ、シカの赤血球は一番退屈な部類に入りそうだ。**カピバラ**の赤血球は、**ムフロン**［ウシ科ヒツジ属の野生の山羊］の赤血球の5倍の大きさだが、ムフロンはカピバラの4倍の数の赤血球を持っている。この進化のおかげで、ムフロンの血液はドロドロになることもなく、寒冷な高地で熱損失を抑えるために血管が収縮しても、脳卒中になるリスクを防げるようだ。哺乳類の赤血球も奇妙だ。核もなく、酸素を届けるために体内をめぐるヘモグロビンの平らな袋にすぎない。このゾンビ細胞は生きているが、約100日間しか生きられず、その後は新しい細胞を作るためにリサイクルされる。スライドガラスの上で乾燥させて染色してみると、ドーナツのような形をしていて、核のない中央部分は薄くなっていることがわかる。

この平たい両凹形状のおかげで、直径よりもわずかに小さい毛細血管の中でも変形して通過できる。さらに酸素を運ぶヘモグロビンを、血管壁やその下にある酸素を大量に必要とする細胞にできるだけ近づけ、効率的に酸素を交換することもできる。人間の赤血球が、体のサイズが似ているシカに比べて大きいのは、おそらく大きな脳には酸素がたくさん必要とされるためだ。これは何時間もテレビを見続けたり、ソーシャルメディアの子猫の動画を延々とスクロールしたりするのに適した、進化上の利点といえるのだろう、たぶん。

アフリカゾウの赤血球は大きくて薄いが、**ミンククジラ**の赤血球は大きくて分厚い。クジラは、比較的安定した温度の水中で暮らしているが、ナミビアの砂漠に暮らすゾウは、日中の猛烈な暑さと夜間の凍えるような寒さにさらされている。そのため、ゾウの耳や体表の血管は、夜には熱を逃がさないように収縮し、昼は余分な熱を逃すように拡張する。大きな細胞は拡張した血管壁に密着して酸素を効率よく送り込むし、薄い細胞は柔軟に変形でき、夜間に収縮した血管でも変形して通過できる。一方、クジラの血液細胞は変形する必要はない。直径に変化のない血管に最大限の酸素を運ぶように最適化されているため、非常に分厚い形をしているのだ。

巨大赤血球と長命赤血球

哺乳類から離れると、さらに興味深くなる。たとえば、**コオリウオ**という魚は、赤血球を一切持たない。ヘモグロビンさえない。酸素は無色の血液に溶解し、不可欠に思われる成分を含まないまま運ばれる。南極水域は酸素濃度が高いので、それに対応しているのだ。また、冷たい海に暮らしていると代謝が非常に遅くなり、酸素もあまり必要としなくなる。その代わりに、コオリウオは大きな心臓と太い血管を進化させなければならなかった。

赤血球界の巨人は、水生の**サンショウウオ**の、**ホライモリ**で、**ジャコウジカ**の50倍の大きさの赤血球を持っている。ホライモリは実に奇妙だ。中央ヨーロッパの山脈の深い洞窟にしか生息せず、中世の人々はたまに嵐で流されてきたホライモリを、ドラゴンの赤ん坊だと信じていたという。人の魚とも呼ばれ、青白くて肉付きがよく、小さな縮んだ脚を持ち、巨大な虫のようにも見える。まったく目が見えず、食事も睡眠も繁殖もすべて水中で行なう。彼らの赤血球の面白さは大きさだけではない。ほかの両生類、鳥類、爬虫類と同じように、ホライモリの赤血球には核が残っているのだ。

赤血球界の長命者《メトセラ》は、南米の**オオヒキガエル**などの両生類の赤血球だ。彼らの巨大な血液細胞は体内を循環しながら、3年以上も長生きする。そもそも、ヒキガエルの中で最大の種である彼ら自身、30年以上も生きられる長命者なわけだが。**ボルネオオランウータン**の赤血球がたったの3カ月しか生きられないのとは対照的に、**インドホシガメ**などの爬虫類の赤血球もまた長生きで、体内で2年以上も生きている。核を持つ赤血球は、哺乳類のゾンビ赤血球よりも、つねに長生きなのだろうか？　実はそうではない。**タンビコビトタイランチョウ**は、ほかの鳥類と同様に有核赤血球を持つが、駆け足の人生を送る赤血球の新陳代謝は激しく、体内を循環する赤血球は30日も生きられない。また、魚類の赤血球は両極端だ。**キッシンググラミー**の赤血球は13日間しか持たないが、**ヨーロッパブナ**の赤血球は体内で1年半生きられる。

ヒマラヤ上空飛行を可能にする鳥類の呼吸システム

核を追い出すことで、哺乳類のゾンビ赤血球自身はほとんど酸素を使わなくてすむ。遠いところにある組織が必要とする酸素を、さらにいっぱい詰め込むことができる。また、より小さく、よりしなやかになり、より細い血管にフィットして、酸素を必要とする組織により近づくことができる。一方、**インドガン**の有核赤血球はずっと大きいが、血管も太いので問題なく通過できる。筋肉の毛細血管の数の多さも、ヒマラヤ山脈の上空を飛ぶ鳥に役立っている。人間はエベレストをよじ登るのがやっとで、ましてや、そこで長時間の運動を華麗にこなすことはできない。

さらに、鳥類は酸素供給の効率が抜群にいい。酸素との親和性の高いヘモグロビンを持ち、哺乳類よりも――運動能力の高い**プロングホーン**よりも――効率的にデザインされた呼吸システムを持っているためだ。鳥類の肺には肺胞がないが、その代わりに、スポンジ状の構造をしている。哺乳類の肺胞は小さな風船のようなもので、伸縮する組織でできた厚い壁を持つ。呼吸に合わせてわずかに膨らんだり縮んだりし、そのおかげで破裂することなく、酸素が肺胞の奥まで拡散される。これは格別に効率的なシステムではない。最速で水平飛行できる鳥、**ハリオアマツバメ**では、硬いスポンジ状の肺の血液と空気の境界面がものすごく薄いため、効率的な呼吸を可能にしている。鳥類には横隔膜がなく、複数の気嚢を使って、呼気と吸気を円を描くように循環させている。

　鳥類の有核赤血球の非効率性は、より良い呼吸システムによって相殺されている。核を持つ利点は、細胞が損傷を（DNAの損傷でも）修復でき、分裂もできることだ。もし**ヒマラヤタール**が**ユキヒョウ**に襲われて失血したら、新しい血液細胞は骨髄で作られるものの時間がかかり、未熟な有核細胞を循環させて対処しなければならない。一方、**コンゴクジャク**は血液の3分の1を失っても、3日も経たずに正常な循環赤血球量に戻る。**マガモ**は血液量の3分の2近くを失っても生き延びることができるし、**カワラバト**は血液の3分の2を失っても生き延びるだけでなく、7日以内に完全に正常な循環赤血球量に戻る。これはすべて治療、点滴、輸血をしなくても、の話である。**猫**に捕まったあと、命からがら逃げ出した**クロウタドリ**や**モリバト**を治療するとき、鳥類の失血に対するめざましい回復力を頻繁に目の当たりにする。餌を与えて休養させて2日もすれば――猫に嚙みつかれて羽が抜け、お尻は禿げたままだったとしても――血液喪失から完全に回復する。

　それに比べて、**チンパンジー**や人間は、血液の15％を失っただけで症状が出て、20％失えばショック状態が始まる。循環血液の3分の1を失血すれば、意識を喪失する。40％以上の急激な失血は致命的であり、外傷性事故で血液の半分を失った場合、たとえ輸血で迅速に治療しても、助かる人は稀《まれ》である。献血をしたあと――あなたの体の血液の総量からすればほんの少量だけだが――献血した分の赤血球がすべて元に戻るには1、2カ月かかる。これは**クジャク**の3日間に比べるといささか長い。

　赤血球に核がないのは、空気中の酸素濃度が現在の半分だった三畳《さんじょう》紀《き》に哺乳類が出現したことに由来していると思われる。哺乳類は環境に対応するために小さな赤血球と毛細血管を進化させ、そのため核が失われた。鳥類は哺乳類よりも新しい時代――酸素濃度が現在と似ていたジュラ紀――に進化したため、今では一部冗長ともいえるこの適応を必要としなかった。**ムカシトカゲ**のような爬虫類は、恐竜と同じような時期に出現したが、代謝を遅くすることで低酸素に対する耐性を進化させたので、血液細胞のデザインを変更する必要がなかった。

有核赤血球は、獣医の仕事を少々厄介にしている。現代の血球計数器は人間や家畜用に設計されており、鳥類、爬虫類、両生類、魚類には使えないからだ。赤血球にも白血球にも核があると、血球計数器では区別がつかない。加えて、もっとも一般的な血液保存剤、エデト酸ナトリウムは、**カンムリヅル**、**ワライカワセミ**、**ダチョウ**などの鳥類や、**ヘルマンリクガメ**などの一部の爬虫類の赤血球を破裂させてしまう。計数器にかけて小さなバイアルの中でジャム状態になった血液は、診断にはまったく使えない。多くの鳥類や爬虫類にとって残念なことに、赤血球は破裂するときもあればしないときもあり、ちょっとした宝くじとなっている。また防腐剤の種類によって細胞の染まり方が変わり、白血球の識別が難しくなることもある。**アメリカビーバー**のような動物は凝固能力が高いので、抗凝固剤を大量に使っても、血の塊になることが多い。僕は凝固した役立たずの血液サンプルを見るたびにイライラするが、水中で暮らす動物にとって、怪我をしても血がすみやかに凝固することは理にかなっている。

獣医がやるべきことはそれだけではない。血液の塗抹標本を作り、乾燥させ、染色し、目を細めて顕微鏡を覗き込み、大量の細胞を数え、循環している細胞の種類を見極めなければならない。たんに血液を民間研究所に送ればすむ先進国の場合、検査助手の経験が浅く、**ニジボア**の細胞の種類を識別することは難しいかもしれない。そうすると、返却された数値のシートは意味がないばかりか、病状を誤診する危険性もある。何年も前には、小さな研究所が必要な機器を持たず、結果を捏造《ねつぞう》しはじめたというスキャンダルもあった。非協力的な患者と格闘する長い1日を過ごすことになったとしても、自分の目で見たものを確かめる最善の方法は、自分自身で顕微鏡を覗き込むことだ。少なくともそうすれば、どんな間違いがあっても自分の責任なのだから。

白血球の神秘――ゾウの核が2つある白血球、ヘビの白桃色の血液細胞

赤血球は体内を循環する細胞成分（血球）のひとつにすぎない。ほかの細胞成分も動物によってそれぞれ奇妙な癖がある。血小板は、栓球《せんきゅう》［哺乳類以外の脊椎動物において血小板と同じ働きをする細胞のこと］とも呼ばれ、血液凝固の役割を担っている。哺乳類においては細胞ではなく、骨髄の中の大きな巨核球細胞の細胞質が小さく切り離されたものが循環している。鳥類の栓球は核を持ち、白血球の一種であるリンパ球に似ている。病気の**スズメ**の血液塗抹標本を調べると、スライドに凝固した栓球の塊が見えるだけでなく、栓球が――ほかの動物の白血球のように――細菌を飲み込んでいることもわかるかもしれない。

さまざまな白血球は、免疫系に不可欠な存在だ。病気や怪我に反応してその数や形状が変化するため、血液塗抹標本で健康状態を診断するのに役立つ。ただし、動物の患者の場合、捕獲したり麻酔銃を撃ったりするだけでアドレナリンが放出され、すぐさま循環白血球の数が増加するので、ウイルス感染と間違われることもある。たとえば、野生の**タイタハヤブサ**は、野生に帰すまでの治療中の長期ストレスのせいで、循環ストレスホルモン、コルチゾールが発生し、リンパ球や好酸球の数が減少するストレス性白血球像と呼ばれる反応が起こり、感染症と誤診されることがある。不必要な扱いや治療は免疫抑制を悪化させるだけで、哀れなハヤブサが最終的にアスペ

ルギルス菌による致命的な呼吸器感染症を患うリスクすらある。

ボブキャットなどほとんどの哺乳類では、一番ありふれた白血球は好中球だが、**テンニョインコ**など多くの鳥類では、リンパ球が優勢になる。鳥類や爬虫類には好中球がなく、代わりに偽好酸球《ヘテロフィル》という顕微鏡下では斑点のある細胞を持つ。好中球との重要な違いは、ヘテロフィルは死んだ感染組織を分解する酵素を持っていないことだ。そのため、**アミメニシキヘビ**の膿瘍はゴムボールに似た固形状で、**クロエリハクチョウ**の膿瘍は玉ねぎのような固体層となっている。一方、ボブキャットの膿《うみ》は液体であり、膿瘍がドラマチックに破裂して、臭い黄色い膿（たんに好中球の死骸である）をそこらじゅうに噴出させることもある。

好酸球は丸いピンク色の顆粒を持つ大きな細胞で、この数値が増えているときは寄生虫感染症が疑われる。**アメリカテン**ならトキソプラズマ、**アライグマ**ならアライグマ回虫によるものだろう。アライグマの場合、この虫はもともと腸内に生息しているため、ほとんど問題はない。しかし、その回虫の卵をほかの動物——**シカ**、人間、**コリンウズラ**など——が誤って食べてしまうと、孵化した虫が混乱して宿主の体内のどこにでも、脳の中にまで入り込み、さまざまな深刻な損傷をもたらす可能性がある。どんなことでもそうだが、物事は覚えやすいようにはできていない。**アナホリゴファーガメ**は夏よりも春のほうが好酸球の数値が高くなるが、**ミナミオオセグロカモメ**は秋よりも冬のほうが高くなる。また回遊する**アカウミガメ**は、1カ所に楽しくとどまっているカメよりも循環好酸球数が少ない。これは多くの鳥類、特に**ハクガン**のように移動する種でも同じだ。**ミナミイシガメ**や**ヌマワニ**は、オスとメスで好酸球の数がかなり異なるが、**カリフォルニアコンドル**は年齢によって異なる。飼育された正常で健康な**クロキツネザル**も、循環好酸球数が野生のクロキツネザルとはかなり異なっている。

白血球のそれぞれの種類について説明を始めたら何ページでも費やせてしまうので、あと数個にしておこう。**ゾウ**には核を2つ持つ奇妙な大型白血球がある。当初はゾウ細胞と呼ばれていたが、今ではこれはゾウにしか見られない単核白血球（単球）の一形態にすぎないと考えられている。**パフアダー**のようなヘビには、アズールと呼ばれる白桃色の変わった大型の血液細胞がある。これを単なる変わった単球と考える獣医もいれば、まったく別の細胞だと考える獣医もいる。まったく同じ種類の細胞——たとえば、ヘテロフィル——でも、**ソウゲンワシ**と**ベンガルハゲワシ**など種が異なれば全然違う形をしている。ソウゲンワシの細胞には小さなピンク色の丸い顆粒があり、ベンガルハゲワシの細胞には紫色の葉巻のような形の顆粒があり先端に透明な点がついている。顕微鏡で見たものが何を意味するのか正しく解釈するのは本当に難しいのだ。

野生動物の寄生虫——血液塗抹標本はミクロの動物園

顕微鏡を覗き込むことは、ミクロの動物園を訪れるのに似ている。1羽の小さな**メジロ**の血液塗抹標本に、**プラスモジウム**と**ヘモプロテウス**の2種類の鳥マラリア原虫がいたことがある。そこには白血球を歪め、長いツノを持つ古代の**原牛**《オーロックス》のごとく変形させてしまう寄生虫、**ロイコチトゾーン**もいた。さらに**トリパノソーマ**まで参加していた。トリパノソーマは、睡眠病やシャーガス病を引き起こすコルク栓のような形をした原虫で、チャールズ・ダーウィンが晩年悩まされたと言われている。そして極めつけは、大型ののんびりした**糸状虫**だ。血管の中で楽しく泳いでいたのに、僕が不躾《ぶしつけ》にも血液サンプルと一緒に注射器に吸い上げてしまった。野生動物の患者の血液には寄生虫がわんさかいて、それぞれが複雑な生活環（ライフサイクル）を持つ。一生の半分を刺咬《しこう》昆虫の中で過ごし、それから患者の体内に入る寄生虫もいる。トリパノソーマは**ハエ**や**トコジラミ**を好み、マラリア原虫は**蚊**を好む。**バベシア**や**エールリヒア**には**ダニ**が必要だ。

現代の獣医学教育では、ペットの犬や養豚の寄生虫はすべて無慈悲に駆除するよう教えているが、野生動物の暮らしには寄生虫はあってしかるべきものである。ほとんどの場合、宿主に病気を引き起こすことはない。病気の原因となるのは、ほかに免疫システムを抑制するような問題があるとき、あるいは動物園の**ペンギン**のように、不自然な環境下で地元の鳥が媒介する鳥マラリアに感染しやすくなっているような場合だけである。野生動物から血液寄生虫を駆除したところで、野生に戻ればすぐに寄生されるので、たいてい役には立たない。寄生虫は何百万年も前から共進化してきたものが多く、それを排除することはときに患者に害を及ぼすことすらある。貴重な**アフリカスイギュウ**をヨーロッパの動物園からアフリカ南部に戻すと、血液寄生虫のせいで死んでしまうこともある。そのスイギュウがアフリカの寄生虫と一緒に成長しておらず、正常な防御免疫を発達させてこなかったためだ。ある地域のスイギュウが別の地域の血液寄生虫に対する免疫を持っていなければ、すぐに病気になる。アフリカスイギュウの血液中に寄生する**タイレリア**は、宿主には問題を引き起こさないかもしれないが、茶色の**ミミダニ**が落ちて、近隣の農場の**牛**に噛みつけば、その牛はまたたくまにタイレリア病で死んでしまう。

透明な幽霊を浮かび上がらせる染色剤

血液細胞や寄生虫のミクロの世界を探るには、顕微鏡で細胞を見る前に、スライドガラスに塗った乾いた血液を染色する必要がある。染色剤を使用しなければ、細胞は透明な幽霊のようなもので細部はまったく見えない。血液の染色については、ナチスの支持者から、ファン・ゴッホの絵画まで、興味深い逸話がある。

染色法の中には、細胞核の細部を見るのに適し、特にガンの発見に重要な役割を果たすものもある。一番有名なのは、パパニコロウ染色だ。ゲオルギオス（ジョージ）・パパニコロウはギリシャの医師で、長年開業医をしてから大学に戻り、**ミジンコ**の研究で動物学の博士号を取得した。その後、モナコ海洋研究所（スキューバダイビング器材のレギュレータ「アクアラング」を発明したジャック・クストーが、後年所長を務めた研究所）で働いたあと、アメリカに移住。そこで病理学を研究し、パパニコロウ染色法と、子宮頸ガンの検査法である子宮頸部細胞診《パップスメア》を開発した。

パパニコロウはこの染色を使用した別の検査法も開発した。それは人間の医師よりもむしろ獣医にとって重要なものとなった。まず、多くの種の哺乳類のメスは生殖周期を経るにつれ、膣の内側を覆う細胞が差し迫った交尾に備えて変化し、角化細胞の微細な上皮に分化して身を守ろうとすることを発見した。**アジアチーター**であれ、**リカオン**であれ、**スコットランドヤマネコ**であれ、**ジャイアントパンダ**であれ、膣内細胞の染色塗抹を見れば、交尾や人工授精のタイミングを確認できる。もしその塗抹標本に、大きくて平らな青い細胞だけが含まれ、大半に核がなければ、ＯＫのサインだ。しかし核のある小さな丸い細胞が見えたら、妊娠可能期間を逃し、患者がすでに排卵したことがわかる。

哺乳類には有核赤血球がないので、血液塗抹標本で血液細胞の種類を見分け、血液寄生虫を発見するためには、細胞質を染色液で着色しなければならない。おもに使用される染色法は、ロマノフスキー染色である。これはマラリアを発見するための適切な染色液を初めて開発したロシア人医師にちなんで名付けられた手法だ。現在は、このロマノフスキー染色の改良版がたくさんあり、たとえばギムザ染色もそのひとつである。ドイツの細菌学者、グスタフ・フォン・ギムザがマラリア原虫のより良い染色法として考案した手法で、彼はドイツ領東アフリカで薬剤師として働いた経験もあり、ナチ党の熱心な党員でもあった。ギムザ染色は、とりわけ性感染症のクラミジア感染症やトリコモナス膣炎を強調して染色したり、**メキシコプレーリードッグ**において典型的な安全ピン状のペスト菌を診断したりする際に優れている。

　こうした染色液のほとんどに、ファン・ゴッホが赤い絵具の染料として使ったこともあるエオシンが含まれている。残念ながら、エオシンは血液塗抹標本だけでなく、絵画でも、時間の経過とともに褪色する。ゴッホのバラの静物画を見ると、本来ピンク色の花びらが色褪《いろあ》せて、ほぼ真っ白になっている。また、血液の染色液には、明るい工業用染料のメチレンブルーも含まれている。これは血液塗抹標本上のマラリアを染めるだけでなく、患者の体内のマラリア原虫を殺すこともでき、第二次世界大戦までは治療薬としても使用された。一時的な副作用として白目が青くなり、尿も真っ青になるため、兵士たちは服用を嫌った。現在は、薬剤耐性マラリアが発生している地域で復活しつつあり、野生動物の一部の血液寄生虫——**バベシア**など——の治療にも使われている。バベシアはマラリアに似た寄生虫で、**ダニ**の媒介によってのみ感染する。たとえば**タテガミオオカミ**の血液を調べているときなどに、赤血球の中の涙粒のような形の2隻のバベシアが、顕微鏡越しに2つの小さな目で悲しげにこちらを見つめ返してくるように思えたりする。バベシアの治療にはメチレンブルーがよく効くが、まるで**シャーペイ**犬のように、**オオカミ**の舌や歯茎が真っ青になる。

　さて、顕微鏡でさまざまな種類の血液細胞を数え、正常とされる数値と比較する。そしてシャーロック・ホームズさながら、わずかな変化を引き起こした原因を突き止めようとする。しかし、大変な1日の終わりに数字の列を睨《にら》みながら、それが何を意味しているのか見極めようとするとき、お察しのとおり、僕はむしろ無能なクルーゾー警部になった気分になるのである。

7

キツネザルの数値は嘘をつく

診断する

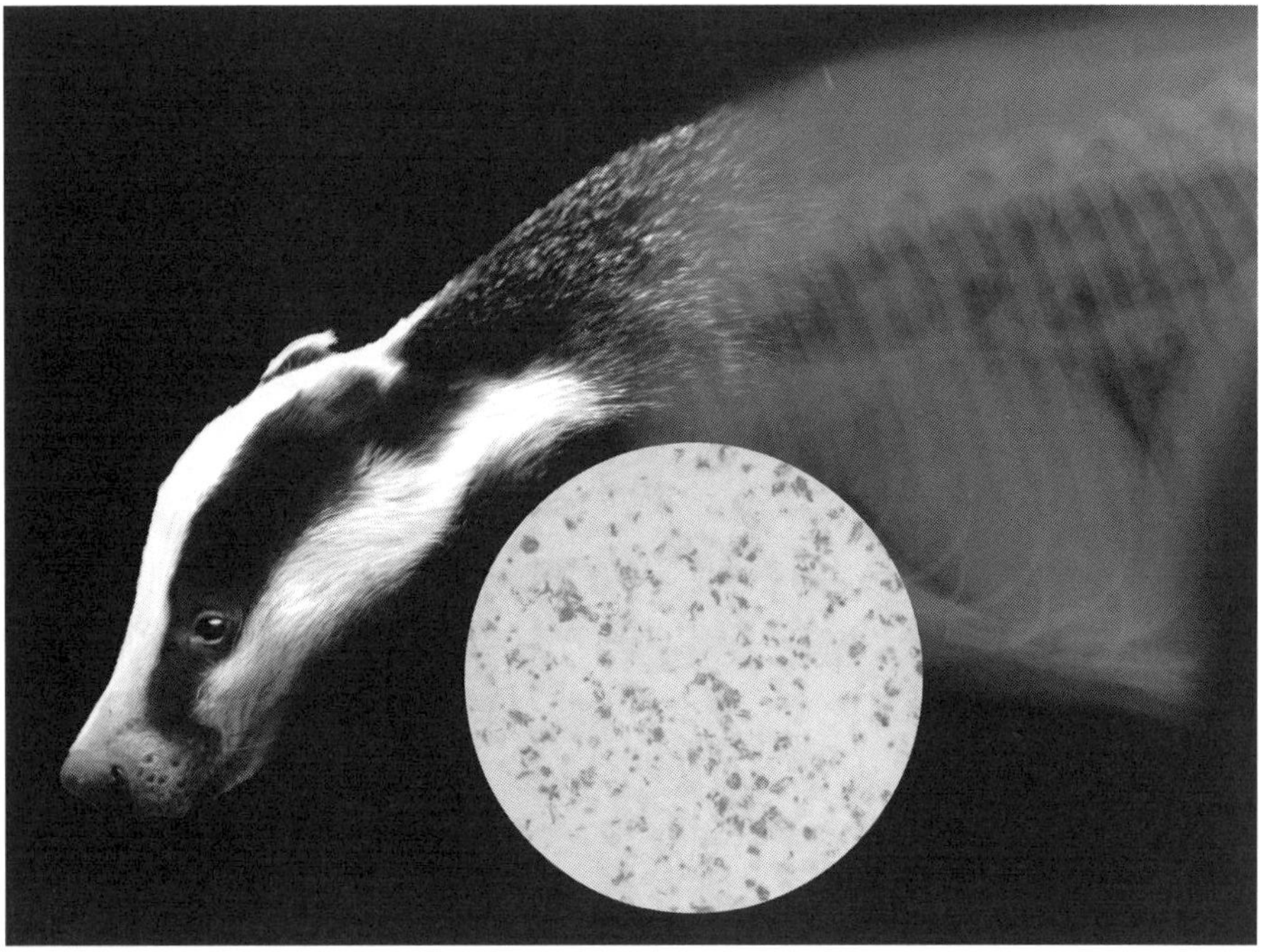

アナグマのウシ結核は、診断検査の結果を解釈しようとする際に獣医が直面する難しさを示す好例である。ピンク色に染まった結核菌に感染しているアナグマの数が少なければ少ないほど、個々のアナグマの陽性結果が正しい可能性は低くなる。

野生動物の獣医と聞けば、誰しも想像することだろう——カーキ色の服に身をつつみ、片手に麻酔銃を持ち、アフリカの**サバンナ**で風雨にさらされたランドローバーの横に立つ姿を。メディアの報道やビデオゲームの中でさえも、この無意味なイメージが助長されている。野生動物の獣医が数字の羅列を見つめながら頭を掻きむしっている姿など、テレビで見ることはないのだ。**マンドリル**であれ、**ピューマ**であれ、**チャイロネズミドリ**であれ、長い列の数字はどれも退屈なほど似通っているのだ。それでも、検査結果はときに一番重要なツールにもなる。ヘリコプターから**ネルソンビッグホーン**に派手に麻酔銃を撃ったり、非協力的な**モンクアザラシ**と格闘して血液を採取したりするのは多くの場合、特定の検査を行なうためである。それなのに検査結果は地雷原のようなものだ。結果の解釈は大半の外科手術よりも難しいかもしれない。

検査項目だけでなく、検査の種類も目が回るほど数がある。たとえば、**アメリカバイソン**のヘルペスウイルスなどを検出する検査では、サンプルに蛍光マーカーを混ぜて、陽性か陰性かを判定する。このマーカーは別のウイルスに結合することもあれば、まるで違うものに誤って結合してしまうこともある。特に人間や家畜のために開発された検査を、**マレーセンザンコウ**のような異なる動物に使用する場合に、そのリスクが高くなる。ポリメラーゼ連鎖反応（PCR）検査は、犯罪作家やテレビドラマに愛されている検査で、DNAの小さな断片を増幅する手法を用いる。ただしPCR検査では、検出されたものが実際にその問題を引き起こしているかどうかまでは知ることはできない。また、患者の血液中にある病気に対する抗体を見つけたからといって、その意味が明確にわかるわけでもない。ジステンパーウイルスの抗体を持つ**ジャイアントパンダ**は、たんに子どものときにワクチンを接種したのかもしれないし、あるいは何年も前に感染して生き延び、免疫ができたから抗体を持っているのかもしれない。同様に、南極の**アデリーペンギン**に鳥インフルエンザの抗体が見つかったからといって、そのペンギンが病気であるという意味ではないし、そのウイルスでこれから病気になりうるという意味ですらない。たんにクルーズ船の観光客がフライドチキンを好んで食べることや、ゴミをポイ捨てする習慣があることを反映しているだけかもしれないのだ。

　ほかには、カルシウム、ビタミンK、アラニンアミノ基転移酵素のような肝組織酵素など、特定の物質の量を測定する検査もある。肝臓の酵素が人間やペットの犬の診断に役立つからといって、**アカゴーラル**［偶蹄目ウシ科］が**肝吸虫**（寄生虫）の感染によって肝障害を患っているかどうかの判断に役立つとは限らない。家畜の山羊の診断の助けになるγ－グルタミルトランスフェラーゼなど別の肝酵素も、遠縁の野生の仲間にはあまり意味がない場合もある。

動物園に放たれたもっとも危険な2匹の動物

　さて、ある検査をして、1リットルあたり367という数値が出たとして、実際にそれは何を意味するのか？　僕らは本を開いたり、インターネットで科学雑誌の論文を探したりする。運良く、患者が**バーチェルサバンナシマウマ**のような一般的な野生動物であれば、正常だと報告されている数値を見つけるのは簡単だ。その検査が珍しいものだったり、患者の種が希少だったりする場合には、関連のあるものと比較しようとする。**マレーバク**なら家畜の馬と、**アミメキリン**なら肉用牛と比較できる。

書籍や雑誌で発表された基準範囲には注意が必要だ。人間や動物の検査の基準値は、通常95%の基準範囲からなる。つまり、一般に動物がこの範囲外の結果を示す確率は20分の1しかなく、非常に低い。一方で、別の範囲が発表されることもある。たとえば最近、**ジャワオオコウモリ**について調べたところ、標準偏差が使われていた。この場合、基準値の4分の3程度しか含まれない。健康なオオコウモリの検査結果は、4分の1の確率で見かけ上の基準範囲から外れるということだ。書籍には、その範囲の計算方法が明記されていないことが多い。**ニシミユビハリモグラ**の範囲をただ見ただけでは、なんとも言えない。異常な結果が出たとき、その結果が実際には問題ないケースが4分の1の確率なのか、20分の1の確率なのかを知ることは明らかに重要なことだ。

そもそも、その範囲を決定するために、どんな動物が検査されたのだろうか？ 人間の場合、何万もの人々の検査結果が加味されており、男性、女性、子どもとそれぞれに正確な範囲が設定されている。それは絶滅危惧種には不可能なことだ。飼育されたひと握りの個体から算出されていたり、オスの個体だけを基に算出されていたりすることもあるだろう。僕が見つけたニシミユビハリモグラの基準値は、14頭の動物園の個体から算出されていた。どれほど飼育環境が良くても、**シロアリ**や**アリ**という野生の食事を再現することは不可能だ。飼育下では、牛ひき肉、卵、小麦のふすま、オリーブオイルなどさまざまな混合飼料が与えられている。タンパク質など主要な栄養素のバランスを注意深く整えても、微量栄養素は野生と同じにはならない。餌は実際の健康だけでなく、ビタミンDのような多くの血液サンプルのパラメーターにも影響を与える。また性別や年齢も――メスの妊娠中や産卵時に限らず――カルシウムやホルモン、酵素の数値に影響する。こうした要素は目の前の患者にどんな影響を与えているのか？　また基準範囲を算出する基となった少数の個体群にはこうした要因はあったのか？

　季節や気温ですら結果に影響を及ぼす。冬眠間近の**クマ**と夏場のクマではいくつかの検査で基準値が異なる。一番極端なのは爬虫類だ。彼らは自分では体温調節をしないため、その代謝や生体プロセスはすべて外気温によって変化する。たとえば、**リコルディイグアナ**は検査した場所の気温によって結果も異なるだろう。野生の**イグアナ**でさえ個体差がかなり大きい。ガラスの生態動物園《ビバリウム》での飼育下では、温度や生息環境の差異の範囲と複雑さを再現することは不可能であり、つまり検査結果に必ず影響が出るということだ。

　こうした要因により、検査結果の解釈は複雑になる。検査機関で分析され、基準範囲内／外と判定された無益な数字の列を手にした保全生物学者や動物園の園長に対して、経験に基づく直感を説明しようとしてもなかなか伝わらないのである。

　実際、獣医の資格を取ったばかりの頃は、直感を裏付けるために検査を検討せざるを得なかった。たとえば、嗜眠《しみん》状態の**チョコキムネオオハシ**を診察し、その症状を慎重に吟味して、肝臓の鉄過剰症だろうと経験的に判断する。その後、いくつかの高価な検査の中から、どの検査をすれば、その直感の正しさを確認できるかと思案するのである。当時、検査機関には、スーパーマーケットの〝ひとつ買ったらオマケにもうひとつ進呈〟よりもさらに上を行く、お得なセット販売のパネル検査が用意されていた。20種類の内臓に機能する酵素と電解質を調べる検査が、なんと単体検査3回分の値段で実施できた。そんなわけで誰も彼もが、症状に関係なく、毛深い患者や羽の生えた患者全員に大型パネル検査をするようになった。その後、血液学的検査も追加され、20以上の血液パラメーターがほぼ追加費用なしで提供された。突然、10分間も顕微鏡で血液塗抹標本を覗き込む価値はないと思われるようになった。なにしろ検査機関がお手頃価格で機械を使って調べてくれているのだから。さらにデスクトップ型の機械もまたたくまに普及し、自分の診療所や野生動物病院でそうした検査を全部行なえるようになった。5分以内に50もの検査が実施され、非常に便利なことに異常な数値をアスタリスクで強調した検査結果シートが作成されるのだ。

安価で簡単な診断検査のおかげで、症状を隠すのがうまい野生動物保護区や動物園の患者を、別の角度から診察する方法ができた。病気や健康問題を早期に発見し、たとえば**ナマケグマ**を症状が出る前に治療できれば、それはすばらしいことだ。多くの獣医は、動物園や救護センターの動物に麻酔をかけ、年に一度の健康診断を実施している。一方、麻酔にはリスクが伴う。麻酔銃を撃つときに**ドール**の脚を骨折させたり、麻酔から回復中に**ゴリラ**を死なせてしまったりする。採血にすらリスクがある。僕は**アカノガンモドキ**のような大型の鳥が、採血後に失血死するのを見たことさえある。とはいえ、ほとんどの場合、そのリスクは潜在的な利益に見合うものだと感じられる。

それでも僕たちはあまりにも頻繁に、基準範囲内／外と振り分ける検査の退屈な統計的根拠を忘れてしまう。95％の基準範囲であっても、20の検査結果のうちひとつは、完璧に健康な動物に異常と出る。50の検査結果をまとめた報告書では、2つか3つが偽陽性であり、存在しない問題を指摘している可能性がある。また、ランダムなプロセスが均等に作用することはなく、各野生動物患者の結果ごとに2つずつの誤った結果が均等に含まれるというわけではない。偽陽性は、しばしば不幸な形で集積する。たとえば、数匹の患者で完璧に基準範囲内の結果が出たあと、絶滅の危機に瀕した**アオメクロキツネザル**が8つの異常値を示し、そのいくつかが肝酵素だったとする。どれも非常に高いわけではないが、すべて基準範囲外だ。1カ月後そのキツネザルは死んだが、解剖の結果、肝臓に異常はなく、死因は何度も麻酔をかけて検査を繰り返し、侵襲的な肝生検手術をしたストレスだったと判明する。そんなふうに、僕らの脳は実際には存在しない架空のパターンを悲劇的に見つけてしまうのである。現代の人間医学では、「過剰診断」によるリスクを減らそうという動きがあるが、野生動物医学という狭い分野はもちろんのこと、獣医学ではほとんど認識されてこなかった。ノンフィクション作家で動物保護家のジェラルド・ダレルが、「動物園に放たれたもっとも危険な2匹の動物のうちの一方は獣医である」とコメントしたのもさほど不思議ではない。

ちなみにダレルによれば、もう一方の危険な生き物は建築家だそうだ。動物園で危険な動物の囲いに登ったり落ちたりする人間の数を考えれば、理解できる。ダレルが経営するジャージー動物園でも、5歳の子どもがゴリラの囲いの中に落下している。このケースでは、幸いなことに、シルバーバック［成熟して背中の毛が銀色になったオスのゴリラ］（ちなみに飼育下で誕生した最初のオスゴリラだった）が意識不明の少年をほかのゴリラから守り、飼育係が無事に救出することができた。動物にとっても人間にとっても安全な囲いとは、機能的でありながら、人間が動物たちを身近に感じられるというバランスがつねに保たれていなければならない。バランスが崩れると、命に関わる事態が起こりうる。獣医としては、間違いを起こす職業は、僕たちだけではないと知るのは悪くない。

検査結果を評価するより、尿を飲むほうがマシ？

ときには採血だけでは充分ではないこともある。**アカエリマキキツネザル**の腎臓病の検査では、通常、尿素、クレアチン、電解質を採血して調べる。哺乳類の腎臓はもともと充分すぎる予備能力があるため、検査しても、腎臓の3分の2以上がすでに損傷している場合にしか異常が出ないことが多い。ところが、おもに果物を食べるキツネザルが、死んだ**エダハヘラオヤモリ**を見つけて、軽食にして手っ取り早くタンパク質を補給しようと考えた場合、実際に腎臓の機能に問題がなくても、検査結果の数値が上昇することもある。血液検査の結果を実際に評価するには、同じ時期に採った尿と比較する必要がある。ちなみに、**ノガンモドキ**や**リコルディイグアナ**の腎臓検査は、鳥類や爬虫類が腎臓から尿素ではなく尿酸を排出し、また不便なことに尿と糞を同じ総排出腔から排泄するために複雑になる。尿酸値が驚くほど高い**アカノガンモドキ**の検査も一筋縄ではいかない。深刻な腎臓病を患っているせいなのか、たんに捕まえた**ネズミ**を喜んで消化しているせいなのか判断がつかないのだ。

さて、エリマキキツネザルの患者の尿からは、ほかにも役立つ情報を得られる。タンパク質の数値が高ければ、タンパク質が尿に漏れていることを示し、腎臓病だと確認できる。尿中の白血球が見られれば、感染症に罹っているのかもしれない。顕微鏡で円柱と呼ばれる細胞塊が観察されたときには、腎機能障害のさまざまな原因を示唆している。このように、患者の症状から臨床的診断を下すだけでなく、複数の異なる検査を行なわなければ、意味のある結論を得られないことが多いのである。

紀元前100年のサンスクリット語の文章には、糖尿病患者の尿は甘い味がして、**クロアリ**を引き寄せると書かれている。ありがたいことに、僕は**サキ**の尿の味を確かめたり、アリが出てくるのを待ったりする必要はない。紙の試験紙に尿を数滴垂らすだけでいい。とはいえ、尿を飲むというのは、驚くほど人気のある代替療法だ。インドの第4代首相、モラルジ・デサイやイギリスの女優サラ・マイルズもそれを認めている。ちなみに、**ベンガルトラ**や**バーチェルサバンナシマウマ**は尿を飲んでいるように見えるが、実際にはフェロモンを感知しており、鋤鼻器《じょび》でにおいを嗅ぎ、発情期のメスの尿かどうかを判断しているのだ。

検査という頭痛の種に比べたら、尿を飲むほうがまだマシかもしれない。たとえば、**カンムリシロムク**が肝臓の寄生虫、アトキソプラズマで死んだと思われるのに、既存の検査ではその元凶の微生物を検出することができない。そんなことはしょっちゅうある。たんに検査自体が存在しないこともあるし、数カ国離れた国の大学でならば実験的研究が行なわれていることもある。しかし、結果が出るまでに6週間もかかるとなると、たとえ白黒はっきりした検査結果が得られるのだとしても、現実的な手段とは言い難い——とりわけ、スコットランドの湖でたった今罠にかけたばかりの**ヨーロッパビーバー**が多包条虫症に罹患しているかどうかを見極めようとしている場合には。肝臓に寄生するこの厄介な寄生虫は、人間にも感染し、人間の肝臓を破壊することもある。しかも、ビーバーは賢いので、もう二度と同じ罠にかけることはできない。そんな状況下で、患者を安楽死させるか、それとも野生に帰すか、数時間以内に決断をしなければならない。切羽詰まった僕は、この病気の限られた診断能力の限界を超えるべく、鍵穴手術で実際に肝臓を調べることを含む、複合的な検査プロトコルを開発した。外科的な疾患検査は、野生動物の患者にとって一番極端な手法だろうけれども。

動物園の獣医がうなされる悪夢

間違った思い込みが悲劇的な結果になることもある。2頭の絶滅の危機に瀕した**インドライオ**

ンが、絶滅リスクに対するバックアップとして飼育下繁殖の遺伝子改良のために海外に移されたとき、麻酔下で総合的検診と診断検査を受けた。ライオンは結核を患うこともあるため、受入先の獣医たちは新しい方法を初採用した。**牛**のために開発された受賞歴もある検査で、バクテリオファージ（細菌に感染するウイルス）を使って、病気の原因となるマイコバクテリウム属の細菌を検出する手法である。その結果、2頭のライオンはともに強い陽性反応を示したため、非常に悲しいことに安楽死させられた。悲劇は、解剖の結果、彼らの体内のどこにも実際の結核菌による感染が見つからなかったことだった。

マイコバクテリウム属の細菌には数多くの種があり、結核やハンセン病を引き起こすものや、さらにはクローン病（炎症性腸疾患）に関与するものもある。**アッサムターキン**の下痢から、**キタハタネズミ**の死、**キタリス**のハンセン病、**ハジロモリガモ**の肝膿瘍、**ドワーフアフリカウシガエル**の皮膚潰瘍まで、多種多様な動物でさまざまな疾患を引き起こすため、診断は悪夢である。ヒト型結核菌はおもに人間の病気であり、動物に影響はほとんどない。残念なことに、ほかの種類のマイコバクテリウム属細菌は人間に感染したり、異なる種のあいだで拡散したりする。牛乳を低温殺菌する主な理由は、ウシ型結核菌に感染した乳牛から、人間が結核に感染するのを防ぐためだ。さらに残念なことに、現在ではウシ型結核菌は、**ヨーロッパアナグマ**、**フクロギツネ**、**オジロジカ**にも普通に見られ、さらには**コヨーテ**や**アフリカライオン**などの肉食動物にも感染し、人間、畜牛、野生動物のあいだで広がっている。マイコバクテリウム属細菌が引き起こす感染症は、人間の死因としては世界最大で、毎年150万人が亡くなっており、これはHIVよりも多い。しかも、世界保健機関の推定では、なんと地球上の全人口の4分の1が潜伏感染しているという。潜伏感染とは、「まだ病気にはなっていないが、体内に細菌が存在していて、排出されていない状態」のことである。僕たちは野生動物の患者が感染していないかどうか、彼らがほかの野生動物や人間、家畜にリスクをもたらさないかどうか、つねに警戒している。動物園の獣医たちは、一見健康そうに見える**ゾウ**や**チンパンジー**、**アシカ**が、来園した子どもたちの顔に向かってマイコバクテリウム属の感染菌を含んだ飛沫《ひまつ》を吐き出すという悪夢にうなされているのである。

古い病気である結核は、消耗性疾患として知られる。ゆっくりした経過をたどり、患者は徐々に衰弱していく。文字どおり、患者を消耗させるのだ。患者はひっそりと何年も咳とともにハンカチに血を吐き出しながら、空気感染する結核菌をまき散らす。患者の体内で病気の進行が遅いのと同じように、結核菌を増殖させようとしても異常なほどに増殖が遅い。研究室では、20分ごとに2倍になる細菌もあるのに、結核菌は1日に1回しか分裂しないこともある。たいていの細菌感染症と同じように、寒天培地で培養しようとしても、数日ではなく数カ月かかる。そのため、マイコバクテリウム属の細菌種をより早く検出するための検査が数多く開発されてきたが、問題がないわけではない。

どんなに優れた検査でも――マイコバクテリウム検査は該当しないが――必ず誤り率《エラー》があり、それは非常に重要な点だ。僕たちはその検査の感度［病気の人が正しく病気であると判断される確率］と特異度［病気でない人が正しく病気でないと判断される確率］に注目する。だが、個々の野生動物にとって、その結果は実際に何を意味するのか？

本当の悪夢はここから始まる。陽性や陰性という結果が、実際にその患者にとって何を示すのかは、個体群の中でその病気が一般的なのか稀なのかによって変化する。もし**アナグマ**が100匹に1匹の割合でしか結核に感染しないとしたら、陽性と判定されたアナグマの大半は実際には結核ではなく、悲しいことに解剖時に偽陽性だと発見されることになる。この問題を、僕らは

「検査の陽性的中率が低い」と呼ぶ。まあ、少なくとも陰性と判定されたアナグマの大半は結核ではないんだし、と言うかもしれない。確かに、検査は陰性的中率は非常に高いかもしれない。しかし、たとえ陰性的中率が99％であっても、陰性と判定されたアナグマの数百匹に1匹は、実は結核に感染しているという事実が見逃されている。病気の検査（スクリーニング）の解釈は、とりわけその結果に基づいて動物を処分するときには、複雑になる。あなたも頭が痛くなってきただろうか？　それなら、僕たちが普段どう感じているのかわかってもらえると思う。ちなみに、野生動物の疾患治療においてしばしば必要とされる、複雑な数学、統計、疾患モデルの作成については説明を割愛した。野生動物の獣医の仕事が、子ども時代、カラハリ砂漠で**オリックス**を追跡する姿を夢見ていた頃に考えていたような単純なものであれば、どれほど良かっただろう。

診断検査がイエスかノーかで判定されるものであれば、どんなに良かっただろう。イエスが実際にイエスであり、ノーが絶対にノーであったならば。サンプル検査は役に立つ手がかりや情報を与えてくれるが、決定的な答が得られるとは限らないし、広範囲な検査にはリスクを伴う。個々の動物の健康状態を診断する際に、実際に何が起こっているのかを知ろうとするなら、生きた動物の体内を覗くのが一番いい場合もある。

8

カメの偏頭痛と6本指のキツツキ

撮影する

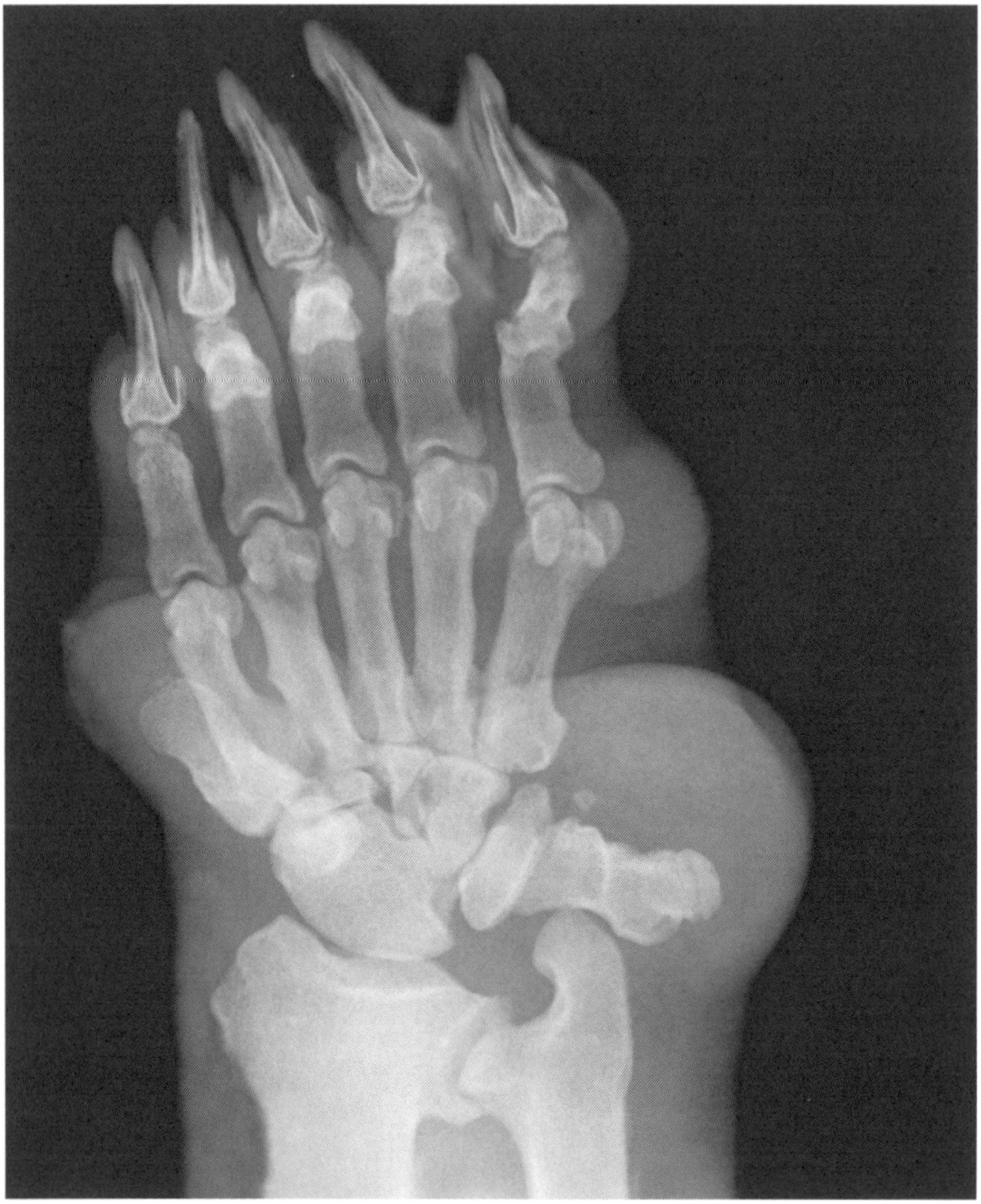

X線写真を見ると、ジャイアントパンダの前足の5本の指はすべて前に伸びており、親指のように見えるものは、実は親指と同じ機能を果たすために手首の骨が横に伸びたものだとわかる。

ジャイアントパンダの足のX線写真を見ていると、世界初のX線写真の逸話を思い出す。自分の発見を自分自身で試した勇敢なほかの医学先駆者たちとは異なり、ヴィルヘルム・レントゲンは、自分の妻をモルモットにするのが望ましいと判断した。20分の放射線照射により、彼女の手の骨と結婚指輪がぼんやりと映し出された。その写真を見て、彼女は自分の死を見たと叫んだという。電離放射線がもたらすリスクがいまだ未知数であることを考えれば、先見の明のある言葉である。

人間という種の繁栄には、脳よりも手のほうが深く関与しているのか？ どれほど知能の高い**ハンドウイルカ**でも、キーボードを叩いてウィキペディアで検索したり、アンチョビピザの出前の電話をかけたりすることはできないだろう。しかし、この器用に動く両手——僕に顕微鏡《マイクロ》手術《サージェリー》を実施させてくれる手——は、人間にしか備わっていないものではない。

ジャイアントパンダには、手があるように見える。5本の指は、ほかの**クマ**と同様にすべて前を向いている。ところが、パンダの食事風景を観察すると、餌を器用につかんでいて、横に向いた親指もあるように見える。その謎は、X線写真を撮れば明らかになる。パンダの手首の骨のひとつ、橈側種子骨《とうそくしゅしこつ》が、6番目の指——パンダの親指——となっているのだ。ジャイアントパンダの毛むくじゃらの手は、一見不器用そうに見えるが、生きていくために必要不可欠なものだ。以前、人間の手外科医の友人たちと一緒に研究をしたことがあるが、野生のパンダが前足を失った場合、同じ怪我をしたほかのアジアのクマよりも生存の可能性が低くなることが判明した。パンダにとって手の怪我は、プロテニスプレーヤーや脳外科医よりも悲惨な結果をもたらすのである。

X写真――アイアイの中指はキツツキのくちばし

X線写真（放射線写真）は、単純な原理で撮影されている。放射線の粒子が体内を透過して感光板に当たった部分が、現像後に黒くなる。物理学者を喜ばせるために、厳密にはX線とは波であり粒子である――あるいは、波のような粒子である――と述べておこう。とはいえ、僕は量子力学をきちんと理解できるほど賢くないので、X線はたんに粒子であるということにしておく。骨や金属のような高密度の物質は、ほとんどの粒子を吸収するため、放射線写真では白く写る。空気は粒子を吸収しないので、写真では黒になる。密度の低い軟組織は粒子を通過させ、さまざまな濃度の灰色になる。密度の高い組織や大型動物の一部（**インドサイ**の足など）を透過させる場合には、使用する粒子の数を増やすか、粒子に与えるエネルギー量を増やして、粒子が止まる前に組織の奥まで通過させるか、X線粒子を放射する時間を増やすか（レントゲンがしたような無謀な長時間露光を真似するわけではない）、いずれかの方法を取る。

X線写真は目に見えないものを見せてくれる。**フォークランドカラカラ**の折れた翼の骨を見たり、**ゼニガタアザラシ**が蠢《うごめ》く肺線虫のせいで肺炎を患っているのを確認したり、**ヒョウモンガメ**の膀胱結石を発見したりできる。なかなか孵化しないヒナを助けるために、**カリフォルニアコンドル**の卵をX線写真で観察したこともある。野生では絶滅しているため、ひとつひとつの卵が貴重なのだ。獣医たちは慎重に卵を割り、ヒナが疲労で息絶えてしまう前に、ねじれた体勢で孵化できずにいたヒナを助け出した。

X写真は同密度の組織を区別することが苦手である。究極の敵は液体で、すべてを均質な灰色で塗りつぶしてしまう。ワラビを食べすぎた**ダマジカ**のこぶし大の膀胱腫瘍は、X線写真では尿の中に隠れて見えない。

その一方で、驚くほどわずかな変化が検知されることもある。感染症に罹った**アカケアシノスリ**をX線写真で見ると、脾臓がビー玉サイズに肥大していることがある。経験を積んでいれば、**ローランドパカ**の肝膿瘍は臓器の形の歪みから推測できる。患者が飲み込んだひもが発見されることもある。**インドシナトラ**の放射線写真では、ひも自体は見えなくても、ペチャンコになった奇妙な腸が目につくのでわかりやすい。

X線写真で見ると、僕たちの近縁である**アイアイ**は、**パンダ**よりも変わった手をしていることがわかる。アイアイは実に奇天烈《きてれつ》な動物だ。霊長類でありながら、**リス**のように前歯が伸び続け、股間に乳首がある。酔っ払いのグレムリンに似ていることから、科学者たちは最初、霊長類ではなく齧歯類だと信じていた。そんなアイアイの手はまさに驚異だ。**ジャイアントパンダ**の手と同じように、3つの筋肉と繋がり可動する小さな手首の骨が、ほとんど見えない親指の役目も果たしている。最近まで科学者にも気づかれなかったこの6本目の親指は、ほんのわずかに握力を増やすだけだが、夜間、片手が塞がっているときの木登りには欠かせない。

ただし、アイアイの手の中で一番重要なのは、その余分な親指ではない。細長い枯れた小枝のようにしか見えない第3指である。新米の獣医が見たら、この指は壊死して縮んでいて、緊急に切断しなければならないと心配することだろう。ところがX線写真で調べてみると、指の骨は完全に健康だとわかる。この指は**キツツキ**のくちばしと同じなのだ。木を叩き、樹皮の奥深くで蠢《うごめ》く幼虫の音に耳を澄ます。かすかな音は耳の隆起した部分に反射され、灯台のレンズのように集められる。アイアイは樹皮を囓《かじ》ってから、この小枝のような第3指を使って、トンネルの中に潜む幼虫をほじくり出して食事にする。また、ほかの穴用に、長くて太い筋肉質の第4指もある。アイアイはタイプを打つのは下手だろうが、その手はスイスアーミーナイフのようにさまざまな用途に合わせた指を持っている。野生では、それぞれの指が役割を果たせるかどうかに生存がかかっている。X線写真を見るときには、その点を考慮することが重要だ。

X線写真に写るコインはどこにあるのか？

レントゲンの発見からわずか数週間後、世界初の野生動物のX線写真が撮影された。1896年の弱いX線源では、撮影のために30分間じっとしていなければならず、野生動物の患者には無理な相談だった。そんなわけで被写体は死んだ動物となった。

それでも、当時の死んだ動物の健康状態について放射線写真が教えてくれる内容は実に魅力的だ。とりわけ、**ホカケカメレオン**のX線写真は興味深い。脚の骨は骨折も変形もないが、前脚の骨にうっすらと虫食いのようなものがあり、椎骨のひとつにねじれがあり、骨折していることがわかる。腸の中には小さな石がいくつかあり、痩せているのに腸の一部が餌で膨らんでいる。西アフリカから略奪されたこのカメレオンは、数カ月ヨーロッパにいたにちがいないが、環境の変化に適応できなかった。カルシウムを腸から吸収するためにはビタミンDが不可欠だが、その合成に必要な紫外線が不足していたためだ。虫に食われたような前脚の骨と脊椎の骨折は、代謝性骨疾患（正式名称は、二次性副甲状腺機能亢進症《こうしんしょう》）を示している。カメレオンの体は重要な機能を働かせるために、自分の骨を食べてカルシウムを摂取していたのだ。さらに、なんとかカルシウムを摂取しようと小石まで飲み込んでいた。痩せた体と腸内の餌の塊から、食欲がないにもかかわらず、死ぬ前日か前々日に餌を無理やり食べさせられていたこともわかる。１００年前の放射線写真としては悪くない診断結果だ。現在では飼育下のカメレオンのニーズに対する理解は深まっているものの、悲しいことに、いまだに１００年前と同じ状態を目にすることもある。ペットとして取引されるカメレオンは、野生で捕獲され続けているが、ペットショップまでたどり着けるのは１％にも満たない。

　X線は骨やカメレオンの胃の中の石よりも、指輪のように密度の高い金属物質を見るほうが適している。たとえば、弾丸を見つけるには最適な方法だ。**ヒシクイ**の密生した羽のあいだに隠された小さな射入口もわかる。僕は警察に依頼され、死んだ**ワシ**や、道端で発見された腐敗した**アナグマ**――違法に射殺され、まるで車に轢《ひ》かれたかのように捨てられていた――をX線撮影したことがある。弾丸に加えて、動物に飲み込まれた釣り針を見つけるのも得意だ。**ウ**の喉の中だろうと、**イタチザメ**の腸の螺旋《らせん》弁のあいだだろうと発見できる（もっとも、サメをX線撮影すること自体がとてつもなく難しいのだが）。コインも同様だ。動物園の**ジェンツーペンギン**はしょっちゅうコインを飲み込み、抱き上げると、まるで老婦人の財布のようにジャラジャラと鳴るほどだ。だから獣医は毎週金属探知機を使って検査し、怪しいペンギンにはさらにX線検査をしている。たぶんコインを見ると、小魚の銀色のきらめきを思い出すのだろう。

　弾丸やコインは、X線写真の弱点を浮き彫りにする。X線写真は平面、つまり体を二次元的に表現する。**ヒゲワシ**のX線写真に弾丸が写っていても、それが具体的にどの位置にあるのかははっきりしない。脚の筋肉のように見えるが、実際にはその奥の胃の中にあるのかもしれない。

その両者では医学的問題がまったく異なる。前者に必要なのは、鎮痛剤と、警察により保護鳥に違法に発砲した犯人の捜索である。後者の場合、撃たれた**アイベックス**の死骸をヒゲワシが食べたことが原因で、鉛中毒の緊急治療が必要になる。

さらに恐ろしい話もある。複数枚のコインを飲み込んだという**カナダオオヤマネコ**の患者の開腹手術をしたがコインが見つからず、X線検査をしたところ、食べたはずの数枚のコインがオオヤマネコと毛布のあいだに転がっていたことがわかっただとか！ 古い銀の写真乾板に付着した、たった1本の毛でさえ、若い**コモドオオトカゲ**が飲み込んだ針金と見間違われることもある。こうした誤診を防ぐために、僕たちは少なくとも垂直方向から2枚のX線写真を撮り、弾丸やコインや針金などの物質が、三次元空間のどこに位置しているのか正確に把握するようにする。

僕は子ども時代、コミックブックの広告で宣伝していた99ペンスのX線メガネを買い、送られてきた実物にがっかりさせられたものだ。だが、野生動物の中には、メガネや機械がなくても、X線を見ることのできる動物もいる。**カエル**はX線が見えるし、カエルに食べられる**イエバエ**も見える。**クジャク**や**ヤケイ**はX線が見えないが、**フクロウ**は見える。どうしてX線が見えるのか、その仕組みは正確にはわからない。網膜のロドプシン受容体で通常どおり光刺激として受け取られて見えるのかもしれないし、網膜神経の作用で見えるのかもしれない。あるいはまったく別の理由かもしれない。しかしながら、木の幹越しにも遠くの中性子爆弾を見通せる**ニシアメリカオオコノハズク**の能力は進化的には意味がない。たとえ爆弾を発見できたとしても、そのフクロウは死ぬ運命にあるのだから。

X線検査のリスクは寿命も考慮する

今日《こんにち》、僕たちはX線画像から得られる診断上の利益と、ガンなどの潜在的な放射線障害のリスクとを慎重に秤《はかり》にかけている。それは自分たち人間だけでなく、野生動物の患者に対しても同じで、その動物の寿命なども考慮する。たとえば、**アルダブラゾウガメ**は２００年以上生きられる。**コンドル**、**オオフラミンゴ**、**クルマサカオウム**などの鳥類は80年以上生きることができ、人間の寿命と変わらない。さらに動物の場合は、高齢でも繁殖もできるらしい。１１１歳の**ムカシトカゲ**のヘンリーは、80歳のメスとのあいだに11匹の子どもをもうけた。

ちなみに、動物の腫瘍の発生には興味深いパラドックスがある。**アフリカゾウ**は**シマクサマウス**の10万倍の数の細胞を持ち、50倍長生きするが、腫瘍が発生する生涯リスクには差がない。実に奇妙である。ゾウには腫瘍抑制遺伝子が見つかっているが、それでは、さまざまな野生動物において、体の大きさや寿命によってガンで死ぬリスクが変化しない理由の説明にはならない。この謎を充分に理解すれば、人間のガンを減らす手助けになるかもしれない。

ゾウのガンのパラドックスはさておいても、放射線が健康リスクを増大させることは忘れてはならない。空港のX線スキャナーは、（保護プロジェクトのために輸送された**スナドリネコ**のような絶滅危惧種の）凍結精液を損傷し、受胎前であってもリスクを及ぼす可能性がある。

とはいえ、放射線量の増加というリスクがあっても、X線透視検査（X線テレビ検査）［モニターに連続X線画像を表示しながらリアルタイムに観察する検査法］は、野生動物の医療に役立つこともある。押収された**コスミレコンゴウインコ**を野生に戻す前にこの検査をすれば、胃の動きや排泄が正常であるかどうかを確認できる。腸の動きが鈍く異常な場合、ほかの鳥と一緒に密輸された際に、ボルナウイルスに感染した可能性があり、気の毒だが野生に戻すことはできない。放鳥すると、既存の野生個体群にまで危険な消耗性疾患が蔓延する恐れがある。20年前、僕が新任の獣医の頃に実施した手術のひとつが、押収された希少な鳥の手術だった。当時は透視検査などがなく、外科的に素嚢《そのう》「鳥類や昆虫が持つ、食べたものを消化前に一時的に貯蔵しておくための消化器官」の組織の外科生検を行ない、診断する必要があったのだ。

この鮮やかな青色をした美しいコスミレコンゴウインコ「英名はLear's macaw（リアのコンゴウインコ）」は、当時最高の博物画家の1人、エドワード・リアに敬意を表して名付けられた。後年、彼は自己紹介するときに、「ミスター・アベビカ・クラトポンコ・プリッツィカロ・エイブレゴラバラス・エイブレボリント・ファシフ」という長い偽名を名乗る愉快な人物だった。また、リアはナンセンス詩「The Owl and the Pussy-Cat（ふくろうと猫）」の作者としてよく知られている。僕の友人で、ノウズリー・サファリパークの園長であるジョナサン・クラックネルは、ノウズリーホールに収蔵されるリアの作品を定期的に見られるという恩恵に与《あずか》っている。

シロテテナガザルが木から木へ速く飛び移れるのはなぜか？

さて、X線透視検査のおかげで、**カメ**には腎臓に流入する特殊な血液の流れ――腎門脈系――があることが把握でき、甲羅を持つ患者に安全に投与できる薬剤は限られることもわかった。この門脈系は、後ろ脚から戻ってきた血液の一部を、腎臓を経由して心臓まで戻している。この生体構造は、何カ月も水を飲めない**サバクゴファーガメ**が腎不全になるのを防いでくれる。一方、この精緻な生体構造は、どの薬剤なら後ろ脚に注射しても安全なのか、どの薬剤なら患者の腎臓に致命的なダメージを与えうるか、薬剤の選択を複雑にしている。これは**プロングホーン**に薬を注射するときには直面しない問題である。また、X線透視法は関節の問題の発見にも役立つ。関節の動きをじかに観察することで、歩行が困難な**チーター**の膝の痛みや、**シロテテナガザル**の手首の硬さの原因を知ることができる。

シロテテナガザルが熱帯雨林の木から木へと人間が走るよりも速く飛び移れる本当の秘密は、長い指ではなく手首にある。握力とは実際には手首から生まれている。そのことを、あるフランス人医師が証明した。その医師、ピエール・バルベは、キリストの受難を描いた古典的絵画とは異なり、木の十字架に磔《はりつけ》にされた人間の死体を支える強度を得るには、手首に釘《くぎ》を打たなければならないということを一連の恐ろしい実験から明らかにした。手根管症候群はタイピストに苦痛をもたらすが、テナガザルにとってははるかに深刻な症状だ。テナガザルの手首の構造は、実は人間の手首の構造と似ている。小さな角張った骨が2列に並び、人間と同じように靭帯と腱《けん》で結ばれている。テナガザルには手首にもうひとつ小さな骨があり、X線写真で確認できる。人間ではこの骨は別の小さな骨と癒合《ゆごう》している。とはいえ、そのことはテナガザルの見事な動きとはあまり関係がない。彼らの動きを可能にしているのは、どれも見過ごされがちなわずかな違いによるものだ。具体的には、尺骨茎状突起《しゃっこつ》（手首に繋がる前腕骨のひとつである尺骨の先端の突起部分）が、人間よりもほんの少し小さいこと。さらに重要なのは、手首の2列に並んだ小さな骨のひとつひとつがわずかに丸みを帯びていて、靭帯がほんの1～2ミリ多く動くようになっていること。また、手首の骨の列の湾曲が人間よりも大きく、前腕と繋がる下部がカップ状になっているため、手首の捻《ひね》りが少し利くようになっていること。こうした小さな違いが重なって、テナガザルの手首をずば抜けて柔軟にしているのである。

シロテテナガザルの手首のX線写真には骨しか写っておらず、骨を繋ぐ無数の小さな靭帯の状態は観察できない。骨と骨のあいだにわずかな隙間があれば靭帯が断裂している可能性があるし、骨の縁がかすかにケバ立っていれば靭帯が外れている可能性がある。とはいえ、X線写真では、関節のどこが損傷しているのか、つねに判明するわけではない。重要な軟骨の接合面はX線では見えないからだ。翼が垂れ下がっている**オジロワシ**の場合、初回のX線写真では何も見えないかもしれないが、改善しないまま1カ月が経過したあと再び撮影すれば、肩の関節部分が濃くぼやけて見えることだろう。この遅れて表れた変化は、そのワシが送電線に衝突した際、肩を脱臼し、重要な関節軟骨を損傷したことを物語っている。残念だが、このワシはもう二度と野生で生きていけるほどうまく飛ぶことはできないだろう。非常に悔しいことに、関節鏡と呼ばれる小さな望遠鏡を外科的に挿入するまで、僕たちはそのワシの関節の初期損傷をじかに見ることはできなかった。

それでも、X線写真は骨折の治療にすばらしい働きをする。**リカオン**が後ろ脚を骨折したときに、若い**ゴリラ**が木から落ちて骨盤を骨折したときに、骨片の形や位置がわかれば適切な骨の固定方法を決めやすくなる。鉄塔に衝突して負傷した**ハヤブサ**の治療では、折れた骨をX線で見られることは何よりの朗報となる。関節の損傷は予後が悪いので、折れたのが烏口骨《うこうこつ》だとわかると僕はいつも大喜びする。鎖骨の後ろにあるこの大きな骨は、飛行機の翼の支柱のような役割を果たし、鳥が飛ぶときに翼を支えている。胸の筋肉の奥深くに埋まっているため、手術のために触れることすら難しい。とはいえ、派手に砕けていたとしても、通常は自然に治癒する。この骨は現代の技術をもってしても、実は手術をしないほうがよく治るのだ。ほとんどの鳥は2週間以内に飛べるようになり、3週間もすれば野生に戻ることができる。鳥類は驚くほど回復が早い。

さらに驚くべきことに、そもそも骨というのは、ほとんどの動物において、瘢痕《はんこん》組織［組織の傷が治るときに生じる結合組織」もなく治癒する唯一の組織なのだ。つまり、治れば以前と同じように強くなるのである。ただし、鉄やチタンのプレートやスクリューがあると、その下に隠れる骨折した骨の治癒状態をX線写真で確認できないことがあり、いざインプラントを除去しようとして骨の強度を判断する際に、もどかしい思いをする。

人間が失った「ペニスの骨」

骨折しても、金属のプレートやピンなどを絶対に挿入しない骨がひとつある。その骨は人間にはないし、**ゾウ**や**カモノハシ**や**マナティー**にもない。だが、人間の親戚の**チンパンジー**をはじめとして、ほとんどの哺乳類にはある。それは陰茎骨《いんけいこつ》だ。「ペニスの骨」としてよく知られている。麻酔をかけた**アグーチ**［齧歯目のモルモットの類縁］や布袋に入れられた**アメリカビーバー**の性別の判別に役立つのはもちろん、オスの**アライグマ**をX線撮影するとその大きさで年齢もわかる。人間はなぜペニスの骨を失ったのか、人類学者は限りなく興味をそそられるようで、よりどりみどりのさまざまな仮説がある。充血した勃起は体力と健康を示し、したがって良い遺伝子パートナーであるアピールになり、人間にとって**クジャク**の尾に相当するのだろうという説。服に覆われているため、一部の男性が赤いスポーツカーで同じ価値を伝えようとするのは、巨大な金属製の擬似勃起であるという説。人間はほかの類人猿と違って一夫一妻制を取っているためだという説もある。あるいは、神がイヴを創るためにアダムの肋骨を取ったとされるが、実は陰茎骨の婉曲《えんきょく》表現だったという聖書的解釈のほうが好まれるかもしれない。失われた骨を懐かしんでか、コレクターの中には、**セイウチ**の50センチもある魅力的な陰茎骨《ウーシック》に数千ポンドも払う奇特な人もいる。

ユーラシアカワウソはオスに陰茎骨があるだけでなく、メスにも小さな陰核骨がある。また、カワウソにはほかにも不思議な骨があり、X線写真でときどき見られる。心臓弁の根元を補強する輪っか状の骨、心骨だ。**ヤク**や**ワピチ**も――体が大きすぎて胸部X線写真はうまく撮れないが――心骨があって大きな心臓を支えているが、奇妙なことに、**ゾウ**には心骨はない。

X線は心臓の検査には不向きで、胸の中の大きな塊にしか見えない。心臓の病気の中には、周囲の肺に水がたまるものがある。うっ血性心不全で息切れしている**ヨザル**のX線写真では、その肺水腫により、肺の中が曇ったように写る。ちなみに肺炎は、病気の**オランウータン**の肺の中で綿花のような白い斑点に見える。

ただし、肺胞があるのは哺乳類の肺だけだ。たとえば、**インドホシガメ**の肺炎はまったく違うように見える。**カメ**の肺は風船のような形をしていて、内壁がスポンジ状の組織で覆われている。横隔膜がないため咳ができず、肺炎になると肺に水がたまる。この水は、水平方向のX線写真でなければ写らない。**オオアルマジロ**の鱗甲板《りんこうばん》や、**イワヤマプレートトカゲ**の鱗と同じように、カメの分厚い骨甲板《こっこうばん》がX線透過の障害となる。肺のX線写真に覆いかぶさるように、紛らわしい模様が出る。

ちなみに、爬虫類の肺に見られる一番の異物は、水ではない。**ベーレンニシキヘビ**の肺の中には、たまに渦巻き状の舌形動物が寄生していたりする。舌虫とも呼ばれるこの虫は、甲殻類で、**ロブスター**や**ワラジムシ**の親戚である。

乳腺腫瘍のある高齢の**オランウータン**の手術を検討する前には、肺のX線検査も不可欠だ。X線写真にケバ立った砲弾が写っていたら、手術は無意味だということである。たとえオランウータンが咳をしていなくても、悪性腫瘍はすでに肺やほかの臓器に転移している。

副鼻腔炎が命に関わるオランウータン

副鼻腔炎の**オランウータン**と聞いても、重症とは思えないだろう。あなたが仕事をさぼろうというときに、「鼻の奥が腫れている」と伝えても、大した同情を買うことはできない。しかし、オランウータンの場合は事情が異なる。**チンパンジー**や人間が社会的であるのに対し、熱帯雨林で暮らすオランウータンはほぼ単独行動をする。オランウータンはチンパンジーよりも問題解決が得意で、おそらく知能も高いが、すべて自分で解決しなければならない。一方、チンパンジーは社会集団の中で仲間の行動を見て学ぶ。

オランウータンは、孤独であるがゆえに、呼吸器感染症に対する免疫力を進化させてこなかった。人間は超高密度の環境で生きており、咳やくしゃみを媒介とする多くのウイルスに対する抵抗力を進化させてきた。それに比べて、小さな家族集団の中で生きる**マウンテンゴリラ**は、そうしたウイルスにあまり対処できていない。だからこそ、観光客に注意事項を説く必要が出てくる。しかし、オランウータンの脆弱さはその比ではない。インドネシアの救護センターでも、エアコンの効いた動物園の建物でも、すぐそばで人間がくしゃみをしたために、オランウータンが重篤な病気になることが実際にあるのだ。

オランウータンは軽度の感染症でも重症化しやすい特殊な生体構造をしている。大きな風船のような気嚢が、首から胸にかけて、さらに脇の下まで広がっている。この気嚢は普段は潰れていて、咽頭の近くの気管と、小さな開口部を経出して繋がっている。不運なことに、ちょっとした風邪で、人間なら咳やくしゃみで吐き出すような粘液が、この気嚢に流れ込んでたまってしまうのだ。気嚢が迷子のバクテリアにとっての炊き出し所となり、オランウータンの皮膚の下で、膿のいっぱい詰まった大きな袋が跳ねる。毒の混合物が吸収され、運動により飛び散って、気管から肺にまで届くことになる。だから、オランウータンの副鼻腔と気嚢を検査することは、難しいけれど極めて重要だ。これは普通のX線写真ではできない。

CTスキャン――ビートルズが動物たちにした貢献

CT――コンピュータ断層撮影――は、動くX線撮影装置である。X線管と検出器が患者の周囲を回り、輪切りの画像を撮影する。それから賢いソフトウェアが人体内部の三次元画像を作り上げてくれる。CTスキャナー（コンピュータ断層撮影装置）は、ビートルズのレコード会社であるEMIが、ヒースローの近くの研究所で開発したものだ。研究資金の大半は英国政府の保健省から提供されたが、ビートルズが売った何百万枚のレコードの売り上げも貢献したことだろう。現在のヒップホップレーベルが、前立腺ガンの治療法を研究しているところなど想像もつかない。

CTは、**ヌビアアイベックス**に寄生する**サナダムシ**の脳嚢胞を発見して、野生に戻す前に外科手術で除去したり、アメリカ海軍が飼育する**ハンドウイルカ**の肺膿瘍を治療して、軍務に復帰させたりするために使用されたことがある。また、**アカアシガメ**の肝臓の異常を診断したり、飛ぶことができない野生の**オニオオハシ**の神経鞘《しんけいしょう》腫瘍を見つけたり、グルグル同じところを回り続ける**アメリカナヌカザメ**の脳の真菌感染を発見したりもできる。さらに、箱の中でじっとしている**コガタペンギン**の肺に、厄介な真菌感染症がないか調べるのに使われたこともある。通常のX線写真と同様に、CTは特に骨の検査に優れている。**スキアシガエル**や**ボアコンストリクター**

は、弱った骨が実際に折れてしまう前に骨密度を測定できる。また、長い口の中で複雑な歯の膿瘍を患う高齢の**アカクビワラビー**の病状を管理したり、首の骨が脱臼している動物園の**コモドオオトカゲ**を治療したりするときにも使用できる。

　しかし、ＣＴは欧米の裕福な動物園の動物や、大学や人間の病院に運ばれた珍しいペットしか利用できない。現在、インドネシア各地の救護センターにいる１０００頭以上の野生のオランウータンには、そうした特権は与えられていない。気に入るか気に入らないかはさておき、欧米の動物園における動物の健康管理は、保護された野生動物が受けられる健康管理とは異なっている。優良な動物園は、動物の福祉と保全の義務を真剣に受け止めている。動物の健康維持のために費用も惜しまず、最上の民間医療保険に匹敵するレベルである。たとえ高い技術があっても、野生動物の獣医には資源《リソース》がなく、救護センターの６００頭のオランウータンに裕福な動物園と同じ治療をすることはできない。僕は手術をするために、ある森林オランウータンセンターに向かい、そこにたどり着くだけで5日かかったことがある。オランウータンを遠く離れた人間の病院に移送することは、法外な費用は別にしても、明らかに不可能だ。そのため安価でローテクな代替手段が必要だ。さて、どうするか？　ここで、**ゾウ**が関わってくる。

「貧乏人のＣＴスキャン」

　どんなに裕福な動物園でも、**ゾウ**をＣＴスキャンすることはできない。10トンの動物を病院の機械に近づけることはできないし、ましてやＣＴ装置のトンネルの中に入れることはできない。ＣＴ検査ができれば本当に助かるだろうに、残念なことだ。この巨大な動物には弱点がある。脚だ。あれだけ重い体を支えているのだから、脚の骨を痛めることは極めて深刻な事態である。歩けなくなったゾウは生きていけない。そんなゾウの脚のX線写真は、解釈が困難なことで悪名高い。皮膚が分厚くてシワだらけだし、足の裏には亀裂やひび割れがある。X線写真では、さらに骨に入った何本もの線も加わる。実際に何がどうなっているのか見極めるのは難しい。この線は骨に入った小さな亀裂なのか、それとも皮膚のシワなのか？

僕は友人のジョナサン・クラックネルと一緒に、シンプルな解決策を考案した。名付けて「貧乏人のCTスキャン」だ。このアイデアは、ヴィクトリア朝のパーラーゲーム、オモチャ、骨インプラントの顕微鏡的動きを測定する研究方法などから生まれた。

子どもの頃、僕は赤いプラスチック製の眼鏡型オモチャ、〝ビューマスター〟がお気に入りだった。付属の円盤型の厚紙——盤上に小さな写真がいくつも円形に並んでいる——を差し込んで両目で見ると、対になった写真を3Dで見ることができた。そこで僕は、同じ仕組みを使ってゾウの脚のX線撮影ができないだろうかと考えた。安物の木枠をX線プレートホルダーとして使用して、ゾウの脚のX線撮影をする。X線プレートを交換し、この即席ポータブルX線装置を数センチ動かして2枚目を撮影する。それから2枚のX線写真を重ねて、赤と青の紙でできた不格好な眼鏡をかけて、野外で立体画像（3D）として見るのである。これはCTではないが、奥行き知覚によって、その亀裂が単なる皮膚の溝なのか、あるいはぼんやりした斑点が実際に骨の中にあり、心配すべき状態なのかを見分けられるようになった。木箱と紙製の眼鏡を買うだけで、すばらしい効果がある。

この方法は、CTスキャナーのトンネルにフィットしない厄介な動物たちにも使える。膝を痛めた**キリン**、牙の根元に膿瘍ができた**セイウチ**、遠隔地で密猟者に顔を撃たれた**スラウェシバビ**

ルサの治療にも。僕はこの「貧乏人のCTスキャン」をあらゆる動物に使ってきた――くちばしを怪我した**ウミワシ**や、腎臓結石のある**カワウソ**、さらには肺胞に感染を起こした**オランウータン**にも。

ときには、逆の状況が引き起こされることもある。ある論文には、ペットの**ヒョウモントカゲモドキ**の便秘を診断するためだけにCTスキャンにかけたと書かれている。通常は浣腸《かんちょう》すれば簡単に診断して解決できる症状にもかかわらずだ。また別の論文には、動物園の**ヤマアラシ**の去勢前に睾丸の位置を確認するためだけにCTを使用した例もあり、これもまた不可解である。人間の場合と同じように、CTスキャンは贅沢な診断機器だ。複雑な三次元構造が簡単に理解できる反面、必要もないのに使用されることも多い。動物園の**ユキヒョウ**の膝の手術を計画しているときに、通常のX線検査で充分なのにCTを使うのは過剰検査になる。病気の**ヴィルンガゴールデングエノン**をCTスキャナーに通すことは簡単だが、診断計画もなく闇雲に使用したところで、高額の請求書が回ってくるだけで、何の役にも立たない。若い獣医たちは、単純な骨折の治療ですらCTに頼るようになっており、僕の話――X線検査すらできずに、スリランカでは**オオフクロウ**の骨折を、シエラレオネでは**チンパンジー**の脚の骨折を、しょっちゅう治療している――を聞いて恐れおののいている。CTスキャンが利用できる状況だからといって、必ずしも利用すべきとは限らない。CTスキャンは通常のX線写真に比べて膨大な量の放射線を動物に浴びせることになるのだから。

一方、死んだ動物にCT検査をすることは、生きている動物の治療に役立つ。CTによって**ゲルディモンキー**の腎臓の正確なサイズがあらかじめわかっていれば、超音波による簡単な測定だけで、通常の大きさかどうか判断できる。**ツチブタ**のオスの生殖器官の構造もCTのおかげでよく理解できるようになった。また、死んだ**サイ**の切り落とされた首のＣＴスキャンにかけ、ツノの下にある鼻の複雑な生体構造を理解すれば、密猟者のチェーンソーでツノを切り落とされたサイの治療に役立つ。とはいえ、ＣＴは頭蓋骨を見るには優れているが、脳の中を見たいのであれば、まったく別のものを使ったほうがいいだろう。

ＭＲＩ――アカウミガメに苦痛をもたらす磁場トンネル

ＭＲＩは、もともと「核磁気共鳴画像法」と呼ばれていたが、冷戦時代に原爆やストレンジラブ博士〔映画『博士の異常な愛情』に登場する核戦争に執着するドイツ人博士〕を連想させるため、「核」が名称から取り除かれた。ＭＲＩは脳を見るのに打ってつけの方法である。巨大な磁石と電波を使って、水素原子核のスピンに影響を与えることで、体内の組織を３Ｄでマッピングする。生体の内部には――おもに水の中に、さらに脂肪などの分子にも――大量の水素が含まれている。原子物理学者ではない僕の説明はこのへんで切り上げておこう。脳や脊髄のような軟組織の検査には、ＣＴよりもＭＲＩのほうが適している。なぜなら、そうした柔らかい臓器には大量の水分が含まれており、つまり、多くの水素原子が存在するからだ。しかも、こうした臓器は骨で覆われているため、肝臓のように超音波検査ですばやく簡単に調べることもできない。

よろよろと歩く若い**アフリカライオン**は、頭蓋骨のＣＴスキャンでは普通に見えるかもしれない。だが、ＭＲＩで見てみると、頭蓋骨の後方にある脳の小脳部分が腫れ上がり、脊髄を押し潰し、問題を引き起こしていることがわかるだろう。診断がつけば、手術で圧迫を緩め、原因を改善することができる。資金難の救護センターがバランスの悪い餌を与えていると、通常ビタミン

Ａの欠乏が起こる。手が麻痺した**チンパンジー**の脳卒中や、突然失明した**ジャガー**の星細胞腫（悪性の脳腫瘍）は、ＭＲＩでしか診断できないこともある。

　初めてＭＲＩを受けた生き物は、野生動物だった。ちっぽけでカリスマ性に欠けるかもしれないが、その小さく柔らかい体が理想的だった。アメリカ人化学者、ポール・ラウターバーの娘が採集した体長４ミリの**二枚貝**である。彼と共同でノーベル賞を受賞したピーター・マンスフィールドは、代表的な医学的伝統に則《のっと》り、自分自身をモルモットにして人類初のＭＲＩスキャンを行なった。最初に試したとき、自分の心臓が止まらないかどうか、完全には確信が持てなかったという。

　僕がＭＲＩスキャンを受けたときは、音がうるさい以外は何も感じなかった。しかし、**アカウミガメ**にとって、ＭＲＩのトンネルを通過するのは非常に苦痛で、麻酔で意識を失っているときでさえ、それを感じられるようだ――大手術に耐えられるほど深い麻酔をかけられているというのに、身をよじらせて動くところを見ると。ウミガメの体内で何が起こっているのだろうか？

　アカウミガメは地球の微弱な磁場を利用して広大な海を泳ぎ、何十年間も同じ浜辺に帰ってきては産卵する。その仕組みはまだよくわかっていないが、一説によると、ウミガメの脳内にある微細な磁鉄鉱結晶が機能して、地球の微小な磁場を感知しているらしい。ところが、ＭＲＩスキャナーの磁場は、その地球の磁場の２万倍以上も強力なのだ。

　船に衝突して負傷したアカウミガメを治療しようとする善意の試みは、実際には益よりも害となるのだろうか？　ＭＲＩは肺の損傷を正確に診断したり、骨折の外科治療計画を立てたりするのに役立つかもしれないが、それと引き換えに、世界の海を回遊するのに不可欠な磁気感覚を損なっているのではないか？　１００年以上も生きる長寿のカメがいることを考えれば、これは極めて深刻な問題になりうる。カメがどのように磁場を感知しているのか？　ＭＲＩスキャナーの超伝導電磁石がカメの回遊能力にダメージを与えるのか？　また与えたとして、どれくらいの期間そのダメージは続くのか？　詳しいことはまだよくわかっていない。ではＭＲＩは、カメにとってどんなふうにつらいのだろう？　理解するのは難しいが、たとえるなら、サッカースタジアムの照明をわずか1メートルの距離から見つめたり、ジェットエンジンのような大音量で音楽を流されたりするレベルの、強烈な偏頭痛に見舞われるようなものではないだろうか。

僕の友人、ダニエル・ガルシアは、バレンシアにある海洋研究所で、この現象を理解するための研究をしている。今日、僕は釣り糸に絡まった小さな**キョクアジサシ**を治療したが、もし予算に余裕があればＭＲＩ検査をしただろうし、検査しても問題は起こらなかっただろう。脚が短すぎるために〝脚のない鳥〟とジョークを言われるほど、地味なこの小さな鳥の移動ルートは、鳥類の中で一番長く、北極圏と南極圏を行き来する。その距離、なんと6万4000キロメートルだ。そんなキョクアジサシも、地球の磁場を利用して飛行することがわかっている。とはいえ、ダニエルの研究によれば、キョクアジサシの渡り能力はＭＲＩの磁場に影響されないらしい。この鳥は麻酔をかけた状態でＭＲＩ検査を受けても反応することはない。また、伝書鳩《でんしょばと》がＭＲＩを受けたとしても、家に戻るまでの時間が長くなることはない。

一説によれば、キョクアジサシはまったく別の方法で移動しているのだという。おそらく鳥類は、クリプトクロムという目の中にある磁気感受性の高いタンパク質によって、実際に地球の磁場を見ることができると思われる。青い光を当てると、タンパク質中の電子がラジカル対を形成し、その電子スピンが磁場に反応する。とはいえ、鳥たちの目にはそれがどんなふうに見えるのか、線なのか目盛りなのか何も見えないのか、僕たちにはわからない。

鳥類はＭＲＩ検査を受けても痛みはなく、「磁気視力」にも影響を受けないようだが、その一方で、人間が作り出すあらゆる電磁波汚染に悩まされている。ＡＭラジオの電波は、空が見えない都会の鳥を混乱させることがある。また、昔の実験では、飼育下の**ヨーロッパコマドリ**が南に渡る時期になると、木製ケージの南側に集まる現象が見られたが、携帯電話や電子機器に囲まれた現代の救護センターでは、僕は一度もその現象を見たことがない。そういえば、放たれた鳥たちが、いったん空高く舞い上がってから、そこで行き先の方向を定め、力強く飛び立っていく姿をよく見かける。あれは人工的な電磁波の霞《かすみ》から逃れ、地球の磁場を明確に感知しているためなのだろうか？

僕がこれまでＭＲＩ検査をした中でもっとも珍しい動物は、**ローズヘアータランチュラ**だ。目的は心臓の機能を研究することで、僕は麻酔を担当した。ところが、高濃度の麻酔ガスをかけたにもかかわらず、ＭＲＩ撮影中にわずかに動くタランチュラもいた。今、その論文を読み返してみると、僕の麻酔科医としての力量が不足していたというより、おそらくほかに原因があったのではないかと思う。**オオカバマダラ**には、曇りで太陽を利用できない日のためのバックアップとして、磁場ナビゲーションシステムがあり、**ヒメアカタテハ**はヨーロッパとサハラ以南のアフリカを往復して、４０００キロメートルという驚くべき距離を飛ぶ。このチョウの大きさと、風に飛ばされやすさを考えれば、その飛行術は途方もない。

ＣＴと同様に、ＭＲＩも死後の動物に使える。臓器の解像度が高いので、遺体を切開せずにすむし、死産児の両親にトラウマを与えずにすむ。僕は解剖学の研究のために希少な**サル**の体を傷つけたくなくて、ＭＲＩでの検査を選んだこともある。ときに、ＭＲＩは通常ではよく見えないものを理解するのに役立つ。人食い**ライオン**を解剖しても、なぜ人間を餌にしたのかという謎は解けないかもしれないが、ＭＲＩでライオンの前脚に**ヤマアラシ**の針の断片が刺さっていることが示されれば、そのせいで通常の獲物を仕留められず、人間をむさぼり食うに至ったとわかる。

１回のＣＴスキャンによる放射線被ばくは、Ｘ線写真数百回分に相当するが、ＭＲＩには電離放射線はない。人間が生涯に何度もＣＴスキャンを受けると、ガンになる危険性が高い。またおそらく60代まで生きることの多いアカウミガメにも、同等のリスクがあると思われる。その点、ＭＲＩならば、何十年後かに腫瘍を発生させてしまうリスクはない。肛門周囲腺腫の動物園の**ブチハイエナ**の場合、診断にはＭＲＩは必要ないが、無意味な手術をする前に、肺や肝臓に腫瘍が広がっていないか調べるときにはＭＲＩが役立つ。

ＭＲＩは妊娠中にも安全に使える。とはいえ、野生動物の患者にＭＲＩが使われることはほとんどない。ＭＲＩ装置は高価なうえ、検査をするには患者を大きな病院まで運ばなければならない。南米のパンタナル湿地の真ん中からとなると、かなり難しい。また、脳腫瘍の疑いのある**ジャガー**が都会の病院から脱走する危険性もあり、許可を得るのも難しい。中国の都江堰《とこうえん》にある世界有数のジャイアントパンダ保護研究センターには、現在、専用のＭＲＩスキャナーがある。また、裕福な国々には、専用の巨大連結トラックに格納されて運ばれてくるポータブルＭＲＩスキャナーもある。このミニ病院を呼び寄せるには、穴の空いていない平坦《へいたん》な道路が必要で、お察しのとおり、呼び寄せ料金はとてつもなく高額である。そのため、野生動物のＭＲＩ検査は、貴重な動物園の動物——脊髄を損傷した**トラ**や、脳の奥に下垂体腫瘍がある**ニシローランドゴリラ**など——にしか実施されない。

巨大な過冷却磁石は、ＭＲＩスキャナーの小型化・低価格化を阻んでいるが、ほかにひとつだけ現実的なリスクもある。ＭＲＩ検査室には一切金属を持ち込むことができない。検査中に、ペースメーカーが胸から飛び出したとか、人工関節が爆発して太腿《ふともも》から外れたとかいう話は誇張されすぎだが、野生動物には目には見えない別のリスクがある。弾丸だ。鉛は強磁性体ではないが、弾丸には弾芯の銅製カバーがあり、内部にはその他の金属不純物も含まれている。昔撃ち込まれた弾丸を体内に隠し持つ動物をMRIにかけると、その弾丸が再び患者の内臓を破壊するだけでなく、強力な磁石に向かって飛び出してきて、獣医であるあなたの命を奪うかもしれない。また、カバーのない鉛の弾丸が、磁気によって熱を帯びて、すぐそばの重要な構造物――たとえば頸動脈――を溶かしてしまうこともありうる。

超音波は手軽で万能な検査手法

MRIは、発展途上国のジャングルの真ん中では、悲しいかな現実的ではない。同様のことを達成するには別の方法が必要だ。では、ラオスのジャングルの中で、脳の手術が必要な**ツキノワグマ**を診察しようとするとき、どうすればいいのか？　国中のどこにも人間用のMRI装置すらなく、X線装置も使えないようなときには？

10年前、水頭症の疑いのある**クマ**を前にしたとき、僕は別の解決策を見つけなければならなかった。水頭症または脳水腫は、脳室が過剰な水（液体）で膨張し、硬い頭蓋骨内部で脳組織が押し潰された状態を指す。非常に強い痛みを伴うこともある。水頭症は、脳室腹腔《ふくくう》カテーテルと呼ばれる特殊な弁とチューブを外科的に脳に挿入し、これを皮下に埋め込み、余分な液体（水）を無害な形で腹部に排出するという手術で解決できる。が、手術をする前に、実際に脳が水頭症を患っているのかどうかを確認する必要があった。もし間違っていた場合、まったく別の問題を抱えた脳を手術してチューブを突き刺してしまう危険がある。そうなれば気の毒なクマの病状を改善することは難しく、おそらく彼女を死なせてしまうだろう。

僕が考えた解決策は、古い超音波プローブをごみ袋に入れて、鶏舎を燻蒸《くんじょう》消毒するためのガスで殺菌することだった。手術を開始すると、クマの頭蓋骨に鉛筆の太さよりも小さな穴を開けた。滅菌ジェルを使用しながら、殺菌した超音波プローブを当て、頭蓋骨の中にある脳を観察した。一度に見られるのは脳の薄い一片だけだが、慎重に脳の内部の様子を繋ぎ合わせていった。脳室は過剰な液体で拡張しており、そのクマが水頭症であることが確認できた。それから、僕はその小さな穴を使って手術を続けた。手術も人間の病院のように決まった手順では進まない。熱帯雨林の高い湿度のせいで、手術中に電気器具がひとつ爆発し、あわや感電しかかったりした。結局、マットレスポンプで代用して、なんとか手術を終えた。術後の経過は良好で、彼女はその後7年間無事に生きた。

医療用超音波は論理的にシンプルであるがゆえに、現代医学発明の中でかなり控えめな評価しか受けていない。音波が、船の音波探知機《ソナー》や**コウモリ**の反響定位《エコーロケーション》のように、臓器から跳ね返ってきて体内の様子を映し出すという仕組みだ。**アメリカバク**の卵巣から**ワウワウテナガザル**の網膜まで、あらゆるものを超音波で検査できる。非侵襲性、携帯性、低コストを兼ね備えた究極の画像診断装置である。とはいえ、その小ささ、シンプルな仕組み、低コストという利点は、解釈まで簡単にしてくれるわけではない。**ナマケグマ**の肝臓のまだら模様の画像を凝視していると、何度も振られたスノードームを見ているような気分になる。肝臓の腫瘍を探しているはずなのに、突然、プラスチック製のエッフェル塔でも出てくるのではないかと思えるほどに。

超音波《エコー》検査で、**ハンドウイルカ**の胎児が母親の胎内で泳いでいるところを見ると、僕は思わずにはいられない——このイルカの胎児はすでにエコーロケーションを使って、今、検査している友人の検査技師カースティン・テルネスの手やスキャナーを、胎内から見ているのだろうか、と。水は音波を伝えるのに最適な媒体だ。たとえば人間の妊娠中の母親が水中で泳いでいるとき、イルカが横で泳いでいたら、その母親の胎内にいる人間の胎児を見ることができる。医療用超音波は、コウモリやイルカが感知できる周波数よりもずっと高周波なので、彼らには聞こえず、邪魔をすることはない。また低出力音であり、生体の内部を見るには一番安全な方法だ。ちなみに、獣医による超音波検査は患者の検査から始まったわけではない。人間の医師が超音波を子宮内の赤ん坊を確認するために使いはじめたのに対して、獣医は畜牛のリブアイステーキのサイズを査定したのが最初だったのだ！

その後、動物園の獣医や研究者が、超音波を使って動物界の非常に多様な生殖サイクルの研究を始めた。なぜ**チーター**は動物園でほとんど繁殖しないのか？　なぜ**ジャガー**の人工授精が難しいのか？　獣医たちは理解しようとした。その試みは、絶滅の危機に瀕した種が増えつつあるという緊急事態も加わって、今日も続けられている。やがて、動物園での**アムールトラ**の結核や**チンパンジー**の腎臓病などの臨床例から、超音波診断の有用性が徐々に証明されていった。とはいえ、初期の自動販売機サイズの装置は持ち運びができなかった。今日では、ノートパソコンと同じ大きさの簡易装置をノートパソコンと似たような価格で購入できる。チョコバーサイズの無線機を携帯電話に接続すれば、撃たれた**オランウータン**が妊娠しているかどうかも迅速に確認できるようになった。一方、ＭＲＩは「ポータブル」と呼ばれているものでさえ、いまだに巨大なトラックが必要な大きさである。

子宮の中でおやつを探すコモリザメの赤ちゃん

超音波検査は**ゾウ**の妊娠検査にも使えるのか？　問題なく使える。長いホースですばやく温水浣腸をしたあと、腕を使って超音波プローブを直腸に挿入すれば、子宮と胎児を見ることができる。あるいは、**ティラノサウルス**と同じ大きさの30トンもの野生の**ジンベイザメ**が海で普通に機嫌よく泳いでいるときに、妊娠検査をすることもできる。防水加工された超音波スキャナーがあればいい。もちろん、経験豊富なスキューバダイバーである獣医も必要だ。水は超音波を伝播《でんぱ》するのに最適な媒体だ。**インドサイ**の皮膚のシワの隙間に空気が閉じ込められている状態よりも、水中のジンベイザメの皮膚のほうが見やすいのである。

　毛皮や羽毛は断熱性の高い空気層を閉じ込めており、超音波はそこを通過することができない。毛皮に超音波用ジェルを塗っても、ただ汚くなるだけだ。ジェルを塗った毛に閉じ込められた微細な空気の泡は、超音波を遮断するバリアとなる。**ザトウクジラ**のバブルネット・フィーディング［ザトウクジラの集団が、魚の群れのまわりを円を描くように泳ぎ、泡を吐き出して獲物の魚を海面へ追い込む狩りの手法］の対医療機器バージョンというわけだ。だからといって、前述のとおり、**ラッコ**の毛皮を刈り取ることは深刻な結果をもたらす。ラッコの防水の毛皮は動物界で一番断熱性が高く、凍てつく北極海で身を守るために必要不可欠なものだ。この美しく暖かい毛皮を人間が愛するあまり、１００万匹以上のラッコが殺され、前世紀初頭にはわずか１０００匹にまで激減した。超音波検査のために野生のラッコの毛を刈ることは、通常は益よりも害のほうが大きい。僕は幸いなことに、ラッコの毛皮の小さな部分に手術用アルコールを染み込ませれば、一時的に検査用の窓ができることを発見した。いざとなればウイスキーでも代用できる。この方法は北極圏の沿岸にいる**アゴヒゲアザラシ**やスコットランドの高地にいる

ビーバーにも有効だ。ベトナムの**ツキノワグマ**が熊農場〔クマの胆汁採取を目的とした違法な農場〕から救出されたあと、肝臓に異常がないか調べるときにも使える。この方法なら、クマたちがお腹の毛皮を刈られてヒリヒリしなくてすむ。ただし、彼らの親戚の**ジャイアントパンダ**や**マレーグマ**、硬い毛を持つ**アナグマ**や、**ジャコウネコ**には、アルコールの裏技はまったく使えない。

10年前、カンボジアで押収されたマレーグマの子宮と卵巣を調べようとしたとき、ある難題が持ち上がった。野生動物保護団体〈フリー・ザ・ベアーズ〉が運営する救護センターには、世界最大規模のマレーグマ数頭が保護されており、僕の友人のマット・ハントは、そのクマたちが「絶滅を防ぐ遺伝子の箱舟」となりうるかどうかを知りたがっていた。しかし、たとえクマの粗い毛を全部刈り取ったとしても、腸内ガスが邪魔になり、腹部の奥深くにある卵巣まで超音波が届きそうになかった。そこで僕たちが考えた解決方法は――超音波プローブをプラスチック製の配管パイプに貼りつけ、それに潤滑用の超音波ジェルをたっぷり塗ってから、麻酔をかけたクマのお尻からさっと挿入し、内側から卵巣をスキャンすることだった。人間の患者はお腹に毛がないことをありがたく思うべきである！

超音波は、X線が苦手とする液体や軟組織の可視化が非常に得意だ。一方、X線に最適な骨や空気は、超音波では見通すことができない。X線は妊娠の診断に用いることもできるが、妊娠後期、胎児の骨格が見えるようになってからのことだ。それに電離放射線の影響を一番受けやすいのは成長中の細胞であるため、理想的な方法ではない。水生動物のX線撮影は、水中から出す必要があり、患者が**クロマグロ**や**サメ**の場合、簡単にはいかない。超音波は、ソナーと同様、水が大好きなので最適な方法だ。

子どもの頃、僕は「人魚の財布」（サメ嚢《のう》のこと）を集めて、なんとか海に返そうとしたことがある。しかし、すべてのサメが卵を産むわけではない。**オオテンジクザメ**のように、卵が体内で孵化するサメもいる。この絶滅の恐れのあるサメたちは、昼間は互いに重なり合って岩棚の下に隠れ、夜になると岩棚から出てきて、割れ目や穴から**タコ**、**ウミヘビ**、**小魚**などをまるで強力な魚介類掃除機のように吸い込む。とてもおとなしいサメだが、捕まえたら、こちらの顔に水を吐きかけて身を守ろうとする。母親ザメには人間と違って子宮が2つあることも興味深いが、オオテンジクザメの赤ん坊はさらに興味深い。孵化したあと、まだ母親の子宮の中にいるときに、退屈と空腹というよろしくない組み合わせの悩みを持った彼らは、お互いを食べることで解決を図る。子宮の中でたくさんの卵が孵化しても、最終的に外の世界に出てくるのはごく少数の体の大きな赤ちゃんザメだけとなる。これは進化による最強の次世代選別法なのだ。超音波画像では、赤ちゃんザメが一方の子宮から抜け出し、もう一方の子宮を泳ぎながら、おやつになる兄弟姉妹をさらに探しているところや、子宮頸部から頭を出して外を覗き、それからまた子宮内を泳ぎまわるところを観察できる。人間の妊婦さんがスーパーマーケットにいるときに、子宮内の赤ん坊がときどき頭を突き出して、冷凍食品売り場で何か面白いことが起きていないかとキョロキョロしていたら、妊娠生活がどれほど大変になるか、想像に難くない。

尿でも脳髄液でも水のあるところなら超音波の出番

問題によっては、超音波とX線のどちらでも診断できるものもある。**アカカンガルー**の膀胱結石は、ソナーで潜水艦の反射を感知するように、超音波で満杯の膀胱を調べれば検出できる。同時に、結石には骨と同じようにカルシウムなどのミネラルが濃く含まれているので、X線でも見ることが可能だ。ミネラルのバランスが崩れると、さまざまな種類の結石ができる。小型ネコ科動物界の脚長スーパーモデル、**サーバル**のシスチン結石のように、閉塞を起こしても、尿の中に隠れてX線ではほとんど見えない石もあり、その場合は超音波診断が最適となる。数十年前、ダーレク［イギリスBBCのテレビドラマ『ドクター・フー』に登場する地球外生命体］ほどのサイズの高価な超音波診断装置が病院にあるだけだった頃は、シスチン結石を見つけることは今よりもずっと難しかった。**タテガミオオカミ**の満杯の膀胱をX線にかけても見えないので、まず膀胱を空にして、そこに空気を入れ、毛むくじゃらでにおいのきつい患者の体内で、風船のように膀胱を膨らませておく。そうすれば空気のおかげで、見えない結石でもX線で見られるようになったのである。

腎臓結石も超音波で簡単に見つけられるが、生体構造の知識がないと、何を見ているのかわからないだろう。絶滅の危機に瀕した希少な**スマトラカワウソ**の腎臓は、超音波で見ると2房のブドウのような形をしている。ブドウの粒のように連なる小葉が、それぞれ「ミニ腎臓」として機能している。痛みや感染症を引き起こす結石は、あちこちに散らばった小さな種子のように見えるため、見逃されやすい。腎臓結石は、野生、動物園、保護区を問わず、カワウソの全種に共通してみられる。ありがたいことに、小葉ひとつに1個の結石を見つけた場合、鍵穴手術で石のある小葉をひとつだけ取り除き、腎臓の大部分をそのまま残しておくことができる。これはほかの多くの動物ではできないことだ。

超音波には、ほかにもあまり知られていない用途がある。目の検査に非常に有効なのだ。体重が9V電池［約50グラム］ほどしかない**ハイイロネズミキツネザル**の白内障手術のために、神経をすり減らして長時間の麻酔をかける前に、実際に目が見えるのかどうかを確認することは不可欠だ。見えなければ、手術をする意味はないのだから。不透明な水晶体は、ネズミキツネザルの視力を遮るだけでなく、検眼鏡での網膜検査もできなくする。ありがたいことに、超音波なら網膜が剝がれていないかどうかを確認できる。

のたくるネズミキツネザルには麻酔が必要かもしれないが、**ズキンアザラシ**の子どもなら、目を覚ましているときに痛がる目をスキャンするのは簡単だ。水差し一杯の塩水を頭からかければ、ぎゅっとつむったまぶたの皮膚を通して眼球全体をスキャンするのに必要な接触媒質が行きわたる。1週間もすれば治る軽い潰瘍か、除去手術が必要な眼球破裂かを見極めるには、それが一番迅速な方法だ。

骨に覆われて、超音波が届かないように思える脳も、意外に検査が可能な臓器だ。水頭症は、スコットランドで孤児となった**アカギツネ**の子どもによく見られる問題だ。またユンガンウイルスに感染した**ハタネズミ**を、妊娠中のキツネが食べると、胎児の脳に影響が出ることがある。脳内の小さな脳室は脳脊髄液で満たされている。この液は産生と排出(吸収)が正確に同じ速度で同時に行なわれなければ、硬い頭蓋骨の内部で脳室が拡張し、脳が破滅的に圧迫されてしまう。キツネの母親は、生後数日の子ギツネの行動の微妙な違いを見分けることができるが、僕たち人間にはできない。僕はこの10年間、孤児となった子ギツネに対して、保護した直後に脳の超音波検査を行ない、脳室のサイズを測定し、水頭症の兆候を示す何週間も前に病気を発見してきた。この時期の子ギツネの頭蓋骨はまだ薄く柔軟で、冠状縫合(頭蓋骨の前面と後面のあいだにある大きな割れ目)のあいだから超音波を照射することができる。ときどき、あたりを走り回っている小さな子ギツネが、見た目ではまったく健康なのに、超音波で見ると、頭蓋骨が髄液で拡張した脳室でいっぱいになり、周囲の脳組織がほんの数ミリしかないこともある。

ジャングルでの脳手術のほかにも、肝臓の内部を見て腫瘍の位置を確認するなど、手術中に健康な組織を切除しすぎないようにする目的でも、超音波は利用できる。また**カバ**の去勢手術では、睾丸が隠れている場所を見つけることもできる。カバは麻酔をかけた状態でも、けん引筋のおかげで、睾丸をヨーヨーのように体に引っ込めることができ、たとえ大きな外科的切開口から肘まで腕を突っ込んでも、分厚い脂肪の下の睾丸を見つけることは不可能なのだ。

税関職員の目を欺く「超音波検査トレーニングセット」

超音波検査を利用すれば、手術をしないでも生検を行なえる。超音波で組織に問題が見つかったとしても、診断を下すには生体サンプルが必要だ。背中が腫れている**ミナミアフリカオットセイ**のサンプルが欲しいときは、超音波画面で針の先端を確認しながら、採取したい場所に正確に針を刺すことができる。それから採取した細胞を顕微鏡で調べれば、答がわかる。死んだ好中球(白血球の一種)が見えたら、この腫れは脂肪の膿瘍であり、良好に治癒する。しかし、紫色の大きな核を持つ異なるサイズの細胞の塊が見えたら、腫れが腫瘍であることを示している。

大きな手術は避けたいが、細い針で吸引した数個の細胞だけでは診断に不充分な場合もある。そんなときには、組織の小さな芯を切り取る特殊な生検針を使用する。たとえば、絶滅の危機に瀕した**ブラウンケナガクモザル**が病気で、左の腎臓の手前にしこりがあるとする。これは薬で治療できる良性の副腎腫瘍なのか？　それとも、ほかの臓器に浸潤しようとしている悪性リンパ腫で、大手術が必要なのか？　あるいは、慢性の赤痢アメーバ感染による単なるリンパ節の腫れなのか？　超音波で正確に針先を誘導しないと、腎臓を傷つけたり、副腎の真横の大静脈に穴を開けてしまったりする。大静脈は心臓に血液を戻す重要な静脈なので、誤ってこれを生検することは致命的で、クモザルは1分以内に腹部内で出血を起こす。

出張先でほかの野生動物の獣医に、超音波ガイド下生検を患者に害を及ぼさずに教えることは簡単ではない。同僚が技術を学ぼうとしているあいだに、**クロアシドゥクラングール**の赤ん坊が、お腹にたくさん針を刺されたブードゥー人形のようになっても困るだろう。野生動物ごとの生体構造の違いが、とりわけ習得を難しくしている。**カッショクホエザル**の肝臓は硬い楔形《くさびがた》をしている。一方、**アジアゴールデンキャット**の肝臓は、6枚の分厚い葉っぱのような小葉が根元でくっつき、まるで風に揺れる葉のように、腹の中で互いに滑るように触れ合っている。

他国の獣医に生体構造の違いを説明するときには、僕は自作の超音波検査トレーニングセットを使用する。空港で賄賂を要求する税関職員を回避するためにも、手荷物はコンパクトにまとめることが必須なので、その超音波検査トレーニングセット――粉末の下剤、食品着色料、海藻の粉を混ぜた秘密の粉と、コンドームやチューブなど雑多なものから作る内臓模型――は、弁当箱の容器に収めている。小さな袋に入った粉を水で混ぜ、この内臓模型を使って、絶滅の危機に瀕した患者に超音波ガイド下生検を行なう前に、若い野生動物獣医師の練習台にするのである。また、95%が水分である超音波ジェルを何キログラムも持ち歩くのを避けるため、ほとんど重さがなく、生分解可能で無害な超音波ジェルパウダーも発明した。これは西アフリカの税関で、プラスチック爆弾を密輸していると疑われたことがきっかけとなった。発明は必要の娘である。しかし、超音波診断には、生検以上の難題もある。

超音波検査の最難関臓器は「蠢くスノードーム」

心臓ほど理解の難しい臓器もない。死後は、たるんだ筋肉の袋からいくつか白いチューブが突き出ているだけで、ほとんど印象に残らない。だが存命中には、その筋肉マシンは驚くべきことにノンストップで――**ニシオンデンザメ**、**ゾウガメ**、**ホッキョククジラ**などは200年以上も――血液を送り出し続けているのである。それに比べたら、内燃エンジンの歴史も霞んでしまう。

アフリカンゴールデンウルフにX線検査をして、心臓病を発見することがたまにある。そんなとき心臓は大きく拡張し、機能が衰えている。しかし、すでに悪化している状態では、僕たちにできることはほとんどない。そこで、心臓病の早期発見を目指し、心臓病を患ったゴールデンウルフの心臓の大きさを測定し、脊椎骨を体内の粗い定規と見立てて、そのサイズを比較しておく。この比較値は、大きさの異なるさまざまな種で参考にできる。たとえば、アフリカンゴールデンウルフと小さな**ヤブイヌ**なら、「脊椎定規」で測った心臓のサイズは似ているはずだという具合に。

ゴリラは食物繊維の多い植物を餌とし、運動量が多いにもかかわらず、心臓病で死ぬことが多い。それなのに、胸部X線写真には何も写らず、心臓も肺も普通に見える。何が起こっているかを理解するには、ゴリラの鼓動する心臓の内部を観察し、心臓の筋肉が収縮して血液を送り出す様子を見る必要がある。X線ではこれは不可能で、超音波の出番となる。

僕の辛抱強い妻、ヨランダは動物の心臓専門医で、僕よりもずっと頭がいい。心雑音のある**チーター**や、脈拍の少ない**オランウータン**について、地球の裏側から彼女に電話で相談したことは何度もある。彼女が麻酔をかけた**リカオン**や**ジャイアントパンダ**の心臓の超音波検査（心エコー検査）をすると、超音波の透過を妨げる空気の満ちた肺のあいだにある、小さな目に見えない窓を巧みに見つけていく。この少しもじっとしていない臓器は、ただ観察しようとするだけでも難しく、ポンプとしてどんなふうに機能しているのかを理解するどころではない。なんとか原理は理解できたとしても、ヨランダが目の前の画面に映し出された「すばやく蠢くスノードーム」をスピーディに計測し、解釈していく様子には、ただ敬服するしかない。

　超音波検査では、心臓の拍動を観察し、各心室の収縮量を確認し、さまざまな筋肉壁の厚さを測り、心臓から送り出される血液の速度を測定することができる。その際、目的に合わせていくつかのモードを使い分ける。ブライトネスモード（Bモード）は一番おなじみのモードで、体を縦にスライスした画像で見ることができる。モーションモード（Mモード）は、心臓の動きを正確に測定し、心筋の一部の収縮率を計算する。ドップラー超音波は、超音波プローブに近づく血流と遠ざかる血流を測定し、見やすいようにそれぞれ赤と青に色分けする。一番単純なドップラー超音波装置には画面すらない。未舗装の道を走る自然保護官のピックアップトラックがあなたに近づいてくれば、エンジンのピッチが高くなり、密猟者を追って遠ざかればピッチが低くなるのを聞き分けるのと同じように、耳で判断するのである。廉価な携帯型胎児モニターは、子宮内の胎児の心拍を検出し、部屋にいる全員に聞こえるような大きなヒューという音で知らせる。野生動物の獣医である僕たちは、これを使って、麻酔中の**ムカシトカゲ**の遅い拍動をモニターしたり、手術用ドレープの下に隠れる**サバンナハイタカ**の心臓の激しい粗動を聞いたりできる。

　心エコー検査はいろんなことに役立つ。動物園の妊娠中の**オカピ**の心不全を発見することにも、**フランソワルトン**〔霊長目テナガザル科〕の若年性心疾患のスクリーニングを行ない、飼育下繁殖プログラムから有害遺伝子を排除することにも。さらには、咳をする若い**カニクイイヌ**の「心臓に開いた穴（心房中隔欠損症）」を診断することもできる。

悲しいことに、かつては単純な筒状であった心臓が、複雑な折り紙的進化を遂げたおかげで、野生動物が生まれながらに抱える致命的な先天性心疾患は数多くある。20年前、ロンドン動物園の獣医病理学者として、僕はときおり心臓の発達に関わるさまざまな不運に遭遇した。たとえば、ある若い**コモドオオトカゲ**は、孵化したあと兄弟にいじめられていたのだが、「心室中隔欠損症」と呼ばれる、心臓の心室と心室のあいだに穴が開く病気を持っていた。こうした先天性異常は動物園ではあまり見られないが、野生では先天的な病気を持つ動物のほとんどが、僕たちが気づく前に、生後まもなく死んでしまう。生まれた動物の1％以上は心臓に異常があるとされ、それは人間も同じだ。が、ペットの動物でさえ発見率は人間よりもずっと少ない。動物園や野生では、僕たちはその兆候を認識していないか、そもそも死ぬ前の子どもを見てすらいないのかもしれない。**インドライオン**は自分の子どもを放置したり食べたりして、悪い母親だと非難されることがある。しかし、死んだ子ライオンを食べられる前に何頭か調べたところ、その子ライオンには心臓に深刻な異常があることがわかった。僕たちは、心臓異常のために産後に死んだ子どもを食べた母親を不当に非難していたのである。母親ライオンが僕たちを名誉毀損で訴えることはないだろうが、保全繁殖用の遺伝子プールを健康に保つためには重要な知識だった。

心臓という臓器は、小さな**カクレクマノミ**においても、2トンもの巨大な**マンボウ**においても、ひとつの筒《チューブ》——1回路をめぐるひとつのポンプ——から進化してきた。血液はエラで酸素を取り込み、体内を循環する。**ゼブラフィッシュ**は心臓の筋肉が損傷しても、その20％まで再生することができる。人間も同じことができれば、心臓発作で命を落とすことは減少するだろう。しかし、哺乳類の心臓は神経ネットワークによって調整され、異なる圧力で動く複雑な二重ポンプになっている。右の心臓は低圧の血液を肺に送って酸素を集め、血液は左の心臓に戻る。左の心臓は酸素を多く含む高圧の血液を全身に送り出し、運動や食事、睡眠、外気温によって変化する血管の拡張や収縮に合わせて、出ていく血液と戻ってくる血液の圧力や量をつねにバランスよく調整する。**オオヤマネ**から**キタゾウアザラシ**まで、哺乳類は胎児の成長とともに最初の胎児心臓管を変化させていく。胎児心臓管は折り重なって、新たな繋がりを作り、ある部分は融合していき、4つの心室と2つの別々のポンプを形成する。心臓の両側は絡み合った恋人たちの手のように互いに巻きつく。この折り紙の折り方に少しでもミスがあると、心臓は機能不全となる。

有胎盤哺乳類は子宮内で、ヘソから母親の血液を一時的に取り込むだけでなく、「動脈管」と呼ばれる心臓パイパスによって、虚脱した肺に血液が流れ込まないようにしながら、羊水の中を泳いでいるのである。出生後、肺が膨らむと、その管は閉じる必要がある。さもないと、生まれたばかりの**アメリカアカオオカミ**は、空気を吸っているのに、心臓の両側から血液が混ざり合い、充分な酸素を体内に運ぶことができず、文字どおり窒息死することになる。この機能がきちんと果たされていないオオカミの子どもは歯茎が青くなる。これは血液中の酸素が少ないことを示している。動脈管が閉じておらず（動脈管開存）、血液が誤った方向に流れると乱流が起こり、大きな心雑音が鳴り続ける。超音波診断の画面では、真っ赤な血流が誤った方向に流れているのを見ることができる。とはいえこの心雑音は、生まれたばかりの**ハイイロアザラシ**の子どもには頻繁に起こり、ときには動脈管が閉じるまでに数週間かかることもある。アザラシの子どもは、オオカミの子どもと違って、一見元気そうに見える。ただし、高脂肪母乳を飲んでいないときは砂浜で寝そべり、あっというまに脂肪の小さな丸い塊に変身して、最初の数週間は心臓に重い負担をかけないようにしている。

たまに動脈管内に細い管が残り、少量の血液が逆流するケースが起こる。動物園で物静かに暮らしていて、健康そうに見える**アムールヒョウ**の成獣を、まったく別の理由で麻酔にかけているときに、偶然この症状を見つけたこともある。ロシアの厳しい冬に獲物を追う野生のヒョウにとっては、これは大きなハンディキャップとなり、致命的となる可能性が高い。心臓の鍵穴手術は僕の好きな手術だが、野生動物に行なうことはほとんどない。先天的心臓疾患のある若い**ユキヒョウ**や**ピューマ**、あるいは**キリン**に、心臓手術という英雄的行為をすることは可能だが、問題をはらんでいる。先天性の心臓疾患の多くは遺伝的な要素を持つ。ある動物を救うことは、その動物の将来の子孫に問題を先送りにするだけでなく、アムールヒョウのような絶滅の危機に瀕した種の「遺伝子プール」にとって実害となるかもしれないのだ。

心室がひとつしかない爬虫類の心臓のメリット

超音波で見ることのできる心臓の進化には興味をそそられる。魚類は筒状の片側だけの心臓を持ち、哺乳類は4つの心室が左右に分かれた心臓を持っているが、これはとても退屈な部類だ。**コウイカ**は、酸素を含んだ血液を全身に送り出す主心臓とは別に、エラに血液を送るための心臓を2つ持っている。**ヌタウナギ**は肝臓のそばに付属的な心臓を持ち、長い体内に血液をめぐらせるのに役立てている。この仕組みは3億年以上前から変わっていない。

鳥類の心臓は哺乳類の心臓に似ているが、鳥類が恐竜から進化したことを考えると、驚くべきことである。これは収束進化のエレガントな例といえる。胚の折り方が異なる別々の心臓が、激しい活動を支えるために、同じ心臓のデザインに帰結したのである。空を飛ぶには高性能な心臓が必要だ。**セイカーハヤブサ**の右心室心臓弁は、実は哺乳類のような薄い膜ではなく、筋肉ででできている。この筋肉弁が、高速で飛ぶ**カモ**を追いかけるときに、心臓のポンプ機能を高めているのだ。一方、病気のハヤブサは、この弁の筋肉がほかの筋肉と同じように失われてしまう。超音波で観察すると、たるんだ弁から血液が漏れているのがわかる。鳥類の心臓は哺乳類の心臓に比べて、体のサイズのわりにずっと大きい。**ルリハラハチドリ**の心臓は体重の2・5%である。人間はわずか0・5%だから、5倍もある。普通は、患者の体が大きくなるほど、心臓は小さくなる。**ヨーロッパバイソン**の心臓は、体重のたった0・3%しかない。例外は**キリン**で、長い首のために血圧と血流に特別な仕様が必要なため、心臓の重さが体重のほぼ1%となっている。

鳥の臓器は、体を軽くして飛行できるように、膨らんだ気嚢のあいだにぶら下がっている。飛べない**オウサマペンギン**にも、この気嚢がある。超音波は空気を透過しないので、鳥類の心エコー検査は難しい。**ダーウィンレア**は気嚢が小さく、肝臓が大きくて平らなので、その隙間から心臓をスキャンすることができる。**シセンミヤマテッケイ**の場合、胃が満杯になると肝臓が潰されて超音波検査をしやすい位置にくるため、満腹のときには心臓をスキャンできる。しかし、防水性の高い羽毛がぎっしり生えたペンギンにはこの方法は使えない。オウサマペンギンの心臓を超音波で調べるための僕の解決策は、**マレーグマ**の卵巣を見る方法に似ている。小さな超音波プローブをお尻から挿入し、内臓の奥まで進めて心臓を調べるのだ。

そんな鳥類の心臓も、爬虫類や両生類の心臓に比べると退屈である。**ベルツノガエル**には心房が2つあるが、紛らわしいことに、心室は大きいものがひとつしかない。まず小柱の隆起で区切られた深い溝が一方の心房からの血液で満たされ、そのあとに中心腔がもう一方の心房からの血液で満たされる。ひとつの心室があたかも2つあるかのように巧妙に機能するのである。**ペレンティーオオトカゲ**などの爬虫類も心室がひとつしかないが、3つに分かれた区画が相互に連結する形となっている。心室は絞られるような動きで収縮し、各区画を別々に空にするので、血液が混ざることはほとんどない。**ワニ**の心臓は一見すると、人間と同じように心房と心室の4つに分かれているように見えるが、実は2つの心室には連絡路がある。その連絡路は、イタリア人解剖学者バルトロメオ・パニッツァの名にちなんで「パニッツァ孔」と呼ばれている。

両生類や爬虫類の心臓モデルはさまざまだが、どれも体内から戻ってきた血液と、肺から入ってきた血液がいくらか混ざる仕様になっている。酸素化された血液と脱酸素化された血液が混ざることは、一見すると極めて非効率的に見える。そのため、分類学者やヴィクトリア朝の動物学者たちは、爬虫類や両生類を下等脊椎動物に分類し、人間を進化の完成形の頂点と仮定した。しかし、彼らの心臓モデルは原始的なわけではない。爬虫類と両生類の生活様式に見事に適応しており、人間などの哺乳類よりも大きな利点がある。そもそも、ポンプの心室がひとつしかないにもかかわらず、酸素化血液と脱酸素化血液が混ざる量は昔の科学者が想定していたよりも少ない。

さらにその利点が顕著になるのは、水中にいるときだ。水中では、**コンゴツメガエル**の肺は何もしない。その代わり、酸素は皮膚と口内から吸収される。血流の大部分を無駄に肺に灌流《かんりゅう》させないことで、皮膚から全身に酸素を運ぶことができ、より長く水中にとどまり、水面の上に広がる木々に潜む厄介な捕食者から遠ざかることができるのだ。これは**エラブウミヘビ**や**ニューギニアワニ**でも同じだ。**トゲスッポン**は、総排出腔にある気道上皮を介して水中で呼吸もできる。そう、彼らはお尻で呼吸しているのだ！　その他の適応と遅い代謝が組み合わさり、**アカウミガメ**は水中で10時間も息を止めることができる。哺乳類の深海潜水記録保持者である**アカボウクジラ**でさえ、わずか2時間しか息を止められない。**アメリカビーバー**は水中で15分間息を止められるが、ニューギニアワニは1時間以上も水中で隠れて、何も知らない餌が近づいてくるのをじっと待つことができる。とはいえ、爬虫類や両生類のほとんどの心臓病は、こうした奇妙ですばらしい生体構造的違いのために、超音波診断が極めて困難となっている。例外は**アルゼンチンボア**などの大型ヘビで、心臓がカリフラワーのように見えることから、感染性心内膜炎を診断することができる。

ゴリラの心臓病の2つの問題点

もう少しなじみのある心臓の構造に話を戻そう。**チンパンジー**、**ボノボ**、**オランウータン**、**ゴリラ**など類人猿の心臓病には、医学的に多大な関心が寄せられている。とはいえ、心臓病を患う動物園のゴリラが、人間の肥満の中年喫煙者よりも研究対象として自然かどうかは定かではない（研究者が病院から離れて良き日を過ごすきっかけにはなるだろうけれど）。

心臓血管疾患は、全世界の人間の死因の第1位を占める。人間の心臓病で一番多いのは、重要な冠動脈の内側に形成される「コレステロールプラーク」によるものだ。心臓はつねに血液で満たされているのに、心筋は酸素と栄養の供給をこの細い血管に依存している。超音波検査をすれば、詰まった動脈と哀れな血流を見ることができる。それにより、完全かつ致命的に血流が遮断されて心臓発作――心筋梗塞と呼ばれる、血液の供給が止まったときに心筋の塊が死んでしまう病気――が起こる前に手を打てるかもしれない。コレステロールプラークというと医学の専門語に聞こえるだろうが、ロンドンの下水道のような動脈が、巨大なファットバーグ［下水道にたまった、台所用の油脂やトイレの衛生用品などの水に溶けないゴミの巨大な塊のこと］で塞がれているところをイメージしてもらえばいい。本物のファットバーグも、あなたの動脈を詰まらせているものとよく似ている。食事から摂取した脂肪のほとんどは吸収されるが、その残りはトイレに流されて、下水管を詰まらせるのである。

心筋梗塞を起こした心臓は、バズーカ砲が撃ち込まれた車のエンジンのようなものだ。その後、どちらもあまりうまく機能しなくなる。とはいえ、コンゴの熱帯雨林で暮らす野生のゴリラは、ダブルチーズバーガーだけを食べて暮らすことができないため、通常、動脈が詰まることはない。一方、動物園では野菜中心の餌を与えていても、心臓病で死ぬことがあり、超音波検査はその破滅の兆候を察知するための闘いである。

さて、あなたの目の前にいるゴリラは、「びまん性心筋間質線維症」という病気を患っているようだ。心臓の筋線維が、ゆっくりと気づかないうちに、線維性瘢痕組織に置き換えられ、今や筋ばった硬い心臓は、血液を送り出そうと必死で闘っている。そのゴリラは、急に動いただけで——便を出そうとするだけでも——バタンと倒れて死んでしまいかねない。ちょうどエルビス・プレスリーがトイレで死んだのと同じように。エルビスの闘う心臓は、さまざまな薬物で鈍らされ、対処できなかったのだ。

ゴリラの心臓病には2つの問題がある。第一に、動物園でもっとも健康的な野菜中心の食事をしているにもかかわらず、なぜ心臓病になるのかわからないこと。一説によれば、食事にギニアショウガなど重要な保護作用のある野生植物が含まれていないせいらしい。あるいは、肝炎ウイルスなどの感染症が原因かもしれない。高血圧や慢性炎症が原因という説もある。また別の説によれば、野生と同じ植物を食べることができないため、腸内細菌叢のバランスが崩れたせいだということだ。ほかの野生動物でも、栄養不足で心臓病になることがある。**オオアリクイ**は、タウリンという含硫アミノ酸の一種が不足すると心臓がたるんでしまう。野生では**シロアリ**や**アリ**しか食べず、それも1日で3万匹も食べる動物に、飼育下で餌を与えることがどれほど難しいか、驚くにはあたらない。一方、ゴリラの心臓病については、さっぱり理由がわからない。ややこしいことに、オランウータンから**シロテテナガザル**まで、ほかの霊長類にも、この症状がときどき見られる。あるストレスの多い日、僕が麻酔銃を撃ったとたん、若い成獣のチンパンジーがたった5分後に突然死んでしまい、みんなが仰天したことがある。そのチンパンジーは医療研究施設から救出されたのだが、解剖の結果、心臓が硬くて白い瘢痕組織の塊となっていたことがわかった。唯一の救いは、その疾患は痛みを伴わないことだ。おそらく気絶したように感じるだけだ(二度と目覚めることはないにしても)。そんなわけで、この類人猿との比較研究が、人間の心臓病とどれくらい関連づけられるのか、僕にはよくわからない。

ゴリラの心臓病の2番目の問題は、ほとんどの野生動物にも当てはまる内容だ。心臓はポンプであり、病気の診断の際には、そのポンプがどれだけきちんと機能しているかという点を評価する。ところが、人間やペットの**犬**が患者の場合には、心臓の機能を詳しく評価するあいだ、30分ほどじっとしていてくれるが、ちっとも協力的でない野生動物が患者の場合、同じことを望むのは通常は不可能だ。そんなわけで目の前のゴリラの患者を診断するためには麻酔が必要になるが、麻酔をかけると血管が拡張し、血圧も変化して、心臓の動きは鈍くなり、収縮の仕方も変化する。患者が**ダイアナモンキー**ならば、つかんで押さえておけば、麻酔をかけずに心エコー検査を受けさせることもできるだろうが、ストレスホルモンが血圧や心拍数、心臓の収縮の仕方を変化させる。これまた普段の状態を知ることはできない。今にも死にそうなほど重症の心臓病であれば麻酔下でも発見できるが、治療可能な初期の小さな変化を検知できないことがときどき起こりうる。また、「心筋線維化」が進行すると、麻酔をかけたゴリラの超音波検査では、全然見えないことがある。これは人間でも難しいのだが、問題を検知するためには、ランニングマシンで走っているところを超音波検査する必要がある。これについては、僕もまだゴリラに説得を試みたことはない。

麻酔は、心臓の収縮の仕方、血圧や血流速度を変化させる。そのため、問題がないのにさも問題があるかのように見せてしまうことがある。英国で600年前に絶滅した**ヨーロッパビーバー**の再導入が始まったとき、麻酔をかけると、ほとんどのビーバーは大きな心雑音を発することがわかった。人間とビーバーとの長い付き合いは、心臓病の診断ではなく、捕獲や射殺が中心だったため、僕たちはこの現象をどう解釈すればいいのかわからなかった。心雑音は血流の乱れによって生じる異常な音である。ちょうどライン川が静かに流れているのに対して、小川が岩に当たってせせらぐのに似ている。心臓の血流が乱れるのは正常な状態ではなく、普通は何か異常があることを示唆するものだ。しかし、僕の友人の心臓専門医、クレイグ・デバインは、多数の野生のビーバーを詳しく検査した結果、心雑音は麻酔をかけられたビーバーの通常の反応と結論づけざるを得なかった。

麻酔下の野生動物に対する通常の心エコー測定による診断は、その有用性に疑問符がつくにもかかわらず、学界では依然として人気の高い研究テーマとなっている。ボノボや**チーター**にエコー検査をすることは、日々暗い病院の部屋で何百人もの患者を診ることから解放される、楽しい休息ということなのだろう。同じように、最近研究者が**シロナガスクジラ**に心拍数モニターを取り付けることに成功し、1分間に2回しか鼓動を打たないことが報告され、メディアでも騒がれた。しかしながら、この発見がクジラの保護や個々のクジラの健康にとってどんな価値があるのかは、実はよくわかっていない。

こんなふうに、僕たちは野生動物の患者の体内を多種多様な方法で見ることができる。**ジャイアントパンダ**の手首はX線写真で調べられるし、**アカウミガメ**の脳はＭＲＩで検査できる。ゴリラの心臓の謎は超音波で明らかになるし、ビートルズの貢献もあって、オランウータンの副鼻腔炎はＣＴスキャンで理解できる。とはいえ、ときには患者の体温を測るだけで事足りることもある。

9

空対空ミサイルはいかにしてクロサイを助けるのか

検温する

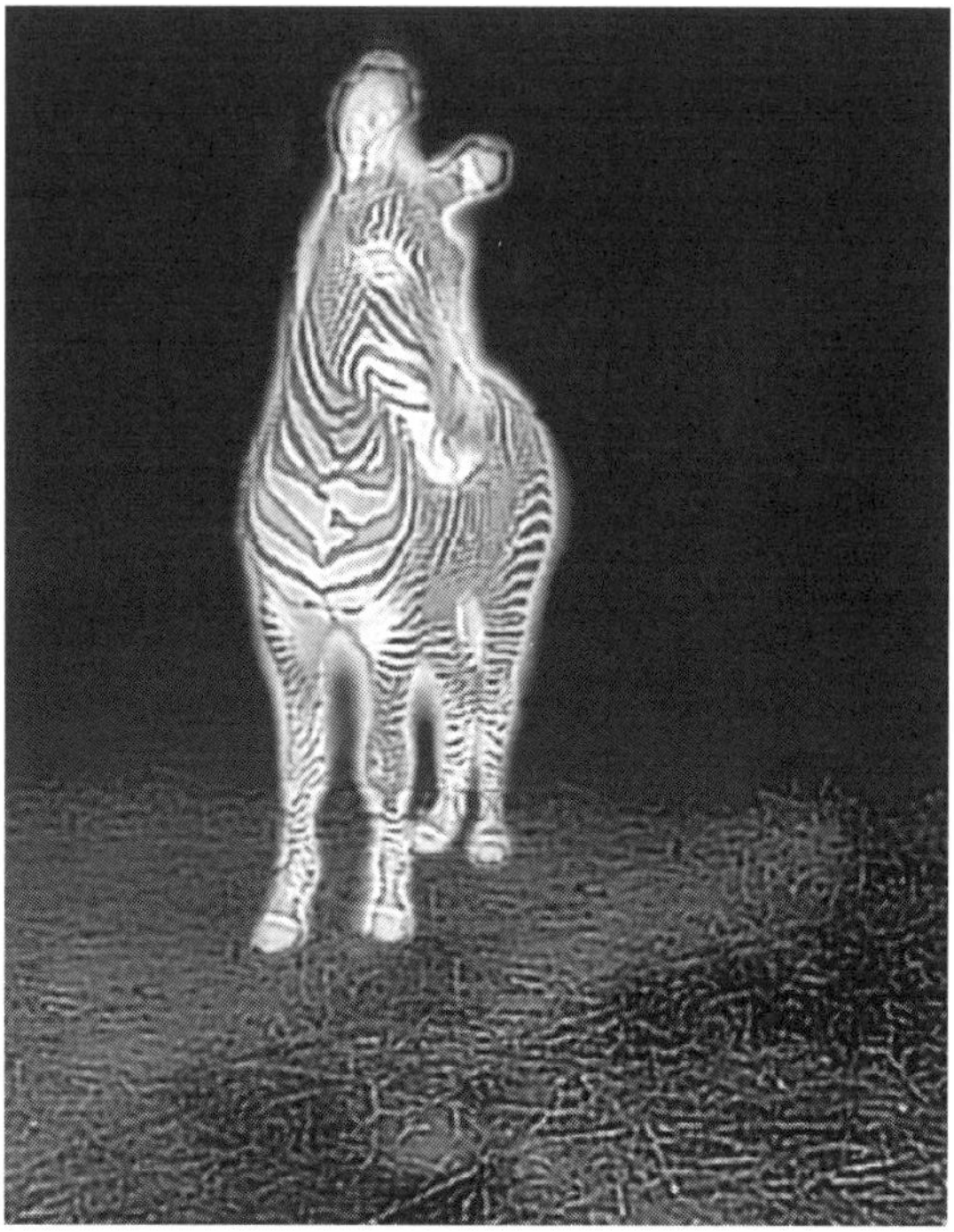

シマウマは暑い日中には黒い縞から熱を発している
が、夜になるとサーモグラフィ画像で光るのは白い縞
のほうだ。黒い縞よりも皮膚の下の脂肪の断熱性が低
いため、より多くの熱を放射しているのである。

聴診器をのぞけば、体温計ほど獣医や医師を象徴するものはない。有害な水銀入りのガラス製体温計は、僕が獣医になった頃の遠い記憶となっているが、デジタル体温計に変わった今でも、動物の患者が体温計に噛みつくところは変わっていない。そんなわけで体温計は直腸に挿入される――子どもの頃、医者にかかったときに、いい子にしていないと同じ目に遭うと言い聞かされたように。とはいえ、絶滅の危機に瀕した**クロサイ**が異常な行動を取っていると自然保護官から告げられ、双眼鏡を覗き込んでいるときには、体温計はまったく役に立たない。

植物が密集したブッシュベルドに棲む、視力が弱く気難しい患者クロサイは、機嫌が悪ければ、**シロアリ**の塚だろうと何だろうと意外なものを襲撃する傾向がある。大型哺乳類の中で一番戦闘による死亡率が高く、野生のオスのクロサイの成獣のほぼ半数が戦いによって死ぬ。彼らの親戚筋の大きくて鈍重で穏やかな**シロサイ**よりもはるかに敏捷《びんしょう》なので、もっとよく観察しようと徒歩で近づくのは賢明な選択とはいえない。1世紀前、クロサイは地球上でもっともありふれたサイであり、数十万頭がアフリカ南部を歩き回っていた。今ではわずか数千頭ほどしか残っておらず、絶滅の危機に瀕している。野生のクロサイの1頭1頭が重要なのである。

僕たちからは化膿した小さな弾痕は見えないが、あの具合の悪そうなメスのサイは撃たれたのだろうか？　それとも小さな**マングース**に噛まれたために、狂犬病で死にかけているのだろうか？　ライバルのサイに腹部をツノで突かれたのだろうか？　それとも出産間近なのだろうか？妊娠中の母親が一番避けるべきことは、ヘリコプターに追いかけられて麻酔銃を撃たれることだ。そんなことをしたら、母親もお腹の中の子どもも死なせてしまう可能性がある。体温を測ればいいのかもしれないが、どうやって測ればいいのか？

病気や怪我をすると、血管が拡張し、白血球がたくさん戦場にやってくる。この状態を炎症と呼ぶ。炎症がひどくなると、全身の体温が上昇するので、お尻に挿入した体温計で検知できる。感染した銃創のように傷が小さいときには、その部位だけが熱くなることもある。「サーマルカメラ」〔物質が発する遠赤外線を直接検出して映像を映し出すカメラ〕は、熱線追尾式の空対空ミサイルや原子炉の亀裂の監視、家の断熱性評価などと同じ技術を使って、熱を赤外線放射の形で見ることができる「検温カメラ」だ。２５００年前、ヒポクラテスは患者の体に泥を塗ることがあった。泥が一番早く乾く場所に注目し、病気の場所を特定した。血流から皮膚に伝わる熱を検知しようとしたのである。泥による熱探知は、**イボイノシシ**にも応用できそうだが、サーマルカメラのほうが面倒は少なくてすむ。

クロサイは、「サーモグラフィ（熱画像）」〔物体の表面温度を計測する手法〕による妊娠診断に最適な患者だ。頑丈で乾燥した皮膚にはほとんど毛がなく、妊娠中でも簡単には伸びないので、胎盤と胎児が体表に密着し、血流と熱の増加が検知されやすい。また、銃創や感染したマングースの噛み傷は、サーマルカメラで見ると明るい白の点に輝く。

クロサイと違って、**アフリカゾウ**はダボダボのズボンのような皮膚のせいで、サーモグラフィが妊娠を検知するのは、見た目にも明らかに妊娠がわかる時期になってからだ。一方、ゾウの外陰部が熱を持っている場合は、交配と妊娠が可能な受胎発情期を示しており、サーモグラフィが役立つ。メスの**チンパンジー**は、ピンクの大きなお尻をしているのに、妊娠可能な時期もそうでない時期も、妊娠中も、お尻の腫れ上がった膨らみに検出可能な温度差は生じない。彼女たちは、交尾をしたくて必死なオスのチンパンジーに子どもを殺されるのを阻止するため、生殖能力を隠すように進化してきた。**ボノボ**と同様に、メスのチンパンジーも戦略的に交尾を使う。オスたちに排卵日だけでなく、つねに自分たちを大事にさせるために。

熱画像測定は万能だ。怒れるゾウの牙の根元に膿瘍があるか？　あるいは、何年も木材伐採作業地で鎖に繋がれていた足首に関節炎があるか？　そうしたことを確認できる。歩行が困難な**ロスチャイルドキリン**［別名ウガンダキリン］のひづめの奥深くや、**ジャワマメジカ**の小さな足の中にある感染症も検知できる。足を引きずる**オオヅル**の捻挫を診断したり、巣立ちする**アオガラ**のストレスレベルを比較したりもできる。

毛皮や羽毛で覆われていない場所を狙え

多くの動物は、なんとも不都合なことに、毛皮や羽毛で覆われている。これは衣服と同じで、空気の断熱層を閉じ込める。**タテガミナマケモノ**には、サーモグラフィは役に立たない。暖かい日に太陽によって優しく温められた、ふさふさの毛皮の表面の温度がわかるだけだ。しかも、直腸温度でさえ、ナマケモノにはちっとも役に立たないことがある。ナマケモノは奇妙な生き物だ。低エネルギーの葉っぱの食事で生きているため動きが遅く、脳も小さいが、口の形のおかげで笑っているように見える。食べ物を消化するのに何週間もかかるほど代謝が遅いことを考えると、笑う理由はなさそうだ。さらに、エネルギーを節約するために体温がほかの哺乳類よりもずっと低いうえに、10℃も幅がある。人間なら数度の変化にすら耐えられず致命的な影響を受ける。では、ナマケモノが発熱しているかをどうやって知るのか？　知る方法はない。ただし、体温が下がりすぎると、胃の中の微生物が食べ物を消化できなくなる。ナマケモノは体を震わせても暖を取ることができない。少なくともナマケモノが寒すぎて死にそうになっているかどうかは温度でわかるけれども、感染症に罹っているかどうかまではわからない。一方、**ハチドリ**はまったく逆だ。飛行中の心拍数は1分間に1000回以上と、猛烈な勢いでエネルギーを消費する。平常時の体温は41℃以上にもなる。ところで、目を覚ましているあいだずっと高エネルギーの花蜜を探し続けている**オウギハチドリ**は、夜のあいだはどうやって何も食べずに生きていられるのだろう？　実は代謝を停止して、体温を20℃以上も低下させ、ひと晩中休眠している。この小さな鳥は、朝まで生き延びるために、文字どおり、毎晩冬眠する必要があるのだ。

爬虫類、両生類、魚類では、体温測定はほとんど意味がない。変温動物である彼らは、環境を選ぶことで体温を調節している。**ナイルワニ**は寒すぎて胃の中の**シマウマ**の肉を消化できなくなると、日向《ひなた》ぼっこをする。ナミビアの砂漠では、**ヨコバイガラガラヘビ**は砂の下に隠れて、日光に焼き焦がされないようにする。自分で体温を上げないことは、原始的というよりも、進化上の大きな利点だ。想像してほしい。大型の**イリエワニ**のように、1年に1～2食のドカ食いですませられるとしたら？「ありがとう、夕食はいらないよ、数カ月前に食べたから」。爬虫類は、ニュージーランドの5℃しかない気温でも活動する**ムカシトカゲ**から、米国のモハーベ砂漠でその10倍以上の気温に対応できる**サバクゴファーガメ**まで、驚くべき極限環境で暮らしている。

爬虫類をサーモグラフィで観察しても、あまり意味がない。通常は、体全体がしばらくたむろしていた場所と同じ温度だからだ。日光に照らされていた**ギリシャリクガメ**は甲羅が熱くなるし、温かい岩の上に寝ていた**アオジタトカゲ**はお腹のほうが温かい。**キイロアナコンダ**は、餌を消化するときよりも繁殖のときに涼しい場所を必要とする。種によって、さまざまな生体プロセスごとに必要な温度も変化する。だからサーマルカメラを使って、**サイイグアナ**の動物園の囲いを調べて、暑い場所と涼しい場所を確認しておくことは、サイイグアナの健康にとって不可欠なのである。

変温動物の患者には使えなくても、サーモグラフィは地球上でもっとも断熱性の高い動物のひとつであるペンギンの病気を発見することはできる。ペンギンの羽毛は鳥類の中で一番密度が濃い。**コウテイペンギン**は水深500メートルまで潜ることができる。深海では、水圧と氷点下の水温のため、防水断熱の機能に極限まで負荷がかかる。ペンギンの足は羽毛で覆われていないが、氷上や凍るような水の中で貴重な体温を失わないように、巧みな血管の熱交換システムが機能しており、足の熱画像検査をしてもやはり役には立たない。ただし、ペンギンが熱損失をコントロールできない部位がひとつだけある——目だ。ペンギンの目は体内の温度世界をのぞく窓の役割を果たす。だから、真菌性肺炎に罹ったペンギンは、わざわざ捕獲しなくても、眼球表面の温度だけで確実に診断できる。病気のペンギンは健康なペンギンに比べて体内の温度が高く、角膜の表面から多くの熱を放出している。とはいえ、眼球の検温が役立つのは、**ダチョウ**、**モリフクロウ**、**メガネザル**など、目の大きな動物に限られる。**リスザル**の目は小さすぎて、病気かどうか検知することはできない。小さな表面から放射される熱量はごくわずかで、発熱したからといって量が増えるわけではない。

オオヅルや**オオフラミンゴ**は羽毛のない細長い脚をしていて、捻挫や感染症を示す、わずかな血流の増加を発見するのに打ってつけである。送電塔に衝突して翼を負傷した**ケープハゲワシ**を調べるときには、羽毛を分けてサーモグラフィを使用できる。手術前に両側の翼を比較して、この不運な鳥に血液供給が可能か判断できる。同様に、動物園の**シンリンオオカミ**の手術後は、断熱素材の毛皮が剃られているため、皮膚移植の治癒を観察することができる。

毛皮ならどんなものでも熱画像検査の断熱障害となるわけではない。**レイヨウ**の多くは短く濃い毛皮をしている。涼しい早朝、乾燥したラージャスターン平原を闊歩《かっぽ》する**ニルガイ**は、サーモグラフィで調べるのに完璧な患者である。重大な傷や関節の怪我は画像で確認できる。ちなみに、体に模様がある場合、毛皮は興味深い反応を示す。**ロスチャイルドキリン**の皮膚の黒い斑点は太陽の光で温められ、熱画像上で明るく輝く。困惑することに、この黒い斑点は夜でも輝いている。血流には差はないものの、斑点の皮膚は薄く、毛がまばらなため、体温をより多く放射するのだ。また、**チャップマンシマウマ**も、暑い日には黒い縞から熱を放射し、黒い縞と白い縞の温度差は20℃にもなる。奇妙なことに、こちらは夜になると白い縞がサーモグラフィで光る。皮膚の下にある脂肪の断熱性が黒い縞よりも低いため、より多くの熱を発するのである。

濡れているほうがいいか、乾いているほうがいいか？

毛皮の模様の変わった癖のほかにも、紛らわしい要因はある。たとえば、夜明けは熱画像に最適な時間帯で、空気が冷たく、わずかな温度差でも見分けてしまう。真昼にお尻が熱くなっている**バッファロー**は、あなたが熱画像で見る直前、太陽の光を避けて涼しいところにいたのかもしれない。横になったり、木に寄りかかったりすることも、血流に影響を与えるので、誤った解釈を誘発する危険がある。スコットランドの動物園でヒーターの近くに座っている**マレーバク**は、何の問題もないのに多数の問題があるかのように見えるかもしれない。サーモグラフィの画像に映る**ヒゲイノシシ**の皮膚の冷たい斑点は、「菱形《りょうけい》皮膚病（豚丹毒）」の初期症状かもしれない。厄介な細菌が表面の血管に血栓を作り、皮膚版ミニ脳卒中を引き起こす病気だ。しかし、パニックになる前に、たんに水滴が蒸発している可能性も考えよう。

水も、太陽光と同じように、サーモグラフィ診断を混乱させる。患者がずっと泳いでいた場合には、余分な熱は放散されるし、水分の蒸発もムラがあるので、熱画像はわかりにくくなる。サーモグラフィのためだけに**シロイルカ**を座礁させるわけにはいかないが、訓練された水族館のシロイルカなら、頭を持ち上げて、獣医に初期の歯の感染症で熱を発していないかどうかチェックさせてくれる。一方、サーモグラフィ検査の前にぜひとも入浴してもらいたい患者もいる。**カバ**の皮膚は分厚く、点在する孔や染みや斑点が熱画像上のニキビと化して紛らわしい。皮膚を濡らすと、この紛らわしいジグソーパズルが、僕たちが解釈できる形になる。

アシカや**アザラシ**は、検査するために皮膚が乾燥している必要がある。**ハイイロアザラシ**の孤児をサーモグラフィで調べると、肉眼で見えない噛み傷が鮮やかに映し出される。皮膚に傷痕がなくても、組織が傷つき損傷していれば、1、2週間はっきり歯列が残っている。これは、ほかの赤ちゃんアザラシに近づきすぎたときに過保護な母親アザラシから噛まれたものだ。また、近縁種であっても紛らわしい違いがある。**キタゾウアザラシ**と**ゼニガタアザラシ**は、ヒレの皮膚から一番熱を放射する傾向があるが、**カリフォルニアアシカ**は体全体から均等に熱を放射する。

サーモグラフィはカバを調べるだけでなく、見つけることもできる。あれほど大きな動物を見失うことは難しいと思うだろうが、コロンビアではまさにそういう状況が起こっている。史上もっとも裕福な犯罪者、パブロ・エスコバルの私設動物園から逃げ出した4頭のカバは、非常に子だくさんで、逃亡後に100頭以上に増え、2000平方キロメートル以上の地域に生息している。軍事用ドローンやスナイパーがサーモグラフィを使って標的を見つけるのと同じ要領で、放浪するカバを見つけたり、**ゾウ**を監視したり、夜間に忍び込む密猟者を捕まえたりすることができる。サーマルカメラは、オーストラリアのフリンダーズ山脈のイワワラビーから南オーストラリアの砂漠のビルビーやネズミカンガルーまで、夜行性動物の国勢調査にも役立つ。

サーモグラフィで僕を観察する患者もいる。マムシは頭の両側に2つのくぼみがあり、100分の1度というわずかな温度差にも敏感に反応する。くぼんだ穴の表面が熱の方向を感知し、3D赤外線でまるで目のように見ることができるのだ。レンズがないため、画像の解像度は高くないが、月のない暗い夜に小さなネズミを襲うには申し分ない。また、チスイコウモリは鼻で赤外線を感知する。熱を見るというより、熱のにおいを嗅いでいるのだろうか？　ちなみにその鼻は、人間の手幅の長さしか感知できない。

空港のサーマルカメラはエボラ出血熱の感染者を、流行を引き起こす前に検知するが、獣医はミュールジカの口蹄疫の検査にサーモグラフィを使用する（足の熱で感染がわかる）。サーモグラフィは、ヒツジバエによる副鼻腔炎を患うネルソンビッグホーンから、真菌性骨感染症のヒメハジロまで、あらゆる動物の病気の発見に役立つ。ジャイアントパンダのウンチを研究所に送る際に、一番新鮮なものを選ぶときにも使える。恐ろしい狂犬病ウイルスに感染したアライグマを発見するときにも役立つ。アライグマは毛皮が分厚いけれど、病気になると鼻が明らかに熱くなる。鼻の温度は、野生動物の獣医にとって命綱だ。麻酔をかけられたインドライオンの鼻は、麻酔から覚める直前に熱をもつ。薬が切れるにつれて血圧が上昇するためで、肉食の患者が不意に目を覚まして、あなたを手軽な病院食と勘違いするのを防ぐ非常に有用なサインである。

そんなわけで、僕たちはクロサイの陣痛を遠くから観察する。夜、サーマルカメラで見ると、遠くの赤い塊に、もうひとつの小さな温かい塊が加わったことが確認できる。出産は成功し、母親と乳飲み子の熱のパターンが、サーモグラフィの視界から消えていくのを見送るのだ。

10

ゴリラの心臓にペースメーカーを植え込む

手術する

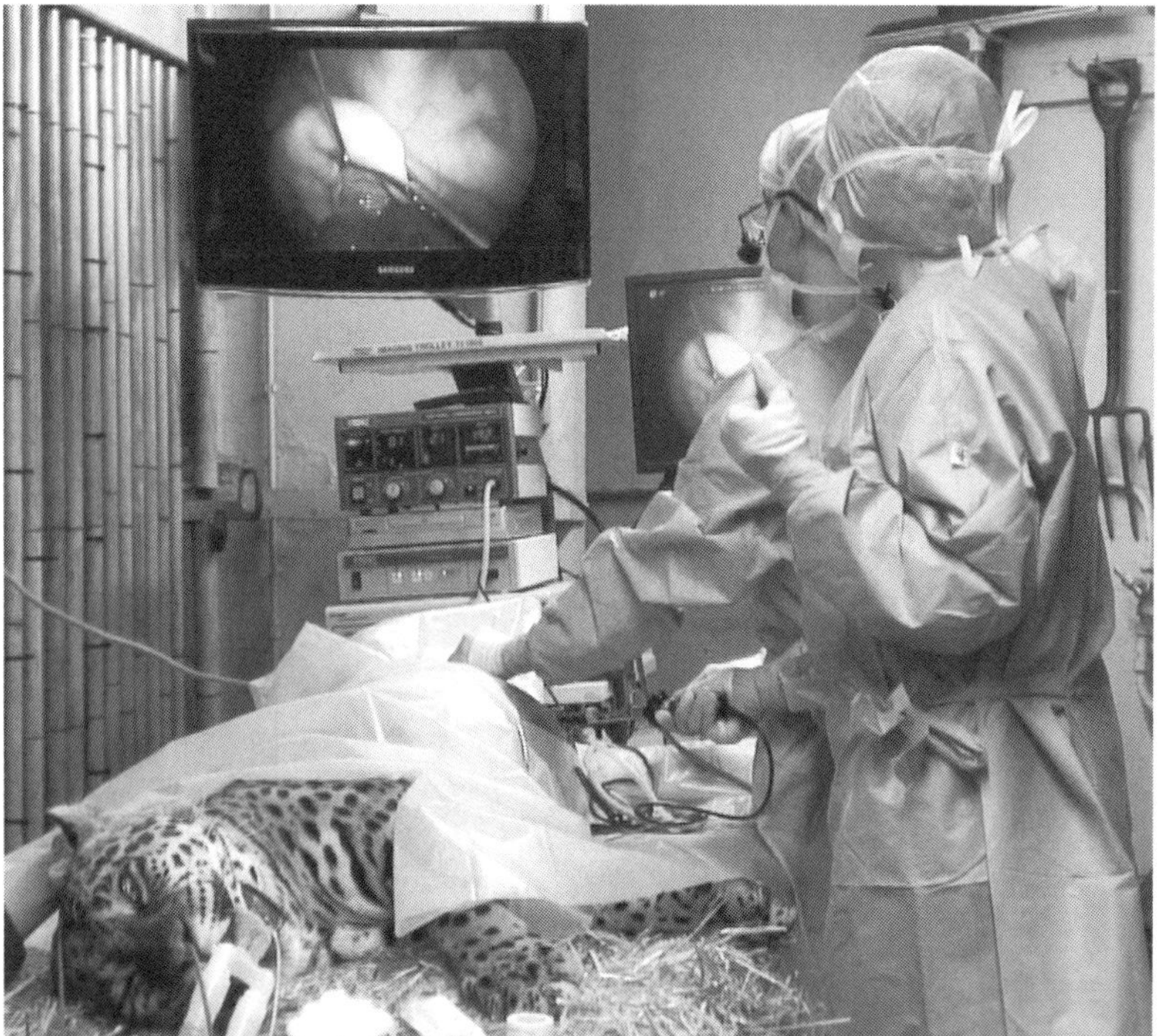

鍵穴手術は傷口が非常に小さいため、術後の感染症のリスクもなく、環境が理想的とはいえない場所での手術に適している。

一緒に飲んでカラオケで歌って秘密警察をなだめる。手術の前夜、ジャングルの中でビール樽《だる》とマットレスポンプから脳外科手術機器を作る。汚職税関職員の手を逃れるべく、普通の手術室にあるものを全部詰め込んだボロボロのスーツケースを密輸する。熱帯雨林をボートで5日かけて移動し、石の手術台がある仮設の手術室にたどり着く。どれもこれも、僕が珍しい患者たちにメスを入れる前の出来事だ。国際野生動物外科医としての僕の専門的職務は、人間の外科医の友人たちの仕事とはいささか異なっている。

手術とは「合法化された暴力」である。赤ちゃん**ゴリラ**をナイフで刺せば、動物虐待で起訴されるだろう。しかし、同じことを青いローブと手袋を身に着けて行なえば、それは手術と呼ばれ、たとえ被害者が死ぬことになったとしても完全に容認される。外科医は病気と闘う勇敢な戦士とみなされ、患者が回復すれば褒めたたえられるが、僕たちは受けるに値するよりもはるかに多くの称賛を受けている。すべてのリスクを負っているのは患者のほうだ。死んだ**ジュゴン**を手術しても治ることはない。生きている体は自分で自分を治す力を持っている。僕たち外科医は、みずから治癒できるように、組織を正しい位置に配置する肉の整備士にすぎない。メスを握る側の人間である僕たちは、そのことを忘れてしまいがちだ。

動物の患者の驚異の治癒力

手術をするために必要な知識の筆頭は、奇妙ですばらしい動物たちのバラエティに富んだ生体構造である。それに唯一匹敵する重要な知識は、野生動物の患者のさまざまな治癒の仕方だ。**ムナフタイヨウチョウ**〔鳥綱スズメ目〕は治癒力がトップクラスで、外科手術の患者としては最適だ。人間は手術から2週間は傷口を縫合しておく必要があるが、タイヨウチョウの皮膚は回復が早く、わずか5日で抜糸できる。**オランウータン**の骨折は、金属プレートとネジを使っても、治るのに3カ月かかるが、**サバンナハイタカ**は治癒が非常に早く、同じ骨が骨折しても、手術もせずに2週間で再び空を飛べるようになる。一方、**イリエワニ**などの爬虫類は、鳥類や恐竜の近縁種でありながら、その治癒力はやや異なる。彼らは代謝が遅く、ワニは半年間何も食べなくても生き延びるし、**アカミミガメ**は数カ月間水中で冬眠できる。だが、その分、治癒にはひどく時間がかかるのだ。**アミメニシキヘビ**は小さな傷であっても、2カ月縫合しておかなければならないこともあるし、**アルダブラゾウガメ**の脚の骨折は治癒するのに1年以上かかることもある。

爬虫類は、治癒には時間がかかるが、驚くべき特性も備えている。**ミドリニシキヘビ**は手術後数カ月間で、縫合した手術痕を含む皮膚を脱皮して、抜糸を完了させることがよくある。気難しいヘビの処置はもう二度としたくない場合に便利だ。**ギュンターアオスジカナヘビ**は、お腹を空かせた**リビアヤマネコ**に捕まると、また別の驚くべき現象を披露する――ネオンブルーの尻尾を振り落とすのだ。尻尾は勝手にピクピク動くので、ネコの気をそらすことができ、その隙にカナヘビは割れ目に逃げ込むことができる。ただし、**トカゲ**や**ヤモリ**の多くは尻尾を脂肪の貯蔵庫として使っており、損失であることには変わりない。幸い、ほとんどの場合、噛みちぎられた尻尾や獣医によって切断された尻尾を再生させればすむ。脊髄や腱まで再生するわけではないので完璧とはいかないが、尻尾は元の長さに戻り、景気の悪いとき用の内蔵食料庫として機能する。

オオサンショウウオはさらにすごい。50歳になっても、切断された脚を丸ごと再生できる。皮膚から骨、神経に至るまですべての組織が完全に再生し、瘢痕《はんこん》組織も残らない。**コスタリカゼブラレッグタランチュラ**は一番極端だ。数回の脱皮で脚を再生させるだけでなく、みずから外科医となって切断を行なう。あなたが手を貸すときには、言い寄るオスに腹を立て、オスの脚に牙を突き立てるメスのやり方を参考にして、鉗子でオスのタランチュラの上の脚をしっかりとつかむといい。脚の付け根がピクピクして、自然に切り離されるだろう。小さな筋肉付着部が傷口を覆うように滑膜を閉じるので、青い血リンパが流れ出ることはない。タランチュラの意識がなければ、この自己切断は実施されないので、麻酔は必要ない。あなたが腕を骨折したり、膝の関節炎を発症したりしたときのことを想像してみてほしい。人工膝関節をつけたり、金属ネジで腕を治療するのではなく、ただ手足を引き抜くだけで、新しい手足が生えてきたとしたら？　整形外科医は職を失うことになるだろう。

車が衝突後にみずから修理を始めたとしたら、びっくり仰天するだろうに、僕たちは動物に備わった治癒能力を当たり前だと思っている。**シリケンイモリ**は手術の傷が治るのに1カ月かかるが、**キンバラインカハチドリ**の皮膚の治癒は非常に早く、わざわざ縫合しなくても、手術用の瞬間強力接着剤を塗っておけば、数日後には問題なくなる。一方、イモリの皮膚が治ったときには、ハチドリとは違って、傷痕はまったく残らない。傷痕は細胞が線維組織に取って代わられたときに形成される。この修復は元の組織ほど強くもなく柔軟でもない。つまり、**クロカイマン**から**ゲラダヒヒ**まで、ほとんどの患者にとって手術とは必ず代償を伴うものなのだ。傷痕は元の組織と同じように機能することはない。ところが、驚くべきことに、傷痕を残すことなく治癒する組織がある。骨だ。

骨折の術後に安静を望めない患者たち

整形外科手術は、畑違いの大工仕事と比較されてきた。僕のボロボロの手術道具――ノコギリ、ドリル、ネジ――を見たら、荒っぽい手術だと思われても仕方がない。森の木の上から真っ逆さまに落ちた**カッショクホエザル**の骨折部位に到達するために、傷つき出血した筋肉を切り離すだけでも厄介だが、そのあとドリルで穴を開け、骨用の電動ノコギリをウィーンと作動すると、血と骨の粉が細かい霧のようにあちこちに飛び散る。キラキラした金属の手術道具を駆使する僕の骨修復治療は、残酷に見えるかもしれないが、骨は動物の体の中でもっともよく治る組織なのだ。手術後1年もすれば、骨は折れる前と同じ強さに戻る。一方、筋肉や皮膚は、治りは早いものの、そのサルの残りの人生で二度と元どおりになることはない。骨はつねにみずからを作り変えている。だから、たとえ僕の修復で曲がったとしても、その構造の中で細胞を押したり引いたりしながら、ゆっくりと形を整えていくのである。数年後にその脚のX線検査をすると、骨折の跡はすっかり消えているだろう。

僕は術後の患者に安静を指示することはできない。たとえホエザルが骨折の治療後に僕の意を汲《く》んで休もうとしたとしても（ありえないが）、彼女は目が覚めたらすぐに群れに戻る必要がある。そうでないと、攻撃されたり、仲間はずれにされたり、場合によっては殺されたりする危険があるからだ。手術からほんの数時間後に、患者が毛を剃り立ての腕で木にぶら下がり、両脚から友人をぶら下げているところを見つめるのは、骨の修復手術の成果を問われる無慈悲なテストだ。僕は通常、ネジ頭をしっかり固定し、頑丈な体内足場として機能する特殊な骨プレートを使用する。**犬**や**猫**に一般的に使われているものよりも高価だが、より頑丈で、僕の骨修復に患者たちが与えるどんな虐待にも——**チーター**が走ったり、**カンガルー**が飛び跳ねたり、**サル**が木から木へ飛び移ったりしても——耐えることができる。**キリン**や**サイ**のような極端な患者には、カスタムメイドのプレートを用意したこともある。

辺鄙《へんぴ》な場所で予定外の骨折手術をする場合には、よりシンプルな素材で間に合わせなければならないこともある。**オオフクロウ**の折れた翼を、ピンと車体補修用パテで修復したこともあるし、パンデミックの最中には、西アフリカの同僚に「**チンパンジー**の折れた脚を自転車のスポークと木工ドリルで修復するように」と指示したこともある。また、新型コロナ以前にも、**ボルネオオランウータン**の緊急手術中の若いインドネシア人獣医たちと、寝台列車の中から夜中の3時に携帯電話でひそひそ話したこともある。くくり罠で救済不能になった脚を切断する方法を、携帯電話のビデオ通話で説明しようとすることは、僕自身が手術をするよりもずっとストレスがかかる。研修中の獣医が、鼓動する心臓を誤って刺した後で修復するときでさえ、ビデオ通話で説明するのと比べれば、相対的にリラックスしていたほどだ。おそらく「自分はコントロールできている」という幻想なのだろう。ちょうど、飛行機に乗客として乗っているよりも、自分で車を運転しているときのほうが安全だと感じるように（実際には逆であるにもかかわらず）。

骨は実にバラエティに富んでいる。**オオハクチョウ**の翼の上腕骨は、**クロクマ**の上腕骨と同じくらいの長さだ。しかしX線写真で見ると、クマの骨は分厚く密度の高い壁を持つのに対し、ハクチョウの骨は紙のように薄く中空で、軽量な骨を補強するための支柱が内部にあることがわか

10　ゴリラの心臓にペースメーカーを植え込む手術する

る。飛行するには軽さが重要なため、これは理にかなっている。ハクチョウの骨格は体重の5%しかないのに対し、**ゾウ**の骨格は17%もあって、その巨大な重量を支えている。

こうした骨の構造的特殊性の知識は、手術にも重要だ。ゾウの骨に穴を開けるには、長くて硬い刃《ビット》（ドリルの先端に取り付ける交換式の刃）を使って、ドリルの出力を限界まで上げなければならない。一方、ハクチョウの骨にも難題がある。ハクチョウの骨は薄くて脆いので、穴を開けるときの圧力で、まるでシャンパングラスを落としたときのように、粉々に砕けてしまいかねない。骨の壁が薄すぎて、プレートをネジで固定することができず、ネジも役に立たない。ハクチョウには創外固定器を使うのがベストだ。この足場は、脚を貫通する複数のピンを外側で組んで留めたもので、まるで患部が編み針を刺したブードゥー人形と〝メカノ〟［金属部品をボルトとナットで組み立てる英国の玩具］を組み合わせたように見える。また、鳥の四肢の骨は多くが空洞で、肺に直接繋がっているため、手術を誤ると血を跳ね散らかし、溺死させてしまうだろう。

シベリアジャコウジカの骨折した脚を修復する場合、骨自体は金属製インプラントやネジをきちんと支えられる強さがある。しかし、長い脚には骨と皮膚のあいだにほぼ何もない。そのため、どんなに薄い金属プレートを使っても、分厚くて硬い皮膚を縫合するのは難しい。骨折の治癒が先か、プレートを覆う皮膚が裂けるのが先か――緩やかな競争が始まり、その結果、希望よりもずっと早くネジとインプラントを取り外さなければならなくなる。ある若い野生のシカは、足のすぐ上の皮膚がひどく裂けてしまい、たった2週間で金属を外さざるをえなかった。幸いなことに彼女は回復し、数週間後には野生に戻った。

鍵穴手術——手先の器用な患者に最善の手術

軟組織のほとんどは骨よりも治癒が早い。その代償として、患者の残りの人生に傷痕が（薄れはするが）残る。それが野生動物にとって、鍵穴手術が非常に価値ある理由のひとつだ。手術用の細長い器具を使いこなせるようになるには何年もかかるかもしれないが、**フクロテナガザル**の腹部を大きく切開し、両手で腸を動かして閉塞を探すよりも、小さな傷ですむほうがはるかにダメージを抑えられる。また、低侵襲手術は患者の痛みもずっと少なく、肉眼では見えない微細構造を画面上で拡大して観察することもできる。

ゲラダヒヒのように手先が器用な患者は、草を引き抜く華奢《きゃしゃ》な指で、一番細い縫合糸をほどき、傷口を開くことができる。自分の内臓を引っかき回したり、腸をムシャムシャ食べたりされたら、治療にはならない。**ジャイアントパンダ**も、動きの鈍そうな見た目のわりに、爪の先端は精密工具のように動き、小さな傷でも開けることができるため、ガンの手術計画を難航させている。彼らの手先に比べると、**チンパンジー**の指はソーセージのように太いが、道具を使いこなす達人なので、小枝で——糞がこびりついていても気にせずに——極小の傷口を突き、痛みの元を調べたりする。1センチの鍵穴の傷は、人間では標準のサイズだが、動物の患者には理想的とはいえない。体重200キロの**アムールトラ**なら、鉛筆より細い5ミリの傷で問題ないが、一番厄介な類人猿の患者には、直径わずか3ミリの鍵穴手術器具を使う。ボルネオの熱帯雨林の奥深くで僕が行なった、世界初の類人猿の鍵穴盲腸手術（虫垂切除手術）では、マイクロチップ付きの穿刺《せんし》針の大きさの傷痕しか残さなかった。知能の高い**オランウータン**でも、そのサイズの傷ならば引っかこうとはしない。

それでも、手術後にすぐに海に潜る**オットセイ**に手術をするときは緊張する。僕の不安をよそに、オットセイはいつも元気にしているが、人間の外科医の同僚たちはギョッとする。腹部手術を受けた人間の患者が、麻酔をした１時間後にプールに飛び込んで数周泳ぐなんてことは、考えられないことである。ちなみに、**カピバラ**の患者なら、手術後数日間水に戻さなくても平気だが、**ビーバー**はそうはいかない。しかもビーバーの濃い体毛は防水加工で、冬の凍えるような海から身を守るために不可欠なので剃るわけにもいかない。そこで僕はビーバーのお腹を丹念にシャンプーし、体毛を櫛で丁寧に分けて、小さな切開の準備をする。そんなふうに、野生動物の患者は、奇妙な方法で僕たち獣医の外科技術の力量を試してくるのだ。英国腹腔鏡《ふくくうきょう》外科医協会が、親切にも終身名誉会員の称号を贈ってくれたとき、僕のことを「手術における衝突安全性試験用人形」と呼んだのも不思議はない。

ニシローランドゴリラと**クロアタマリスザル**の鍵穴手術は、どちらも同じ大きさの傷が残る。リスザルの手術では器具の先端を緻密に動かす必要があるが、体の大きな動物の手術だからといって必ずしも大きい切開が必要なわけでもない。互いに嚙みつきながら議論する習性のおかげで、チンパンジーはしばしば広範な癒着を起こし、瘢痕組織が腸と体壁をくっつけてしまう。年老いたオスのチンパンジーの腹部内を手術操作するのは、さながら出血を伴う障害物コースを進むようだ。植物の詰まった大きな腸を持つ平和な気質のゴリラでさえ、鍵穴手術は難しい。とはいえ、体重１トンの**ガウル**の内臓の中で手術操作するのはさらに骨が折れる。長い器具でないとどこにも届かないうえに、巨大な四室構造の胃が腹部の大半を占めている。その体内発酵タンクには、繊維質の食べ物、液体、微生物が詰まっており、絶食しても中身は減らない。ガウルに麻酔をかけると、腸は発酵ガス——目を覚ましていれば、ひっきりなしにおならやげっぷで排出し続けているはずのもの——で膨張する。そんな体内で、ガンに侵された睾丸を探すことは、**ゾウ**がわんさかいるサーカステントが崩れ落ち、その中で落とした帽子を捜すくらい困難に思える。

鍵穴手術は、従来の開腹手術に比べて、多くの設備が必要となる。お腹の中は、当然ながら光もなく、何も見えない空間だ。まずは、二酸化炭素などの不活性ガスで体内を膨らませる必要がある。酸素のような支燃性ガスで内燃させ、患者を爆発させることは誰も望んでいない。ガスの圧力は注意深く調整されなければならない。横隔膜を押し潰したり心臓に戻る血液を止めたりして患者を窒息させることなく、手術のための空間を作るのにちょうどいい強さで維持する。カピバラや**ウスイロホソオクモネズミ**は、ほとんど圧力をかけなくてもパーティ用風船のように膨らむが、**コビトカバ**や**マレーバク**の腹腔を膨らませようとすると、安全圧力の上限でも、手術用のスペースがほとんど確保できないことがよくある。

内視鏡は細い手術用望遠鏡で、何かを見るためには、グラスファイバーケーブルを通して、膨らんだ手術スペースに強力な光を当てなければならない。車のヘッドライトの4倍の明るさのこの光は、手術用ドレープを燃やせるほどの熱を発する。出血を凝固させたり、組織を切断したりする電気手術器具も、熱い先端で**シロマブタザル**の腸にうっかり触れでもしたら大変である。小さな白斑ができ、どれくらい深刻な状態なのかもわからない。小さな傷は害のないように見えても、不注意で腸の一部が焼けたことに変わりはない。数日後、その傷が破裂し、糞便や細菌が腹腔内に染み出して、元気そうに見えたサルは命を落としてしまう。治療法はその白斑を即座に1針縫うことだ。そうすれば、数日後に組織が破れるときには、すでに傷口が修復されている。

最初に鍵穴手術の縫合をしたときは、車の破れたシートを縫おうとするかのようだった——しかも排気ダクトから器具を入れて。僕は今でも定期的に練習しておかなければ本番の手術には臨めない。これまで実施した鍵穴手術で一番難しかったのは、大腸に裂傷を負った**ガラパゴスゾウガメ**が、2つの椅子のあいだの床に横向きに寝かされていたときに実施した縫合である。幸い、彼女は半世紀経った今でも元気で、あと1、2世紀は生きられそうだ。

野生動物に手術をする前に考慮すべきことはたくさんある。**犬**の膝靭帯の断裂を修復する技術を、**フォッサ**にも適用することは理にかなっているように思える。が、その考えは、フォッサがまるで獲物の**キツネザル**のように枝伝いに走り、木々のあいだを飛び移るのを見たとたん覆される。明らかに、フォッサには犬とはまったく異なる手術をする必要がある。**グレビーシマウマ**の深く長い切り傷を縫合すること自体は簡単だ。ただし、縞模様を崩さないように縫わなければ、動物園の滞在許可証が無効になることを忘れてはならない。

とはいえ、野生動物の外科手術は、人間やペットの研究結果を少々参考にしながら、直感で決めることが多い。手術の成功率を現実的に予測したり、合併症の発生頻度を推測したりするための情報が、ほとんど公表されていないからだ。さらに別のハードルもある。

手術は楽しめるものであり、知的な挑戦にもなり、静かなスリルを味わうこともできる。では、真に患者の利益のために実施しているかどうかを、どうやって知ればいいのか？　外科手術は、ほぼどんなことに対しても治療として成り立つように思われている。現実には、自動車整備士の見習いのような訓練が必要な、厄介で曖昧な科学だというのに。僕が**ブチハイエナ**に完璧な手術をしても、患者はほかの問題で死ぬこともある。あるいは、僕が**セスジキノボリカンガルー**の骨折の修復でヘマをしても、僕の腕の悪さをものともせず、患者が見事に治癒することもある。ひとつの症例だけで判断できることは、実は何もない。重要なのは、表には出てこない「成功、失敗、合併症の割合」なのだ。

期待と現実の差がもたらす悲劇

野生動物の外科学の博士号を取得するとき、僕はそれまで執筆された野生動物の外科手術に関する科学論文を片っ端から読み漁《あさ》った。2万以上の研究論文を読み、あらゆる情報を吸収した。動物園の動物、ペットの**インコ**や**ヘビ**、鷹狩りで使われる訓練された**鳥**に関する論文にも目を通した。麻酔に焦点を当てた論文の中には、手術に関する記述が含まれるものもあったので、それも読んだ。それから、主要な動物園の過去四半世紀の記録を見直して、現実と発表された研究結果がどの程度一致しているのかを調べた。

ほとんどの論文は個人的な意見を述べるだけか、1回の手術について記されているだけだった。全体として、論文に記された手術の中で、合併症が報告されたケースはわずか5％しかなかった。しかし、この統計値は、熱帯雨林で防水シートの下に横たわる**ホエザル**に手術をする場合の現実を反映しているとは考えにくい。実際の動物園の手術では、ほぼ4分の1の確率で合併症が発生している。つまり、患者4頭あたり1頭の割合だ。これは、**ヒョウ**や**マントヒヒ**がいかに非協力的になるかを考えれば、理解できる数値である。ちなみに、主要な動物園には熟練の専門獣医がいて、優れた設備と手術室があり、救護センターやジャングルでの手術とは比べものにならないほど環境が整っている。

ある発表されたデータによれば、**マーモセット**から**ゴリラ**まで、霊長類では合併症の発生率は1・8％と非常に低く、手術50件につき1件以下となっている。これは人間の一流外科医の実績よりもいい数値だ。ちなみに、動物園での実際の合併症の発生率は、その10倍以上である。整形外科の論文では、野生動物の患者8頭につき約1頭しか合併症が報告されていないのに、動物園では整形外科手術を受けた患者の半分以上が合併症を起こし、骨の手術を受けた患者の3頭に1頭以上が生命に関わる重大な合併症を患っている。

このような期待と実際の成果のミスマッチが、悲惨な事態を引き起こすこともある。たとえば、インドネシア人の若い獣医が、念願かなって野生動物救護センターで働くことになったとする。彼女が仕事を始めてまもなく、腕を骨折した**テングザル**の治療を任される。彼女はほかのサルの同様の症例に関する資料を――ほとんどの専門誌の論文は、高価な有料コンテンツの壁に隠されているため難しいけれども――熱心にすべて読んでいる。さらに、唯一入手可能な書籍、ペットの犬の手術の本も読んでいるし、ユーチューブで人間の腕の骨折の修復の様子も見ている。成功する確率は高そうだと考え、彼女は懐疑的な救護センター長を説得する。センター長は渋々ながらも手術実施の許可を与える。手術は予想以上に難しかったが、彼女は最善を尽くし、最終的にはすべてうまくいったように見える。ところが数日後、サルが傷口を噛んで、感染症に罹る。彼女はサルに餌に隠した薬を飲ませようと格闘する。そんな彼女から逃げようとしたサルが、腕を振り回した瞬間、手術で留めた金属ピンが折れてしまう。彼女はサルに長い麻酔をかけ、添え木を当てるが、1週間後、サルはうつ状態になり、餌を食べなくなり、敗血症で死んでしまう。センター長は腹を立てる。落ち込んだ獣医は仕事ができない自分を責める。仕事をやめる。自信を失い、意気消沈した彼女は、絶滅の危機に瀕した野生動物を救うことを諦め、家畜の飼料を売って暮らすことにする。数週間後、救護センターに熱意ある若い新任の獣医が赴任する。罠にかかって手を怪我した**テナガザル**の治療を任される。かくして同じサイクルが何度も繰り返されることとなる。

非現実的な期待は、野生動物の患者に深刻な害を与え、治療ができない状態かもしれないのに、さらに余計な痛みと苦しみを与えかねない。勇気を持って手術に反対し、地道な治療をすることよりも、手術をすることのほうがずっと簡単なのだ。外科医なら誰でも手術の仕方を知っているが、優れた外科医は「手術をしてはならないとき」を知っている。僕はこれまで、類人猿の虫垂切除鍵穴手術から**クマ**の脳外科手術まで、数多くの——おそらく世界初の——野生動物の手術を手がけてきたし、**イルカ**から**アフリカマイマイ**まで、さまざまな患者について、世界中の同僚の野生動物獣医師から日々、手術の相談を受けている。しかし同時に、僕は極めて慎重な外科医でもある。手術を勧めるケースよりも手術を勧めないケースのほうが圧倒的に多い。手術の技術を学ぶことより、手術をしたいという気持ちを抑えることのほうが難しい。僕自身、新しい手術に挑戦し、おそらく世界初の手術になるかもしれないときには、つねに疑心暗鬼に陥る。歴史が証明しているように、賢明であろうとするなら、慎重であるべきなのだ。

メディアの狂騒と究極のスポーツ観戦

南アフリカ育ちのクリスチャン（クリス）・バーナードは、1967年12月に世界で初めて人間の心臓移植を成功させた外科医であり、国民的英雄だった。僕は若い獣医学部の学生だった頃、彼が創設した研究センターで数日過ごし、開心術を受けるペットの**ジャックラッセルテリア**に麻酔をかける役目を買って出たこともある。当時の僕は、周囲の丘で捕獲され、実験的な心臓切開手術を待つ、哀れな**チャクマヒヒ**でいっぱいの檻があるとは想像もしていなかった。クリス・バーナードは背が高く、カリスマ性があり、メディア受けがいい。世界初のスーパーセレブ外科医だった。モデルと付き合い、女優と寝て、晩年は怪しげなアンチエイジングクリームの宣伝をした。ただし、世界初の心臓移植を受けた彼の患者、ルイス・ワシュカンスキーは、手術から わずか18日後に死亡している。

この手術を特集した『南アフリカ医学ジャーナル』誌には、バーナードが〝人間の心臓移植に成功〟と公表した記事が掲載されたが、表紙には皮肉にも患者の死も報告されている。ワシュカンスキーの症状が悪化しているあいだ、多くの人が予想したように、バーナードはロックスター的な宣伝活動で世界中を飛び回っていた。良い患者治療とはとても呼べない。技術的には、心臓移植はそれほど難しいものではなかった。バーナードは実験動物でさえ、移植された心臓（ドナー心）の拒絶反応の問題が解決されていないことを知りながら、手っ取り早く名声をつかもうとした。しかも彼は、この患者とその妻に80％の成功を約束して誤解を与えた。バーナードの手術の数日以内に、ほかの外科医もこの手術に挑戦しはじめた。翌年には１００件以上の心臓移植手術が行なわれたが、術後3カ月生き延びた患者ですら、3分の１にも満たなかった。状況が改善されたのは、その15年後、拒絶反応抑制剤が改良されてからのことだ。そして最大の皮肉は、実際には人類に初めて心臓移植を行なったのはクリス・バーナードではなかったことである。

バーナードは自分からマスコミに言い寄ったが、野生動物の手術の場合には、モフモフした気持ちのいいニュースを求めて、マスコミから獣医に近寄ってくるのが普通である。たとえ世界で2番目の顔面移植手術であっても、二番煎じの人間の手術の記事に興味を持つ人はいない。ところが、動物園の**ライオン**が患者となると、一番単純な手術でさえ、魅力が失われることはないようだ。西アフリカで**チンパンジー**のヘルニアの鍵穴手術をし、ラオスで**ツキノワグマ**の脳外科手術をし、初のロボット支援手術を**トラ**に実施した僕は、大勢のテレビ取材班が飛行機で飛んできて手術を撮影したがることに気づいた。しかし、僕が１回の手術にかけた費用の１００倍もの費用をかけたにもかかわらず、患者が実際に回復する過程の撮影には、悲しくなるほど関心が持たれなかった。手術というドラマにしか興味がないのだろう。患者たちはみな順調に回復した。チンパンジーは翌年に可愛い赤ん坊を産むほどになった。とはいえ、彼女は3日後に死んでいたかもしれない。それは誰にもわからない。新聞は**コウテイペンギン**の手術や、希少な**フクロウオウム**の脳外科手術については喜んで報じるが、その後、実際にその患者の生活が改善されたのかどうかを知ることはまず不可能だ。僕たちはツキノワグマの脳外科手術に挑戦したあと、5年間彼女の経過観察を行ない、それからようやく科学雑誌でその事例を公表に値すると判断した。

僕の友人たちが南アフリカでライオンの手術をしたとき、テレビクルーに撮影されたことがある。が、型どおりの手順を映すだけでは番組が盛り上がらなかったらしい。麻酔チューブを動かしたときに、ライオンが少し咳き込んだ場面を、あたかもライオンが目を覚ましてみんなを殺そうとしているかのように編集されていた。さらに、ドラマらしきものを盛り上げるために、どこにも置かれていない除細動器の音まで人工的に追加されていた。そんな調子なので、獣医が誰ひとりとして撮影を望まないのも仕方あるまい。テレビ報道は有害にもなりうる。失敗が可視化されないので、一般の人々や若い獣医たちが非現実的な期待を抱き、過剰に英雄的な手術で、患者に害を及ぼしかねないからだ。

メディアの注目が、思いがけない効果を生むこともある。10年前、ある企業が、手術の記録と引き換えに、僕では到底買うことができないような鍵穴手術機器を大量に寄贈してくれたことがあった。たまたま11月に**トナカイ**の手術を実施して、クリスマス前に巧みなプレスリリースが発表されたところ、その会社の株価は24時間で50万ポンド以上も上昇したのだ。僕も何株か持っていればよかった！

僕は撮影を避けるように最善を尽くしているが、通常、その決定権は僕にはない。また、僕は他人の目のないところで手術をするほうが好きだが、**チーター**を保護した人、術後のチーターの世話を一生しなければならない人に対しては、僕がチーターを助けようとするぎこちない努力を見てもらうことが、唯一のフェアな態度でもある。ただし、手術はショーマンシップに陥る危険性をはらんでいる。歴史的に見れば、手術室《オペレーティング・シアター》とは、医者と見物人のための円形競技場の小型版にすぎない。最古の手術のひとつは、究極のスポーツ観戦だった。

穿孔《せんこう》手術（頭蓋骨にドリルで穴を開ける）と包皮環状切除に次いで、結石摘出術はもっとも古い手術のひとつである。ヒポクラテスでさえ、「石のために切開する」ことはしないようにと記している。内科医と外科医が区別された最初の記録である。１０００年以上ものあいだ、膀胱結石切除術師は町から町へと旅して手術を行ない、患者自身よりも、見物人から金を取って生計を立てていた。縛りつけられ、裸の尻をさらされ、陰嚢と肛門のあいだを切り裂かれて、結石切除術師に汚い指を突っ込まれて石を取り出される――患者の辛苦は耐え難いものだっただろう。切除術師の中には、袖に結石を忍ばせておいて、膀胱結石を取り出せない場合にも、見物人のために派手に見せびらかす者もいたようだ。術後には多くの犠牲者が出たが、手術を受けなかった患者も同様に死亡した。幸運にも手術を生き延びた患者も、生涯、新しい開口部から失禁することになった。あるオランダの鍛冶職人は、この手術を受けるのが恐ろしく、みずから結石の切除を行なったという。昔から患者たちは、「外科医が本心では患者の利益を最優先に考えていないかもしれない」ということに気づいている。ありがたいことに、僕は現代の内視鏡を使って、しばしば**ギリシャリクガメ**や**タテガミオオカミ**の膀胱結石を、手術をすることなく――あるいは袖に結石を隠しておくことなく――取り出せている。

忘れ去られた真の意味での人類初の心臓移植の話は、中世の結石切除術師の手口やクリス・バーナードの手術に劣らず、怪しげなものである。クリス・バーナードの手術の約4年前、米国ミシシッピ州で外科医のジェームズ・ハーディが生きた人間に初めて心臓を移植したが、患者は2時間も持たなかった。科学的に批判を集めたのは、患者が高齢の聴覚障害者だったことや、成功の見込みが薄かったことが理由ではない。患者の家族にも知らせることなく、勝手にチンパンジーの心臓を移植したからである。しかも、それはハーディにとって初めての軽率な手術ではなかった。その前年には終身刑を宣告された殺人者を最初の患者に選び、死んだ人間の肺を移植している。患者の妻や3人の子どもたちには、息切れを改善するための治療と偽って伝えたが、いざ患者の胸を開いてみると、腫瘍が広がっていた。つまり、手術では治せない症状だった。ハーディはそんなことはどうでもいいと判断し、とにかく肺の移植を行なった。患者はわずか18日間後に死亡した。これは4年後にクリス・バーナードの初めての心臓移植手術の患者が生き延びた日数と同じである。これらの手術は、不適当な患者に非現実的な期待を抱かせて実施されたもので、人間の生体解剖となんら変わらないものだった。それでも外科医の中には、**ヒツジ**やチンパンジーや**ヒヒ**の心臓を人間に移植しようとする者が後を絶たず、20年間も失敗を続けた。

クリス・バーナードの有名な心臓移植には、もうひとつ暗い秘密があった。それはのちに弟のマリウスによって明かされている。ドナーの心臓は、車に轢かれて脳死状態になっても、まだ強く鼓動していた。つまり、当時の法律の定義では、彼女はまだ生きており、心臓を摘出することはできなかった。バーナードは心臓を止めるためにカリウムを注射した。その後、ほとんどの国が臓器移植を容易にするために死の定義を変更することになるが、当時は倫理的に疑わしく、法的には殺人の可能性のある行為だったのだ。バーナードの弟のマリウスはほぼ無名だったが、多

10 ゴリラの心臓にペースメーカーを植え込む手術する

くの患者が経済的困難を抱えているのを知り、重大疾病保険を考案した。この保険は心臓移植よりもはるかに多くの命を救っている。

野心的な外科医は、たとえあらゆるリスクを患者に負担させてでも、新しい手術の先駆者となるべく今も努力を続けている。メディアもそれに加担し、２００５年には外科医のグループが、犬に襲われた患者の顔を再建し、初の顔面部分移植を行なったことが大々的に報じられた。しかし、約10年後、残念なことに移植を受けた女性患者が、拒絶反応抑制剤のカクテル療法が原因とされるガンにより49歳で死亡した事実はさほど報じられていない。

患者があなたの母親であれ、競走馬であれ、チーターであれ、外科医は患者の不幸を願っているということではない。外科医は手術を行なうが、「患者にとって最善の方法でない場合にも行ないかねない」ということだ。事実、僕も手術をするのが好きである。完璧に集中し、頭脳を研ぎ澄まし、完全なマインドフルネスの境地に身を置きながら、両手を使って顕微鏡的なテクニックを駆使する行為を愛している。その事実は、ほかの外科医と同様に、僕を患者にとって危険な存在にしている。そんなわけで、患者を守るための工夫が必要とされたわけだが、その最良の方法のひとつは、80年前、第二次世界大戦中の爆撃機の窮状を救うために生まれた。

外科医のチェックリスト

ボーイングB‐17空飛ぶ要塞《フライング・フォートレス》機は、第二次世界大戦を控え、有利な契約が提示されたオーディションで、競合他社機よりも優れていた。ところが、デモ飛行の際、経験豊富なパイロットが重要な飛行制御システムのロックを解除するのを忘れてしまい、機体が取り返しのつかないほど急降下した。ボーイング社はこの契約を逃した。米国ノースカロライナ州キティホークでのライト兄弟の初飛行から30年、航空機は驚くほど複雑化していた。パイロットが覚えなければならないことがあまりにも多すぎたのだ。この事故を受けて、ボーイング社はミスを防ぐための飛行前チェックリストを作成した。B–17はその後、アメリカで2番目に多く生産された爆撃機となった。チェックリストは今日の安全な空の旅に欠かせない要素となっている。

外科手術に関して、患者を医者から守ろうという動きが始まるのは非常に遅かった。世界保健機関が、パイロット用よりもはるかに単純なチェックリストを使って、安全でない手術の撲滅に取り組みはじめたのは、ほんの10年ほど前のことだ。当初は、手術は飛行機の操縦よりも複雑ではないのかと揶揄《やゆ》されていた。しかし、医療スタッフがリストを信用していないときですら、死亡率は半減し、合併症は3分の1に減少した。大幅な改善である。僕は10年前からチェックリストを使って、エチオピアの**ベールモンキー**の鍵穴手術、ミャンマーの舌が麻痺した**クマ**、シエラレオネの脚の骨折の修復が必要な**チンパンジー**などの手術を行なってきた。チェックリストでは、「うまくいかないかもしれないポイント」「予想される手術時間」「鎮痛剤を投与する麻酔医からの懸念」について話し合い、そして一番重要なことに「手術に関わる全員の自己紹介」をする。残念ながら、手術室には通常、外科医を頂点とする伝統的序列が存在する。しかし良い結果を得るためには、全員が異なる役割を持ち、チームとして行動する必要がある。たえず新しい土地を訪れて手術をしている僕にとっては、自己紹介がチェックリストの中で最重要項目だ。これがなければ、多くの発展途上国のスタッフは、先輩と感じる相手に懸念を表明しようとはしないものだ。だから自己紹介のときにジョークを言っておくことが、のちに患者の命を救うこともある。たとえば、シエラレオネのスタッフが僕に対して「子どものチンパンジーの折れた骨にドリルでネジを締めながら、掛け布の下の胸に寄りかかって呼吸を妨げている」と指摘する勇気を持ってくれたようなときに。この重要な全員参加のアプローチがなければ、防ぐことのできたミスによって患者が死者となるリスクがある。１枚の紙に数個のチェックを入れるだけで、どんな立派な新しい機器やすばらしい薬よりも、はるかに手術の成果を向上させることができるのだ。

倫理審査――自分の手術症例を監査する

とはいえ、チェックリストでは、外科医が不必要な手術をするのを防ぐことはできない。手術の中には、外科医の家族が一般の人々よりも受ける割合の低い手術もある。人間の外科医は、家族には決して受けさせないような手術を行なっているということだ。僕の子どもたちがどれだけ行儀が悪かったとしても、さすがに**マカクザル**の手術の頻度と比較することはできないが、野生動物の手術にも、チェックリストでは軽減できないリスクがある。

だが、手術のチェックリストがあったとしても、現代の最大の惨事となった手術を防ぐことはできなかっただろう。その手術――ロボトミー――は、最初に〝ベッキー〟と〝ルーシー〟という名の２匹の**チンパンジー**で試され、考案者はノーベル賞を受賞し、米国大統領ジョン・Ｆ・ケネディの妹も受けた。廃止の直前には、麻酔もかけず、患者のまぶたの隅にアイスピックを打ち込むだけで実施されていた。脳の前頭葉の連絡部分を切断し、理論的には精神的に不安定な人々の生活を改善するために考案されたものだったが、何十万という患者がこの残忍な手術によって苦しめられた。小さな子どもでさえ、普通の子どもらしく、騒がしく多動であるといったわずかな理由で犠牲にされた。

倫理審査委員会は外科医でない人々に研究計画書を審査してもらうことで、危険な異端者から患者を守ろうとしている。僕の博士課程の研究では、発表された野生動物手術の論文の多くは、新しい処置、機器、アプローチなど何らかの新奇性が中心に据えられていることを明らかにした。また、論文で報告された合併症の発生率はわずか2%で、僕の知るかぎり、手術の現実を表しているとはとても思えない。外科医は失敗を葬り去ると言われてきたように、僕たち外科医には失敗を公表しない傾向がある。それは人間の本質でもあるが、野生動物の外科手術という狭い分野では、発表される文献が恐ろしく偏っていることもある。僕の場合、難しい症例については、人間の外科医や外科以外の同僚のグループに検討してもらい、誤った熱意で患者を危険にさらすことがないように配慮している。

倫理審査は、効果が実証されていない義足インプラントをうっかり使用して、患者の**ワシ**を傷つけることは防げるかもしれないが、個々の外科医の手術結果を改善させることはできない。博士課程で研究していた頃、僕は若い獣医学の学生たちに（まだ誰も実際の手術を実施したことがない頃に）質問をした——卒業して5年後に、自分の外科技術が同級生と比べてどうなっていると思うか？　ほぼ全員が「平均以上の外科医になる」と考えており、そうではないかもしれないと考えた学生は4％に満たなかった。統計学の法則では、この結果はありえない。ほかの調査によると、80％のドライバーが「自分は平均より優れている」と考えているそうだ。これは多くの交通事故の原因の一端を説明しているのではないだろうか。僕たちはみな、実際よりも物事をうまくこなしていると思いがちなのだ。

自分の手術の結果を一番向上させるものは何か？　その問いに対しては、ほとんどの獣医学生は、「経験豊富な外科医の指導を受けること」「ワークショップに参加すること」「本を読むこと」

「手術のビデオを見ること」を選んだ。しかし、これは重要な点を見落としている。技術的に難しい手術ができるからといって、必ずしも腕のいい外科医とは限らない。たんに、より多くの患者を――**リスザル**であれ人間であれ――傷つけたり障害を負わせたりする、新たな複雑な方法を身につけただけかもしれないのだ。

自分の手術を改善する唯一の方法は、自分の手術症例を監査することだ。机の前に座って、自分が実施した手術のうち、合併症が発生した割合を計算することは、いつも気が滅入る。希望や期待どおりにいかなかった症例がいかに多いかに気づかされ、惨めな気持ちになる。しかし、今年は「親が死んだ**ハイイロアザラシ**の子どもの目を手術したあとに感染症に罹った例が多かった」とか、「**コツメカワウソ**の骨折の修復がうまくいかなかった」ということが判明すれば、その原因を探り、自分の仕事を改善し続けるために変更を加えることができる。無謀な介入を考える前に躊躇《ちゅうちょ》することができる。手術をリアルに感じ続けることができる。完璧な手術結果は、絶対に手の届かない夢のようなものだが、外科医としてのスタート地点のレベルがどうであれ、つねに結果は改善することができる。自分のためだけでなく、患者のためにも。

手術をすべきとき、すべきでないとき

しかしながら経験を積めば積むほど、監査をしたり、チェックリストを使ったり、倫理審査委員会の同僚に尋ねたりする必要性を感じなくなるようだ。僕の研究で得た発見は、極めて経験豊富な専門外科医が（人間の外科医ですら）野生動物の患者に対しては、ほかの人々と変わらない結果しか出せないことが多いということだ。犬や馬の専門外科医が動物園で**オオカミ**や**シマウマ**

を手術して、残念な結果に終わることがある。ある**ジャイアントパンダ**が激しい痛みで床を転げ回ったとき、人間の一流の外科医のグループが呼ばれ、鍵穴手術で体内を調べた。彼らは「胆嚢が炎症を起こしているようだ、人間にもよくあることだ」と説明し、1滴の血も出さずに細心の注意を払って胆嚢を切除した。ところが、パンダは2日後に死んだ。多くのジャイアントパンダの症例にあるように、そのパンダは腸捻転を起こしていたのだが、認識されていなかったために、死なせてしまったのだ。どんなに優れた技術があっても、誤った手術をすれば患者は治せない。もっとも価値のある技能は、技術力ではない。患者の未来を左右する一番重要なことは、意思決定である。外科医なら誰でも手術の仕方を知っているが、良い外科医は「いつ手術をすべきか」、そして何よりも大切なことだが、「いつメスを手にすべきではないか」を知っているのだ。

　過去6回手術に失敗して、万策尽きた野生の**スマトラオランウータン**の手術をしてくれないかと頼まれたとき、僕は躊躇した。66回も撃たれ、片目の見えない彼は、森の高い木から落ちて直腸脱を起こした。熟練した獣医師たちが外科的修復をしようと試みたが、直腸脱を治すことはできなかった。僕たちは次が最後の手術になるという意見で一致した。もし成功しなければ、悲しいが、野生に帰すことはできず、彼は残りの数十年を保護区の飼育下で過ごさなければならない。腹腔鏡外科医協会の会長である友人のピーター・セドマンなど経験豊富な人間の外科医も混じえて、この症例について話し合った。過去の失敗は、ほとんどの動物が四足歩行をするという事実を踏まえ、同じアプローチを取ったせいではないかと思われた。木の上のオランウータンは、実は直立歩行する人間に似ていて、圧力や緊張のかかり具合が四足歩行の動物とは異なっている。さまざまな手術方法とリスクについて検討した結果、デロルメ法という単純な手術を実施することにした。腹部の手術を必要とせず、脱腸だけを治療するため、侵襲性も合併症が生じる危険性も一番低い方法だった。手術方法は単純だったし、僕はそのオランウータンをぜひとも助けたかったが、メスを握るべき人間は僕ではなかった。何百回と同じ手術をしたことのあるピーターが、執刀を担当した。数カ月後、獣医長のイェニーが送ってくれたビデオには、患者が野生に戻り、高い木に駆けのぼったあと、私心なく世話をしてくれた人々に対して、ブーと音を立てて嫌悪感を露《あら》わにするところが映っていた。恩知らずの患者だが、手を尽くす価値はある。

野生動物の手術にも学習曲線がある。僕が保護された**ツキノワグマ**の胆嚢摘出の鍵穴手術を始めた頃は、約7％、つまり患者13頭に1頭の割合で、軽い合併症（小さな傷口のひとつに小さな隙間ができるなど）が発生した。ほとんど資源も設備もない状態で、石のテーブルの上で手術をしていたことを考えれば、満足できる結果だった。また、合併症が発生するのはおもに冬直前――**クマ**が冬眠前で一番太っている時期――であることに気づき、その後数年で発生率を改善することができた。その結果に励まされた僕は、これだけ合併症の発生率が低ければ、ベトナムとカンボジアの野生動物の獣医たちに手術の仕方を教えても大丈夫だろうと考えた。そこでまず、熊農場から救出された肝臓病のクマから、鍵穴手術で小さな肝臓の組織を採取するだけの、一番簡単な手術から教えはじめた。ところが、単純な手術にもかかわらず、合併症の発生率は28％で、4頭に1頭以上の割合で発生した。現在では、犬の患者に行なう単純な鍵穴手術でも、獣医が適切に安全に実施できるようになるには、80件以上の手術経験を経る必要があるとわかっている。残念ながら、僕が当時抱いた期待は現実に即していなかったのである。

僕が絶望しているのは、いまだに野生動物の手術の多くが、そもそも獣医師によって行なわれていないという事実だ。しかも、緊急時に僻地《へきち》で動物を救おうとする必死の善意から行なわれているわけでもない。獣医以外による野生動物の手術のほとんどは、研究生物学者によって何カ月も前から計画されている。生物学者が、**ガラガラヘビ**から**ホッキョクグマ**まで、あらゆる動物の腹部に無線発信機を埋め込んでいるという新聞記事を新たに見つけるたびに、僕は気が滅入る。2日間の講習で充分な準備ができたと本気で信じている人でも、似たような講習を受けた病院のIT担当者に自分の妻の帝王切開を任せたくはないと認めている。ホッキョクグマやガラガラヘビを開腹し、無線追跡装置を挿入することは、1日で習ったときには簡単に思えるかもしれない。しかし、ヘビの肝臓に傷をつけて出血させたり、クマの腸にうっかり穴を開けたりした場合の対処法を習得することは簡単ではない。それを知らずにミスを犯した場合、患者は死ぬ運命にある。信じられないことだが、生物学者の中には、研究の一環として、**ヒラタウミガメ**を捕まえて、船の上で麻酔なしで雌雄を判別する手術をしたあと、海に帰して喜んでいる人もいる。「カメは問題なさそうに見えた」という彼らの主張はばかげている。それが本当かどうか、僕たちには知りようもないのだから。

「最速ナイフ」が感染リスクをカットする

近代的な外科手術と麻酔が登場する以前は、外科医は午前中の解剖を終えると、服も着替えず、手すら洗わず、午後の病気の患者の手術に直行していた。それでも、極めて速いスピードで手術したため、感染リスクをいくらか克服することができていた。ヴィクトリア朝の外科医ロバート・リストンは、「ウエストエンドの最速ナイフ」と呼ばれ、衛生状態も悪く麻酔もないのに、当時のほかの外科医よりもはるかに優れた手術生存率を誇った。それは彼が手術用ナイフを歯で噛みしめながら現場に直行し、わずか2分で脚を切断できたからである。リストンの技術は、麻酔も滅菌もない外科技術の最高峰の域に達していた。自信にあふれ、手術を始めるときには、見物人に時間を計ってくれとジョークを飛ばした。ほかの外科医たちには無愛想かつけんか腰で、固い信念を持ち、極貧の患者にも親切で思いやりがあった。彼の有名な手術の速度は、絶望した患者たちにとって、手術をより安全で苦痛の少ないものにしようという真の努力だった。悲しいことに、彼は現在、死亡率300％の手術をしたという逸話で有名だ。手術を急ぐあまり、患者の脚を切断しただけでなく、助手の数本の指も切断し、見物人の上着まで切り裂いた。患者と助手は敗血症で死亡し、見物人は恐怖で死亡したとされる。この逸話は魅力的ではあるが、実際にはありえない話だ。リストンはまた、開放的で進歩的な人物でもあった。晩年には、ウィリアム・モートンが初めて麻酔を使用した公開手術を行なったわずか2カ月後に、ヨーロッパで初めて麻酔下手術を実施した外科医となった。

今日《こんにち》、僕は麻酔下で8時間近く手術ができたこともある。とはいえ、リストンは正しかった。スピードはやはり大きな違いを生む。どれほど清潔な手術室でも、手術時間が長くなればなるほど、空気中の細菌が付着し、毛深い動物の患者の傷口から侵入しやすくなる。わら俵のテーブルの上で**ジャガー**を、トラクターの横の小屋で**カピバラ**を手術するとき、スピードは確実に感染のリスクを減らす。感染リスクの少なさも、僕が野生動物の患者に鍵穴手術をするのが好きな理由である。**ベルベットモンキー**に嚙まれた傷よりも小さい傷口ならば、メスを入れていない状態に限りなく近づけられるため、細菌感染が起こりにくくなるのだ。

低侵襲手術の中には、内視鏡手術よりもさらに傷口が小さく、点滴用の細いカテーテルですべて完了するような手術もある。たとえば、嗜眠状態の**チーター**にバルーンを挿入し、収縮した心臓弁を広げる。子宮内膜症の動物園の**ヒヒ**の癒着した部分に、カテーテルからメッシュ状のステント［管状の部分を内側から広げるために使う筒状の器具］を拡張して留置し、排尿しやすくする。あるいは、病気の**ニシローランドゴリラ**の心臓に、ペースメーカーのリード（導線）を静脈から挿入し、付属の小型腕時計サイズのペースメーカーを皮膚の下に植え込む。

ただし、こうした方法で治療できるのは、ごく一部の疾患だけだ。放射線遮蔽室と大型のX線透視装置、外科医用の鉛のガウンが必要で、高額な費用がかかる。野外では不可能だ。一方、都会の動物園では貴重な動物のために選択されることもある。動物の心臓専門医である妻のヨランダは、画像下治療（ＩＶＲ）手術を専門とし、瀕死の**ドーベルマン**にペースメーカーを装着したり、黄疸《おうだん》患者の**ヨークシャーテリア**の異常な肝臓の血管を塞いだりしている。しかし、野生動物の患者にその手術を行なうことは非常に稀である。なぜなら、そうした疾患のほとんどは遺伝性の先天性欠損症だからだ。

野生動物の治療は必ずしも善とは限らない

ハイイロアザラシの孤児の口蓋裂《こうがいれつ》を治すのは簡単で、ペットの子犬や幼い人間の子どもの手術とほとんど変わらない。とはいえ、野生のアザラシの口蓋裂を治療するのは賢明なことではないだろう。治療して野生に戻せば、そのアザラシは問題ないように思えるが、それでは全体像をつかみ損ねることになる。手術によって改善されたアザラシはやがて繁殖し、その遺伝子を次世代に残す。その子どものアザラシは口蓋裂を持って生まれるか、隠れた遺伝子をその集団内に残すことになる。口蓋裂を持つアザラシの子どもが人の目に触れることはほとんどない。海の中では、口蓋裂は死の宣告だからだ。泳いだり潜ったりはできても、口を開けると海水が裂け目から気管に流れ込み、溺死してしまう。さらに魚を獲ることもできないので、口蓋裂のある野生のアザラシは餓死する運命にある。

ひとつの手術がその患者の子孫に害を及ぼすこともある一方で、一見、成功に思えた手術が、実際にはその患者の手助けとならない場合もある。たとえば、脚を切断された**ゾウ**の生涯は、その後何十年にもわたって繰り広げられるスローモーションの惨事となる。

地雷、くくり罠、トラックとの衝突は、巨大な四肢を修復不可能なほど痛めつける。獣医は英雄的な手術をして、脚を切断し、巨大な断端を形成することもできるが、それでは大局を見失うことになる。野生のゾウは脚を失ったら生き延びられない。巨大な体重のせいで、ジャンプすることもできない。脚を引きずることすらできないから、痛みを感じているのかどうかもわかりにくい。患者が子どものゾウで、地雷で脚を吹き飛ばされたあとに保護されたとすれば、飼育係がゾウの成長に合わせて半年ごとに新しい義足を作ってやり、断端が痛まないように、1日に2回義足を必ず交換することも可能かもしれない。それでも患者が思春期を迎え、発情期に入れば、テストステロン（男性ホルモン）が通常の50倍にまで急増する。体重数トンもの知的で性的欲求不満の患者は極めて危険である。ゆくゆくは、義足の交換時に飼育係を殺してしまいかねない。あるいは、誰もが定期的な義足の交換を恐れるようになれば、やがて断端の褥瘡《じょくそう》［体の一部が圧迫され続けることで、血流がなくなり、組織が損傷されること］が感染し、ゾウは敗血症で死んでしまうだろう。しかも、その悲しい結末を迎えるまでに、何十年という歳月が流れる可能性もある。その場合、最初の手術の傷が完治したとしても、その手術は成功だったといえるのだろうか？

生きる価値のある人生とはどんなものなのか？　それは人間や動物の外科医があまりにも頻繁に忘れてしまう問いだ。末期ガンの**ゴリラ**にとって、数週間だけ生き長らえることは、拷問のような手術の痛みに見合うものなのか？　僕は**ジャイアントパンダ**や**マメジカ**の腫瘍を摘出したこともある。だが、手術をして開腹してみたら、見た目にはわからない形でガンがすでに広がっていたというリスクは、どれだけ最善を尽くそうと避けられない。だからこそ、僕は完全に治る可能性が非常に高い場合でなければ、手術はしないことにしている。絶滅の危機に瀕した**ハイナンテナガザル**が木々のあいだを枝から枝へ移りながら、世界の嘆かわしい現状や自分の種の迫りくる絶滅について熟慮しているわけではない。彼はその瞬間を生きているだけだ。現代人が高価なヨガ修養会《リトリート》で、マインドフルネス瞑想で、曼荼羅《まんだら》の塗り絵などで目指す生き方を、軽々と実践している。これから先、あと1カ月生きようが、あと10年生きようが、今の彼にはどうでもいいのである。もし僕が頼まれもしないのに、毛むくじゃらの患者になりかわって時間と闘うことを誤って選択した場合――その結果、彼がどれだけ長く生きることになろうとも――「今」を生きる彼の存在全体を、彼には理解できない苦痛で満たしてしまうリスクはつねにある。野生動物の患者が選んでもいない闘いに、彼らになりかわって、今が闘うべきときなのかどうかを決める――それが野生動物の外科医の負うべき責任なのだ。

　一方、手術なしで治る傷というのも意外とあるものだ。**モリフクロウ**が車のフロントガラスにぶつかったり、**コザクラバシガン**が風力タービンに衝突したりすると、しばしば烏口骨《うこうこつ》を骨折する。人間にはない骨だが、航空機の翼を下側から補強するつっかえ棒のような役割を果たし、飛行中に羽を下支えしている。この骨は、幅は広いが一端が細くなり、飛翔筋の下に深く埋まっているため、手術が難しい。最高の外科医の手にかかっても、羽のある患者が再び飛べるまで治癒する確率は半分以下だ。ところが、小さなゲージに鳥を入れ、痛み止めを飲ませて休ませるだけで、3週間後には4分の3が完璧に飛べるようになり、野生に帰れるようになる。つまりこの場合の手術は、何もしないよりもはるかに悪い結果となるのである。

新型コロナウイルスの流行初期、手術が一切できなかったときにも、救出された**オランウータン**や**チンパンジー**の腕や脚の骨折を無事に治した。手術は痛みを減らして治癒を早めることができる。でも、僕たちがどう考えようと、何千年にも渡る進化が証明しているように、手術はつねに必要なものではない。成獣のオスのゾウの大腿骨開放骨折が自然治癒した例もある。もっとも、治癒までに1年以上かかったので、獣医が手を貸せばもっと早く回復したかもしれない。僕は医療機器メーカー、ブラウン社に勤める友人、サム・ミラーと一緒にウガンダで、独裁者イディ・アミン時代からなおざりにされていたシステムを抜本的に見直し、数頭のゾウの骨折を治療したことがある。通常は、ゾウの骨折は自然治癒の見込みがないためだ。とはいえ、基本的に体は自然に治癒するようにデザインされており、僕たちはそれを手助けしているにすぎないことを忘れてはならない。患者を苦痛から救い、意味のある変化をもたらせると確信できる場合にのみ、外科的に干渉すべきなのである。

棒や石でもゾウの骨を折ることができる一方で、ありがたいことに、最新のロッキングプレートや、自転車のスポーク、車の修理用パテがあれば、**スズメ**から**キリン**までさまざまな患者の骨折を治すことができる。場合によってはまったく手術をせずに治ることもある。驚くべきことに、金属器具を取り外した数年後には、骨の強度は骨折前とまったく変わらないほどに回復する。傷痕も弱点も残さずに治癒する骨が外科医のお気に入りの組織だとしても、体にはそれ以上に硬い組織がある。ただし、この組織には治癒能力がないことが多く、その治療は次章で述べるように実に厄介である。

11

機嫌の悪いカバの歯科治療

歯を治す

大型のネコ科動物は歯の先端が折れやすく、露出した歯髄の虫歯に繋がりがちだ。根管治療とは、この根管を洗浄・密封して、痛みや感染を止め、残った歯を保護し、咀嚼機能を継続できるようにすることだ。

歯痛のカバはすばらしい患者とはいえない。陸生哺乳動物で3番目に大きなカバは、不機嫌な気質で悪名高く、アフリカでは毎年、**ワニ**、**ライオン**、**ゾウ**よりも多くの人間を殺している。歯痛は**ユキヒョウ**を餓死させることもあるし、屈強な外国人傭兵《ようへい》を泣かせることすらある。僕自身も、ある熱帯雨林を探検中に歯にヒビが入ったときは、局所麻酔代わりにクローブ油を頻繁に塗っていたにもかかわらず、なんとか旅を終わらせることしか考えられなくなり、その探検のことはほとんど覚えていない。そんなわけだから、カバの歯科予約となれば悪夢である。

　人間は歯科治療が広く普及しているため、動物が歯の痛みでどれほど深刻な病気になるかを忘れてしまう。歯周炎（歯茎に炎症が起こること）と聞いても、ささいな症状に思われて見過ごされがちだが、その病気を患った**オオカミ**は、腎臓病や致命的な心臓弁疾患のリスクが高くなる。低レベルの炎症が続き、ときおり細菌が循環することで、心臓に悲惨な結果をもたらすことがあるのだ。細菌が小さなカリフラワー状に増殖すると、薄く滑らかな弁が歪み、適切に閉じることができなくなる。心臓弁が血液を漏らす量が増えると、オオカミは心不全を起こす。それがすべて、たんにほんの少し歯茎が赤いだけに見える症状から起こるのである。**チンパンジー**でも同じ症状が報告されており、つまり、あなたも歯磨きを怠れば、口臭が気になるだけではなく、もっと深刻な事態を引き起こしかねないということだ。

　1832年、全身麻酔が登場するずっと以前、ある私設動物園で、ライオンの成獣と、**トラ**とライオンの交配種が、それぞれ歯科医のC・S・ローランズという人物によって抜歯された。当時の記事によると、飼育係が動物たちをうまくコントロールしたので、抜歯のために患者を縛ることすらしていなかったという。これはほぼ確実にでたらめである。気の毒なネコ科動物たちは、人間に支配されていたというより、感染した歯から循環する細菌と毒素で重症の敗血症になり、死にかけていたのだろう。ライオンの体重が平均的な人間の4倍以上あることを考えれば、麻酔なしでライオンの成獣の歯を抜くなど、現在生きている人間の頭にはちらりとも浮かばない。このローランズ氏というのは、よほど頑強な意志を持つ人物だったにちがいない。

歯は、形状だけでなく構造も、動物によってさまざまである。大人の歯が一生に一度しか生えないという人類種の戦略は、僕らが頻繁に歯医者に通っていることを考えると、進化上良い選択だったとは思えない。とはいえ、**ハイイロアザラシ**のように、まだ胎内にいるあいだに乳歯が抜けてしまう種もある。生まれてくる頃には、すでに一生使わねばならない唯一の歯が生えている。理想的ではないが、彼らは人間と違って、ジャムドーナツを食べて生きているわけではない。一方、**ケバナウォンバット**のように、歯がずっと伸び続ける種もある。僕たちの歯がそうだったらどんなにいいだろう？　また、歯は口の中に生えることだけが戦略ではない。インドネシアの**バビルサ**は、上顎の長い犬歯が、長く伸びた鼻の皮膚を貫いて垂直に突き出て、顔の上部で後ろ向きにカールするという奇抜な形状をしており——究極のピアスといえる——まるで**豚**と**サイ**とユニコーンの奇妙な交配種のように見える。

歯というのは、外側がエナメル質で、内側が象牙質でできているものだ——あなたはそう考えているかもしれない。しかし、ゾウの奥歯はエナメル質と象牙質が板状に直立してできている。材質によって摩耗の速度を変化させることで、膨大な量の繊維質の植物性食物をすり潰すための粗い研磨面を作っているのだ。しかも、口の奥の隅から外側に向かって伸びているので、摩耗された奥歯の細かい破片は口の前のほうで剝がれ落ちるようにできている。さらに不思議なことに、**マンモス**はゾウと同じように歯が5回生え替わるが、よく似た**マストドン**は、豚と同じように、大きな咬頭《こうとう》［臼歯歯冠の尖った部分］のある歯が1回生えるだけだった。ちなみにマストドンとは、「乳首の歯」という意味である。**マーラ**は、**ウサギ**と**ワラビー**と**モルモット**を掛け合わせたような齧歯動物で、ゾウと同じように奥歯にはエナメル質と象牙質の突起があり、飲み込む前に草をすり潰しやすくなっている。では、同じ大型の草食動物であるサイも、ゾウのような歯をしているのだろうか？　答はノーだ。サイは馬の歯を大きくしたような歯をしている。

　ヴィクトリア朝時代には、動物園や私設動物園の数が爆発的に増え、異国の珍しいペットも多数飼われるようになり、研究対象となる動物も増大した。また、人間の医学や歯学の進歩とともに、歯の構造を他種と比較する研究も始まった。１８４５年、のちにロンドン自然史博物館の館長になったリチャード・オーウェン卿によって、歯の比較解剖学に関する重要な書籍が出版され、現在まで読み継がれている。

　歯の違いによって、動物にどんな問題が起こるかも変わり、またどんな治療法が効果的かも変わる。**イルカ**、**シャチ**、ワニの歯は、基本的にすべて同じ形をしている。餌の食べ方が非常に乱暴な場合は、歯が生え替わることは良い生存戦略になる。ワニは溺れた獲物のまわりを回りながら獲物を引き裂いて食べる。イルカもシャチもワニも歯の基本的なデザインは同じだが、ワニの歯はつねに歯槽から垂直に生え替わる。もし僕たちの歯がワニの歯に似ていたら、人間の歯科医療は進化しなかっただろう。

　生え替わり続ける歯は、つねにカルシウムやミネラルを蓄えているため、ほかの動物では得られない健康情報の手がかりを与えてくれる。ときどきワニの歯が薄い青緑色になっているのを見かけるが、これはワニが銅を含む何かを飲み込んで、その銅が新しく形成された歯の中に蓄えられたのだとわかる。飲み込んだのはたいてい硬貨だ。動物園の場合は、来園者がワニの池にお金を投げ込むことが原因である。さすがにトレビの泉や願いの叶う井戸のような状態のワニの池はまだ見たことはないが、ワニがピノキオの願い星の代わりになると思う人もいるようだ。また、通常よりも早く歯を失うワニは、ビタミンAやビタミンEが欠乏しており、ほかの症状が出る前に注意することができる。

ワニの歯は古い歯の下から垂直に生えてくるが、**コモドオオトカゲ**の歯は古い歯の後ろから横向きに生えてくる。一番極端な歯の生え替わり方をするのは**サメ**だ。あまりに頻繁に歯が抜けるので、予備の歯列が後方にたくさん控えており、おかげで笑顔が歯だらけになっている。

多くの動物は、異なる目的のために進化した、異なる形の歯を持っている。人間にはほとんど例がないが、**チャクマヒヒ**には長い犬歯があり、群れに忍び寄ろうとする**ヒョウ**に向かって剝き出すだけで追い払うことができるほど、立派な武器になる。僕は子どもの頃に、体の大きなチャクマヒヒのオスが、ほかのヒヒに自分の地位を示すために、何度もあくびを繰り返すところを見たことがある。また、**マナティー**やゾウのように、歯が順番に奥から手前に移動する動物もいる。**アカカンガルー**も同じだ。彼らの歯も顎の奥から生えてきて、口の中でゆっくりと前方に移動し、やがて一番前まで来た奥歯から抜け落ちる。カンガルーの歯は、乾燥した草をすり潰す強い力に耐えられるほど頑丈で安定しているのに、なんとも奇妙なことに、顎の骨に浮かぶコルクのように、何カ月もかけて超スローモーションで移動するのだ。その結果、独特の問題が起こる。カンガルーは、酸素のない土壌で増殖した土壌細菌が、歯のわずかな隙間から顎の骨に侵入する「顎放線菌症」と呼ばれる病気になりやすい。人間は虫歯の穴を介して歯が感染症に罹るが、カンガルーはその逆が起こる。顎の感染症が歯根に侵入し、歯に感染して抜けてしまうのだ。カンガルーの抜歯は難しくはないが、抜歯によって問題が起こる。顎に突然、隙間ができると、隣りの歯が揺らいで位置が変わる。すると反対側の歯は、餌を食べて摩耗することがなくなり、先が鋭く尖りはじめ、カンガルーの舌を傷つける。やがてそのカンガルーは痛みで餌が食べられなくなり、不幸にも餓死することになる。

　サバンナシマウマでも**バンテン**でも、研磨作用のある餌を大量に食べる動物は、餌をすり潰すためにエナメル質と象牙質の頑丈な突起物が必要であり、彼らの長い歯は生存中に徐々にすり減っていく。人間の歯が伸び続け、つねに歯の表面が研磨されていたらどんなにいいだろう？　**ビーバー**は究極の齧りマシンであり、前歯の切歯を食事以外にも、まるでスイスアーミーナイフのようにあらゆる用途に使う。また、ダムを建設するときに噛み砕いた木材が口の中に入らないように、切歯の奥に頬袋《チークパッド》がついている。彼らの前歯は生涯を通じて伸び続ける。木彫ノミのような鋭さを保つために、前歯だけエナメル質が分厚く、奥の歯に比べて摩耗が遅い。**ツチブタ**のように、餌の**アリ**をすり潰すために、奥歯だけが伸び続ける動物もいる。アリは小さいが、キチン質の外骨格を持ち、研磨剤のようにツチブタの奥歯をすり減らす。おそらくこれはアリのささやかな防御メカニズムで、捕食者の歯に対してゆっくりとした戦争を仕掛け、捕食者の命を縮めているのだろう。**コアリクイ**のようなほかのアリ食い動物は、この問題を別の方法で解決している。歯を完全に取っ払い、アリや**シロアリ**をすり潰して消化する作業を胃に任せているのだ。また、ごく一部には、前歯と奥歯の両方が生涯伸び続ける動物もいる。**キタケバナウォンバット**はビーバーと同じように切歯が伸び続けるが、奥歯もすり減りながら生涯伸び続け、表面はいつも新品になっている。絶滅危惧種の**チビオチンチラ**も、乾燥した草を食べるため、つねに歯が伸び続ける必要がある。アンデス山脈のシリカ土壌で育つ植物は、まるで紙やすりを噛んでいるかのように歯を摩耗させる。その小さな体のわりに、チンチラは20年近く生きることができる。飼育下で、餌が充分に歯を摩耗しないと、伸びすぎた歯が舌や頬に切り込んで痛むという深刻な歯の問題が生じる。

動物園のセイウチの牙にはなぜ金属キャップをかぶせているのか？

歯のトラブルの種類は、歯の構造だけでなく、動物の生活習慣や行動によっても変わる。**ゾウ**は牙を工具のバールのように使うので、牙が折れたり割れたりしやすい。大暴れする殺人ゾウの多くが、長期にわたる歯痛に苦しんでいることが発見され、彼らの機嫌の悪さが腑《ふ》に落ちるようになった。歯痛で機嫌の悪い10トンの動物にはとてつもない破壊力がある。

セイウチもまた独特な患者だ。彼らの牙は、飼育下では痛みやすい。なぜなら野生では、神経が張りめぐらされた感覚器官であるヒゲのような洞毛《どうもう》を使って、海底の柔らかい堆積物を掘り返し、**二枚貝**を探しているからだ。コンクリートのプールの中では、牙のエナメル質をすり減らすだけである。不運なことに、海底で餌を食べるときに必要なため、セイウチの歯の象牙質には神経終末のための細い溝がたくさん走っている。コンクリートなどで薄いエナメル質の保護層が破壊されると、穴だらけの象牙質から細菌がたやすく侵入し、敏感な歯髄に感染を起こす。伸び続ける牙には根管治療ができないため、歯髄が感染して壊死すると、通常は抜歯するしかない。長時間の麻酔が必要だという恐ろしいリスクがなかったとしても、充分に神経を使う治療となる。牙を抜いている途中でセイウチが死ぬ可能性はかなり高い。それを防ぐために、動物園のセイウチの牙にはチタンやコバルトクロム製の金属キャップをかぶせることがよくあり、まるで歯に金属装飾《グリル》を装着した太ったヒップホップアーティストのような姿になっている。

セイウチは牙を使って氷に呼吸用の穴を開けたり、そのたるんだ巨大な体を陸に上げたりする。また、オスのセイウチは、**クジャク**の尾や**シカ**のツノ、あるいは人間のオープンカーに相当するような、海洋哺乳類版のステータス誇示としても牙を使う。セイウチの牙は、**イボイノシシ**の牙と同じように、細長い犬歯である。一方、ゾウの牙は実は切歯であり、動物界における「**ウサギの歯**」［大きな前歯のこと］のもっとも極端な例である。

先史時代の**剣歯虎**《けんしこ》はもう存在しないが、現代で一番近縁なのは**ウンピョウ**だ。アジアの中型ネコ科動物で、現存する肉食獣の中で、頭蓋骨の大きさに対して一番長い上顎犬歯を持つ。その大きさのわりに、この巨大な犬歯は驚くほど繊細で簡単に折れる。困ったことに、ウンピョウの歯髄腔は歯の先端のすぐそばまであるため、ほんの少し歯が欠けるだけでも、ほかの肉食動物よりも深刻な事態となり、通常は根管治療が必要となる。獲物を殺すために巨大な犬歯を持ちながら、なぜ歯の先端近くに敏感な神経があり、歯を脆くしているのか？　強い力で噛みすぎると歯が折れてしまう。そこで感覚の鋭い歯を使って、獲物の首をちょうどいい力加減で噛み、うっかり歯を折らないようにしているのだ。

アムールヒョウ、**ジャガー**、**ベンガルトラ**など大型ネコ科動物は、飼育下では頻繁に歯が折れる。これは比較的おとなしい個体にも起こる。ネコ科動物は噛みつくことで相手に不快感を伝えることが多い。彼らの歯は進化上、軟組織を噛むようにデザインされているが、軟組織ならば噛んだら凹《へこ》む。ところが、**ピューマ**が自分の餌を狙う別のピューマを警告するためにさっと噛もうとしたときに、金属の檻の中にいると、まずいことが起こる。この捕食動物の凄《すさ》まじい咬合力で、硬くて曲がらないケージの棒を噛んだら、簡単に歯が折れてしまう。保護増殖のために動物園で飼育されている絶滅寸前のアムールヒョウのうち、5頭に1頭は歯の問題を抱えており、飼育下のジャガーに一番多い病気は歯の病気である。園内の囲いに金属棒が使われていなくても、夜用の宿舎は、飼育員が危険な動物のそばで働くため、必ず何らかの鉄の棒か硬い網が設置されており、たいていそこで歯の粉砕が起こる。この問題は簡単には解決しない。怒れるジャガーを囲い込むことができる、柔らかいスポンジ状の柵が発明されれば別だが、すぐには実現しそうもない。

僕が診察した、ベトナムやラオスの熊農場から保護された**ツキノワグマ**も、そのほとんどが多くの歯を痛めていた。ヒョウのように防御のために激しく噛むのではなく、棺桶《かんおけ》のような小さな箱の中で暮らし、イライラしながら何年も囲いの金属棒を噛んでいたせいである。野生の**キツネ**、**コヨーテ**、**ジャッカル**もまた、くくり罠〔動物の脚を挟んで捕らえる金属製の罠〕から逃れようとして歯を折っている。また箱罠を使うときでさえ、**オオヤマネコ**に衛星通信型首輪をつけるために、あるいは**リカオン**を移動させるために使うだけでも、収容された動物が自由になるために噛み砕こうとして歯を折ることがある。

完全な野生の暮らしでは、歯の病気を防ぐことはできない。野生の**ヨーロッパオオヤマネコ**の5分の1は犬歯が複雑に折れており、飼育下の割合とさほど変わらない。一方、絶滅の危機に瀕した野生の**スペインオオヤマネコ**は、80%以上が歯周病に罹っている。

野生動物の歯科治療は歯を抜くことだけ

欧米の動物園にいる**ウンピョウ**が、その印象的な犬歯の1本の先端を折っただけなら、専門の歯科医が根管治療を行ない、折れた歯の残りの部分の保存を試みることができる。根管治療――または歯内療法――とは、神経や血管の詰まった歯髄を取り除く治療だ。僕たちが診察する動物の歯髄はつねに感染を起こしている。歯髄を取り除いて空いたスペースは殺菌され充填される。歯を全部抜くよりも外傷が少なく、患者が使える歯を残すという利点がある。とはいえ、歯内療法は複雑で、長い麻酔を必要とし、経過観察が必要だ。繰り返し修復が必要となったり、問題が生じたりすることもある。野生に戻し、二度と再会する予定のない**オオヤマネコ**に対しては、必ずしも良い解決策とはならない。歯の大部分が折れている場合には、抜歯が最善となることもある。

人類の歯学は、約1万4000年前に誕生したが、ネアンデルタール人はその10万年以上前に、すでに初歩的な歯科用道具を使っていた。歯学の長い歴史にもかかわらず、歯を治す方法は今でもほとんどない。最近、日本の科学者たちが、幹細胞から**マウス**の再生歯を培養し、それを再びマウスに移植することに成功した。この研究により、いずれウンピョウの砕けた歯を、幹細胞から培養した再生歯に取り替えるという胸躍らせる日がやってくるかもしれない。とはいえ、今のところ、野生動物の患者の歯科医療のほとんどは、問題のある歯を抜くことだけである。

歯を抜くことは簡単ではない。たとえば、高齢の**アフリカンゴールデンウルフ**の場合、歯根膜（歯根を顎の骨の穴に繋ぐ組織）が石灰化する――つまり、歯根と顎の骨（歯槽骨）がくっついてひとつの塊になってしまうことがある。さらに高齢の動物は顎の骨が骨粗しょう症になりやすく、歯を抜くのが一番難しい時期に、ちょうど顎も一番弱く壊れやすくなっている。また、人間やペット用の脆い歯科器具では、**マレーグマ**の折れた犬歯を抜くことはできない。マレーグマは一番小さく一番活発なクマの種であり、**チンパンジー**と大型の**ロットワイラー**犬を掛け合わせたような見た目だが、体重がほぼ10倍の**ホッキョクグマ**よりも大きくて強靭な犬歯を持つ。巨大な鉤爪で木を切り裂き、大好きな幼虫やハチミツを食べる。クマは大型ネコ科動物と同様に、歯科治療が難しい。大きな犬歯を支える歯根は、口の中に見えている歯よりもサイズが大きく幅も広いため、1本の歯をただ引き抜こうとしても、歯槽から出すことはできない。抜くためには歯のまわりの骨を削らなければならないのだ。

欧米の動物園では、麻酔医と時間、高速ダイヤモンドバー（歯科用研削器具）があれば、歯肉を切り、歯の一方の側面を覆う骨を除去してから、歯を横向きに引き抜くことができる。しかし10年前、僕がカンボジアの野生動物の獣医たちを手伝い、押収されたマレーグマが長年苦しんできた折れた歯の治療をしていたときには、もっと単純で頑丈な道具が必要だった。ネジ巻き式の懐中電灯の明かりの中、歯茎の切片を剝がし、地元の市場で買った小さな木工用彫刻刀を使って、歯の側面にかぶさる骨を慎重に取り除いた。この10年のあいだに、世界最大のマレーグマ救護センターの獣医たちは、僕よりもずっと速くクマのぼろぼろの歯を抜けるようになった。

ライオンの嚙む力はクマよりも強いと思うかもしれないが、ライオンの歯をクマと同じ方法で抜こうとすると、顎が簡単に折れてしまう。マレーグマの餌は幼虫だが、その幼虫を見つけるには太い幹を切り裂かなければならない。一方、ライオンの歯はいかにも強そうだが、実はたいていの獲物を窒息させて殺していて、そこまで頑丈な顎を必要としないのである。

悪夢のカバの歯科治療

もっとも危険で困難な野生動物の歯科患者は、歯痛の**トラ**でも、歯が割れた**ワニ**でも、抜歯が必要な毒ヘビの**ガボンアダー**ですらなく、おそらく**カバ**である。そして世界初のカバの抜歯は、史上もっとも有名なカバに対して行なわれた。

〝オベイシュ〟は、ヨーロッパでは古代ローマ以来、イギリスでは先史時代以来、初めて人々が見たカバだった。幼い子どものときにナイル川の島で捕獲され、島の名を取って命名されたオベイシュは、どういうわけか〝風変わりな〟ほかの動物たちと併せて、**ディアハウンド**2匹および**グレーハウンド**4匹と交換され、エジプト総督から英国総領事に引き渡された。その後、乳牛の群れと一緒に船でナイル川を下り、汽船でイギリスに運ばれ、1850年5月25日にロンドン動物園に到着した。

ロンドン動物園動物学会は長年財政危機に陥っており、観客を惹きつけるための華々しい動物が必要だと考えていた。学会の会長であるダービー伯爵は、現在サファリパークとして有名なノウズリーに自分の外来動物を集めていたが、それでも、何年も計画してようやくカバを確保することができた。オベイシュは——現在の動物園においてカバに対する注目の少なさからは考えられないほど——大評判となり、ロンドン動物園の入園者数は2倍になった。ヴィクトリア女王さえも見物に来たという。オベイシュは当時の**ジャイアントパンダ**だったのである。

それほど貴重な存在だったので、オベイシュが門柱を噛み切り、囲いから逃げ出したとき、動物園の園長は、オベイシュが嫌っていた**ゾウ**の飼育係に、オベイシュをカバ舎に戻すためのおとり役を頼んだ。ゾウの飼育係は、怒って暴れる1・5トンのカバの前を嬉々として走って挑発し、オベイシュをカバ舎に連れ戻した。その飼育係は、数年後ロンドン動物園でもっとも有名な動物、ゾウの〝ジャンボ〟の世話をすることになる。今、僕が逃亡したカバを連れ戻すためにこの方法を提案したら、動物園の安全衛生管理者になんと思われるか想像もつかない。

当時の動物園の園長、エイブラハム・ディー・バートレットは、カバのことを「粗野で馬鹿力の水陸両用の怪物」と呼んでいたらしく、特に好きではなかったようである。しかしながら、彼は同じように危険な状況下で、記録に残された中で史上初のカバの抜歯を行なっている。

24歳になり巨大になったオベイシュが歯を折ったときのことだった。バートレットはまず60センチの鉄の鉗子を特注した。オベイシュが大きな口を開けて鉄格子越しに襲いかかってくるときを狙って、その鉗子で歯を引き抜こうと試みて何度か失敗したあと、ついに成功した。カバは大層腹を立て、鉄の檻を支えていたレンガを破壊したが、バートレットはなんとか殺されずに逃げ切ることができた。当時はガス麻酔が発明されたばかりで、ロンドン動物園でも数頭の**クマ**に使用されていたが、オベイシュに麻酔が試されたことはなかった。拘束して、悪臭を放つ麻酔ガスを投与してみるには、力が強すぎて危険だったためだ。

今日《こんにち》でも、カバの麻酔はストレスの多い仕事である。分厚い脂肪のせいで、麻酔銃で撃ち込んだ薬物が、どの程度吸収されたか予測がつかないうえ、目を覚ましてみんなを殺そうとするのではないかとか、呼吸が止まってしまい、カバの胸の上で飛び跳ねるはめになるのではないか（それが大型動物を蘇生する唯一の方法なのだ）など、あらゆる心配が尽きない。

バートレットの功績はそれだけにとどまらない。彼はもうひとつの極めて危険な動物の歯科治療を、麻酔もせずに行なっている。ロンドン動物園にいた人気者のゾウ、ジャンボは2本の牙が埋伏《まいふく》「歯の頭のすべてまたは一部が、顎の骨や歯肉の中に埋まっていること」し、その牙の根が、口の外に向かってではなく、頬に食い込むように伸びていて、痛みを伴う大きな腫れができていた。鎖に繋がれたジャンボの顔の片側の腫れを、バートレットは長い金属棒の先につけた大きな鋭いフックで切開した。彼がゾウに踏み潰されずにすんだのは僥倖《ぎょうこう》である。それから2週間後、ゾウの顔のもう一方の側にも同じことを繰り返した。ジャンボの死後、研究者が奥歯を調べたところ、柔らかい餌のせいで歯が歪んでいたことがわかった。当時のロンドン動物園では、ジャンボは不機嫌な性格で知られていたが、原因は歯痛だったことに誰も気づいていなかったのだ。ジャンボが人間を殺すことを恐れた動物園当局は、彼をサーカス団のP・T・バーナムに売却せざるを得ず、市民の怒りを招いた。

　歯科医療は残酷なまでに濫用されることがある。何十年ものあいだ、実験用に捕獲された**マカクザル**や**ヒヒ**は、犬歯を切り落とされ、武装解除されていた。この残酷な方法は、現在でも広く使用されている——珍しいペットとして売り出すために違法に捕獲され、絶滅の危機に瀕した**スローロリス**に対して。スローロリスは、大きな目が魅力的な夜行性の小型霊長類である。野生で捕獲されたロリスは怯えて噛みつくため、小さな前歯を爪切りで切り落とされる。歯髄腔が開くために痛みが生じ、しばしば感染症に罹る。その結果、敗血症で死ぬ例が後を絶たない。体重が1キログラムにも満たない、小さくて動きの遅い生物が脅威になるとは思えない。とはいえ、スローロリスは霊長類の中で唯一毒を持つ動物でもある。腕の分泌腺から出る分泌物と唾液を混ぜて毒を作るのだ。ロリスの毛皮に付着した毒は虫よけとして機能するほか、触れると痛くて治りの遅い傷ができる。人間の死亡例は1例しかなく、おそらくアレルギー反応によるものと思われる。歯の切断をするほど恐れていても、違法な取引の横行は止まらず、個体数が激減している。

　毒ヘビの場合は、さらに苦境に立たされている。毒牙を切っても折っても抜いても、数日後には新しい歯が生えてくるからだ。僕はモロッコでミントティーを飲んでいるとき、ヘビ使いが観光客にとっておきの休暇写真を撮らせて金を巻き上げようとしている現場を目撃したことがある。観光客には知らされていないが、哀れなヘビは口が開かないように縫いつけられている。餓死したら、別の野生のヘビを捕まえてきて交換されるだけだ。毒腺除去手術は、研究者や一部の動物園だけでなく、趣味でヘビを飼育する人々によっても実施されてきた。「毒ヘビを飼う」というアイデアは気に入っても、「毒がある」という現実には直面したくないらしい。獣医師の中にも、ヘビに大きな痛みをもたらすこの手術を行なう人もいるが、多くの国々では、ヘビの飼育者が麻酔も使わずキッチンテーブルの上で嬉々として手術をしているケースがほとんどだ。悲しいことに、この残酷な行為がまだ合法とされている国もある。

歯がない？　問題ない

では、歯のない動物の歯科治療とは、どんなものなのか？

ルリコンゴウインコのくちばしは、缶詰を開けられるほど強靭で、ブラジルナッツノキの巨大な果実を好んで食べる（この木の種子が木の実《ナッツ》と呼ばれているのは人間の誤りだ）。上のくちばしが折れたら、餓死してしまう。**ワニガメ**の口はくちばしに似た形をしているが、やはり同じことが起こる。ワニガメはその名のとおり、幼いワニを食べたり、ついでに獣医の指を食いちぎったりすることで知られる。

くちばしにも独自の問題がある。くちばしが折れると、歯が折れたり割れたりするのと同じくらい痛い。鳥のくちばしには神経がたくさん走っていて、くわえたものを感じ取ったり、木の実の殻を割るのにちょうどいい圧力をかけつつ、くちばしを痛めないように調節したりしている。**アフリカクロトキ**や**コマダラキーウィ**は、くちばしの先端に感覚の鋭い神経があり、直接触れていないのに、地中の小動物の動きすら感知できる。そんなくちばしの先を失うことは、餓死に繋がる。

　くちばしの骨はケラチン〔爪と同じ成分のタンパク質〕で覆われている。**カミツキガメ**の骨は太くて頑丈だが、**オオハシ**など多くの鳥類は、飛行のために軽量化されていて、ケラチンに覆われた骨はさながら「細い骨の支柱で組んだ足場」といった感じだ。**オニオオハシ**のくちばしは羽毛のように軽く、紙のように薄く、指2本で潰せるほど壊れやすい。その修復は悪夢のような作業である。オオハシのくちばしを、小さなネジやワイヤー、グラスファイバー、3Dプリンターで作られた人工くちばしを使って修復しようとしても、土台となる骨がスカスカなため、たいてい失敗する。また、神経の走っていない人工くちばしでは、オオハシは力加減をコントロールできず、たやすく折りかねない。修復に成功しても、野生で使えるほど頑丈ではないため、オオハシは残りの人生を飼育下に置かれることになる。それに比べると、カメのくちばしの修復はやりやすい。土台となる骨が硬く、金属製のピンやネジを固定しやすく、治癒すれば以前と同じように丈夫になるからだ。とはいえ、噛むときに相当な力がかかるため、簡単にできるというわけではない。陸生でも水生でもカメのくちばしは、骨が板状のケラチンで覆われていて、甲羅とよく似ているため、どちらも同じ技術を使って修復する。

　ワニガメから、１００倍小さい**トウブドロガメ**まで、カメに共通する口の問題のひとつに、代謝性骨疾患がある。餌から充分なカルシウムを摂取できなかったり、紫外線を浴びる量が足りずに皮膚がカルシウムの吸収を促進するビタミンDを生成できなかったりして、口の骨が徐々に柔らかいゴムのようになってしまう病気だ。自然界では珍しいが、飼育されているカメではよく見られる。罹患すると、くちばしを開くためにあるはずの筋肉が、柔らかくなった顎の骨を徐々に歪めていく。下顎は上顎よりも短くなり、上のくちばしはトリミングしなければどんどん伸び続ける。重症の場合、顎が完全に崩れてしまうこともある。骨が弱くなっているので、いきなり金属のインプラントを使うことはできない。まず何カ月もかけて、首から栄養チューブを入れて、ビタミンDやカルシウムを摂取させ、骨が丈夫になってから、ネジやピンでの外科的修復を（可能であれば）行なう。

ワイヤーはくちばしを痛めた**オウム**やカメだけでなく、**キリン**にも使える。キリンの一番深刻な歯の問題――顎の骨折――の治療に最適なのだ。たとえば、動物園のキリンが給餌台から干し草を食べている真っ最中にギョッと驚いたとする。頭をぱっと横に向けたときに、まだ口が給餌台の金属の棒のあいだにあれば、下顎の両側を骨折する。下顎がだらりとぶら下がった状態で、舌を出し、唾液を垂らしながら、痛みに苦しむキリンを見るのは恐ろしい。顎の場合、足を骨折したときのように、頑丈な金属プレートやネジを使うことはできない。顎にネジを打つと、歯根や神経や血管を壊してしまうからだ。そこでワイヤーを歯と歯のあいだに注意深く巻きつけ、ペンチできつく締めて（ちょうど柵のワイヤーを締めて留めるような感じで）、折れた顎の骨をしっかり固定する。麻酔から覚めたキリンが、舌で口の中を探り、また食べられると気づくところを観察するのは、とても達成感がある。

悲しいことに、どれだけその動物が絶滅の危機に瀕していても、あるいはどれだけ貴重でも、どうすることもできない場合もある。歯をすべて失った**ゾウ**は生命を維持することができない。歯は多くの種が生まれながらに持つ体内時計のようなもので、寿命には限りがあることを僕たちに教えている。

傷ついた動物を野生に帰すためにリハビリテーションをする獣医にとって、歯の問題はしばしばジレンマとなる。たとえば、**ベンガルギツネ**の２本の犬歯の先が欠けていたとする。ほとんど目立たないが、細い針で探ると、根管が開いていることがわかる。そうなるとお手上げ状態だ。露出した歯の神経や血管は痛みを伴い、感染のリスクもある。根管治療は――専門歯科医や長時間麻酔や高額費用が必要な点はさておくにしても――維持できる期間がせいぜい数年しかない。野生に戻ると、問題が発生したかどうかを知ることはできない。つまり、根管治療ができるのは、動物の観察を続けられる動物園や保護区に限られるのだ。かといって、問題を解決するためにキツネの2本の歯を抜いてしまえば、獲物を仕留められなくなるかもしれないし、ほかのキツネから身を守ることができなくなるかもしれない。こんなにも小さな部分が極めて重要なのに極めて厄介なのは、実にもどかしい。だから僕は正直言って、歯が折れた患者よりも、脚が折れた患者を診るほうがうれしい。脚ならばたいてい将来的に何の問題もなく治すことができるが、歯の場合は絶対にそんなふうに治すことはできないからだ。

歯科医療における最大の挑戦――伝説のユニコーンの音波探知機

では、野生動物の歯科医療において究極の挑戦とは何か？　それは**イッカク**の牙を治療することだろう。「伝説のユニコーンのツノ」の現実の供給源であるイッカクの牙は、長いあいだその用途が不明だった。戦いのため、海氷に呼吸孔を開けるため、あるいは魚を獲るときに銛《もり》代わりにするため、などと推測されていた。

イッカクの牙は、実のところ、牙ではなく細長い左上の犬歯である。たまに右犬歯の場合もあり、また500頭に1頭の割合で、2本の牙を持つイッカクもいる。オスはすべて牙を持つが、メスは7頭に1頭しか牙が伸びない。牙は必ず左ネジ方向のらせん状であり、それは稀な2本牙の場合でも変わらない。牙は長さ2・5メートル以上にもなる、実に見事な歯である。ほかの種の牙と同様、エナメル質では覆われていない。イッカクの牙は、象牙質の歯の全長がセメント質で覆われているのが特徴だ。セメント質は象牙質やエナメル質よりも柔らかく、通常はほかの動物の歯根を覆い、顎の骨と結合させる役割をしている。イッカクを飼育下で生かすことは、これまで成功していない。1960年代から1970年代にかけて、水族館が試みたが、近縁種の**シロイルカ**とは異なり、イッカクはすべて即座に死んでしまった。では、なぜイッカクの牙が歯科医療の究極の難問となりえるのか？

カナダの友人、サンディ・ブラックは、おそらく世界で唯一のイッカク専門の獣医だ。彼女は何十年間も北極圏に赴き、少数の研究者チームと一緒にヘリコプターで現地に降ろされ、1カ月間外部の世界との連絡を絶ち、野生のイッカクたちの健康状態を調査してきた。動物園の獣医長としての普段の仕事も充分大変そうなのに、さらに休暇を極寒の北極圏の海で過ごしているのだ。そんな彼女のチームは、イッカクの牙が地球上のほかの歯とはまったく違うことを発見した。僕たちの歯は虫歯になったり、エナメル質が薄くなったりすると、冷たいアイスクリームに過敏に反応するようになる。動物の歯科医療でも、治療の中心は重要な歯髄の神経の露出を防ぐことである。神経が露出すると非常に痛く、また歯の中心に感染を起こしやすくなるからだ。ところが、イッカクの牙から藻類を落としてみると、らせんを描く表面には細かい穴が開いていて、手で触れるとザラザラした感触がする。この穴は神経終末の開口部となっている。イッカクはほかのどの動物とも異なり、敏感な歯の神経を露出させることを選んでいるのだ。では、なぜそんな酔狂なことをするのか？　おそらく、イッカクの牙は目よりも重要だからだろう。イッカクは、ほかの**クジラ**や**イルカ**のように「音波探知機《ソナー》」で世界を見ると同時に、ユニコーンのツノのような長い牙を通して、世界を見たり、においを嗅いだり、味わったりもしているようだ。

イッカクは、近縁種のシロイルカと同様に、海氷に閉じ込められることが最大の自然のリスクである。海水は塩水なので、0℃以下で凍結する。しかし、海水の塩分濃度は水域によって大きく異なる。そこにイッカクが窮地に陥る大きなリスクがある。僕たちはイッカクが牙で海水の塩分濃度を検知し、周囲の海水がどれだけ氷点に近いかを察知していると考えている。イッカクが牙をこすりつけるような行動をすることは、古代の北極圏の航海士にも観察されているが、おそらくほとんどの場合は戦いとは無関係だ。僕らが歯を磨くように、イッカクも生存に不可欠な特別な歯の表面をきれいにしているのだろう。

イッカクの牙について全貌はまだわかっていない。牙の特徴やイッカク特有の行動を知れば知るほど謎は深まるばかりだ。メスのイッカクに牙が生えている場合、オスの牙とは顕微鏡で認識できるレベルの微細な違いがあり、別の感じ方をしているように見える。また、オスのイッカクは空中や水中で牙を振る仕草をする。おそらく、ほかの化学物質や分子、餌、繁殖期にあるメスなどを検知しているのではないだろうか。水流も感知できるのかもしれない。500年前、イッカクの牙は「音響プローブ」だと仮定された。何らかの形でソナー探知に貢献している可能性はまだ否定されていない。あるいは、周囲のにおいを嗅いでいるのかもしれない。本当にわからないのだ。すべてのイッカクに牙があるわけではないという事実も奇妙である。とはいえ、牙がイッカクの生存に不可欠な感覚器官であることは明らかであり、折れた牙は歯科医にとって最大の難関となるにちがいない。幸い、イッカクの歯は伸び続けるため、牙も時間が経てば再生する。また、イッカクは小さな社会集団で生活しているため、牙が折れたイッカクはそのあいだ仲間に助けを求めることができる。

イッカクは伝説のユニコーンよりも不思議な動物だ。しかし悲しいことに、重金属汚染や気候変動により、イッカクたちがどのように世界を経験しているのか真に理解する前に、彼らを失ってしまいかねない。イッカクは地球上で唯一、歯の視覚を持つ動物かもしれない。一方、食べ物をすり潰すために歯を使う動物にとっては、食べることは口の中で完結するわけではない。口は単なるスタート地点だ。

12

マナティーのジャンクフード

給餌する

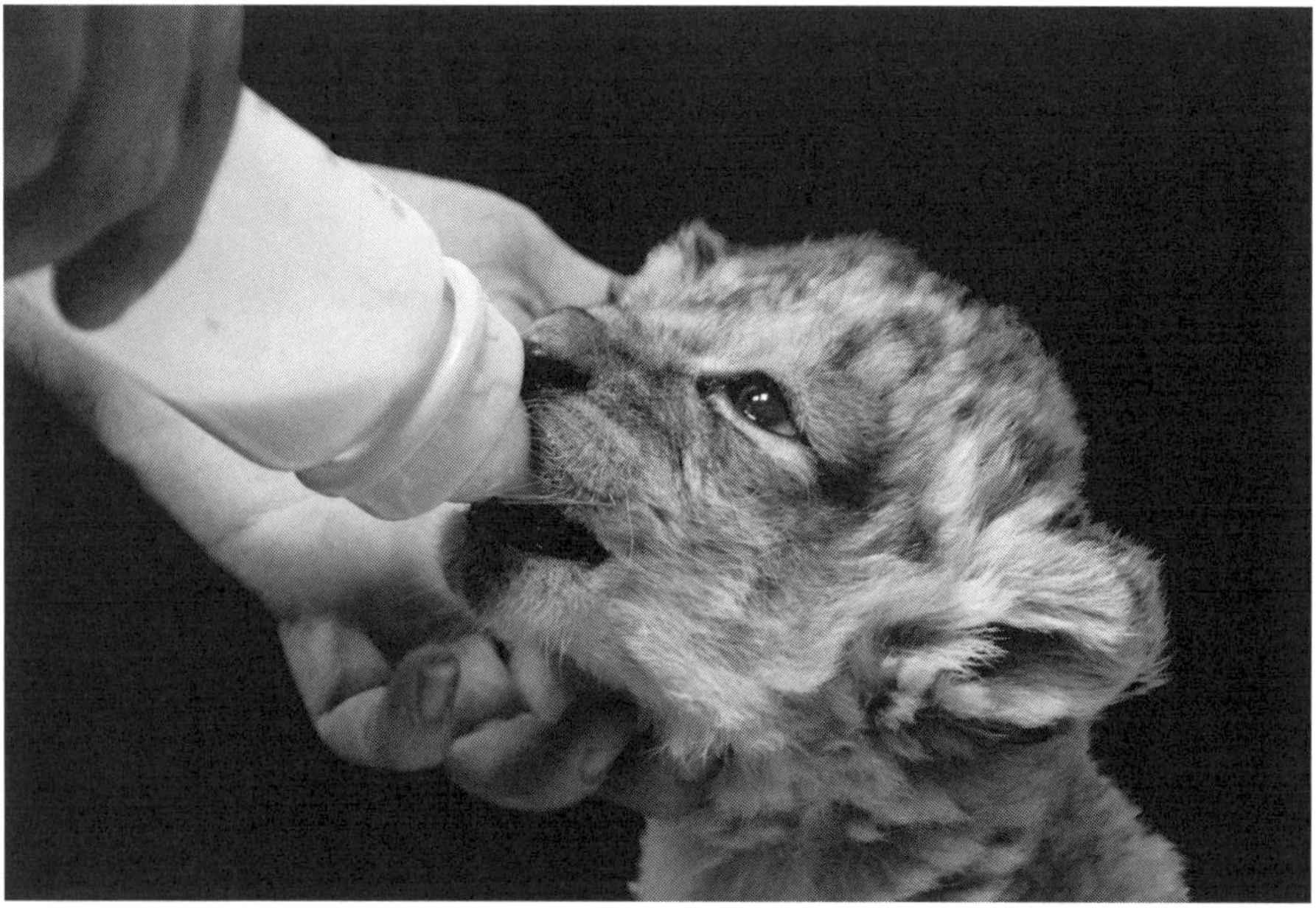

ライオンの乳児は育てやすく、猫の母乳で代用できる。ほかの種の場合はもっと難しくなる。ズキンアザラシの母乳には乳糖は含まれていないが、ダブルクリーム並みに脂肪分が多い。一方、クロサイの母乳は、人間や家畜の母乳に比べて脂肪分がほとんどない。こうした違いから、多くの野生動物の子どもを人間の手で育てることは難しい。

マナティーにとって、レタスを食べることはダブルチーズバーガーを食べるようなものだ。レタスといえば、サラダ、ダイエット、健康的な細身の体形を連想させるので奇妙に思えるが、マナティーにとってロメインレタスは究極のジャンクフードなのである。

ボートのプロペラで裂傷を負った**フロリダマナティー**を、リハビリテーションセンターで看護中に餌付けするのは難しい。レタスを与えれば、マナティーは餌を食べてくれるが、実はレタスには、マナティーが常食とする海草の2・5倍のカロリーがある。僕は海草を人間の新しい健康食として広めようとしているのではなく、マナティーにとってレタス中心の食事は、実は非常に不健康だということを言いたいのだ。マナティーがレタスを長期間食べ続けると、糖尿病や心臓病になることすらある。マナティーの腸内では、食べ物が移動するのに1週間以上かかるので、低エネルギーの海草という自然の食事から栄養を余すところなく摂取することができる。マナティーの代謝は非常に遅く、ほかの哺乳類の5倍も時間がかかる。同じように怪我の治癒も非常に遅い。フロリダマナティーが野生に戻れるようになるまでには2年かかり、さらに治癒の遅い**アマゾンマナティー**では5年かかることもある。

病気の患者に充分な栄養を与えることは不可欠だ。怪我をした野生動物は、体を修復し、感染症を防ぐために、通常よりもはるかに多くの栄養を必要とする。動物が通常の食料源がある国々で暮らしている場合には、事はスムーズに運ぶ。しかし、飼育下繁殖プログラムや動物園で飼育している場合には、適切に餌を与えることは難しく、餌の中に薬を隠す必要がある場合にはさらに難しい。

リハビリセンターに到着してすぐに、簡単に餌付けできる動物もいる。**アナグマ**は甘いものが大好きだから、万策尽きても、カスタードクリームなら好む。一度餌に興味を持てば、治療しながらナッツやベリー類、キャットフードなど、より健康的で自然な混合食に離乳させることはたやすい。同様に、**ビーバー**はリンゴ、**オランウータン**はドリアンフルーツ、**ジャイアントパンダ**はハチミツ、**ヒグマ**はイワシの缶詰をとりわけ好むため、餌を食べはじめるよう説得する必要があるときや、餌に薬を隠す場合などに使用する。

あらゆる食料源には、それを食べるように進化した動物がいるものだ。マナティーなど多くの種が、生き残るために、ほかの動物が無視するような栄養の乏しい食料源を食べるように徐々に進化し、やがて数百万年の進化を経て、完璧に適応した。そんな「スペシャリスト」〔特定の餌しか食べない動物〕たちの飼育は非常に難しい。また、その餌に依存しているため、ニッチな食料源に影響をもたらす気候や環境の変化に対して極めて脆弱である。

一方、**ネズミ**、**豚**、**マカクザル**、人間のような雑食の「ジェネラリスト」〔さまざまな種類の餌を食べる動物〕は、逆に食べられるものの幅を広げてきた。**ヒゲイノシシ**、**サバンナアフリカオニネズミ**、**バーバリーマカク**を飼育下で餌付けするのは、比較的簡単で、彼らは目の前に出されたものはほぼ何でも食べる。飼い犬もジェネラリストだ。僕たちが定期的に救助する野良犬は、堆肥の山を漁って、**ワラジムシ**からジャガイモの皮まで何でも食べ、その後、人間の目を盗んでカボチャのスープを一杯飲んだりしている。

竹の食通、ジャイアントパンダ

ほかの種が無視するようなニッチな餌を食べるように進化したスペシャリストは、餌付けがはるかに困難だ。**ジャイアントパンダ**は、数百万年前にほかの**クマ**から分岐して以来、竹を食べ、ほかのものはほぼ食べない。彼らは好き嫌いの激しさで有名で、ある竹の種の葉を好み、別の種の竹稈《ちくかん》を好み、さらにややこしいことに、季節や天候、繁殖期前かどうかによって、異なる竹の種や（植物）部位を好む。しかも、餌が少し変わるだけで、急激に腹部痙攣――疝痛《せんつう》――を起こすことがある。腹部痙攣は腸捻転と見分けがつきにくい。もし腸捻転だとすれば、手術をしなければ1日足らずで命に関わりかねない重大な緊急事態である。残念なことに、ジャイアントパンダはしょっちゅう疝痛を起こす。彼らの世話をする僕たちにとっても、半端のないストレスとなる。痙攣を起こしたジャイアントパンダを固唾を呑んで見つめながら、鎮痛剤で充分なのか、それとも緊急手術が必要なのか判断しなければならないほど、つらいこともない。しかも、保険金額は競馬の優勝馬並みなのに、同僚の馬の獣医のように、聴診器でお腹の音を聞いたり、体温を簡単に測ったりすることもできないのだ。

巨大な竹林を歩いていると、竹は木ではなく草だという事実を忘れそうになる。竹はもっとも成長の早い植物で、1時間に数センチも伸びるが、カロリーはほとんどない。生の竹にはシアン化物の前駆体が含まれており、火を通さなければ有毒である。理想的な食料源とは言い難い。木のような太い竹稈を噛み切るには、驚異的な噛む力が必要だ。そのため、ジャイアントパンダには巨大な咬筋と側頭筋があり、魅力的な丸い顔を形作っている。竹の花が咲くことはほとんどなく、咲くまでに100年以上かかることもある。開花すると、その竹が地球上のどこに生えていようと、竹林ごといっせいに枯れてしまう。パンダが竹だけを食べるように進化し、数世代に一度、みずからを飢餓の危機にさらしているのは、なんとも奇妙である。とはいえ、竹の開花間隔の長さは動物とはほとんど関係がない。ヨーロピアンオークやブナには、大量の木の実やどんぐりが生《な》る年と、ほとんど生らない年があり、これは種子を食べる動物の数をコントロールするためと説明されているが、たぶん誤りである。竹にしても、オークやブナの木も、おそらく別の理由からそうしているのだ。実が生り、種が作られるには、膨大なエネルギーが必要だ。数年に一度しか種子を作らず、大豊作の年のためにエネルギーを温存しておけば、ライバルの少ない種子を圧倒して、新しい世代に遺伝子を受け継ぎやすくなる。時が経つにつれて、種子の闘いは、開花までの期間が恐ろしく長い竹に軍配を上げたのである。竹はパンダを飢えさせようとしているのではない。何千年にもわたってほかの竹と競争してきた副作用にすぎない。

　中国以外では、ジャイアントパンダの餌やりは手間がかかる。竹の苗床から冷蔵輸送トラックで運び、竹の鮮度を保つためにミストシステム付きのウォークイン冷蔵庫で保存し、そのすべてが費用に加算される。そんな苦労の末に入手した竹でも、口に合わなければパンダたちはほとんど食べずに残す。それを見ている動物園の園長たちの絶望たるや。一方、四川《しせん》の保護研究センターでは、毎朝、施設の上にある霧のかかった山で新鮮な竹を切り、お腹を空かせたパンダのところに運ぶだけなのでずっと楽である。

　ほかにも、世界の別の場所に、この豊富な巨大草を食べるために進化した動物がいる。**キンイロジェントルキツネザル**も、竹しか食べないスペシャリストだ。彼らが食べるマダガスカルジャイアントバンブーの新芽（タケノコ）には、ほかの動物にとっては致死量の10倍にもなるシアン化物（青酸カリ）が含まれているが、なぜ彼らは毎日摂取しても平気なのかは、いまだにわかっていない。霧の朝、エチオピアのベール山脈のハレンナの森で、**ベールモンキー**を観察していると、アフリカ全土に生息する近縁種の**ベルベットモンキー**や**グリーンモンキー**に似ているように見える。しかし、エチオピアの孤立した小さなひとつの山に暮らす彼らもまた、食事の80%以上を竹とする別種に進化した。**マルミミゾウ**や**マウンテンゴリラ**がたまに竹を食べているのを見かけると、どういう経緯でグリーンモンキーの小さな集団が、ほかの動物が食べない竹を食べるという利点を活《い》かして進化し、まったく新しい種、ベールモンキーとなったのか、容易に想像がつくというものだ。

野生の果実とスーパーの果物は似て非なるもの

また特定の植物ではなく、植物の部位に特化したスペシャリストもいる。**マウンテンゴリラ**は、植生の豊かな生息域で葉や芽を食べる。食生活のうち果物が占める割合は2%未満だが、たいていは毎日数百メートル移動するだけで、必要な栄養素を摂取できる。**ヒガシローランドゴリラ**の食事はもっと多様で、果実が生る季節になると、食生活の4分の1は果実になる。とはいえ、彼らは充分な量を集めるために、毎日数キロメートルの距離を移動する。果実のエネルギー密度が高くなれば、それを集めるために費やすエネルギー量も増えるという、絶妙なバランスが保たれているのである。

果実にはエネルギーの豊富な糖分が含まれており、それを探し出した野生動物にとっては褒美となる。野生の**オランウータン**の食事の半分以上は果実だが、それ以外には目立って果実を食べる動物はいない。僕が獣医になったばかりの頃、動物園の**タテガミオオカミ**はしょっちゅう膀胱結石ができ、しかも、つねにシスチンの結石ができた（人間では、シスチン尿症は遺伝性が多い）。そこで研究を進め、さまざまな薬で尿のpHを変化させて、膀胱結石の形成を防ごうとした。その試みがことごとく失敗したあと、ようやく僕たちは、野生のタテガミオオカミは食事の半分が果実であることに気づいた。彼らに肉を与えすぎていたことが、結石の原因だったのだ。動物園の餌を変えたあとは、オオカミに結石ができることはほぼなくなった。ブラジルのセラード［ブラジル内陸中西部に広がる熱帯サバンナ地帯］では、タテガミオオカミの食事の半分は、「オオカミの果実《フルータ＝デ＝ロボ》」とも呼ばれるロベイラである。このトマトのような果実には、低レベルのアルカロイド毒素が含まれている。この毒素は、オオカミに影響を与えるには低すぎるが、致命的な腎不全を引き起こす腎臓虫による感染を防ぐには充分な量なのだ。

　タテガミオオカミがおもに果実を食べる一方で、**コモンウーリーモンキー**は果実の摂取を制限する必要がある。保護区や動物園では、ほとんどの霊長類に対して、果実を与えすぎないようにする動きが強まっている。人間はラズベリーやパイナップルを1年中、たとえ雪が降っていてもスーパーで買うことができるが、野生の果実は決まった季節にしか生らず、しかも1年に数週間しか手に入らない。野生の**スマトラオランウータン**は食事の3分の1が果実でも、全体では**アリ**や卵から葉や樹皮まで１００種類以上のものを食べている。栽培された果物は、**クロアタマヨザル**が野生で見つけるものとはまったく違う。人間は、ほんのひと握りの種類の果物だけを栽培品種化し、大きくて、糖分と水分が多くて、栄養価がかなり低いものを選択的に育ててきた。僕たちは店頭で見た目で選んで果物を買うけれど、動物たちは味や食後にどう感じるかによって、自然に果実を判断している。野イチゴは小さくて柔らかく、深い紅色で美味しい酸味がある。一方、市販のイチゴは野イチゴの20倍も大きくて硬く、ピンク色で糖分が多い。

保護区や動物園で、スマトラオランウータンの患者の食事の3分の2を果物にすることは、一見自然に思えるが、野生ほど活動的にならないことも相まって、すぐに肥満となる。果物を食事の4分の1に制限し、野菜を多く摂ることで、オランウータンははるかに健康的になる。ウーリーモンキーは、野生ではおもに果実を食べているにもかかわらず、動物園で市販の果物を食べさせると糖尿病を発症することがある。野生では果実をあまり食べない雑食の**ギニアヒヒ**でさえ、果物を目の前に出されると、まるでウィリー・ウォンカのチョコレート工場に入り込んだ子どものように、ドカ食いするのである。

美味しい果物を横取りしたボスザルの末路

人間はチョコレートケーキのように魅力的で不健康な食品を食べながらも、魅力は劣るがより健康的で繊維質の多い果物や野菜も摂取するという難しいバランスを巧みに解決してきた。要は誰もが満足するように、果物をよりケーキに近づけたのである。野菜でさえもより甘く、より苦みの少ないものが選ばれているが、その分、栄養成分が犠牲にされていることは実証済みだ。

生鮮食品の種類は限られており、栄養価も著しく減少しているため、バランスの取れた食事を提供し続けることは難しい。そこで**ムネアカタマリン**や**ホエザル**など霊長類には、ビタミンやミネラルを含むペレットという人工飼料を与え、新鮮な食材で補うことが多い。だが、その方法でも難しい。**ベニガオザル**や**ギニアヒヒ**はほとんどなんでも食べる雑食性だが、**ケナガクモザル**はおもに果物を食べるし、**ゲラダヒヒ**は草を食べるスペシャリストで、**ピグミーマーモセット**は樹液や花の蜜を食べるスペシャリストだ。1種類のペレットで、彼らすべての栄養バランスを取ることはできない。そもそもペレットは、タンパク質、ビタミン、ミネラルの最低限の水準を満たすことを目的としている。人間や**オオコウモリ**と同じく、霊長類は――**ローランドゴリラ**から**ピグミーメガネザル**まで――食事にビタミンCが必要で、不足すると壊血病を発症する。幸い、僕が治療したのは稀なケースだけだった。歯がグラグラして歯茎から出血した**リスザル**の患者たちは、人間の食べ物を食べていた、押収されたペットばかりで、症状は昔の航海日誌に描かれていたものと同じだった。

ほかのビタミンの不足も、さらに大きな問題を引き起こすことがある。南米の**アゴヒゲオマキザル**は、アフリカの**アカコロブス**やアジアの**キンシコウ**よりも、多くのビタミンDを必要とする。ビタミンDは、強く健康な骨のために、食物からカルシウムを吸収するのに不可欠な栄養素だ。人間やほとんどの動物は、日光に含まれる紫外線を浴びることで、皮膚でビタミンDを生成できるので、食事から摂取するビタミンDはさほど重要ではない。しかし、スコットランドの屋内にいるリスザル、中国北部の**シロガオオサキ**、カナダの**ブラウンケナガクモザル**などは、日照時間が足りないため、食事で補うことが不可欠になる。ただし、水溶性のビタミンCならば過剰に摂取してもオレンジ色のオシッコが出るだけだが、ビタミンDは水溶性ではないので、過剰に摂取するとカルシウムが腎臓や心臓の大血管に沈着し、臓器を傷つけることがある。それはX線写真で確認できる。

味と栄養のバランスの妥協点は、ペレットと果物をバランスよく摂取することに落ち着くようだ。とはいえ、ほとんどの霊長類は社会的動物であり、集団で生活しているため、問題はさらに複雑になる。かつて、**クロクモザル**のオスがちょっとした転倒から両脚を骨折したことがあった。X線写真を見ると、骨は色が薄く、虫に食われたような状態で、カルシウム不足による代謝性骨疾患の典型的な症状だった。しかし、彼は専門の栄養士が考えた完璧にバランスの取れた食事――ペレットと少量の果物――を摂っており、なぜそうなったのかがわからず首を傾《かし》げた。やがて、彼はグループを支配するオスで、グループ全員の果物を横取りして、ペレットは食べていなかったことが判明した。残りのメンバーは仕方なく、美味しくはないが栄養バランスの取れたペレットだけを食べていた。その結果、彼だけがくる病になってしまったのである。

動物たちは、きちんと提供されたものだけを食べているわけではない。美しく自然に近く整えられた囲いの中で、さまざまな種が混在している様子は、動物園の来園者にとって魅力的なものだ。動物たちも、精神的刺激にあふれた興味深い暮らしを送ることができる。しかし中には、人間の子どもと同じように、ほかの誰かの食事に興味津々となり、互いの食べ物を盗み合うのが好きな動物もいる。**オニオオハシ**が**エンペラータマリン**の餌であるオレンジのかけらを執拗《しつよう》に盗み食いすると、鉄分の少ない食事が提供されていても、鉄分中毒により肝不全で死んでしまいかねない。オレンジはビタミンCが豊富で、タマリンの壊血病を防いでくれるが、オオハシの鉄の吸収を致命的に高めてしまうのだ。

ちなみに、これは提供される餌が正しいものだと仮定した場合である。150年前、アイルランド動物学会が発足したばかりの頃、動物園の来園者数を増やすために多額の費用をかけ、若いオスの**インドサイ**を連れてきた。ところが、このサイは病気がちで、全然健康にならなかった。規定の食事は干し草、キャベツ、炊いた米、ふすま、それに牛乳と強壮剤の粉末で、病気のときはキャベツがジャガイモに変更された。今考えると理想的とはいえない内容だ。4人の医師と獣医師がサイの健康を見守ったが、サイは徐々に衰え、脱腸を起こして死んだ。当時は、動物園の経費節減のため、死体は競売にかけられるのが普通だった。落札者がトリニティカレッジで解剖したところ、胃と腸が発酵したトウモロコシ――食事献立表にはまったく記載されていなかったもの――で完全に満たされていた。怒った動物学会は、サイ担当の飼育係の賃金を1年分カットするという処罰を下した。

野生動物の食料調達

動物園や保護区の動物の規定食の内容が変化する問題は、今でもよく起こっている。それはある週、ささいなことから始まる。干し草が嫌いな**アメリカバク**が空腹そうに見えて、気の毒に思った飼育係が、餌にいくつかリンゴを足してやる。それから、レタスが数週間欠品になり、代わりにニンジンやバナナの量が増やされる。しかし、再びレタスが入荷したときには、ニンジンやバナナを追加したことは忘れられている。数カ月後、保護区に大量のキャベツが寄贈される。キャベツは固定メニューとなり、月日を経るうちに量が徐々に増えていく。スタッフが交替すると、次第に当初の規定食の内容は忘れられ、バクはまったく違う餌を食べることになる。最初に指定された食事内容は、オフィスのどこかのフォルダーの中で埃をかぶっている。やがて、そのバクは腸がねじれ閉塞して、突然倒れて死んでしまう。悲劇的なことに、そうなって初めて、餌の内容が大きく変わっていたことが判明する。

栽培された果物は、僕たちが自分を騙《だま》しているほど健康的ではないが、**チンパンジー**に野菜と乾燥ペレットを与えるだけでは非常につまらない。また、知的な動物が精神的充足を得られるように、ナッツや種子、いくらかのベリー類を定期的に加えることは――彼らがケンカして互いの手や足の指を追加の食事にするのを望まないのであれば――必要不可欠なことでもある。

飼育下の野生動物の問題行動の大半は、食べ物に関係している。**マメハチドリ**であれ**ホッキョクジラ**であれ、彼らの生活のほとんどは、「自分を食べようとするほかの動物を警戒しながら、生き延びるために充分な食べ物を見つけて食べること」で占められている。ほとんどの動物は空腹に駆られ、起きている時間をほぼ餌探しに費やしている。**ホッキョクグマ**は海では1週間もノンストップで泳ぎ続け、何百キロも移動することができる。陸では、**ワモンアザラシ**を捕獲するために膨大な距離を移動し続ける。一方、人間に飼育されているホッキョクグマは、1週間分の栄養をほんの数分で食べてしまう。人間は何時間もテレビを観ながらソファに座って楽しむことができるが、ホッキョクグマのような動物は時間をただ持て余してしまうのだ。

ヒョウは日向ぼっこしながら枝に寝そべっているように見えるが、縄張り意識が強い性格で、夜間に縄張りをパトロールするために1晩で50キロメートル以上歩くこともある。僕は**インドヒョウ**が、**サンバージカ**や**イノシシ**、**シルバールトン**［オナガザル科のサル］を捕まえるところを観察したことがある。一方、収穫の少ない時期に、**アフリカヒョウ**が**シロアリ**、卵、**ネズミ**を食べるのを見たこともある。飼育下で肉の配給をガツガツ食べていても、ヒョウは残りの時間をリラックスして数独で遊んだりはしない。数千年分の進化がそれを許さないのも驚きではない。そのため放っておくと、ヒョウはゾンビのように同じところを行ったり来たりする「ペーシング」を始める。そうした反復行動を、僕たちは「常同《じょうどう》行動」と呼んでいる。

肉食動物の多くは、ペーシング傾向があるにもかかわらず、飼育されると簡単に太る。ポスターに写っている**トラ**は、たいてい北米の写真撮影用農場で訓練されたトラがモデルを務めており、顔がまん丸で体の下側の皮膚がたるんでいるのが特徴だ。野生動物はそんな体形はしていない。動物の肥満には、人間の場合と同様のリスクがある。**ライオン**など大型肉食動物は、野生では毎日**バッファロー**を捕獲するわけではないのだから、定期的な断食日が必要だ。これはヨガや断食ダイエットの方法と似たようなもので、肥満に一定の効果がある。とはいえ、あまり無理をさせると、ライオンが短気になり、ケンカっぱやくなる。ベトナムの熊農場から救出された**ツキノワグマ**は、水たまりで泳いだり木登りしたりできる広大な保護区で飼育していても、やはりぽっちゃり体型のクマばかりになる。かといってクマを痩せさせると気難しくなり、必ず共食いを始めてしまう。

　シシオザルなど、群れを作る霊長類を飼育する場合は幸運である。彼らは非常に知的で、必要な栄養素を含む餌はすぐに平らげてしまうが、問題行動を起こすことはほとんどない。その代わりに、空いた時間を集団内政治に費やしたり、意地悪をしたり、いがみ合ったり、互いを観察したりして、精神的に充足した時間を過ごしている。

　動物の患者の脳を、何かに没頭させつつ健康な状態に保つことは、本当に難しい。「問題行動」という言葉は、その行動が動物の精神的苦痛の症状ではなく、「人間にとって問題である」ことを示唆しており、恐ろしく不誠実である。動物園の来園者は、コンクリートの囲いの中を延々と歩き続けるゾンビのようなホッキョクグマを観たいわけではない。だから、その行動が問題だとみなされる。しかし、僕たちが焦点を合わせるべきなのは動物の精神的な健康である。動物園の飼育係たちは、飼育動物の精神的な刺激を増やし、自然な行動を促す環境エンリッチメント〔飼育動物の〝幸福な暮らし〟を実現するための具体的な方策のこと〕を考え出した。コンセプト自体は良いものだが、僕は〝エンリッチメント〟という言葉が大嫌いである。「週に何回か、トイレットペーパーの芯に藁を詰めたものやおやつをいくつか放り込めば、動物の飼育方法が悪くてもOK」というニュアンスがあるからだ。もしきちんと飼育されているのであれば、日課を変えたり、給餌装置を変えたりなど動物たちを刺激する方法を工夫すれば、環境をエンリッチにする必要は別にない。ただきちんと面倒を見てあげればいいだけなのだ。

野生の**モモイロインコ**が1日中、草の根を掘り起こして食べ、群れの仲間と奇妙なケンカをしたり毛づくろいをしたりしているのを観察していると、ケージの中でペットとして飼われている1羽の**オウム**が――餌入れには野生で数週間過ごすのに必要な脂肪とエネルギーを含むひまわりの種が入っている――とても哀れな状態である理由がよくわかる。悲しいことに、何百万羽という孤独で精神的に苦痛を受けながらも肥満したオウムがペットとして飼われており、さらに毎年何万羽ものオウムが無知な飼い主のために野生から捕獲されるという悲劇が起こっている。ペットのオウムだけを扱う専門の動物精神科医がいるのも不思議ではない。

野生動物は簡単に肥満になる。その一方で、野生動物の精神的健康の問題の大半は、食べ物に対する欲求不満が原因である。では、どうすれば餌の量を増やさずに環境を改善できるだろう？たとえば、餌の一部を細かく刻んだ果物や木の実に代えて、草の中に散らしておく。そうすれば、**アゴヒゲオマキザル**は何時間もかけて餌を探さなければならず、野生の状態に近くなる。トラならば、木の柱を登らないと餌が食べられないようにしておく。そうすれば運動を促し、本当に空腹になったときにだけ餌を食べるようにできる。

知能がものすごく高い**チンパンジー**でさえ、何時間も延々と、草の茎を使って人間が用意したシロアリの塚からわずかなハチミツを採取し続ける。たとえ実際の栄養価は最低限だったとしてもだ。パン屋の前を通りかかったときに焼き立てのにおいに誘われたことのある人ならばよくご存じのように、何かに食べ物のにおいをこすりつけるだけでも、探索行動を促すのに充分だ。

さらにその探索行動が、別の動物のためになればいっそういい。僕の友人、ダグラス・リチャードソンは、月に一度、**ユキヒョウ**を動物園の飼育舎に閉じ込めて、ユキヒョウの囲いに**マーコール**を入れて、草を食《は》ませている。いつもと違う囲いを探検する。一方、その囲いにはユキヒョウの自然な獲物であるマーコールのにおいと糞が残され、囲いに戻されたユキヒョウを長時間魅了する。飼育動物たちを精神的に活発化させ、さらにガーデニングの費用も節約できる、シンプルだが効果的な肥満対策である。

高コレステロールの問題を抱えている種は人間だけではない。僕はかつて、ある王女に飼育されたのちに救出されたらしい、**スマトラオランウータン**の鍵穴手術を依頼されたことがある。何十年も人間の食べ物を食べてきたそのオランウータンは、肥満で、大きな胆石があり、痛みに苦しんでいた。人間の胆石の多くは岩のように硬いコレステロールの塊で、フライドポテトなどを好んで食べるためにできる。しかし、僕はほかの霊長類で胆石のある症例をほとんど見たことがない。依頼を受けて数カ月後、多くの手術症例を見るためにようやくその保護区を訪れたとき、そのオランウータンを超音波検査したところ、自然な食事に戻されて、胆石が完全に消えたことがわかった。胆石は分解され運ばれてしまい、手術の必要はなくなった。ちなみに、**ミーアキャット**の場合は、高コレステロールの兆候は、胆石や心臓発作や脳卒中よりも、ずっと劇的な形で現れる――酔っ払いのようにフラフラと歩きはじめるのだ。脳の周囲の髄膜にコレステロールの塊ができ、それを怒れる白血球が取り囲んだ結果、硬いビー玉状の塊がその下にある脳を押し潰すことになる。動物たちに餌を原因とする病気が発生するのは、僕たち人間自身の栄養に関する知識がいまだにひどく間違っていることを考えれば、不思議なことではない。

僕たちが健康的な自然食とみなしているものでさえ、人間の体に合わせてデザインされたものではない。朝食にミューズリー［穀物、ナッツ、ドライフルーツなどを交ぜたシリアル］とオレンジジュースを摂るのは問題だらけだ。僕たち人類は、実は非常に若い種であり、２００万年近くも存在していたホモ・エレクトス［更新世の古代人類のヒト属の種。ジャワ原人・北京原人などを含む］とは異なる。現代人類が誕生してまだ数十万年、農耕を始めてからまだ1万年程度しか経っていない。自然淘汰《とうた》は非常に時間をかけて進むものだが、僕たちは食生活の一部を不自然な農耕食に適合するように進化しはじめている。人類において、この1万年のあいだにもっとも高度に選択された遺伝子は、母乳を飲む能力である。

さまざまな形の母乳

成人になってもラクトース（乳糖）を消化する能力を持ち続けること、「ラクターゼ活性持続性」には、どんな既知のヒト遺伝子よりも強い遺伝的選択圧がある。人間がより知的になるように選択されていると信じる人々にとっては残念な事実かもしれないが、僕たちの脳の大きさは増加しておらず、ヒト種の治世はピークに達しているように思われる。僕らの進化を支配しているのは胃袋なのだ。ラクターゼ活性持続性の遺伝子を持つ人は骨粗しょう症になりにくいとか、砂漠で生き延びやすいとか、コレラによる脱水や飢饉《ききん》時の栄養失調で死ぬことが少ないだとか、さまざまな説がある。とはいえ、この遺伝子は現代でも、現在進行形で選択され続けている。

また、興味深い地域差もある。アイルランド人のほぼ全員、次いでスウェーデン人、デンマーク人のほぼ全員が、ラクターゼ活性持続性があるのに対し、ギリシャ人は6人に1人、アメリカ先住民は20人に1人以下しかない。モンゴル人はラクターゼ活性持続性のレベルが高いが、近隣の中華系民族では低い。ケニアのキクユ族など東アフリカの部族は成人後も乳製品耐性が充分にあるが、ガーナのアカン族などのほかのアフリカの部族にはない。

ラクターゼ活性が成人まで持続するのは、人間特有の現象である。ほかのすべての哺乳類は、乳離れするとラクトース（乳糖）を消化する能力を失う。また、生まれたばかりの乳児でもまったくラクトースを受けつけない動物もいる。たとえば、**ズキンアザラシ**は――ほかの**アザラシ**、**アシカ**、**セイウチ**も同様だが――母乳にラクトースがないため、野生の孤児を育てる場合、通常の代用乳は使用できない。ラクトースがなくても、彼らの母乳はエネルギーと栄養にあふれている。母乳の脂肪分が3分の2を占める時期もあり、栄養価は人間の母乳の20倍、とびきり濃厚なアイスクリームよりもずっと多くなる。ズキンアザラシの母乳を飲むことは、ダブルクリームを飲んでいるようなものなのだ。そんなスーパー母乳で育ったズキンアザラシの子どもは、1週間もせずに体重が2倍になり、離乳も完了する。リハビリテーションセンターで、母乳ではなく、魚のスープに油を加えた食事で育てると、同じことを達成するのに何カ月もかかる。一方、**サイ**の場合は正反対だ。**クロサイ**の母乳の脂肪分は、人間の母乳の10分の1しかない。成長が遅い子どもの離乳に2年かかるのも不思議ではない。

ダマワラビーの母乳は高エネルギーだが、脂肪分はない。ワラビーの母乳にはラクトースはほとんど含まれていないが、オリゴ糖が約15%含まれており、炭酸飲料よりも糖分が多い。**アフリカゾウ**や**ジャイアントパンダ**の母親は、子どもの成長に合わせて母乳の成分を大きく変化させる。ダマワラビーは子どもが成長するにつれて、ミルクの成分を変えるだけでなく、同時に異なる2種類の母乳を出すこともできる。ひとつの乳首をくわえる新生児には糖分の多い母乳を、もうひとつの乳首をくわえる乳児には糖分が少なく、タンパク質が多い母乳をといった具合に。

こうしたすべてが、野生動物の孤児を人間の手で育てることを困難にしている。毎年、健康な**子ジカ**が、散歩中の人々に捨てられたと誤認され、不必要に救助されている。悲惨なことに、子ジカたちは母親の母乳でお腹が膨らんだ状態で連れてこられることが多い。母ジカは子ジカを捕食者から守るため、草むらに隠して近づかない習性があるのだ。最善を尽くしても、そうした子ジカの多くは哺乳瓶で与えられるミルクに適応できず、悲しいことに死んでしまう。

どれほどうまく配合されていても、たとえアフリカゾウやジャイアントパンダのために特別に作られたものであっても、代用乳は、人間用と同様に、つねに本物よりは劣る妥協の産物である。多くの哺乳類にとって、初乳と呼ばれる出産初日または数日間に出る母乳には、生後数週間の赤ん坊を母親が免疫を持つ病気から守るための抗体がたくさん含まれている。これがないと、人間の手で育てられた乳児は感染症で死にやすくなる。離乳期も同様で、**ワタオウサギ**や**ホッキョクウサギ**は通常、母親の柔らかい夜の糞を食べることで、食物の消化に必要なバクテリアの複雑な組み合わせを母親から得ている。人間の手で飼育する場合、これを再現することはほぼ不可能であり、そのため離乳期を乗り切れないウサギや野ウサギの子どももいる。

哺乳瓶の乳首型キャップを吸うことは、母親の乳首をくわえて自然に乳汁分泌を促す口の動きとは大きく異なる。機械搾乳の家畜牛は、自然な哺乳に近い手搾りの牛に比べて、乳頭の損傷があったり乳腺炎になったりしやすい。哺乳瓶から吸ったミルクは、気管から肺に流れ込みやすく、恐ろしい反応を引き起こし、たとえば孤児の**ヘラジカ**の乳児を数日後に死なせてしまうこともある。またオスのヘラジカを哺乳瓶で飼育すると、種の混同が起こるリスクがある。成長したのち、男性ホルモン《テストステロン》が大量に分泌される成獣の発情期に、ヘラジカが人間をライバル視して攻撃する傾向が強くなるのだ。

僕がシエラレオネで**ニシチンパンジー**の乳児を治療しているとき、その小さな赤ん坊は哺乳瓶から人間の代用乳を飲み、大きな茶色の目で僕や世界を観察していた。人間の代用乳は、僕らの一番近い親戚をスクスクと育ててくれる。そんな様子を見ていると、つい忘れてしまいそうになるが、1匹のチンパンジーの赤ん坊が押収され保護されたということは、森のどこかで10匹のチンパンジーが死んでいることを意味する。チンパンジーの赤ん坊をペットとして販売したり、海外に密輸したりするために捕獲するとき、通常、その赤ん坊の母親だけでなく、必死になって助けにくるチンパンジーの群れ全員が殺されることになるからだ。

外来種導入——順化協会の誤算

牛乳と大豆のタンパク質で作られた最高の代用乳でさえ、母乳の持つ無数のホルモン、抗体、アミノ酸比をすべて含んでいるわけではない。哺乳瓶で育てられたチンパンジーは、粉ミルクを飲んでいる人間の赤ん坊のように、ひと晩中安らかに眠るのが普通だ。人工乳には、母乳と同量のグルタミン酸が含まれているわけではない。アミノ酸の一種であるグルタミン酸は、旨《うま》み成分であると同時に、神経伝達物質でもあり、乳児の脳に充分母乳を摂取したと知らせる手助けをする。もしチンパンジーの母乳にグルタミン酸やほかの天然化合物が含まれていなかったら、乳児はもっとたくさん飲み、伸張受容器が脳に停止を伝えるまで胃を膨張させることだろう。代用乳は睡眠不足の母親にとっては魅力的に思えるかもしれないが、乳幼児の死亡率を高める一因となっている。過剰摂取しがちで消化が悪いこと、母乳にある抗体が含まれないこと、粉ミルクを溶くための清潔な水が不足していること——そうした複合的な要因のために、途上国のチンパンジーや人間の赤ん坊は、致命的な腸炎に罹りやすくなっている。僕たちは、代用乳がチンパンジーの肥満や糖尿病の生涯リスクを高めている可能性すらあると推測している。

野生動物の栄養について語るなら、外科医のフランシス・バックランドと順化運動について触れないわけにはいかない。彼は野生動物の栄養に執着していたが、それは野生動物の獣医師とは似ても似つかぬ形でだった。

１８２６年にオックスフォードで生まれたバックランドは、動物界を食い尽くすことに執念を燃やす、動物食のパイオニアだった。ウィンチェスター・カレッジの学生時代には、**ネズミ**や**ラット**を捕獲しては食べ、クラスメートを不快にさせていた。ベッドの下に隠した食べかけの**猫**のにおいが臭いと苦情を寄せられたこともあった。オックスフォード大学在学中には、サリー動物園の**ヒョウ**が死んで埋葬されたことを知るや、急いで駆けつけて掘り起こし、調理して食べたが、たいして美味くなかったと文句を言った。死んでから時間が経ち、おそらくかなり腐っていたことを考えれば、実に控えめな美食家的表現である。

その後、彼はセントジョージ病院で外科を学び、解剖学の教科書で有名なヘンリー・グレイの教えを受けた。ちなみにその教科書、『グレイの解剖学《グレイズ・アナトミー》』は、病院を舞台にしたテレビドラマのタイトルにも使われている〔米国ＡＢＣテレビで放映された『グレイズ・アナトミー 恋の解剖学』のこと〕。バックランドはロンドン動物園から動物の死体を送ってもらい、解剖学の研究だけでなく料理の試食もした。彼の夕食には、焼いた**イルカ**の頭に**サイ**のパイ、**モグラ**の煮込みに茹《ゆ》でた**ゾウ**の鼻と、ありとあらゆるものが出された。

また、ダーウィンが自分の著作を引用したことを快く思っておらず、進化という概念に強く異を唱えた。「ある動物の個体が一生のあいだに行なった適応は、未来の世代にも受け継がれる」という彼の誤った信念が、順化協会の創設に繋がった。支持者たちは外来種が農業振興に役立つと考えた。ペルーのジャガイモ、メキシコのトウモロコシ、アジアの**カイコ**に続いて、ほかの種も、寒くて湿ったヨーロッパの気候に適応して人間の利益になるだろうと思われた。ナポレオン戦争、産業革命、長年にわたる凶作とジャガイモの疫病の影響により、当時は肉が高価で、多くの人々にとってめったに食べられないものだった。

今日《こんにち》、僕たちは、ニュージーランドに移入された**ウサギ**、**アカシカ**、**フクロギツネ**や、イングランドの**キタリス**を駆逐した北米の**トウブハイイロリス**など、外来種が固有の環境に害を及ぼしうることを認識している。ニュージーランドではウサギの移入が問題となり、その数を減らすために**イタチ**や**オコジョ**を移入し、さらに失敗を重ねた。現在、ニュージーランドには、3000万匹のフクロギツネが生息し、固有種の鳥のヒナや卵を食べ歩いている。また100万頭以上のアカシカが国家駆除計画により南北の本島で射殺された。北半球では、北米に移入された100羽の**ムクドリ**が、今日では2億羽以上に増殖している。

1859年にロンドンの居酒屋で開かれた英国順化協会の第1回会合では、出席者が**エランド**、**アメリカヤマウズラ**、**ヒシクイ**を食し、未来は明るいと思われた。将来起こりうる問題はまったく見えていなかった。順化協会は1人の奇妙な男の愚行の枠をはるかに超えていた。「恐竜」という名前を考え出したことで有名なリチャード・オーウェン教授が、イギリスの富豪、アンジェラ・バーデット゠クーツの後援や、ダービー伯爵などの貴族の支援を得て、第1回会合の主催者となったのである。ロンドン動物学会の会長、ベッドフォード公爵さえ名を連ね、悲劇の外来種移入実験国ニュージーランドに、**ヒマラヤタール**を放った責任者となった。今日、ニュージーランドの侵略的外来種対策には、国民総生産のほぼ1%が費やされている。

フランシス・バックランドとその仲間たちは、エランドなど外来種のレイヨウの群れが、サセックスの田園地帯を歩き回り、食料源となることを想定していた。称賛に値する目標だったのだろう。とはいえ、バックランドは動物界のすべての種をひと切れずつ食べると誓った男であり、バックランド家の食習慣のすべてが科学的関心によるものだったわけではない。彼の父親、ウィリアム・バックランドは、晩餐《ばんさん》会でルイ14世の防腐処理された心臓をガツガツ食べたという噂まであるほどだ。

王室動物園でさえ苦労する肉食動物の餌の確保

こうした試みは悲惨で見当違いのものだったが、ノルマン人によってイギリスに持ち込まれた**野ウサギ**は、イギリスやオーストラリアの多くの動物園の肉食動物たちの食事の一部となっている。**ダマジカ**はアジア原産だが、３０００年前に古代フェニキア人によって持ち込まれたとされ、現在、イングランドでは食肉、生食用ペットフード、動物園の動物の餌用として狩られている。僕も含めて、動物関係の仕事をする人々はベジタリアンやヴィーガンが多いけれど、それでも、飼育下の多くの動物に肉を食べさせなければならない。

ユキヒョウもペットの**猫**も、必須アミノ酸の一種であるタウリンを体内で合成できないため、**オオカミ**や飼い**犬**とは異なり、肉をベースとした食事から摂取しなければならない。タウリンが不足すると、**アフリカライオン**から**ペルシャネコ**まで、網膜変性による回復不能な失明や、致命的な心筋拡張の症状をもたらす可能性がある。不思議なことに、**フタユビナマケモノ**もタウリン不足になりやすく、また多くの鳴禽《めいきん》類も同様だ。**アオガラ**は、タウリンを多く含む**クモ**をわざわざ探してヒナに食べさせる。親鳥が細やかな気配りをした餌を与えるおかげで、ヒナたちは植物のあいだを飛び回り続けるために必要な空間認識能力を育てることができる。

肉は高価なため、大型肉食動物の飼育には費用がかかる。かつてロンドン塔にあった王室専用の動物園でさえ、さまざまな肉食動物の餌やりに苦労していた。動物たちの大半は王室への贈り物だったが、必ずしも喜ばれていたわけではない。1811年にハドソン湾会社から巨大な**ハイイログマ**を受け取ったジョージ3世は、新しいネクタイ1本や靴下1足のほうがずっと良かったと語っている。その600年前、ノルウェー国王から贈られた**ホッキョクグマ**に餌を与えるときには、塔の飼育係は長い鎖でクマをテムズ川の岸に繋ぎ、川で魚を捕らせて問題を解決していた。18世紀に入ると状況は悪化し、餌代を賄《まかな》うために動物園を大衆に開放するに至った。入園料は1ペンス半だったが、**ライオン**に食べさせる犬や猫を持参すれば無料となった。ありがたいことに、現在の動物園では、動物の餌としてクリスマスツリーの寄贈を募っているだけである。

肉は今日でも高価であり、また畜産業は環境に負荷を与えている。ほかのタンパク源を使えないものかと考えたくなる。20年前に、動物園でライオンや**チーター**に園内で死んだ動物を餌として与えたところ、猫海綿状脳症（猫科動物の狂牛病に相当する病気）に罹った。

動物園の肉食動物の餌となる肉の供給源のひとつは、農場で死んだ、人間の食用には使えない牛や馬――死んだ獣畜――である。安価な供給源だが、稀に安楽死させられた動物が誤って動物園に送られることもある。動物を死なせるために使用されるバルビツール酸は、その肉を食べた動物にも影響を与える。僕はアフリカライオンが、肉を食べてから1、2日のあいだ、少々おとなしくなったのを見たことがある。ほかの動物には非常に悪い影響を与えることもある。ある動物園から、1頭の**リカオン**が突然ゾンビのようによろめきはじめたと、緊急で呼ばれたときのことだ。15分後に僕が駆けつけたときには、そのリカオンは倒れて意識がなく、ほかの2頭もよろめきながら歩き回っていた。僕はその日、疲れを知らない看護師のドナ・ブラウンと一緒に、意識を失った3頭のリカオンに点滴をし、目を覚ましたら殺されやしないかとヒヤヒヤしながら見守った。ありがたいことに、腎臓を保護し、薬を洗い流すことができたので、3頭とも回復した。一方、別の動物園で見た**トラ**はそれほど幸運ではなかった。屋外の囲いの中でじっとしていて、弱り切って歩くこともできなかったが、まだ意識があったために、危険すぎて誰も囲いの中に入ることができなかった。回復したときには、脱水症状から腎臓に回復不能の障害を負っていた。しかしながら、ほとんどの動物園では、飼育する大型肉食動物に人間用の品質の肉を与えることは経済的に無理があり、どれだけ気をつけていても、薬物中毒のリスクは避けられない。

周囲に農場がある動物園だと、作物を荒らす野ウサギを仕留めて、飼育動物——**ヒョウ**から**イヌワシ**まで——の餌にする場合もある。とはいえ、それもリスクがないわけではない。ハンターはウサギの頭を狙って撃ち、餌にする前には頭を取り除く。が、ときにウサギの脚の見えないところに、過去に撃たれたが逃げおおせたときの弾丸が残っているケースもある。弱って倒れたイヌワシが、黒緑色の下痢をしているときには、すぐにこのケースを疑い、飲み込んだ弾丸を胃から取り出して、血液中の鉛を凝固させる薬を投与することが、イヌワシの命を救うために不可欠となる。

誰かが——ペレット銃を持つ退屈したティーンエイジャーであれ、クリスマスのローストチキンを安く入手したい人であれ——**コブハクチョウ**を撃とうとして失敗した場合には、中毒症状は起こらず、弾丸は筋肉で囲い込まれる。一方、コブハクチョウが釣り用の古い鉛の重りを飲み込んだ場合には、毒に侵される。胃の中の酸が鉛を吸収してしまうからだ。アクション映画のヒーローが、命が危ないからと、ウイスキーをラッパ飲みして弾丸を摘出する場面には、医者たちは苦笑せずにはいられないことだろう。実際には、弾丸そのものには危険はなく、恐れるべきは、銃創に土や衣服の汚れた繊維が入り込み、感染を起こして死ぬことなのだ。おそらく、命に関わるシャツの切れ端を取り除き、石鹸で傷口を洗う場面を撮影するよりも、魅力的な女優が弾丸を摘出し、傷口にウイスキーをかけている場面のほうが画になるということだろう。

イースターの象徴とされるヒヨコの皮肉な運命

肉を食べてもカルシウムはほとんど摂取できないため、骨を食べることも不可欠だ。野生では、肉食動物の多くは大小さまざまな獲物を食べることで、これを実現している。**ヒョウ**は大きな**ブッシュバック**を食べても骨をそのまま残し、カルシウムを摂取していないかもしれないが、**アフリカアシネズミ**などを食べて摂取している。動物園や保護区で大きな骨付の牛肉や鹿肉を与えられている肉食動物にとっては、なかなか難しい。ハンマーで骨を砕いて与えるのがシンプルな解決策だが、アフリカの**スナネコ**の助けにはならない。もっと小さな骨を与えるか、カルシウムのサプリメントで補給する必要がある。

また、カルシウムが必要なのは肉食動物だけではない。草食動物の多くは植物から充分な栄養を摂取しているものの、スコットランドのラム島の痩せた土壌の植物では、**アカシカ**は——とりわけ枝角を伸ばす時期には——栄養不良になる。彼らの解決法は穏やかとは言い難い。ラム島に生息する**マンクスミズナギドリ**のヒナの頭を囓り取ったり、ときにはヒナの体の中で一番カルシウムが豊富な部分である脚も食いちぎったりする。その島は、世界のアカシカの4分の1の繁殖地であるため、犠牲者の数も多い。

動物園の**フォッサ**や**コモドオオトカゲ**から、孤児になった**メンフクロウ**、くくり罠にかかったあと野生に帰るためにリハビリ中の**カワウソ**まで、あらゆる動物の主食のひとつが、生後まもない**ヒヨコ**である。伝統的に、雄鶏は鍋用、雌鶏は産卵用として飼育されてきた。しかし、１９２０年代には、**ニワトリ**はできるかぎり「効率的で経済的なミニ食品工場」となるように選別された。現在、雌鶏は2年の労働人生で年間３００個の卵――かつての2倍の数――を産むことができる。ニワトリの祖先である**セキショクヤケイ**は12個卵を産んだらもう産まなくなるが、今の寿命は10年ほどある。現在、ブロイラー（食肉用に飼育されるニワトリ）は１カ月で１・５～２キログラムの解体重量まで発育するが、１９２０年代以前は４カ月かかった。今日、70億羽のニワトリが年間８０００万トンの卵を産み、多くの欧米諸国では１人あたり年間３００個近くを消費している。特別に選別されたヒヨコを飼育することは効率的かつ経済的であり、肉や卵を安価に保つことができるが、倫理的かつ動物福祉的にはさまざまな負担を強いられる。

問題は、最近まで卵が孵化する前に雌雄を判別することができなかったため、今ではもう雄鶏の食肉用の飼育がもはや経済的に不可能となっていることだ。オスの初生《しょせい》ビナ――卵から孵化したばかりのヒヨコ――は年間70億羽も殺されている。これは地球上でもっとも一般的な鳥であるニワトリが、世界中で年間に飼育されている数、５００億羽と比べても相当な割合である。オスの初生ビナは、北米では巨大な粉砕機に投入され、ヨーロッパの多くの国では二酸化炭素を使ってガス処理される。同様に、フォアグラの生産では、体重の増加の早いオスのほうが好まれるため、年間４０００万羽のメスの**ガチョウ**や**アヒル**のヒナが殺されている。そうしたヒナ鳥たちは、トウモロコシなどの穀物の肥料となり、その穀物はやがてニワトリの餌になる。イースターの時期に、黄色いヒヨコが新しい命の象徴とされるのはなんとも皮肉である。

また、初生ビナは、鶏肉が原材料として記載されているドッグフードやキャットフードにも使用されている。さらには、**アルゼンチンブラックアンドホワイトテグー**や鷹狩り用の**アカオノス**

リ、保護繁殖プログラムで飼育される**スコットランドヤマネコ**や動物園の**タテガミオオカミ**など、さまざまな動物たちの主要な食餌にもなっている。動物園の餌には欠かせないものであり、栄養バランスを整えるためのソフトウェアにも栄養成分が登録されているほどだ。価格がひき肉の10分の1だということを考えれば不思議ではない。

初生ビナは、自然に捕獲された野鳥とは栄養成分が異なる。孵化したての柔らかい骨はカルシウムが少ないので、補う必要がある。代謝性骨疾患は、おもにヒヨコを餌とする動物によく見られ、若い**オニアオサギ**が成長すると脚がねじれて変形していたり、**ハナブトオオトカゲ**が何の理由もなく脚を骨折したりする。初生ビナには、コレステロールの元となる卵黄嚢が含まれているため、**ミーアキャット**などいくつかの種では問題となる。また畜産の牛肉や羊肉も、野生動物が食べる肉とは栄養的に大きく異なる。**ヒョウ**は、**シロアリ**や**トカゲ**から、鳥や齧歯動物、**レイヨウ**まで幅広い種類の獲物を捕らえる。小骨は脂肪髄やカルシウムを、内臓はビタミンB、鉄分などのミネラルを摂取するために食べる。野生の獲物の毛や羽さえも自然食の重要な一部であり、アミノ酸を補給するだけでなく、便秘を防ぐためにも必要だ。科学者たちは、オスの初生ビナがもたらす倫理的かつ動物福祉的問題を解決するために、孵化前に卵の性別を判定する商業的方法について研究している。動物園などの動物施設にとっては対応が難しくなり、動物の餌として特別に飼育された**ラット**や**マウス**を買い足す必要に迫られそうだ。

元祖ドラキュラ、チスイコウモリ

動物性タンパク質の究極の消費者は、もっとも特殊でユニークな生物——ドラキュラを連想させる、**チスイコウモリ**の現存する3種である。ほかにも、ときどき血を吸って栄養を補う動物はいる。たとえば、ガラパゴス諸島の**チスイガラパゴスフィンチ**は、ウチワサボテンの花蜜が足りないとき、**アオアシカツオドリ**の脚をくちばしでつついて血を吸い、タンパク質の摂取を増やす。驚くべきことに、カツオドリは抵抗もせず、血を吸われるままにしている。どうやら、寄生虫を取り除いてくれるありがたいつつきと混同しているようだ。

チスイコウモリは血液だけを摂取して生きる唯一の哺乳類であり、この食性に特化して2600万年以上になる。あまりに昔からなので、実のところ、どのように血のスペシャリストに進化したのかはわかっていない。おそらく、最初は**ダニ**などの血を含む寄生虫を食べていて血を食べるように切り替わったか、果実を突き刺すための鋭い歯を持っていて、そこから進化したか、あるいは大型の**チスイコウモリモドキ**のように小さな鳥や哺乳類を食べていて、そこから進化したのだろう。チスイコウモリはドラキュラのように鋭い歯を使って吸血するのではなく、小さな切り傷をつけてから舌で血を舐めている。血を飲むため、恐ろしい狂犬病ウイルスを媒介する可能性があり、動物園ではワクチンを接種する。実際、イギリスなど一部の国では、人間に飼育される場合、狂犬病検疫レベルの囲いの中で一生を過ごさなければならない。**オオコウモリ**が、通り抜けできる囲いの中で生活できるのとは対照的だ。**ナミチスイコウモリ**は、実のところ飼育下で餌に困ることはない。日々手配した新鮮な血液を――凝固を遅らせるために少々クエン酸を加えて――運んでくればいい。彼らは、夜間には温かい動物を見つけるために熱探知を利用するのだが、冷たい血液だろうとまったく問題なく喜んで飲む。多くの人々は血を吸う動物と考えるだけでゾッとするが、ナミチスイコウモリは助け合いの精神を持っている。コウモリは餌がないと2日以上生きられないので、よそで餌にありつけない場合は、互いに餌を与え合うのだ。

生食は自然食か？

野生動物の獣医である僕は、妻やほかの獣医の同僚たちと違って、スーパーマーケットや家族の集まりで、**犬**がカーペットの上でお尻を引きずることについて相談されたり、老いた**猫**のトイレの習慣について質問されたりすることはほとんどない。ただし、犬や猫の飼い主からひとつだけ尋ねられることがある。生食についてだ。野生の**オオカミ**は缶詰の柔らかい餌を食べたりしないし、**リビアヤマネコ**は乾燥ビスケットを食べたりはしないじゃないか、というわけだ。

ペットに生肉を与えることは、あなた自身が旧石器時代の食事をするのと同じように、本能的な魅力がある。とはいえ、**ペキニーズ**はオオカミとはまったく似ていないし、短く変形した頭蓋骨と顎では、野生の祖先と同じ機能を発揮することはできない。よりオオカミに近い**シェパード**でさえ、選択と近親交配によってまったく別の生き物となっており、野生のオオカミにはほぼ無縁な、さまざまな疾患に罹りやすくなっている。野生の親戚たちは、**ミミズ**や**ハタネズミ**から、小型の**鳥**、**鹿**、さらには海岸で腐りはじめた**アザラシ**の死骸まで、あなたの家の中で再現するのは不可能なほど、ありとあらゆるものを食べる。飼い主が袋詰めの冷凍ラットや虫や鳥をペットフードとして購入することはまずないから、生食の主役は鹿肉か牛肉になる。大きな骨は、犬にとって、充分なカルシウムを確実に摂取できるほど上手には食べられない。骨の大きな塊を飲み込んだ場合、骨が腸でつかえてしまい、手術しないと命に関わる危険性がある。

安全な鹿肉を手頃な価格で調達することは、生食メーカーにとって難しいことだ。調理してあれば、消化を良くして、ペットの環境負荷を低減するだけでなく、重要なことに、人間にもうつる伝染病を排除する助けにもなる。また、生食によってサルモネラ菌や結核菌が発生することもある。その場合、ペットの命だけでなく、ペットと密接に生活する飼い主も危険にさらされることになる。とりわけ子どもや高齢者、ガン治療中の患者や臓器移植後に免疫抑制剤投与中の患者など、免疫力が低い人々にとってリスクが高い。安全性は生食の最大の問題である。野生のオオカミの群れでさえ、この生き方に極めて高度に適応しているにもかかわらず、腸閉塞や感染症で死ぬオオカミがときどき出るが、群れ全体としてはうまくやっている。市販のペット用の餌は理想的には見えないかもしれないが、安全である。野生と比べて生食への対応能力の低いペットの命で、ロシアンルーレットをしたい飼い主はめったにいないだろう。

餌を与えるのが一番難しいセンザンコウ

さて、**ペキニーズ**の歯は小さくてほぼ役に立たないが、野生動物の中にはさらに上をいく患者がいる。

センザンコウには歯がない。秘密主義の夜行性哺乳類で、二足歩行し、**トカゲ**のような鱗を持ち、体を丸めて硬い球になれば**ライオン**からも身を守れる。餌は**アリ**と**シロアリ**しか食べない。それが飼育下での栄養補給をつねに難しくしている。

センザンコウは地球上で一番数多く売買されている野生動物だ。毎年数百万匹が違法に捕獲されている。押収後に生かしておくことが非常に難しいことで有名なのに、それでも密輸業者はひるむことなく、チューブで大量の水や粥《かゆ》、さらには泥まで強制的に食べさせて、センザンコウの体重を増やし、価格を吊り上げようとする。大型貨物が押収されることも多い。できるだけ多くのセンザンコウを救うためには、脱水状態で、ストレス過多で、潰れたトラック1台分のセンザンコウの健康状態をすばやく評価することが不可欠だ。ちなみに、僕が野生動物保護団体〈フリー・ザ・ベアーズ〉と一緒に、ラオスの野生動物保護に携わる税関職員の訓練を手伝った際には、麻の袋に入れたカボチャを動物たちに見立て、ストレスを最小限に抑えながら、押収された大型貨物内の動物を取り扱い、移動させ、評価するシミュレーションを行なった。その後、職員たちは報酬としてカボチャをひとつずつ家に持ち帰ることができた。

アリだけを食べて生きる動物に、野生と同じ餌を与えることは不可能に近い。たとえシロアリの巣を掘り返して与えたとしても、すぐに食べ尽くされてしまうだろう。ベトナムで**マレーセンザンコウ**を保護した場合は、値段は張るが、市場で冷凍アリの卵の袋が売られているという利点がある。しかし、アフリカで**キノボリセンザンコウ**を保護する場合には、現地で人間の食用として小さな昆虫の養殖や伝統的な採集はされておらず、餌になりそうなものは入手できない。

パタゴニアでは、**オオアリクイ**――センザンコウと同様にアリとシロアリしか食べない、歯のない動物――のリハビリをするときに、同じ問題に直面する。オオアリクイは岩のように硬いシロアリの巣を切り裂くために、**剣歯虎**のような派手な爪をしているわりに、一番エネルギーを必要とする臓器を最小化することで、より少ないエネルギーで活動できるように進化してきた。彼らの脳はクルミ大しかなく、しかもその3分の1は、繊細な嗅覚処理に使用する神経で占められている。オオアリクイは季節ごとに、栄養価の異なるアリやシロアリの種類を切り替え、働きアリや繁殖担当のシロアリのにおいを嗅ぎわけて選んで食べる。小さな**ヒメアリクイ**はさらに好き嫌いが激しく、樹木にいる特定のアリしか食べない。

飼育下では、アリを主食とする動物にあらゆる種類の餌が試された。その中には、ゆで卵、ウシの心臓、エビ、ひき肉、キャットフード、ひまわり油、イースト、果物、ヨーグルトをミキサーで混ぜたものもあった。オオアリクイはそれを細長い舌で舐める。が、ほんの小さな腱や筋線維が残っていれば、それが舌に絡みついて締めつけ、舌が取れる原因となる。舌のないアリクイは食べることができず、どれだけきちんと世話をしても、衰弱死する。

人工の餌を食べて生きるアリクイは、適切に血液が凝固しないらしく、出血すると血が止まらなくなる。それを防ぐために、日々の餌にビタミンKを含める必要がある。欧米の多忙な動物園では、そうした複雑な餌ではなく、普通はアリやシロアリを食べる**コアリクイ**から**アルマジロ**まで、粉末飼料で代用している。便利だが高価なため、発展途上国の多くの救護センターでは、今も独自のレシピに頼っている。とはいえ、その粉末飼料といえども完璧ではない。最近、製造元が軽率に原材料をひとつ変更しただけで、数頭のアリクイが死んだ。

飼育下で出血しやすい患者はほかにもいる。**クロサイ**だ。クロサイの闘争的な気質を考えると奇妙に思える。彼らの親類である**シロサイ**は、基本的に穏やかな「**カバ**サイズの一角芝刈り機」であり、牛と同じように簡単に餌を与えることができる。一方、クロサイには肝臓や皮膚の疾患など健康問題が多い。そうした問題は飼育下でしか見られないが、これは自然な食事を再現することが難しいためだと思われる。彼らはアフリカの100種類以上の草木の葉を食べるものの、野生の餌の大部分を占める草木は3、4種類に限られている。どれもアカシア科の植物で、アフリカにしか生えていない。

森林《ウッドワイド》ウェブ

アフリカのサバンナにあるアカシアの木は、多種多様な動物に葉を食べられて、さぞかし大変なことだろう。僕たち人間からも、薪《まき》以外にも多用されている。アカシア属のアラビアゴムノキの樹液から作られるアラビアゴムは、ウィリアム・ターナーの水彩画からマシュマロ、靴墨にいたるまで、あらゆるものに含まれている。木工用接着剤は、石油化学製品を使わなくても、アカシアの樹皮で環境にやさしい製品を作ることができる（僕の父親は化学者で、そういう接着剤を開発する仕事をしていた）。アカシアは動物に食べられないように小さな葉のあいだに長い棘を持ち、また葉にはタンニンが含まれている。皮革をなめす《タンニング》ために使われ、そこから命名されたこの化合物は、動物の皮のタンパク質と結合し、靴からサドルまであらゆるものを分解されにくくする。また、カベルネ・ソーヴィニヨンの赤ワインやピートの香るスコッチウイスキーにも含まれ、飲んだ人の口の中を乾燥させる。タンニンを含む植物は、葉を消化しにくい草食動物の消化管の消化酵素を阻害し、葉を苦い味にして多くの動物に避けるよう促している。

植物の味を感じるのは動物だけではない。植物によっては、自分の葉を食べる動物の味を感じることができるようだ。ブナやカエデの若木は、風で小枝が折れたり人間に小枝を折られたりしたときと**ノロジカ**に嚙られたときとでは、異なる反応をする。前者では普通に治癒を促すホルモンを分泌するが、後者ではシカの唾液を味わった若木は、ホルモンではなくサリチル酸を放出するらしい。サリチル酸は古代人類が最初に使った消炎鎮痛剤で、現在でもアスピリンやニキビ用クリームや胸焼け用の薬に使われている。ただし、嚙られた若木に放出された場合、サリチル酸はタンニンの生成を促す。これは消化を阻害するだけでなく、苦い味がするので、ほんの数回嚙っただけで、シカは別の食べ物を探さなければならなくなる。植物は食べられるときに悲鳴と同等の反応を示しているのだ。僕たち人間やほかの動物にはまったく聞こえないし見えないだけで。

ちなみに、**キリン**に食べられたアカシアの木は、空気中に揮発性の化学物質を放出し、ほかのアカシアに食べられたことを知らせる。すると周囲の木々もタンニンを増やすので、キリンはアカシアの声の届かない風上まで移動して、まだ何も知らないアカシアを見つける必要がある。アカシアにとって、キリンは悪夢のような存在だ。ほかの動物よりも高い場所に届くように特化したキリンは、アカシアが懸命に誰にも触れられないようにしている若木の生長点を食べてしまう。キリンの美味しい食事となったアカシアは、1年以上生長できないこともある。アカシアが自衛の策をあれこれと講じているのも無理はない。

ヨーロッパの森では、空気中に化学物質の悲鳴を放出する代わりに、多くの木々が地下の「ウッドワイドウェブ」でコミュニケーションを取っている。このすべての根を繋ぐ目に見えない微細な菌糸の塊のおかげで、ブナの木は、シカに食べられていることや**キクイムシ**に襲われていることを周囲の木々に伝えることができる。ブナは隣人がほぼ親戚なため、とりわけおしゃべりな木のようだ。また、彼らの社会は一般的な人間社会よりも親切である。たとえば、森を歩いていると、何年も前に嵐で折れたり、チェーンソーで切り落とされたりした古い切り株がまだ生きているのを見かけることがある。光合成ができなければ、普通は生存が不可能なはずだ。しかし、その古い切り株は、周囲の親戚が相互に繫がった根を通して――ときには何十年も――栄養を与えてくれるおかげで、生き続けてきたのだ。

僕が10代の頃、南アフリカでは毎年何百頭もの**クーズー**が胃を葉でいっぱいにして死んでいるのが発見された。狩猟獲物牧場で飼育され、広い地域を移動することがなかったこと、さらにアカシアの木にクーズーの致死量の防御タンニンが蓄積されていたことが原因だった。一方、キリンは元気だった。彼らはある場所で貪るように食べてから、ある程度離れた風上に移動し、そこで再びウブな木々の葉を食べた。それを繰り返し、ようやく最初の木に戻る頃には何カ月も経過していたからである。

タンニンには有益な働きもある。古代エジプトでは、痔《じ》の治療にタンニンの軟膏《なんこう》が使われ、赤ワインに含まれるタンニンは――アルコールが仕事のストレスレベルを低減する以外にも――健康に良い影響があるとされる。また、アカシアの葉に含まれるタンニンは鉄分と結合する特性を持つ。**ヤギ**はアカシアを食べることに適応していないので、アカシアの葉を食べると鉄欠乏症になる。一方、野生の**クロサイ**はタンニンの苦みもまったく気にならないらしく、ほかの多くの草食動物が耐えられないような苦い葉でも平気で食べる。彼らは自分たちを撃退しようとする木々と共進化して、ほとんどの動物にとって有毒なその化合物を有効活用し、タンニンで肝臓を保護している。タンニンは、ほかの動物におけるビタミンEと同じように、フリーラジカルを中和する抗酸化物質としても機能するようだ。動物園のクロサイは、肝臓に鉄分を過剰に蓄積し、肝不全で突然死することが多いが、飼育下繁殖プログラムにおいて、クロサイの餌にタンニンを適量追加することは、彼らの健康維持に役立つかもしれない。

植物は何千年も生き、老いた木々を気遣い、互いに親切で、味を感じ、悲鳴をあげ、そして僕たち動物とはまったく異なる方法であっても、学習し記憶を持つことができる。ヴィーガンであり、患者を食べない僕は、そのことに当惑せずにはいられない。たとえ植物の命に関心がなくても、そうした植物の習性は、飼育する野生動物の栄養に影響を与える可能性がある。何度も機械的に収穫された植物と、自然に食《は》まれた植物とでは微妙に違いがあり、同じ化合物が含まれているわけではない。僕たちは患者の食事の中に、タンパク質、炭水化物、いくつかのビタミンとミネラルが含まれていればそれで満足するが、自然の栄養には人間が決して再現できない複雑に重なる層があるのだ。

毒か、薬か？

クーズーを殺すものが、**クロサイ**の健康には欠かせない。毒と薬の境界線は曖昧で、どの種が摂取するのか、どのように摂取されるのかによって変化する。食べ物に有益な栄養素が含まれていないこともある。**トナカイ**はハイになるためだけに、毒キノコのベニテングタケを探して食べるし、その魔法のキノコをめぐって争うことすらある。サーミ人のトナカイ遊牧民は、トリップしたトナカイの尿を飲むことで、毒を摂らずにハイになることができる（トナカイの尿には幻覚作用のある化合物が濃縮されているが、ひどい副作用はない）。カナディアンロッキーに生息する野生の**ビッグホーン**は、長く険しい岩棚を伝って、何の栄養の足しにもならないのに、高山に生える精神活性成分のある地衣類を食べにいく。肉食動物でさえ、ドーピングすることがある。**ジャガー**は、ペルー人のシャーマンのように、幻覚作用のある蔓植物、ヤヘーの皮を噛むのを好む。

ときにはうっかりハイになることもある。タスマニアでは、**アカクビワラビー**が医療用ケシの栽培畑に迷い込んだとき、ケシの実を食べて飛び跳ねてミステリーサークルのような跡を残した。一番有名なのは、**アフリカゾウ**が発酵したマルーラの木の実で酔っ払い、高い声で騒々しく鳴きながらあたりを突進して倒れたという逸話だ。残念ながら、これはありえない。ゾウが酔っ払うのにどれほどの量のアルコールを摂取する必要があるかを考えればわかることだ。ただし、マルーラの果実に含まれるほかの物質が、人間の4倍の大きさのゾウの脳に影響を与えた可能性は残されている。**ヒヒ**や**ベルベットモンキー**も、発酵したマルーラの実を食べて酔っ払っているように見えることがあるが、これは酔うことが目的ではなく、食料として食べた副作用だろうと思われる。一方、**ミバエ**——人間と人間につねに供給される果物にみずから適応してきた種——は、発酵果実のアルコールに対する耐性が極めて高い。ちなみに、彼らの野生の祖先はマルーラの発酵果実に特化していた。

植物が意図的に動物を酔わせることもある。たとえば、ランの中には、独り身のオスの**ミツバチ**に蜜を飲ませて酔わせ、酔った状態で花と交尾させて、受粉を手伝わせる種もある。またケシの花を食べたミツバチは、その蜜で人間を酔わせることもできる。農薬でミツバチの個体数を減らした僕たちへの復讐《ふくしゅう》かもしれない。

栄養素、快楽を得るための麻薬、毒物の境界は曖昧だ。外来の植物がある国に持ち込まれたとき、その国では野生動物がその植物を避けるように進化していなかったために、中毒に陥ることもある。たとえば、**アカカンガルー**がランタナ——中米原産の園芸植物で、多くの国々で野生化している——を食べると肝不全になる。獣医になったばかりの頃、僕は**ケヅメリクガメ**の治療をしたことがある。カメの中でも格別大きな種のひとつで、体重13キログラムのカメが、まだ4歳であることをつい忘れがちにある。ある朝、空腹のそのカメの幼児は、庭にあったアセビ——野生ではまず見かけることのない植物——をお腹いっぱい食べるという間違いを犯した。カメは激しい腹痛でうめき、唸り、よだれを垂らした。幸いにも回復し、おそらく教訓を得たと思われる。しかし、野生動物はすべての有毒植物を避けるように学習するわけではない。動物園で**オグロワラビー**がキツネノテブクロを食べたら、心不全で急死する。

食べ物は誰がどれだけの量を食べるかによって、ヘルシーにも有毒にもなる。アボカドはあまりの美味しさに世界中で大人気となり、生産地のメキシコで犯罪カルテルの恐喝行為を発生させているほどだ。一方、**オオキボウシインコ**は人間と同じようにアボカドを美味しそうに食べるが、食べすぎると心不全で死んでしまう。人間もアボカドに含まれるペルシンという毒素を摂取しすぎると、心筋にダメージを受けるが、栽培されたアボカドは野生の祖先に比べればペルシンの含有量は少ないので、人間が毒になるほど食べることはなさそうだ。アボカドは、人新世《じんしんせい》［地質時代における現代を含む新区分。まだ公式には認められておらず、開始年代にもさまざまな提案がある］の初期に**オオナマケモノ**が捕食され絶滅したことで、生来の種子散布方法が失われたため、栽培による生存に進化した。

ちっとも注目されないオキアミの不思議

アリクイがアリの種類を選んで必要な栄養価を摂取しているように、高速で泳ぐ**ジェンツーペンギン**も、**ナンキョクオキアミ**のオスやメスを食べ分けて、必要な量の脂肪やタンパク質を摂取している。驚いたことに、オキアミの体長は数センチほどしかない。オキアミは地球上にアリよりも多く存在し、**シロナガスクジラ**から小型の**イカ**まで、あらゆる動物がオキアミを食べているようだ。世界最大の翼を持つ鳥、**ワタリアホウドリ**も、ナンキョクオキアミを食べている。南極の食物連鎖は、植物プランクトンとそれを食べるオキアミに依存しているのだ。

カニクイアザラシはオキアミを主食とするおかげで、地球上でもっとも個体数の多い**アザラシ**であり、その数は北半球に生息する**ゼニガタアザラシ**の個体数の20倍にもなる。ティエラ・デル・フエゴ諸島に打ち上げられた頭蓋骨を見たとき、僕はすぐにカニクイアザラシのものだとわかった。海中から小さなオキアミをすくい上げるために波形の歯をしていたおかげであり。彼らの歯は、地元のスコットランドで見かける**ミンククジラ**のひげ板［口腔内の皮膚が変化して、繊維が板状となった器官。クジラひげとも呼ぶ。濾過摂食を行なうためのフィルターとして発達した］に進化しつつあるかのようだ。カニクイアザラシの主な捕食者、恐ろしい**ヒョウアザラシ**は、ドキュメンタリー番組ではペンギンを切り裂く残酷な姿ばかりが映し出されるが、オキアミも食べる。特に若いヒョウアザラシはほぼオキアミしか食べない。半トン級の成獣でも、ペンギンを食いちぎるイメージとは裏腹に、食事の半分はオキアミなのだ。そんなわけで、彼らが食べるカニクイアザラシの歯に似て、ヒョウアザラシの奥歯も三叉状になっている。

　ナンキョクオキアミは、総重量換算でもっとも豊富に存在する動物のひとつであり、クジラから鳥まであらゆる動物が必死に食べているにもかかわらず、地球上でもっとも繁栄した動物のひとつでもある。ナンキョクオキアミのバイオマス［ある時点にある空間に存在する生物の量を、物質量として表したもの］の総量は南極海で3億トンにもなり、地球上での人間のバイオマス総量よりもわずかに少ない程度だ。

　ところが20年前、世界最大級のジェンツーペンギンの動物園コロニー［同種または複数種の生物が集団で定住しているエリア］の食事を最適化するために、ナンキョクオキアミの栄養素含有量を調べたところ、科学雑誌にもインターネットにもほとんど記述がないことがわかった。野生のジェンツーペンギンの食事はおもにオキアミで、それにイカや**クラゲ**が加わるくらいで、魚はごく少量であるのに、そのコロニーのペンギンの食事は、北半球で安価に入手できる魚がベースとなっていた。しかも栄養のガイドラインは、飼育された鶏やペットの猫の代謝要求量から推測されたもので、ペンギンの実情に合っていなかった。その動物園コロニーのペンギンたちは調子が悪く、成鳥はしばしば病気になり、ヒナの生存率も低かった。これは食事と関係があるのかもしれないと僕たちは考えた。

　そこで英国南極研究所の事務所に出向いたところ、半世紀前のロシアや日本の漁業報告書――タイプライターで記録された、色褪せて茶色くなった書類――の閲覧を快く許可してくれた。その中に、オキアミが人間や家畜の飼料として研究されていた頃の詳細な栄養分析を発見できた。

現在、年間10万トンのナンキョクオキアミが漁獲されているが、皮肉なことに、おもに養殖魚の餌として利用されている。オキアミ漁の主な課題は、オキアミの腐敗が早いことだ。オキアミを主食とする南極の野生動物にとってはありがたい話だが、研究者たちは工船を使ってこの問題を解決しようと取り組んでいる。オキアミ漁が劇的に増加すれば、タップダンスをするペンギンが主人公の映画『ハッピー フィート』で描かれるよりも、あるいは地球温暖化で起こっているよりも、はるかに劇的なスケールで、南極特有の野生動物の個体群の数が激減することになる。

僕たちは入手したオキアミ漁のデータを基にして、手頃な値段で入手可能な魚を選び、ビタミンを補給して、できるかぎり自然食に近づける試みを開始した。動物園がペンギンに与えている餌を調べると、魚の脂肪分が多すぎること、サプリメントでビタミンAやEを過剰に摂取していることがわかった。そうした脂溶性ビタミンは過剰摂取の弊害があるのだが、健康食品店の愛好家の中には、そのことを知らない人もいるようだ。研究者たちが食生活の貧しい人間の喫煙者に抗酸化ビタミンを補給したところ、期待に反して、脳卒中や心臓発作の数が増えた結果となり、患者を守るために研究を早期に中止せざるをえなくなった。不健康な食生活を解決する薬はないということだ。

動物園のペンギンたちには、別の魚にチアミンのサプリメント（ビタミンBは冷凍すると壊れてしまうため）を補給した新しい食事が与えられた。それから1年間、状況が改善したのか悪化したのかを知るデータが出てくるのを、僕は不安な気持ちで待った。選んだ魚は理想的ではなかったものの、確実に入手でき、手頃な価格で、ペンギンが楽に飲み込める形と大きさという条件に合わせたものだった。手ずから餌をやるのは不自然だが、個々のペンギンを毎日チェックしたり、病気になったときに魚にこっそり薬を入れたりするには、その方法しかない。ペンギンのプールに魚を投げ込んでおけば時間の短縮にはなるが、そうした技が使えなくなる。
1年後、状況は劇的に改善された。ヒナ鳥の生存率は2倍に、成鳥の死亡率は4分の1になり、病気になる鳥の数は激減した。といっても、真菌性の呼吸器感染症や下痢など、特定の病気に変化があったわけではなく、鳥の免疫系と健康状態が全体的に改善されただけである。北米や日本のほかの動物園では、この問題の原因となった魚の種が今もジェンツーペンギンに安全に与えられており、良好な結果を得ている。ただし、同じ種の魚であっても、大きな違いが隠れている。冬に獲れる魚と夏に獲れる魚では栄養素が大きく異なるし、魚がどんな餌を食べていたか、何歳でどれくらいの大きさなのか、世界の海のどの部分で育ったのかによっても違ってくるのである。

良い食事はそれ自体が薬であり、栄養を補給するだけでなく、精神的な健康にも不可欠だ。食べ物は、毒性はなくても、実は栄養を含んでいないこともある。また、食べ物が快楽を得るための麻薬として作用することもあれば、薬としての効能を発揮することもある。古代ギリシャでは、生き方から着るものに至るまで、あらゆることが薬であると信じられていた。しかし、一番重要なのはやはり食べ物である。空気の汚れから病気になるという古代ギリシャの理論は大きく誤っていたが、彼らの全人的《ホリスティック》な姿勢は、ペンギンなどの野生動物の治療に今も教訓を与えてくれる。一方、近代医学は食物や野草、樹皮などから効能のありそうな化合物を分離して錠剤にし、それを薬と呼んで、特定の病気に投与するようになった。そういうわけで、僕たちが次に目を向けるべきは、協力的でない野生動物の患者にいかにして投薬するかである。

13

スプーン1杯のアリで薬を飲ませる

投薬する

アジアのハゲワシはインドに数百万羽いた個体群が、わずか10年でほぼ絶滅した。僕たちは最終的に、牛に使われる一般的な鎮痛剤ジクロフェナクが、ハゲワシに対して特異的な毒性を持つことを発見した。死んだ家畜牛の筋肉から検出される微量なものでさえ、ハゲワシを死に至らしめるのに充分な量だったのだ。

ドクハキコブラにスプーン1杯のシロップを飲ませるには、はたまた**インドゾウ**に注射をするには、どうすればいいのか？　**コアリクイ**は、スプーン1杯の**アリ**に混ぜれば、1粒の錠剤を飲んでくれるだろうか？　動物園の**ペンギン**に与える魚の中に錠剤を隠すことはできても、**ショウジョウトキ**に与える**ミルワーム（ゴミムシダマシ）**の中に薬を隠すことは相当難しい。

ほとんどの薬は人間用であり、家畜やペット用に改良・製造されたものはごくわずかしかない。しかし、**ハナジログエノン**は犬用に製造された動物用錠剤の味を嫌がる。肉の味がするからだ。一度疑うと、彼らは餌の中に見覚えのないものが交ざっていないか、注意深く探すようになる。そうなると、抗生物質――たとえ小さな無味のピンクの錠剤であっても――を1週間投与することすら難しい。また、甘いフルーツ味の人間の幼児用シロップ薬に頼ることもあるが、**アライグマ**にはそれも役に立たない。彼らは食べ物を水で洗うので、ほとんどの薬剤をすぐに取り除いてしまうからだ。

錠剤ならば、2つのスプーンで挟んで砕き、食べ物と混ぜるのもいいが、カプセル薬剤から粉末を取り出して、**カオムラサキラングール**の餌の中に混ぜるのは、必ずしも良い解決策とはいえない。カプセルの中身はすごく苦いことが多く、だからこそ味を感じないですむようにカプセルに閉じ込めているのだから。しかも、ラングールの食事は生の葉っぱが中心なのに、どうやって薬を混ぜればいいのだろう？　また、その薬がベストだからではなく、たんに気難しい**チンパンジー**が確実に食べる唯一の薬だからという理由で選ぶこともある。そしてそんなときですら、薬を隠しておいたおやつを、横から盗もうとする欲張りなチンパンジーがいるものなのだ。

ありがたいことに、鳥の多くは味覚がほとんどないけれども、紫外線を見る能力があり、僕たちよりもずっと多くの色を見ることができる。そんなわけで砕いた錠剤やシロップを餌に混ぜておくと、僕らの目には見えないのに、彼らには見えるということが起こる。空港の税関職員が紫外線を使って麻薬の痕跡を探すのと似たようなものだ。

一方、野生動物の中には、少しばかり投薬しやすい患者もいる。**チュウゴクオオサンショウウオ**は成長すると、信じられないことに、**オオカミ**の成獣よりも体重が重くなるのだが、そんな彼らへの投薬方法は単純だ。薬剤を皮膚にかけるか、生息する水の中に溶かしておくだけでいい。そうすれば皮膚から吸収してくれ、患者と格闘する必要はまったくない。ほかの両生類、たとえば**カエル**や**イモリ**の親戚というより、大きな**ミミズ**と言ったほうがしっくりくる**サガラアシナシイモリ**も——古代ギリシャ人は両生類の**アシアナイモリ**を誤って「裸のヘビ」と呼んでいたが——皮膚全体から物質を吸収する。残念ながら、結核を含むほとんどの感染症も、皮膚から両生類の体内に侵入してしまうのだが。ちなみにこの投薬方法は、20人の人間を殺すのに充分な毒素を持っている小さな**モウドクフキヤガエル**にも有効だ。モウドクフキヤガエルは毒素のほとんどを野生の食事から蓄積するので、動物園で飼育されているカエルに危険はないものの、体重30グラム未満の患者に口を開けさせて薬を飲ませることはほぼ無理である。

最古の錠剤は、2000年以上前のローマ帝国の難破船から発見された。亜鉛塩とオリーブオイルが含まれた直径4センチもある巨大なその錠剤は、飲み込むのではなく痛む目に当てて使用された。今、目薬はずっと便利になったけれども、僕の患者の目にさすことはまだ難しい。毎日、何度も**アカミミコンゴウインコ**をつかみ、缶切りのようなくちばしで指を切られないように注意しながら点眼するのは、患者にとっても獣医にとっても楽しいことではない。さらに、体重0・3トンを超える**オタリア**をつかんで、両目に1滴ずつ慎重に点眼することなどできるわけがない。飼育下ではオタリアは目の表面に潰瘍ができやすい。浅瀬では紫外線を充分に遮蔽できないからだ。まるで眼球が日焼けしているような痛々しい状態になる。しかも、細菌が目の表面を食い破り、1~2日で眼球を破裂させ、永久に失明させることもあるので、深刻な問題である。

アシカに点眼の訓練をすることは唯一の希望だが、患者が元気なときに訓練を始めておかなければ、必要なときに効果は期待できない。何カ月もかけて根気よく、注意力が幼児並みの大きなアシカに塩水の点眼液をおとなしく受けさせるための努力は、アシカの目を救わなければならないときにようやく報われるのである。また、水族館にいる**デンキウナギ**を訓練すれば、辛抱強く金属板に触れたまま、獣医を感電させることなく注射を受けられるようになる。同様に、高齢の**ボルネオオランウータン**に訓練をし、糖尿病治療のために毎日インスリン注射を受け、さらに毎朝コップに慎重に排尿するようにしておけば、その日の薬の投与量が適切かどうかチェックすることもできる。一方、**ゴールデンライオンタマリン**には、訓練する忍耐力がなく、月に一度、効果が長く持続する注射を打つことにしているが、おいそれと打たせてくれるわけではない。

注射は、薬を投与するための最終手段だ。病気だが怒りでカッカしている**ピューマ**に麻酔銃を撃つと、怪我をさせるリスクがあり、利益以上に害をもたらしかねない。体が大きいとはいえ、運悪く麻酔銃のダートが脚に当たって、脚の骨が折れることもある。また、救出された**ゾウ**のお尻に、太い針で大量の濃い薬剤を注入することは、患者にとっては不快であり、獣医にとっては危険なことだ。たとえおとなしく振る舞うように訓練されていたとしても、気の毒なゾウを毎日行儀よくさせるのは難しい。その知能の高さに反して、ゾウも僕のほかの変わった患者たちも、僕たちが彼らを助けようとしていることにはまったく気づいていないようだ。注射するくらいなら、オレンジに50錠の錠剤を入れるほうがずっといい。患者のゾウがおやつのオレンジを食べ終える直前に、ほかのゾウを囲いに入れはじめれば、薬を隠した最後のひとつのオレンジを慌てて飲み干してくれ、首尾よく目的を達成できるかもしれない。僕は注射をしたゾウから石を飛ばされたり、麻酔銃を撃ったチンパンジーから糞を頭に投げつけられたりしたことがある。しかも、その中には治療をしてから10年以上会っていなかった患者もいた。これはトラウマとなった体験が彼らの記憶に焼きついていることの証左である。

1853年、スコットランドの医師、アレクサンダー・ウッドによって、最初の近代的な注射針と注射器が発明された。とはいえ、アメリカ先住民は、コロンブスの上陸以前から、小動物の膀胱や鳥の空洞の骨を使って、傷口や耳の洗浄から浣腸、さらには注射に至るまであらゆることをすでに行なっていた。その注射がどれほど痛いものだったかは想像に難くない。

どの薬を選ぶべきか？

あまり協力的ではない患者に薬を投与するのは大変なことだが、実は投与が一番簡単だという場合も多い。難しいのは薬の種類と量を選ぶことだ。**ボノボ**には、人間と同じ薬を同量使うことができる。**コヨーテ**には、ペットの**ジャーマン・シェパード**と同じくらいの量を投与できる。だが、**カバ**や**エミュー**、**オオヨロイトカゲ**には、どれくらいの量を投与すればいいのか？

アフリカゾウのオスの体重は、**コビトジャコウネズミ**の200万倍だが、ジャコウネズミは毎日体重の2倍近くの量を食べるのに対し、**ゾウ**は体重の100分の1程度しか食べない。大きな患者の代謝は遅いが、小さな患者の代謝はずっと速い。ジャコウネズミの微量の注射は、ゾウの数リットルの注射に匹敵するが、そんな投与量はありえない。大型動物により高濃度の薬剤を使用する場合ですら、代謝率の低さに合わせて、相対成長《そうたいせいちょう》［生物の全体の成長と器官の成長のように、異なる次元の成長の関係のこと］の公式を用いて投薬量を調節している。30年前から同じことをしてきたが、近年は多くの野生動物の獣医が経験を共有し、研究結果が数多く発表されるようになったため、つねに代数計算に頼らなくても、投与量を決められるケースが増えている。

それはとてもありがたい。というのも、薬物の効果は、数学的・論理的に意味をなさない場合もあるからだ。効果を得るために必要な量だけでなく、薬物の効果が体内でどれくらい持続するかも重要なポイントだ。たとえば、セフォベシンは、10年前にペットの犬や猫用の抗生物質として発売され、大きな反響を呼んだ。一度注射をすれば2週間効果が持続するので、飼い猫に1日2回、抗生物質の錠剤を飲ませるのに苦労していた何千もの愛猫家が、腕に引っかき傷をつけられずにすむようになった。セフォベシン（サルディーニャ島の下水道の菌から発見された抗生物質群）は、銃創が感染した**ボブキャット**や、罠から救出された**トラ**に一度注射をしておけば、その後の抗生物質の投与量を心配せずにすむのは非常に便利である。しかし悲しいかな、ほかの動物でも同じように効果が出るわけではない。**カリフォルニアアシカ**では1回の注射で6カ月効果が続くし、**セイウチ**では通常の半分の量でも2カ月持続する。一見、良いことのように思えるが、そうはいかない。胃の不調などの副作用が出た場合、症状が落ち着くまでに数カ月かかることもある。また、この抗生物質は、**ハンドウイルカ**では3週間という妥当な期間、効果が持続するが、**シロボシテンジクザメ**では4日しかもたない。それでも、ほかの抗生物質を1日1回注射するよりはマシである。とはいえ、ヘビの**チョウセンナメラ**では1日3回注射しないと効かない。

ショウジョウトキでは2～3時間しかもたないし、ほとんどの鳥にはまったく役に立たない。

　ときには、何の研究資料もなく、同僚に電話をしても解決しないほど珍しい患者に投薬しなければならないこともある。そんなときは、まず近縁種の投与量を調べることから始める。**シロサイ**で安全が確認されている量を、親戚の**スマトラサイ**にも安全に投与できるのは明白だ。さらに地球の反対側のアンデス山脈の雲霧林に生息する**ヤマバク**にも、おそらく安全に投与できる。バクとサイは、**シマウマ**から家畜の馬まですべての**ウマ**を含む奇蹄目に分類される。便利なことに、彼らはみんな消化や代謝が似ているため、薬物に対する反応や投与量も似ているのである。小さな**サビイロネコ**から100倍の大きさの**アフリカライオン**まで、ネコ科動物は通常、ペットの**猫**が耐えられる量と同じくらいの量を投与できる。一方、**センザンコウ**、**ナマケモノ**、**ジュゴン**のように、薬物投与量の基準にできる近縁種がいない場合もある。また、僕たちはときに1万種の鳥類全部が、いくらか研究が行なわれた**鶏**やペットの**オウム**、**ハヤブサ**数種と同じように薬に反応するのではないかと無邪気に期待してしまうことがある。**エミュー**、**キーウィ**、**シロハラアマツバメ**の違いを考慮したとき、それがつねに妥当な推測であるという確信は持てない。多くの投与量は、野生動物の獣医のあいだでの伝聞情報であり、通常は「ある薬剤には明らかな毒性は見られなかった」ということだ。これは「実際に効果がある」という意味ではない。

　爬虫類はおそらく最大の難関だろう。僕たちは爬虫類を哺乳類や鳥類のような集団として考え、爬虫類すべてに適した単一の薬物投与量を期待しがちである。しかし、彼らの進化的な家系図を見ると、状況はもっと不透明だ。**リクガメ**と**キスイガメ**は、ジュラ紀の恐竜の時代よりもさらに前、2億年前の三畳紀に他系統から分岐した。恐竜、ワニ、鳥類は全然違う種類のように見えるが、古代に分岐した遠縁のリクガメや**ウミガメ**はもちろん、**ヘビ**や**トカゲ**との関係と比べたら、互いにずっと近い親戚といえる。ヘビが、**ホンコンフタアシトカゲ**から進化してからまだ1億年ほどしか経っておらず、かつてのトカゲの後ろ足だった痕跡は、巨大な**オオアナコンダ**の総排出腔の両側に小さな蹴爪《けづめ》として今も残っている。

獣医用の処方集（さまざまな動物の種の薬剤処方量を記した本）では、1万種以上もある爬虫類の項目は、ペットの**ウサギ**の項目のページよりも薄い。ある鎮痛剤には3つの投与量が記載されていたが、最小と最大で200倍も差があり、しかも爬虫類の具体的な種についての詳細は書かれていない。大半は事例の報告にすぎない。「誰かがその薬をある投与量で使用したところ、その動物はすぐには死ななかったし、元気になったように見えた」ということだ。その動物の回復に、もしかしたらその薬が関係したのかもしれないし、何の関係もなかったのかもしれない。そんな事例が本に載り、意味があろうとなかろうと、永遠に引用され続けているのだ。

僕たち獣医の多くには、科学者というよりも中世の薬剤師のように、使い慣れた自分好みの用量がある。そもそも、ひと握りの発表された研究論文でさえ、通常は血中の薬物濃度を測定しているだけだ。そんなわけで僕たちは、たとえば**グリーンイグアナ**ならば、鎮痛でも感染症治療でも内部寄生虫の駆除でも、「犬や鶏などの家畜に効果があるのと同じくらいの用量でいいだろう」と推測する。しかし、その推測に意味があるかどうかはわからない。動物の種によっては、薬物が標的とする特定の酵素を持っていないかもしれないのだから。

爬虫類は僕たち哺乳類と似たような痛みを感じる受容体があるようだが、僕たちと違って、モルヒネなどのオピオイドにはまったく反応しない。オピオイド系薬剤の中には、ほかの動物に鎮静作用をもたらすものもあれば、数百倍の量を投与しても何の反応も起こさないものもある。ホットプレートに動物の足を乗せるというような、従来の鎮痛剤テストはだいたいうまくいかない。ペットの**アゴヒゲトカゲ**ですら、見られているとわかると、いつもと違う行動をする。自分が餌にされる可能性があるとわかっているほかの動物たちと同じように、たいていは症状を隠そうとするのだ。「科学的根拠《エビデンス》に基づく医療」というのは獣医学の新しい流行語だが、エビデンスがこんなにも弱い状況では、多くの動物で実践は不可能である。ひとつかみの**コーンスネーク**を対象にした1回きりの単純な研究が、**セーシェルセマルゾウガメ**にも同じ投与量が最適だという論拠になるのか？　僕たちは最善を試みてはいるものの、爬虫類ではいくつかの投与量をのぞけば、恐ろしいほど非科学的な投薬ばかりなのである。

　こうした問題は少しも新しいものではない。チャールズ・スプーナーは世界初の動物園に雇用された獣医師で、毎週火曜、木曜、土曜日にロンドン動物園に出勤して患者の世話をした。彼の最初の医療記録を読むと、几帳面《きちょうめん》な筆跡に目を留めずにはいられない。薄い茶色のインクで書かれた芸術的な曲線の装飾は、同じ年に残されたシャーロット・ブロンテやウィリアム・ターナーの筆跡よりもずっと美しい。それはおそらく好都合だったろう。獣医学部を卒業したばかりの新任獣医師が、動物学会理事会に自分の経費の正当性を示す手段は、おもにその医療記録しかなかったのだから。当時の獣医師は、医者と同じように、薬、粉薬、水薬、チンキ剤、塗布薬などの多くの武器を持っていたが、過去1万年のほとんどの期間は、多くの患者にとって、薬は益となるよりも害となることのほうが多かっただろう。

　スプーナーの最初の記述は、美しい文字で簡潔に、皮膚に発疹《ほっしん》のある白い**ラマ**に水銀軟膏を塗るよう処方している。断定はできないが、ロンドンの湿気のある環境を考えると、その症状はデルマトフィルス・コンゴレンシスという派手な名前の細菌が引き起こすデルマトフィルス症か、口や鼻の周辺にしこりを作る**ヒツジ**のパラポックスウイルスによる皮膚感染症だったと思われる。

錬金術師が卑金属から金を作るために執着した魅力的な液体金属である水銀は、古代ギリシャの時代から軟膏に使われてきた。水銀化合物には細菌を殺す効果があり、僕が子どもの頃にも、擦りむいた膝に真っ赤なマーキュロクロムの消毒液を塗られたものだ。しかし、この金属は非常に毒性が強く、患者に害をもたらすリスクもある。バランスを誤ると悲惨なことになる。2000年前、中国の最初の皇帝である秦《しん》の始《し》皇帝は、粉末の翡翠《ひすい》と水銀で作られた「不老不死の薬」を飲んで死んだが、これは歴史上もっとも壮大な医療過誤のひとつといえるだろう。

もしロンドン動物園のラマが細菌感染を起こしていたなら、水銀軟膏は感染を取り除くのに役立ったかもしれないが、ラマはその後、健康を損なうことになっただろう。皮肉なことに、デルマトフィルスもパラポックスも、水銀軟膏ではまったく治癒しない細菌であり、通常は数週間後に自力で治るものだ。だから、飼育係がどんな薬を塗ったとしても、それが効いたかのように見えたことだろう。そこが難しいところだ。最近になって臨床試験が実施されるようになるまでは、経験とは専門家をも欺くものだった。病状に最適な薬を使っても患者が死ぬこともあれば、まったく誤った薬を使っても回復することもある。ほんのひと握りの症例が、専門家の考えをまったく間違った方向に導くこともあるのだ。

値段や色が左右する？　偽薬《プラシーボ》効果

現代人は、もはや分別があるとはいえなさそうだ。市場調査では、人々は錠剤よりもカプセルに入った薬のほうがよく効くと信じているという結果が一貫して出されている。そこで鎮痛剤メーカーは自社製品をより強力に見せるために、カプセルの形をした錠剤「カプレット」を発明した。さらに赤色の錠剤は、同じ薬の青色の錠剤よりも鎮痛効果が高いという調査結果も出された。僕たちは、スーパーマーケットでイブプロフェンなどのブランド薬を手に取ることで――同じ薬効成分を含むジェネリックが棚の隣りに並んでいて、価格は10分の1ですむかもしれないというのに――年間何十億ポンドもの無駄遣いをしている。特許が切れて久しいこうした古い薬は、メーカーのパッケージの謳《うた》い文句とは裏腹に、どれもほかの薬より強力であるわけがない。

僕が10代の頃に試した南部アフリカの伝統信仰療法士《サンゴマ》の治療薬は、まずくて刺激が強く、頭を蹴られたような気分になった。結局のところ、お金を払った価値があり、「伝統薬《ムーティ》」は強力な効能があると感じさせるためには、実際の効果よりも、まずい味と眩暈《めまい》で刺激を与えるのが一番手っ取り早いというわけだ。

西洋の研究では、ある鎮痛剤が高価だと伝えると、同じ錠剤が安価であると伝えた場合よりも、実際に多くの痛みを軽減することが示されている。確かに、どんな薬を与えても、たとえそれが薬に見せかけたお菓子であっても、たいてい症状は改善される。プラシーボ効果の世界へようこそ、というわけだ。

プラシーボ効果は動物診療にも発揮される。野生動物の獣医と患者のあいだには、つねにほかの人々がいる。保護区で**子グマ**を手ずから育てている飼育係、足を引きずる**サイ**を双眼鏡で観察して心配している自然保護官、1頭の**トラ**を10年間面倒見てきた動物園の飼育員などがそうだ。僕たち人間が、赤い錠剤と青い錠剤で自分自身を騙すのと同じように、動物の世話をしている人たちは、どんな薬を投与された場合でも、治療によって自分の担当する動物が良くなったと信じることが多い。それは、何も彼らだけのせいというわけではない。ほとんどの動物にとって、獣医師は通常、悪い事象と結びつけられている。麻酔銃を撃たれたり、注射をされたり、検査のために捕獲されたりする元凶なのだ。動物の症状が心配なときには、獣医は普通、患者に何度も注意を向ける。ところが、病気の**ホッグジカ**にとって、普段は何週間か何カ月かに一度しか会うことのない憎き獣医に、1日に何度も診察されることは、捕食者の**ヒョウ**と対面するのと同じくらいストレスがたまることなのだ。当然ながら、ほとんどの動物が獣医の前では症状を隠し、まわりの人間はみんな回復したと勘違いすることになる。これは経験豊富な獣医でさえ、定期的に騙される現象なのだ。

たとえ患者から嫌われていたとしても、気遣いと思いやりを持って患者に接する態度は、医術に不可欠なものだ。英国の国民健康サービス《NHS》では、すばらしいエビデンスに基づく医療が提供されているにもかかわらず、患者たちは気遣われていると感じていないようだ。医師たちがつねに過重労働にさらされていることを考えれば、驚くにはあたらない。そこで患者たちは、自分に目を向けてくれて、気遣いを感じるために代替療法に向かう。歴史を通して、患者たちは大切にされていると感じたという理由だけで、科学的根拠がなくても、医師に多額のお金を払い、吸玉《カッピング》と瀉血をしてもらって死亡したりしてきた。そもそも代替療法というネーミングも誤りである――獣医が魔法の杖でユニコーンを治療する代替現実のような意味でないかぎり。「証明されていない療法」のほうが正しい呼び方かもしれない。ただし、いくつかの治療とされるものは、あまたの科学的研究において一貫して効果の実証に失敗しているので、むしろ「反証された療法」と呼ぶべきである。まあ、支持者にとってはさほど役に立つ宣伝用語にはならないだろうが。

ホメオパシーの実際の効果を証明しようとする科学的な試みはことごとく失敗している。そもそも、少量とはいえ同じ問題を引き起こす物質を選択することは、奇妙に思える。どうして微量のヒ素で**ニホンジカ**のヒ素中毒が治ると思うのか？　ヒ素は農薬にすらもう使われていないが、どうやらホメオパシー療法医は分別があるようだ。安全にするために、毒性のあるホメオパシー物質は希釈され、「水の記憶」を印象づけるために叩かれる。Cが100倍希釈――つまり、少なくともホメオパシーの用語では、比較的高濃度の「治療薬《レメディ》」――を表すとすれば、12Cは大西洋に加えられたひとつまみの塩と同等の希釈となる。一般に市販されているレメディの濃度は50C以上だが、その希釈液は全宇宙の中で1分子に満たない物質を溶かしたものに相当する。水がそれほど微量な物質の記憶を保持していると主張するのも、少々奇妙である。それならば、病気の患者に投与される前に、**牛**の膀胱を通過したことや、地元の下水管の中でパチャパチャ跳ねていたことも記憶しているのではないだろうか？　また物質の記憶を保持するのが水であるなら、なぜレメディは便利な砂糖の錠剤で売られ、プラシーボ効果との類似性を隠そうとすらしないのだろうか？　2世紀以上前のホメオパシーの創始者は、当時のほとんどの医学が益よりも害となるという点では間違いなく正しかったが、彼がマラリアの治療に使われていたペルー産のキナ皮《ひ》［キナノキの樹皮を乾燥させたもの］に対する猜疑心《さいぎしん》を基に疑似科学を構築したのは皮肉なことである。実のところ、キナ皮は当時の数少ない本当に効果のある治療薬のひとつであり、抗マラリア化合物のキニーネが含まれていた。今でも、インドの強壮剤で、キニーネの味を楽しむことができる。とはいえ、ホメオパシーは、獣医師に限らず誰でも処方できるので、**アジアゾウ**から**オオクロムクドリモドキ**まで幅広く動物たちに使われている。

　野生動物に関わる人々も、こうした魔法思考と無縁なわけではない。数十年前、野生動物のリハビリテーションの会合で、ある夫婦が車にはねられた野生動物たちにバッハの花のレメディを滴下し、道端に放置して回復させた経緯を説明したとき、僕は舌を噛んでこらえたことがある。数時間後、あるいは数日後に現場に戻ってみると、動物たちはいつもいなくなっていたそうで、夫婦はそれを治療がうまくいった証拠だと考えた。もちろん、気の毒な動物は下草に潜り込んで死んだか、通りすがりの**キツネ**にすみやかに食われたかどちらかだろう。

人間は裁判官であり陪審員である

動物については別の問題もある。動物園でストレスを抱えた**ゴリラ**が自分の指を壊滅的に噛んで骨を露出させていたり、**ホッキョクグマ**が足から血が出るまでコンクリートの床を歩き回ったりすると、園長たちはその行動をやめさせるためにハロペリドールやアミトリプチリンなどの抗精神薬を欲しがるばかりで、動物たちの極度の精神的苦痛の根本原因を理解し対処しようとはしない。薬物療法もひとつの手段ではあるが、動物たちの環境を改善したり、仲の悪い個体と離したりといった対処もせずに、ただ薬を与えることのないように気をつけなければならない。

動物を相手に仕事をしているはずでも、その努力の成果を評価するのは傍らにいる人間であるという事実に、僕たち獣医師はつねに囚われている。ロンドン動物園のチャールズ・スプーナーは、世界で初めて雇用された動物園の獣医としてよく記憶されているが、初めて解雇された動物園の獣医でもあることはあまり知られていない。新卒で勤務した彼は、まだ顧客とのコミュニケーション能力がまだ磨かれていなかったのだろう。どんな理由であれ、飼育員たちから不評を買い、動物学会理事会はわずか数年でスプーナーを解雇し、年配で経験豊富だが、資格を持たないウィリアム・ヨーアットに交代させた。

ヨーアットの医療記録を読むと、治療法は前任者とほとんど変わらないのに、給与はずっと高額だった。ただし、彼は主任飼育員と一緒に動物の検査をし、10年間彼らと共同の報告書を動物学会理事会に提出していた。ヨーアットは明らかに人間の扱いに長けており、王立動物虐待防止協会の名誉獣医となり、女王の獣医にもなった。ダーウィンが自然淘汰説を考案したときにも、ヨーアットの牛の選択交配についての書籍が参考にされた。ヨーアットは当時の獣医学の第一人者でありながら、無資格であり、獣医学を統括する新しい王立獣医師協会が、獣医ではなく人間の医者によって運営されている奇妙な状況を嫌っていた。ようやく協会が獣医師で構成されるように改革されたとき、彼は70歳で獣医の資格を得た。悲劇的なことに、その1年後、彼はうつ病のために自殺した。どんな医療専門職にも、精神的な燃え尽きや疲労のリスクがあるが、イギリスでは獣医の自殺率は医師の4倍となっている。人間と動物の両方を相手にする試練と苦難は、悲しいかな、多くの犠牲を出しているようだ。たとえ規制薬物を入手できることが致命的な結果に繋がらなかったとしても、獣医や医師は一般の人々よりも薬物やアルコールへの依存度が高い。

ヨーアットの人気の高さにもかかわらず、動物園の財政は完全に破綻し——悲しいことに、その後150年にわたって定期的に発生する問題となるのだが——理事会は彼を解任した。動物学会理事会は、獣医が何かしているように見えることを好んだものの、経費がかかるわりに、相変わらず動物園の動物の3分の1が毎年死んでいたので、獣医がいようがいまいが実質的には変わらないことに気づいたのかもしれない。それ以降は、飼育員がほとんどの治療をするようになり、園長のエイブラハム・ディー・バートレットは**ゾウ**などの難しい患者の手術まで行なった。

動物にもプラシーボ効果が出ることがある

獣医師の検査、診断、投薬は形だけ——何かをしているように見せるため——という状態から、今は遠ざかったと思いたいものだ。これは、商業的診療において、要求の厳しい飼い主と対峙《たいじ》する家畜獣医師を悩ます問題でもある。とはいえ、同じような規模の動物園でも、多くの常勤獣医がいる園もあれば、獣医が週に一度来るだけの園もある。名前の後ろに資格がズラズラついている獣医もいれば、何もついていない獣医もいる。動物園で数十年働いている獣医もいれば、獣医学校を卒業したばかりの新米獣医もいる。動物園のすべての動物の健康診断を毎年行なうように主張する獣医もいれば、病気のときやワクチン接種のときにしか治療をしない獣医もいる。ある動物園にはCTスキャナーがあるが、別の動物園には安価な携帯用超音波診断装置すらないこともある。そうした方針の違いによって経費に20倍以上の差がある場合に、何がベストなのか？

　10年以上前、僕はいくつかの動物園を選び、その点を簡単に調査したことがある。１５０年前のロンドン動物園と同様に、ほとんどのシステムで死亡率や繁殖率に統計的な差がないことがわかり、控えめに言っても当惑させられた。これは獣医師が何も成し遂げていないからではない。栄養、活動、シェルター、一般的な世話など、動物の生活におけるほかの多くの要因が、動物の健康により大きな役割を果たしているだけである。検査や錠剤で、何でも解決するわけではないということだ。

　驚くべきことに、人間が関与していなくても、動物にプラシーボ効果が働くこともある。そんなことはありえないと誰しも思うことだろう。しかし実際に、たとえば、痛みを和らげるために毎日モルヒネを注射し、数週間後に水の注射に替えても、**マウス**は実際にモルヒネを投与されたときと同じ効果を示し続けるのだ。痛みはすべて脳の中にある。たとえ注射がプラシーボであっても、痛みの緩和を予期しただけで、脳下垂体からエンドルフィン——自前のオピオイド系鎮痛剤——が放出される。この神経伝達物質は、チョコレート、運動、セックス、瞑想などから人間に〝ハイ〟な状態をもたらすものだが、マウスにも自覚なく同じ作用が起こっているわけだ。

さらに、鎮痛剤や体内で合成されるエンドルフィンとは関係ない薬物でも、プラシーボ効果は働く。シクロホスファミド（白血病などのガンの治療に使われる化学療法剤のシロップ）を動物に与えると、吐き気を催すだけでなく、血中に循環する白血球の数が減少し、感染症に罹りやすくなる。つまり効能が疑わしいだけでなく、危険なものである。ところが研究によれば、**犬**に数週間その薬を与えたあと、それをやめて、薬の入っていない同じ味のシロップに置き換えてみても、犬の体は同じ反応を示し続けると判明した。つまり、ただの砂糖水を与えただけで、循環する白血球が劇的に減少したのである。

偽薬《プラシーボ》は、単なる「新薬の臨床試験で比較対照となる糖衣錠」以上に、非常に興味深いものである。僕たちはこの効果についてほとんど理解していないが、実際に薬を投与し続けなくても、ある薬の効能を得られる可能性が秘められている。動物園の関節炎を患う高齢の**ゾウ**に、腎臓にダメージを与えるリスクのある鎮痛剤を何カ月も使い続ける必要がなく、似た形状のプラシーボの投与を短期間ずつ組み入れればすむのは、確かに魅力的で、調査する価値は充分にある。ときどき使用されるホメオパシーより悪くはならないだろう。

薬は万能ではない

プラシーボよりもさらに一歩進んで、薬を使わずに治療できる野生動物の患者もいる。薬を使ったら治療できないというほうが正確かもしれない。**アミメニシキヘビ**に最高の抗生物質を与えても、痛みを伴う口腔内感染症には何の効果もなく、患者は悪化の一途をたどる。**ヨツユビリクガメ**を骨粗しょう症と診断し、何カ月もカルシウム薬剤を投与しても、骨は弱り続け、X線写真でも改善は見られず、やがてカメが普通に歩こうとしただけで、骨が崩れて折れてしまう。

ほとんどの爬虫類にとっては、最良の治療は薬ではない。温度なのだ。体の冷えた**ベルベットモンキー**は体を震わせて体温を維持することができるが、アミメニシキヘビやヨツユビリクガメなどの爬虫類はそれができない。爬虫類は変温動物であり、体温調節を外気温に依存している。哺乳類が体温維持にエネルギーの大半を費やしていることを考えると、体の熱を自分で生成できないことは実は利点でもある。その代わりに、爬虫類はエネルギーを節約し、食べる量を減らし、哺乳類なら死んでしまうような不毛の時代でも生き延びることができる。**イリエワニ**は1年以上何も食べずにいられるが、これは哺乳類にはできないことだ。

野生では、ヨツユビリクガメは自分の好きな気温を選ぶことができる。活動するときや、食べ物を消化したりするには、朝、暖かいときがいいし、休むときや繁殖するときには涼しいときがいい。アミメニシキヘビの生体プロセスは微妙に異なる温度でうまく機能するようにできているが、野生で動き回っていれば簡単に実現できる。

しかし、動物園や野生動物リハビリテーションセンターなどの飼育下では、爬虫類はたいてい前面がガラス張りの暖房装置付きの飼育施設で飼われている。施設内で水槽の両端の温度差——暖かいほうと寒いほう——が充分でないと、患者が好みの温度を選べない。病気の動物は免疫反応を強くして病気を治すために暖かい温度を必要とするが、飼育施設が充分に暖かくなければ、治癒できないこともある。また温度差がきちんとあっても、世界最長のヘビであるアミメニシキヘビが全身を伸ばすには施設の幅が足りないことも多い。気温が適切でないために免疫システムが働かないと、抗生物質でも効かないような感染症に罹りやすくなる。逆に、気温が充分に暖かく、選択できる温度差が充分にあれば、免疫システムが機能して、ニシキヘビの口腔内感染症が、抗生物質を使用せずに自然に治ることもある。

箱型の飼育施設で日光を浴びることができないと、ヨツユビリクガメは皮膚や甲羅でビタミンDを作ることができない。ビタミンDがなければ、骨を強くするために獣医が投与したカルシウムを吸収することができない。だからといって、ただビタミンDを注射するだけでは、心臓から出る主要血管など、石灰化すると困る組織に石灰化が起こり、別の健康問題が生じかねない。夏のあいだは屋外で自然光を浴び、冬や雨の日には飼育施設に特殊な紫外線ランプを低い位置に吊るして、カメが自然にビタミンDを合成できるようにしたほうがずっといいだろう。最良の薬が薬剤ではないことは、しばしばあるものなのだ。

自然界の複雑な仕組みを小さな箱に全部詰め込むことは難しい。温度と照明の状況は、人間が世話をする爬虫類の健康問題のほとんどを引き起こしているが、そこを正せば治療は可能だ。また、栄養の改善は、**カワウソ**から**カタシロワシ**まで、どんな動物においても、カサカサの皮膚から腎臓結石まで健康問題の治療や予防に役立つ。古代ギリシャ人がすべてを薬と考えたのも頷ける。いわゆる、全人的《ホリスティック》なアプローチである。

また、動物に精神的刺激を与え続けることは、痛みの治療にも非常に有効だ。**チンパンジー**が餌のレーズンを取るために何時間もかけてフードパズル［探したり遊んだりしながら餌を食べる仕掛けのついた給餌器］に取り組んでいると、傷の痛みを忘れていることがある。ちょうど人間が日中は仕事に気を取られていて、夜にだけ関節炎の膝の不快感を覚えたりするのと同じだ。高齢の**ゾウ**の患者に、安全に使える鎮痛剤を全部使っているような場合にも、この方法は患者の生活を改善させるのに役立つ。

悲しいかな、現代社会のコンセンサスでは、薬とは錠剤に入れられる物質でしかなく、不幸な結婚から肥満まで、あらゆる問題は1錠の薬で解決できるらしい。どんなマーケティングの天才が、そんなコンセプトを思いついたのだろうか？　過労、ストレス、睡眠不足、パソコンに張りついてファストフードばかり食べる生活をしているときに、咳止めや風邪薬をあれこれ飲み続けるよりも、体を動かし、健康的な野菜の組み合わせを食べ、充分な睡眠をとるほうが、体の健康を保ちやすいはずではないだろうか？　それなのに僕たちは、1日24時間の生活とオンデマンドのビデオに非現実的な期待を抱いている。肥満になるのに10年かかったことを忘れてしまい、1週間分のダイエット錠剤を飲んだのに、ぽっちゃり体型がメリハリのあるアイドル体型に変わらないことに腹を立てている。1錠の薬を飲めば、何年間も大学で勉強しなくても英知を得られたり、何カ月も毎日激しい運動をしたり健康的な食事をしたりしなくても即座に完璧な体形と体調になれたりする——そう約束されていたら、その薬を飲みたいと思わない人などいるだろうか？　あるいは、クラリネットをマスターできる高価な錠剤を購入できるとしたら、何年もかけて奏法を学び、レッスン料を払い、練習を重ねようとするだろうか？　きっとしないだろう。巧妙なマーケティングによって、人間や動物の健康についてもそれと同じくらい非現実的な期待を抱かされているようだ。僕は、**オランウータン**や**トラ**、**シマウマ**が薬を飲みはじめてから数時間経ってもよくならないのはなぜか、とよく尋ねられる。僕たちの生活は高速化しているけれども、今《こん》日《にち》でも治癒は1万年前、あるいは１０００万年前と変わらぬ速度であり、時間のかかるものだということを僕らは忘れているのである。

野生動物の知恵は本当に学ぶべき知恵か?

自然のものは何でも健康的で良いものにちがいないという考えを掻き立てた「植物療法」もマーケティングの成功例である。多くの植物にはシアン化物やさまざまな有害物質が含まれており、人間にも動物にも良いものではない。僕たちが知る薬効のある植物は、すでに安全な薬として精製されているものがほとんどだ。とはいえ、野生動物が体調を維持する方法や、病気になったときにみずからを癒す方法から学ぶべきことがきっとまだあるはずだ——人はそう思わずにはいられないらしい。

誰もが野生動物の知恵の話を聞くのが大好きだ。自然から切り離された僕たちは、野生動物には学ぶべき秘密——天気を予測する方法だとか、まだ知られていない薬草だとか——があるにちがいないと信じたいのである。妊娠中の**ゾウ**が何キロも移動して特定の木の樹皮を食べて出産に役立てていて、地元のケニアの女性が同じ目的でその樹皮を煎じてお茶にしている話や、**チンパンジー**が寄生虫を駆除するために特定の植物を選んでいる話は、多くの記事や書籍やドキュメンタリー番組で取り上げられている。重い赤ん坊を抱えたメスの**オランウータン**は、疲れた腕の筋肉に天然の抗炎症作用を持つドラセナの葉を噛んだものを塗っているし、マダガスカルの**キツネザル**は虫よけ代わりに有毒なヤスデを毛皮にこすりつけている。**アカコンゴウインコ**は、毒性のある果実を食べたあとにミネラルの豊富な粘土を食べるし、タンザニアのザンジバルのサル、**アカコロブス**は、栽培されたアーモンドの木の葉やマンゴーを食べるときには、炭も一緒に食べている。そうすればその外来の食物を食べるように進化していないアカコロブスでも、毒素で消化が悪くならないですむのだ。動物薬理学とは、動物の自己治癒に関する研究であり、それにはペットの**猫**が草を食べることも含まれる。

とはいえ、そこから本当に何かを学ぶことができるのか、僕はまだ少々警戒している。この仕事を始めてから、自由に行動している野生動物の多くが、何百万年もかけて進化してきた有毒植物を食べたり、石からビニール袋まであらゆるものを飲み込んだりするところを目撃してきた。野生動物でも保護されると、人間の飼育係と同じように、不健康な食べ物を喜んでガツガツ食べて肥満になる。

いくつかの優れた研究によれば、寄生虫を持つ**チョウ**の幼虫は、毒素を含む植物――成長を阻害されるが、それ以上に寄生虫に大きな影響を与える植物――をあえて食べているし、**ミバエ**も寄生虫がいるときには、毒性アルコールを含む腐った果実を多く食べることが明らかにされている。一方、雑誌で取り上げられるような刺激的な話の根拠は、見かけよりも弱い。東アフリカのチンパンジーがアスピリアの葉を丸ごと飲み込み、腸内を通過させることで、腸内寄生虫を退治したという科学論文は、わずか7匹の観察に基づくものだった。とはいえ、陣痛中のゾウの自己治療（セルフメディケーション）に比べれば、科学的根拠がふんだんにあると言える。なにしろ、この広く流布した妊娠中のゾウの逸話は、たった1頭のゾウの行動を目撃したことが根拠となっているのだから。

僕のキャリアの多くの時間は、とんでもなく愚かなものを食べた野生動物の治療に費やされてきたが、その一方で、野生動物が食べるものによって、ある種の自己治療を行なうことは確かにあると思っている。ただし、人間が偉大なる知恵を学ぶことができる意識的な行動だとはあまり思えない。妊娠中の女性が無性に奇妙なものを食べたくなるのと同じで、おそらくもっと本能的なものだろう。妊娠中の欲求はつわりによる栄養不足を補うためのものだという説がよくある。

ラオスのモン族の女性たちは、妊婦が欲するものをすべて食べさせないと、健康な赤ん坊が生まれないと信じている。しかし、妊娠中にチョコレートが食べたくなるのは、栄養不足というよりも、気分を左右する神経伝達物質であるセロトニンの前駆体、トリプトファンが含まれているせいではないかと思われる。また、土や石や石灰や髪の毛などを食べる妊婦もいるが、これらは明らかに栄養的に何の効能もなく、むしろ実害がある。おそらくこうした欲求は、実際には全然違う目的のために生じるのではないだろうか――妊娠初期の女性に集団のメンバーの注意を引きつけ、彼女が継続的に助けと注意を必要とすると知らしめるために。

抗生物質――効き方は千差万別

現代の医薬品は、植物の葉に含まれる何百もの化合物ではなく、ひとつの活性化学物質でできているが、そんな純薬でも副作用が出ることもある。抗生物質メトロニダゾールは、**インディゴヘビ**がほかの大半のヘビの通常の服用量を摂取しただけで中毒を起こす。注射用のペニシリンは、**カピバラ**に使用しても問題のない抗生物質だが、もし誤って口から投与したら――注射後に毛皮にこぼれた液をカピバラが舐めただけでも――致命的な腸の不調を引き起こす。**マーゲイ**や**ユキヒョウ**など、ほとんどの野生のネコ科動物は、パラセタモールを投与すると重度の貧血を起こす。**カメ**はイベルメクチンという駆虫剤で麻痺を起こすが、**ヘビ**や**トカゲ**は10倍投与しても平気である。動物種によってこれだけの違いがあるのだから、人間の薬を動物実験で確認してもサリドマイドのような薬害を防げないのも驚きではない。

何が有毒かについて、僕たちの意見はしばしば変わる。ある獣医の不幸な医療事故が報道されるだけで、処方習慣も一変する。たとえば、**ボンゴ**に畜牛用の注入駆虫剤を使用したら永久失明しただとか、犬用のノミ取りスプレーを**ウサギ**に使うと死んでしまっただとか。そうした事例は、たとえ本当は薬が原因ではなくても、あっというまに金科玉条と化す。

薬そのものや投与量ではなく、投与した部位のせいで問題が生じることもある。奇怪に感じるだろうが、**サイイグアナ**の前脚に注射した場合と後ろ脚に注射した場合では、血液中の薬の濃度が異なる。そんなことが起こるのは、このイグアナが特別な消化管を持っているためだ。「腎門脈系」は、体の後ろ側から戻ってきた血液の一部を、心臓に到達する前に腎臓を通過させる血管システムである。これにより、イグアナが脱水症状で尿を作れない状態でも、腎臓が機能不全に陥らないように充分な血液を確保することができる。

何十年ものあいだ、ゲンタマイシンなど腎臓に毒性をもたらす可能性のある抗生物質は、「腎不全を避けるため、多くの爬虫類では体の後ろ側の半身には注射してはならない」と考えられてきた。現在では、この薬は糸球体で濾過されなければ毒にならないことが判明している。つまり、そうした予防措置は必要がなかったということだ。最初に前脚に注射されたトカゲたちは、すでに重症で脱水状態だったから死ぬことになった。彼らの腎臓はゲンタマイシンをどこに注射したところで対処できなかっただろう。

エンロフロキサシンという抗生物質も、ペットの**猫**に多量に投与すると永久失明することがある。動物園の記録を調べてみると、**ライオン**や**トラ**に投与して問題を引き起こしたことはないようだ。その一方で、ときおり別の種のランダムな動物に永久失明をもたらし、獣医を失意のどん底に突き落とすことがある。**グアナコ**［ラクダ科ラマ属］の群れ全体を治療していて、1頭だけが突然失明すると最悪なことになる。ほかのグアナコがそれを好機ととらえ、失明した競争相手を驚くほど鋭い歯で切り裂いてしまうのだ。

家畜の獣医はつねに細心の注意を払ってペットの猫の体重を計測するが、それは野生の患者には必ずしも実施できるわけではない検査のひとつだ。僕たち野生動物の獣医は、遠くまで駆け出してしまった神経質な**シマウマ**だとか、陰に隠れた**ジャガランディ**などの体重を推測するしかないことがしょっちゅうある。僕は獣医学校の学生たちに、さまざまな動物の写真を見て体重を推測するクイズを出すのがお気に入りだ。学生たちの答は大幅に間違っていることも多く、そのたびに、患者の体重を測定する機会にようやく恵まれたときにはつねに自分の「当て推量」との誤差を確認しなければならないことを思い出す。何十年もの経験があっても、抗生物質の量が足りなすぎて感染症に全然効かなかったり、あるいは心臓の薬が多すぎて致命的な中毒を起こさせたりといったミスをたやすくしてしまうものなのだ。

副作用が出るのは当事者とは限らない

ときには副作用を起こしたのが、薬を投与された当事者でないこともある。**アフリカゾウ**の寄生虫をイベルメクチンで治療した獣医たちは、不注意にもゾウの排泄物をリサイクルする**糞虫**を全部殺してしまい、正常な生態系の機能を破壊した。さらに不注意なことに、獣医たちは**カリフォルニアコンドル**を飼育下繁殖で絶滅の危機から救うため、最後の数羽を捕獲したときに、考えもなしに粉末殺虫剤を振りかけて、**カリフォルニアコンドルシラミ**を絶滅させた。このシラミは、宿主ほどのカリスマ性はないがコンドルに害を与えるわけではない。この一件により、すべての動物に治療が必要なわけではないという事実が浮き彫りにされた。残念ながら、商業的な仕事に備えて獣医学校で叩き込まれた考え方は、動物保護につねに当てはまるわけではないのだ。

ダレル野生動物保護財団で獣医長を務める僕の友人、アンドリュー・ルースは、インドのアッサム北部で絶滅危惧種の**コビトイノシシ**を扱っており、このことをよく理解している。国際自然保護連合（ＩＵＣＮ）は、「コビトイノシシに固有のシラミは宿主以上に危機的な状況にある」としてレッドリストにも入れており、寄生虫を傷つけないような薬剤を選択するように注意している。ペットの飼い主で、不気味に這い回る虫に敏感な方々には奇異に思えるかもしれないが。

赤ワインや脂肪分の多い食材を摂りすぎて痛風になった人が飲む消炎鎮痛剤、ジクロフェナクは、アジアでは関節炎の**ラクダ**や農家の**水牛**にも使われている。ただし、ジクロフェナクは**ハゲワシ**には毒性が強く、微量のジクロフェナクが付着した動物の死体を漁るだけで、腎不全で死ぬこともある。この薬のせいで、ほんの数十年前まで世界でもっとも普通に見られたハゲワシ、**ベンガルハゲワシ**と**インドハゲワシ**はほぼ絶滅してしまった。現在ではどちらも「深刻な危機（ＣＲ）」に分類されている。20年前、僕がボンベイ自然史協会の科学者ビブ・プラカシュ――最初にこの問題を発見した人物――と一緒に、インドでハゲワシの減少の原因を探る仕事をしたときには、すでに被害は始まっていた。

ジクロフェナクの代替品として使われる、より安全な鎮痛剤――メロキシカム――も一癖ある薬だ。メロキシカムは、人間、ペットの犬、馬、そしてハゲワシにも安全に毎日投与できる一般的な鎮痛剤だが、**ハンドウイルカ**では5日間効果が持続する。水生動物の患者に致死量を与えたくなければ、必須の知識だ。一方、**ユキウサギ**の場合は、苛立たしいことに、通常の10倍の量を投与しても、ほかの多くの動物ほどには痛みには効かないようである。

消炎鎮痛剤を大量に服用すると、人間は胃がもたれたり、嘔吐したり、潰瘍になったりすることがある。**クビワペッカリー**はさらに敏感なので、吐き気止めを与えることも多い。ウサギや野ウサギは、胃潰瘍になることはあるが、嘔吐がそもそもできない。では、絶滅の危機に瀕しているブッシュマンウサギは、実際に吐き気を催しているのだろうか？　吐き気を感じるのに吐けない――進化がそんな恐ろしい仕打ちをするわけがないように思えるが、実際はわからない。嘔吐できない動物が吐き気を催すことはありえるかもしれない。では、吐き気止めの薬を使おうか？　使うとしたらその量は？　また使うと決めたとして、それが効いているのかいないのか、どうやって知ればいいのだろう？

いざというときのために抗生物質を温存する

こうした不確実な要素も多く、薬によっては効能と同じくらい副作用があるため、どんな薬でも慎重に検討する必要がある。とりわけ、抗生物質と長期服用に関しては注意が必要だ。人間、野生の**アザラシ**、動物園の**トラ**など幅広い動物に感染症を引き起こす「多剤耐性菌」が爆発的に増加する中、獣医や人間の医学界は、命に関わる重要なときに効く薬が残っているように、抗生物質の使用を控えようとしている。とはいえ、医師や獣医は、お金を払ってくれる顧客から抗生物質を投与するようつねにプレッシャーをかけられている。もし処方しなければ、顧客はあなたを見限り、ほかの自由放任主義のクリニックに行ってしまうだろう。人間の医師が処方する抗生物質の半分以上は不要であり、せいぜいプラシーボ効果にしかならないと推測されている。だが、獣医は抗生物質の使用量はわずかなのに、「抗生物質耐性を増加させている」としばしば医学界から非難されてきた。真犯人は、世界の抗生物質消費量の4分の3を占める、一部の国々の集約畜産農場なのだろうか？　農場での抗生物質は獣医が処方するわけではなく、しかも病気の動物のために使われるのではない。抗生物質の副作用に、成長促進剤としての働きがあるからだ。新しい抗生物質はほぼ開発されていないのに、これは異常な事態に思える。ソーセージの価格が数ペンス下がることと引き換えに、人類は治療不可能な抗生物質耐性感染症が蔓延する未来に突き進んでいるのかもしれない。

抗生物質の厳格な管理人になることは、人間の病院だけでなく、保護区や動物園でも重要なことだ。保護区の広い森の囲いの中で暮らす**チンパンジー**の群れの診察をしていると、その日の朝、仲間とケンカをした最中に背中に大きな嚙み傷ができたチンパンジーに気づく。そんなとき、獣医は即座に抗生物質を処方したくなる気持ちと闘わなければならない。待つことがつねにベストな選択なのだ。効果のある治療薬の中で、チンパンジーが毎日コンスタントに食べてくれる錠剤は1～2種類しかなく、選択肢は非常に限られている。人類1万年の歴史の中で、抗生物質が使われるようになってまだ100年足らずだということを忘れてはならない。健康でしあわせなチンパンジーは、ほとんどの場合、信じられないほど早く傷が癒える。ごく稀に嚙まれて感染症に罹り、本当に抗生物質が必要となることがある程度だ。互いに嚙み合うことでケンカを解決する習慣が、感染症に対する抵抗力をより強固にしているのだろう、おそらくは。いずれにせよ、必要もないのにその都度抗生物質を使い続けていると、のちに災いをもたらすことは確かだ。

微生物学者の多くは、たった1週間の抗生物質の服用でも、腸内に生息する細菌の正常なバランスを永遠に変えてしまうと考えている。チンパンジーの体は食べたものでできており、消化管には体全体の細胞よりも多くの細菌が存在している。僕たち人間やほとんどの動物と同じように、チンパンジーもまた、歩くミニ生態系なのである。チンパンジーは、食事の大部分が植物なので、普通の人間よりも多様でバランスの取れた腸内微生物叢を持っている。抗生物質は感染症の原因となる細菌を殺すだけでなく、有益な腸内細菌まで台無しにする。腸内細菌は多くの神経伝達物質を生成する。たとえば、セロトニンの90％以上は脳ではなく腸で生成されている。したがって、うつ病のチンパンジーは、フルオキセチンを処方するよりも、腸内細菌を健康で正常な状態に戻すために、良い食事をする必要があるかもしれない。

抗生物質は命を救うためには必要不可欠な妥協案かもしれないが、ちょっとした嚙み傷にまでむやみに使用すると、腸内細菌が変化し、さらにはチンパンジーの精神状態や行動まで変化することもある。抗生物質の使用により、群れの中での争いや嚙み傷が増える結果になるかもしれないのだ。獣医は可能なかぎり、まずは抗生物質ではなく消毒薬を使って治療しようとする。消毒薬は細菌が傷口に付着し組織に侵入する前に殺すことができる。あなたのお母さんが「切り傷のできた指を石鹼で洗いなさい」と口を酸っぱくして言っていたのは、石鹼が安価な消毒薬でもあるからだ。そして消毒薬が実にすばらしいのは、細菌は抗生物質に対しては耐性をつけても、消毒薬に対しては耐性をつけづらい点だ。

とはいえ、最大のリスクは、獣医が抗生物質を頻繁に使用し、さらに悲惨なことに、群れの中の異なる個体に使用する抗生物質の種類を切り替えることで、その複数の抗生物質の耐性菌を、チンパンジーの腸内や生育環境に定着させてしまうことである。すると、すでに抗生物質耐性を持つ細菌が体内に侵入し、いざ重度の感染症が発生したときに――ついに抗生物質が本当に必要になったときに――抗生物質が効かないという事態を招くことになる。

14

靴と交尾する
ペンギン、
精子のいらない
コモドオオトカゲ

繁殖する

スコットランドヤマネコ(別名ハイランドタイガー)は、イギリス諸島でもっとも絶滅の危機に瀕した動物としてよく名前が挙げられるが、実は亜種にすぎない。残存するヤマネコはすでに野良猫との混血が進んでおり、この亜種のネコの保護に注力することに意味があるのかどうか、多くの人々が疑問を抱いている。

14　靴と交尾するペンギン、精子のいらないコモドオオトカゲ
繁殖する

僕の子ども時代、**チーター**は**ジャイアントパンダ**のような存在だった。南アフリカで育った僕たちは、チーターが本当に絶滅してしまうかもしれないことを学校で学んだ。南アフリカでは、チーターの数が７００頭まで減少し、動物園での繁殖もうまくいっていなかった。動物園は野生に戻すための繁殖はおろか、飼育個体数を維持することすらできていなかった。すべてはセックスの問題だった。

動物のセックスは魅力的でもあり、面白くもあり、実に奇妙でもある。ヴィクトリア朝の人々は、この概念を気まずく感じていたようだ。交尾をしている動物園の動物たちは、「遊んでいる」とか「レスリングをしている」と婉曲に表現された。これは、**マントヒヒ**が盛んに交尾をしたり、**ドリル**が観賞用の大きな窓の向こうでうれしそうにマスターベーションをしたりするのを見た子どもたちに、現代人の大人が与える説明とさして変わらない。また、セックスが生殖とは関係がないことも多い。**ボノボ**はケンカを防ぐため、友人を慰めるため、戦略的に同盟を結ぶために、しばしばセックスを利用する。オスの**チンパンジー**は自分の優位性を主張するためにほかのオスに馬乗りになるが、メスのボノボはただ楽しむために頻繁にレズビアン的行為を行なう。同性の**ジェンツーペンギン**のカップルは一緒に巣を作り、動物園で育児放棄された卵を里子に迎えるとすばらしい親になることがよくある。

ミユビハリモグラの陰茎は４つの亀頭に分かれているが、交尾するときには一度に２つしか使わないという事実は、ディナータイムの会話を盛り上げてくれるだろう。同じように奇妙なこと

に、メスの**ハリモグラ**は卵を産むと、それをお腹の袋（育児嚢）に入れる。孵化した赤ちゃんモグラは袋の中の乳首を吸いながら、3カ月を過ごす。メスの**ハナナガバンディクート**は2つの独立した膣を持つ。オスの**ヒラシュモクザメ**には、棘のあるペニスのような「交接器《クラスパー》」と呼ばれる生殖器が2本あり、そのうちの1本は海水で膨らませて錨《いかり》として使う。**フクロモモンガ**の陰茎は2つに枝分かれしている。**アオマルメヤモリ**は尻尾の中に裏返しになった陰茎が2本隠れていて、一方を怒ったパートナーに食いちぎられたときのための予備としている。

絶滅の危機に瀕した動物たちに、飼育下繁殖に協力してほしいと説得を試みると、さらに変化に富んだ状況となる。

精子の遺伝子がチーターに不運をもたらす

チーターはネコ科動物界のスーパーモデルだ。美しく、脚が長く、過度に利口でもない。とりわけ重要なのは、彼らの遺伝子の状況だ。1万年前、この種はほぼ絶滅した。わずか数頭から個体数は回復したものの、遺伝的多様性が著しく低下した。個体群の多様性は種の存続に不可欠である。病気に強い個体もいれば、暑い気温に耐えられる個体や、環境の変化に対応できる個体もいる。都会の公園で**スズメ**を観察していると、パン屑《くず》を投げられるとすぐに近づく勇敢な個体とそうでない個体がいる。餌が少ない時期には勇敢な個体が生き延びることになるだろう。そうでない個体は警戒心が強く、たまにお腹を空かせることがあっても、近くに潜む**猫**に食べられる可能性は低い。多様性は自然淘汰を支えている。遺伝子の多様性が少ないと、有害な遺伝子でも何千年間も存続できることになる。

チーターは不運にも質の劣る精子の遺伝子を受け継いでいる。動物園のチーターに比べ、養豚の**ヨークシャー種**は1回の射精で2000倍の数の精子を出す。量は100倍以上、精液の濃度も10倍以上ある。精子そのものを観察すると、さらにその差が歴然とする。どれだけ多くの精子が健康でまっすぐ泳げているかも、同じくらい重要な点だ。チーターの精子には奇妙に変形したものや、尾がよじれていて円を描くようにしか泳げないものが多い。遠く離れた受精卵に到達するにはまったく役に立たない。チーターはあがり症でもある。動物園にいるチーターにより、人里離れた場所にいるチーターの精子の質はずっと優れている。これは致しかたのないことだ。

精子にはさまざまなものがある。**ケープタテガミヤマアラシ**の精子は人間の精子の半分の長さだが、小さな**フクロミツスイ**の精子は人間の精子の6倍の長さがある。また、**ミバエ**の精子はコイル状になっていて、ほどくと0・5センチ以上になるが、これはミバエの体長の何倍もの長さだ。巨大な精子は生成コストが高く、ハエは生涯でわずかな数の精子しか生成しない。ちょうどメスの卵子の数が限られているように。一方、大きな動物は大きな精子を持たない。ある生殖科学者の言葉を借りれば、「競技場が大きければ大きいほど、選手の大きさは重要ではなく、その数が重要になる」のだ。小さな生き物の大きな精子は、メスの小さな生殖管から、ライバルのオスの精子を閉め出したり妨害したりできる。

ブロブフィッシュは、なんと精子を2種類作る。通常の形の受精できる精子と、平らで受精できない精子だ。すべての精子が神聖ではないということになるが、これは生物学上のミスではない。同様に2種類の精子を持つ**カイコガ**は、受精能力のある精子だけで人工授精しても受精卵はできない。受精を成功させるには、受精能力のない2種類目の精子も必要なのである。

スコットランドで1万年前から食用として採取されてきた小さな海貝、**ヨーロッパタマキビ**は

3種類の精子を生成する。通常の受精能力のある精子のほかに、大型で頑丈な受精能力のない精子が輸送手段（いわば「精子タクシー」）となり、受精可能な精子がそれに乗って移動する。もう1種類の小さめで受精能力のない精子は、バールのように、卵子の外側の保護膜をこじ開けるのを助ける。一方、**モリアカネズミ**はこの問題を1種類の精子タイプで解決した。彼らの精子の頭についているフックを使ってほかの精子と連結し、「精子列車」を形成し、競争相手より速く泳ぐことができる。そのフックは卵子に入るときにも役立つ。精子が泳ぐのは動物に限ったことでもない。シダやコケも尾のある精子細胞を作り、それが**サメ**の精子のように水中を泳ぐ。

メスにも技がある。**ミツユビカモメ**のメスは、受精させたくないオスの精子を排出し、好みのオスの精子を蓄えることができる。**ムカシトカゲ**のメスは、どのオスの精子を受精させるかを選べるだけでなく、交尾後数カ月間、精子を生きたまま保存できる。ちなみに精子保存の最長記録保持者は、**ジャワヤスリヘビ**で、交尾後7年以上も生存精子を保存する。

チーターの繁殖が難しい原因は、オスの精子の問題だけではない。チーターのメスは、ほかのメスと一緒に飼育すると排卵の回数が減り、オスを選り好みするようになる。直近の2世紀に2回目の「遺伝的ボトルネック」が起こり、10万頭以上いた個体数は、今では７０００頭ほどまで激減した。一方、精子数が自滅することなく、遺伝的ボトルネックを生き延びた種もある。**ヴィーゼント**［別名ヨーロッパバイソン］は、わずか12頭から回復した。現在の**チャタムヒタキ**はすべて、40年前に個体数がたった5羽まで激減したときに1羽のメスから生まれた子孫である。僕たちの身近なペットにも極端な近親交配の例がある。**ゴールデンハムスター**は毎年ペットとして数百万匹が繁殖されているが、そのすべてが１９３０年代にシリアのアレッポ近郊で捕獲された1匹の野生の妊娠したメスの子孫である。悲しいことに、野生のゴールデンハムスターは絶滅の危機に瀕しており、国際自然保護連合（IUCN）のレッドリストで「危急（VU）」に分類されている。

南アフリカのデ・ヴィルトの養鶏農場跡地に設立されたチーターの保護・研究センター（僕の獣医学校の同級生、ピーター・コールドウェルが野生動物の獣医をしている）は新たな試みに取り組み、チーターの飼育下繁殖の解決策を見出《みいだ》した。その解決策、「恋人たちの小道《ラヴァーズ・レーン》」は、いわばチーターのためのマッチングアプリである。メスのチーターの囲いの前に設置された小道のような細長い囲いの中に、オスが連れてこられる。そのオスが発情期のメスと意気投合すれば、デートは成功し、オスはメスの囲いの中に入れてもらえる。その結果、争いが減り、ランダムな相手とのカップリングや人工授精よりも妊娠しやすくなった。

「ラヴァーズレーン」がゲームチェンジャーとなり、デ・ヴィルトやその他の保護センターは、繁殖した数百頭のチーターを野生に戻すことに成功した。チーターは野生では孤立した場所に生息しているため、再導入は遺伝的劣化を防ぐのに役立った。同時に、獣医たちは人工授精などの介助生殖技術を向上させ、動物園での繁殖を進めた。これにより、チーターは「危機（EN）」から「危急（VU）」に格下げされた。このチーターの保全成功例は、近年、碧峰峡《へきほうきょう》、都江堰、臥龍《がりゅう》といった**ジャイアントパンダ**保護研究センターによる飼育下繁殖の一環として、僕の友人のワン・チェンドンとウー・ホンリンの尽力により、ジャイアントパンダでも再現された。

成功する動物園経営と遺伝学

現在、責任ある動物園は、野生から動物を捕獲することはめったになく、自立した個体群の維持を目指している。**アダックス**、**ヴィサヤンヒゲイノシシ**、**ヨーロッパミンク**、**カンムリシロム**

クなどの「深刻な危機（CR）」に分類された絶滅危惧種については、現代のノアの箱舟となるべく、野生の個体数が激減しても遺伝的変異を最大限に維持できるよう努めている。動物園は、**アラビアオリックス**、**モウコノウマ**などいくつかの絶滅した種を再導入して野生復帰させたり、**ゴールデンライオンタマリン**の減少した個体数を補強したりする活動も行なっている。さらには、野生で完全に絶滅した種——**アオコンゴウインコ**、**シロオリックス**、**ソコロナゲキバト**など——を維持しているところもある。ちなみに、ソコロナゲキバトは、僕がこれまで手術をしなければならなかった動物の中で一番希少な種である。

各動物園に1組ずつの**アムールルヒョウ**しかいないのに、どうやって個体群の遺伝子を良好に保つことができるのか？　３００頭のヒョウを飼育できる動物園はないので、さまざまな国の動物園の個体群全体を血統登録簿で管理し、各個体同士がどれだけ近縁か、どの組み合わせで繁殖したかを注視している。繁殖に成功しすぎて、そのペアの遺伝子で個体数が膨れ上がってしまい、僕たちが目指す遺伝的多様性の最大化に害となる場合もある。そんなときは動物園間で個体を移して新たなペアを作り、遺伝子カードデッキをシャッフルする。

この方法は、アムールヒョウのように、普段は単独で行動し、交尾のときだけ一緒に過ごす種には有効だ。しかし、**チーター**と同様、**チンパンジー**のように知的で高度に社会的な動物が対象だと、交尾の相手を管理するのは難しい。遺伝子的見地から見れば非常に価値のあるオスであっても、群れのヒエラルキーで下位にいれば、交尾をさせてもらえない。ほかの支配的なオスを避妊するという複雑なゲームは、ちょっとした宝くじのようなものになる。

保護繁殖は称賛に値する取り組みだが、個々の動物の精神衛生や社会生活が置き去りにされかねない。想像してみてほしい。麻酔から朦朧として目覚めたら、そこは全然違う場所で、隣りには一度も会ったことの見知らぬ相手がいて、しかもその相手はこの先数十年、自分の配偶者になる予定だと知ったとしたら？　中年のメスの**ニシローランドゴリラ**はどんな気持ちになるだろう？　遺伝子的には釣り合っていても、すべてのペアが繁殖するわけではないのは当然だ。たんにインターネットのマッチングアプリで選ばれた相手が、気に入らなかったにすぎない。

　いったいなぜ僕と結婚したのか、妻は自問しながら多くの日々を過ごしているにちがいない。僕たち夫婦は異なる言語を話し、非常に異なる性格で、どちらも獣医であることをのぞけば、ほかにはほとんどまったく共通点がない。きっと僕たちは**アライグマ**のようなものなのだろう。アライグマはにおいで相手を選ぶ。フェロモンや魅惑的な香りに惑わされるわけではない。においで互いの免疫系を判断することができるのだ。鼻を使って、ほかのアライグマの主要組織適合性遺伝子複合体が自分とどれだけ異なるかを知るのである。4億年以上前から存在するこの複合体は、免疫系で重要な細胞表面のタンパク質の遺伝情報をコードするDNA領域である。アライグマはできるかぎり自分と異なる免疫系遺伝子を持つパートナーを求め、子孫にバラエティに富んだ病気に対する抵抗力を残そうとするのだ。このDNA複合体は、汗に含まれる揮発性脂肪酸にも影響を与えるため、パートナー候補にも嗅ぎ取ることができる。同じことが人間でも起こっていることは、学生が汗まみれのTシャツをにおいで選り分けるという研究結果に示されている。次回パートナーと口論になり、なぜこんなに相性の悪い相手を選んだのかと思ったときには、ほかのものを犠牲にしてまで多様な免疫系を嗅ぎつけようとしたあなたの原始脳を責めるといい。

　遺伝子を分析するコンピュータプログラムを使っても、ときに無意味に聖杯を探すことになりかねない。ヨーロッパの動物園では、絶滅の危機に瀕した**バンテン**の個体数が、わずか12頭から繁殖し、増加している。不運なことに、最初のオスのうち1頭には睾丸がひとつしかなかった。

もう少し科学的に言えば、そのオスは片方の睾丸が陰嚢に落ちてこない状態――「停留睾丸」だった。これは遺伝的な問題であることが多い。バンテンの睾丸は過熱を防ぐために体外にぶら下がるようにデザインされている。腹腔内に睾丸があると機能不全を起こしやすく、異常なホルモンを分泌し、ときには腫瘍ができることもある。絶滅危惧種の飼育下繁殖プログラムとしては理想的ではない。僕は地面に寝そべって背中を痛めながら、麻酔をかけた0・5トンのバンテンの異常な腹腔内睾丸を鍵穴手術で取り除くとき、不慮の遺伝的問題の対処がいかに難しいかを思い知らされた。

腹腔内睾丸は僕が手術をした多くの動物に――枝角が異常でいじめられている**トナカイ**や性欲の減退した**ロロウェイモンキー**など――問題を引き起こした。逆に、腹腔内睾丸で進化してきた種もある。**ゾウ**の睾丸は、近縁の**ロックハイラックス**と同様に腹部の奥深くにあり、ライバルのオスに牙で突かれる心配がない。対照的に、**オグロイワワラビー**の陰嚢は、ジャンプするときに蹴ったり岩にぶつけたりしないのが奇跡的に思えるほど垂れ下がっている。また、**タスマニアデビル**の陰嚢は、草木に絡まったり、金切り声をあげるライバルに食いちぎられたりしないのが不思議なほど低くぶら下がっている。

生きた細胞を冷凍保存する

自然交配が困難な場合、研究者はしばしば生殖補助技術を使う。生殖補助技術とは、**ジャイアントパンダ**の人工授精から**リビアヤマネコ**のクローニング、さらには**マンモス**を蘇らせるための遺伝子工学まで幅広い技術を指す。生殖補助技術は、**ドードー**の復活や**キタシロサイ**のクローニングなど、あらゆる分野でしつこく宣伝され、その可能性は計り知れないように見える。だが大半の技術は、数十年にわたる資金調達、研究、メディアによる大々的な過剰宣伝をしているわりに、複雑さと高コストのせいで、実際の動物保護効果はごくわずかしかない。数十年にわたって研究していても、ほとんどは実用化が困難であり、多くは現実というよりサイエンス・フィクションの域を出ていない。

1954年に凍結精子による人工授精によって初めて人類が誕生してから20年後、人間の病理学者、クルト・ベニルシュケはサンディエゴに初の「冷凍動物園」を開設した。いずれ技術が追いついたときに絶滅種の保存や復活に役立つことを期待して、絶滅危惧種の生殖組織の保存を開始したのである。だが、その構想はなかなか軌道に乗らなかった。当初、研究者たちにとっては「人体冷凍保存（クライオニクス）」で切断された人間の頭部を凍らせておくことのほうが、はるかに魅力的に思えた。のちにガイア理論を唱えたジェームズ・ラヴロックが、脳の水分の60％を結晶化した状態で**ハムスター**を冷凍し、明白な害もなく蘇らせる方法を見つけていたからだ。とはいえ、本当に害がないのかどうかを知るのは難しい。蘇ったハムスターたちに、子どもの頃の記憶を語ってもらったり、車の鍵をどこに置いたか尋ねたりすることはできないのだから。

つねにインチキ療法との境目にあった人体冷凍保存は、科学的素養のない元テレビ修理士の男が経営する会社が、預かった凍結遺体を溶かして腐敗させ、その後訴えられたことから、さらに評判を落とした。現在冷凍保存されている遺体が蘇生されることは、たとえ技術的にはいずれ可能になったとしても、経済的に不可能に思える。現在のビジネスモデルでは単純に実行不可能なのだ。蘇生が可能になった頃には、企業はとっくの昔に倒産して、冷凍保存された遺体は解凍され処分されていることだろう。それでも、この提案は人を惹きつける。人間はただ死という必然に直面したくないだけなのだ。

冷凍されても自然に生き延びることのできる動物もいる。**トリゴエアマガエル**には、天然の抗凍結剤があり、体温が摂氏0度以下に下がって凍っても生き続ける。さらに、シベリアの**土壌線虫**は、永久凍土の中で3万年以上凍結されたあと、解凍後に息を吹き返し、動いて食べるという記録を残している。もっとも過酷な状況でも生き延びられるのは、みなさんもご存じのように、緩歩《かんぽ》動物の小さな**クマムシ**である。クマムシは凍結、完全な脱水、さらには宇宙の真空状態でも生き延び、数十年後でも無事に生き返ることができる。といっても、僕たち獣医がたくさんのクマムシを治療しなければならないわけではないが！

生きている細胞を凍結させる——まるで奇跡のように聞こえる。体内で起こっている複雑な化学反応を全部一時停止させてしまうのだから。とりわけ精子や卵子のように短期間しか生存しないデリケートな細胞を保存したいと思うときには魅力的な方法だ。たとえば、救護センターにいる、絶滅の危機に瀕した高齢の**ボルネオヤマネコ**の卵子——一度も繁殖したことがなく、その遺伝子が永遠に失われる寸前の卵子——を保存できたとしたら？

だが、生きた細胞を凍結させるのは難しい。凍結の際にできる鋭い氷の結晶は、細胞を内側から切り裂き、致命的なダメージを与える。凍結の速度を遅らせ、氷晶を小さくし、凍結前に細胞からある程度水分が抜けるようにすれば、細胞の破裂を防いでくれる。ただし、不凍化合物の多くは残念ながら有毒である。車の不凍液に使われるエチレングリコールは甘い味がするが、こぼれた不凍液を飲んだあらゆる生き物——子どもやペットの猫から、**カリフォルニアコンドル**や**チーター**まで——に害を与える。凍結の際に使用する不凍液は、細胞を保護するのに充分な量で、なおかつ細胞を殺すには至らない量という絶妙なバランスを保つ必要がある。どの種かによって、またその中のどの細胞かによっても、反応が微妙に異なるので、不凍液には糖や卵黄などのほかの物質も加えられる。そのプロセスは科学というより錬金術により近く、調合液は何百種類もあり、中には用心深く門外不出とされているものもある。うまく保存されれば、凍結した幹細胞は実質的に不滅であり、精液は凍結後何十年も経ったあとでも受胎可能である。

冷凍保存の手間やリスクを避けるため、新鮮な精液を使った「人工授精」や、排卵したばかりの卵子を体外で受精させてから子宮に戻す「体外受精」という方法もある。ルイーズ・ブラウンは、1978年にイングランドのオールダムで体外受精によって誕生した最初の人間であり、ロバート・エドワーズ卿はその功績によりノーベル賞を受賞した。一方、そのわずか2カ月後には、インドでスブハッシュ・ムコーパデャイ博士が家庭用冷蔵庫と大差ない装置と単純な器具を使って、まったく独自の方法で体外受精を行ない、女児を誕生させた。科学のくじ引きで2番となった彼は、完全に忘れられただけでなく、学会から排斥され、あらゆる科学会議で研究成果を発表することを禁止された。それから3年も経たないうちに、彼はコルカタで自殺した。

ジャイアントパンダの排卵は年に1回

生殖細胞の凍結を利用しない人工授精のマイナス面は、オスとメスに連続してすばやく麻酔をかけなければならないことだ。関わる人間の数も増え、ミスの可能性も高くなる。また、メスがいつ排卵するかを知る必要もある。**アジアゾウ**や**ジャイアントパンダ**のような動物園の貴重な動物の場合、何カ月も毎日尿検査をして、繁殖可能な運命的数時間を算出することができる。それには誰かが何時間もじっと観察し、動物がオシッコをしそうになったら、餌をチラつかせて別の囲い入れ、尿をした瞬間に土や糞や藁を避けて、わずかな尿を注射器で吸い取る作業が必須となる。メスが受胎可能かを判別するホルモンや代謝産物は専門的な分析が必要なことが多く、人間の病院の検査室に毎日バイクで運び込むこともある。それぞれの種によって繁殖サイクルも異なるうえ、ホルモンや化合物にも実にさまざまな種類がある。単独で行動する**オランウータン**ならば、どこのスーパーマーケットにも売っている安価な人間用の妊娠検査キットに尿を垂らすだけでわかる。一方、群れで固まる**チンパンジー**の場合はそう簡単にはいかない。

ジャイアントパンダや**チーター**の場合は、こうした検査が使えない。どちらも交尾後に偽妊娠することが多いからだ。排卵後に想像妊娠すると、パンダは巣を作り、睡眠時間を増やし、妊娠していないにもかかわらず、あたかも妊娠しているかのように振る舞う。さらに尿中にも同じ妊娠ホルモンが分泌される。少しでも正確な予測ができるようにと、さまざまなホルモン代謝産物やその比率を調べた科学論文がたくさんある。とはいえ、株式を買うべきタイミングを推測するための証券取引チャートと似たり寄ったりで、根拠に乏しい場合も多い。チーターの偽妊娠の場合、行動や尿検査では騙されるが、糞から検出されるホルモンの情報はもう少し信頼性がある。検査対象のメスにキラキラした粉末をまぶした肉を与えれば、どれが彼女の糞か知ることができ、うっかりボーイフレンドの便を検査することもない。

朝一番に動物園でサンプルを回収しても、検査結果が返却され、人工授精が終わる頃には真夜中になっていることも多い。チーターに排卵がなかったからといって、この世の終わりというわけではない。だいたい1カ月ごとに排卵を繰り返す。しかし、ジャイアントパンダはそうはいかない。年に1回しか排卵せず、受胎可能な時間は24時間以下しかないからだ。そんなわけで、動物園でのジャイアントパンダの繁殖は、いささかストレスの多い仕事となっている。

ホッキョクグマはパンダと近縁でありながら、春に3カ月の妊娠可能期間がある。チーターと同様に、交尾そのものが排卵を誘発する。ホッキョクグマにはホルモン注射で排卵を誘発できる。繁殖専門医の出張手配をしたときや、精液採取のためのオスの麻酔計画を立てたときには、このホルモン注射が不可欠だ。通常は**馬**のホルモンを投与し、その3～4日後に**豚**の黄体形成ホルモンを投与する。多種多様なホルモンとスケジュールが、さまざまな動物種で使用される。ときに獣医は「ヒト絨毛《じゅうもう》性ゴナドトロピン（性腺刺激ホルモン）」と呼ばれる、妊婦の尿から採取したホルモンを使うこともある。このホルモンは、**ゴリラ**や**イルカ**などさまざまな動物の卵巣を刺激するために注射されるが、**カラカル**やチーターなどのネコ科動物に使用されることが一番多いようだ。卵を採取したり、排卵のタイミングを人工授精に役立てたりする。さらには、**ミズウミチョウザメ**に産卵を促し、卵を採取してから母親ザメを野生に帰すこともできる。今では養殖用として、魚の産卵を促進するホルモン剤が製造されている。妊婦の尿から採取した白い粉末状ホルモンの小瓶は、動物のメスに利用されるだけではない。**ブールーロングカエル**のオスを、メスがいないときに興奮させて精子を放出させ、飼育下繁殖用の卵を受精させることもできる。

新鮮な精液を使った人工授精は自然交配に近いが、メスもオスも健康で、卵子も精子も正常ならば、なぜわざわざ人工授精をする必要があるのか？　たとえば、**アジアゴールデンキャット**のオスはメスの2倍の大きさまで成長する。交尾の際にメスの首を乱暴に噛んで抑えが利かなくなると、メスは逃げようにも逃げられなくなる。飼育されているオスの中には何匹ものメスを殺した前科があり、自然交配に使えない個体もいる。

オウサマペンギンは飼育係の靴が好き

アフリカゾウは、人工膣に射精するよう訓練することができる。僕たち弱々しい人間は、うっかり踏み潰されたくなければ、その「世界最大の性具」を囲いの鉄格子越しにゾウに突き出さなければならない。ほかの動物たちはそこまで協力的ではなく、麻酔が必要だ。40年前から、精液はおもに電気射精法で採取されている。**クロサイ**から**ワオキツネザル**まで提供者の前立腺の上にある直腸にプローブを挿入し、「生命の衝撃」が起こるまで電圧をかけ続ける。麻酔薬の組み合わせによっては、膀胱への射精を引き起こしたり、意識のない提供者が排尿してサンプルを台無しにしたりするので注意が必要だ。

電気射精法は、養殖の**アオガニ**や体の麻痺した人、さらには死んだ夫の精子を採取して冷凍保存する際に使われているが、少なくとも生きている者にとってはリスクがないわけではない。慎重に操作しなければ、プローブの電極が直腸に熱で穴を開けてしまうという致命的な事態にもなりうる。また、ワオキツネザルや一部の霊長類では、尿道内の精液がセメント状の閉塞を形成することもある。そうなれば排尿ができなくなり、急速に腎不全に陥って死に至る。長く退屈な講義を聞きながら、尿意を抑えるのに苦労したことがある人なら、それがどれほど恐ろしい症状なのか想像がつくだろう。

最近では、あまり衝撃的でない方法が良い結果をもたらしている。オスの**ライオン**の陰茎から奥の前立腺までカテーテルを挿入するだけで、毛細管作用によって少量の精液サンプルを採取することができる。ショック療法や前立腺マッサージは必要ない。サンプルは微量だが、電気射精法とは異なり、前立腺液で希釈されていないため、ずっと高濃度のものが得られる。

僕の同僚であるイムケ・リーダースは、この方法を用いて、**ゴールデンキャット**のメスを――乱暴なオスに食いちぎられることなく――妊娠させている。具体的には、メスに麻酔をかけて、自然な交尾のときのようにうつ伏せに寝かせる。ネコ科の動物はすべて誘発排卵があるので、メスの首をオスに嚙まれたようにしっかりつかみ、綿棒で膣を刺激すると、麻酔下でも受胎しやすくなる。近縁種でありながら、ネコ科動物は困惑するほどバラエティに富んでいる。**ウンピョウ**、**スナドリネコ**、**マーゲイ**は自然排卵も可能だが、**チーター**や**オセロット**はめったにない。産卵期の**ニワトリ**のように、**マヌルネコ**の繁殖サイクルは、光の強さに非常に敏感に反応するが、ライオン、**ヒョウ**、オセロットは光の影響をまったく受けない。また、チーターが繁殖サイクルは1年中あるが、ウンピョウは特定の季節にしか排卵しない。頭がこんがらかりそうだ。

大型の**アオコンゴウインコ**は、極小の電気射精プローブとガラス製毛細管を使って、仰向けにした状態で精液を採取できるが、もっと協力的な鳥もいる。北米の**ハヤブサ**は、殺虫剤のＤＤＴによって卵殻が薄くなって個体数が激減し、レイチェル・カーソンの著作『沈黙の春』によって規制されるまで続いた。解決策のひとつは、鷹匠からもたらされた。調教されたハヤブサが種を混同し、飼い主と交尾しようとする習性を利用したのだ。とはいえ、**コチョウゲンボウ**が頭の上に乗ってくるなら愉快かもしれないが、**カンムリクマタカ**となるとそうはいかない。ともかく、小さなくぼみのついたゴムマット製の帽子をかぶり、ハヤブサを誘うような声を出し、自分の頭に交尾させれば、人工授精用の精液を採取することができる。この技術は、ハヤブサの個体数を増やし野生復帰させるのに役立った。また、かつて僕は飼育係の靴と交尾したがる動物園の**オウサマペンギン**を訓練して、精液を採取できるようにしたことがある。オウサマペンギンは好みにうるさく、背の高い飼育係にしかなびかない。一方、**イワトビペンギン**はそれほど好き嫌いがなく、手袋をしたどんな人の手とでも喜んで交尾をする。実のところ、インコの飼い主の多くは、肩にひょいと乗った愛鳥が自分の肩を性具として使っていることに気づいていないのだ。

子宮頸部は究極の生物学的厳重セキュリティドア

精液は体外で生き延びるようにはデザインされておらず、簡単に死滅する。精液を入れたバイアルは、暗くて暖かい場所に保存しなければならない。靴下に包んでポケットに入れておくこともある。採取できる量はさまざまで、**ヨーロッパイノシシ**ならビール缶1杯分だし、**アジアゴールデンキャット**なら1、2滴しかない。

採取した精液は、人工授精に使用するまで保護剤や抗生物質を組み合わせて寿命を延ばしたり、将来の復活に備えて液体窒素で凍結したりする。研究グループごとに精液保存のためのレシピ本があり、ときには門外不出とされていることもある。液体窒素の容器ひとつに数千種類の精液サンプルを保管できる。オスの**ゾウ**や**ジャイアントパンダ**の成獣を運ぶよりも、数本の小さな冷凍チューブを飛行機で世界中に運んだほうが簡単である。ただし、空港のX線スキャナーは、凍結精液サンプルにダメージを与える量の放射線を放出する。ときには、精液を入れた大型容器をトランクに積んで北米を横断する長距離ドライブをする以外に方法がない場合もある。

精液を注入するのは、単純な作業に思えるかもしれないが、そうは簡単ではない。メスの体内には巧妙な門番——子宮頸部——が備わっているからだ。リングやひだ、ときにはらせんを持つ子宮頸部は、究極の生物学的厳重セキュリティドアであり、胎児を外界から安全に守り、感染症の侵入を防ぐために不可欠なものだ。**コアリクイ**にはないが、ほかのほとんどの哺乳類にある。

その門番が、精液の注入を困難にしている。しかも、**ツチブタ**、**キノボリハイラックス**、**ウサギ**の体内には子宮頸部が2つ並んでいる。排卵期ですら、ほんのわずかな隙間しかなく、たっぷりの粘液で保護されている。解凍した弱々しい精液を直接子宮に届けられるかどうかが、成功と失敗を分けることになる。その様子は、細長い手術用の内視鏡を使えば、画面上で拡大して見ることができる。これはとりわけ、ジャイアントパンダのお尻のまわりにいる観衆を納得させるのに役に立つ。たとえ妊娠が成立しなくても——たいていはそうなるわけだが——獣医の仕事が適切に行なわれたことを誰もが確認できるからだ。

どれだけなだめすかして、細長い人工授精用カテーテルをグルグル回しても、頑なに子宮頸部を通過させまいとする種もいるので、外科的な人工授精を行なうこともある。僕が**ジャガー**に人工授精の鍵穴手術を始めたときには、精液を直接子宮に注入していた。今は**ウンピョウ**などのネコ科動物では、逆側の卵巣近くにある卵管に精液を流し込むと良い結果が得られている。とはいえ、子どもを作るための手術はなるべくなら避けたい。そこで絶滅の危機に瀕した動物を精液なしで作ろうということになる。

クローニング

最初のクローン動物は、**羊**のドリーではなく、1962年に作られた**アフリカツメガエル**である。ジョン・ガードンはその功績でノーベル賞を受賞した。しかしながら、哺乳類のクローン作製はずっと難しいと判明し、僕の友人のビル・リッチーが34年後に羊のドリーを作ったときには、ほとんどの科学者はとっくに匙を投げていた。悲しいことに、空っぽの細胞に実際に核を移植した胎生学者であるビルは、その科学論文の著者から名前を省かれてしまうという信じ難い憂き目に遭った。

クローン技術は、『スターウォーズ』のように希少動物のコピーを複数作製できる可能性がある。問題は、そうして作られた動物たちはすべて遺伝的に同一になってしまうことだ。絶滅危惧種の遺伝子的には何のメリットもない。一方、**キタシロサイ**のような絶滅寸前の動物の個体数の回復には、クローンが役立つ可能性はあるだろう。**バンテン**は2番目にクローン化された絶滅危惧種だが、幼児期を生き延びた最初のクローン動物である。最初にクローン化された絶滅危惧種、**ガウル**の〝ノア〟はわずか2日で死んでしまった。とはいえ、バンテンもかろうじてマシだったという程度で、双子のうち1頭しか生き延びていない。

ガウルやバンテンは、繁殖の研究が進んでいる家畜牛と近縁である。**牛**はクローン化で生まれたガウルやバンテンの子どもの代理母として適している。双子のバンテンの誕生後に死んだほうの子どもは、動物園で普通に生まれたバンテンの子どもによく見られる問題を抱えていた。睾丸がひとつしかなかったのである。生き延びたほうのバンテンは、その後、サンディエゴ動物園で7年生きたが、これは飼育下で管理できる通常の寿命の半分しかない。絶滅危惧種のクローン作製は、物珍しくニュースになりやすいが、実際の保護活動にはまだ何の影響も与えていない。

バンテンは保護繁殖の難しさを浮き彫りにしている。この絶滅の危機に瀕した野生牛は、原産地のカンボジアでは、150年前、オーストラリアのノーザンテリトリーで英国軍の前哨基地が放棄して野生化したバンテンの数よりも少なくなっている。カンボジアの森林で在来種のバンテンを保護するために多額の費用が費やされているのと対照的に、オーストラリアでは同じ種が移入害獣として射殺されている。動物園では飼育下繁殖が試みられているが、バンテンの保護が目的ならば、動物園で飼育するよりも、オーストラリアの野生の個体群をバックアップとして維持するほうが効率的ではないだろうか。

現代のクローン技術では、羊のドリーの頃とは違って、ある細胞から別の細胞に核を注入するときに、安定した手と大型顕微鏡と極小の道具を使う必要はない。壊れやすい卵細胞も必要ない。今では幹細胞は、骨折した骨を修復するためであろうとまったく新しい動物を作るためであろうと、僕らが望むどんな細胞にも作り変えることができる。また幹細胞は冷凍保存するとより強固になり、解凍すれば分裂してみずからの代替細胞を作ることもできる。

僕はビル・リッチーと共著で、幹細胞から一歩進んで、**ジャイアントパンダ**の「多能性前駆細胞」に関する科学論文を発表した。パンダのクローンが作成できるわけではないが、成獣パンダから幹細胞を作る方法には進展がみられた。

ところが、ジャイアントパンダとビル・リッチーの組み合わせは、メディアを騒然とさせた。『ナショナル・ジオグラフィック』でさえ誤った報道をした。面白みのない現実的な事実を、多くのジャーナリストに根気よく説明したにもかかわらず、僕たちが「ドリーの製作者と一緒にパンダのクローンを作ろうとしている」というストーリーはあまりにも魅力的だったため、その週の新聞にはそれがそのまま掲載されたのだった。

ある意味では、彼らは正しい。確かにクローニングは、驚くべきことを実現しうる技術だ。すでにある絶滅した野生動物が、わずか1頭とはいえ、忘却の淵《ふち》から救い出されている。**ピレネーアイベックス**は、イベリア半島の野生**ヤギ**の亜種で、最後のメスである〝セリア〟が、倒木によって絶滅した。そこで小さな皮膚サンプルを保存し、3年がかりでクローンの子ヤギを誕生させた。残念ながら、その子ヤギは数分しか生きられなかった。胸に肺葉がひとつ余分にあり、呼吸ができなかったためだ。

仮に完全に成功し、多数のクローンが育ったとしても、すべてメスということになる。クローニングには、復活後の近親交配を防ぐために、異なる個体や性別の複数のサンプルが必要だ。またクローン作製は、広く研究され生殖の複雑さが熟知されている一般的な動物が近縁にいて、代理母候補がたくさんいなければ成功しない。**ヤマネコ**や**オオカミ**、牛、羊、山羊などの有蹄類、それから人間の近縁である霊長類でなら、クローニングは実現可能である。一方、絶滅寸前の**パラワンセンザンコウ**や**コガラシネズミイルカ**、絶滅した**フクロオオカミ**のクローン化は、当分は実現しないだろう。

マンモスは全ゲノムが判明しているし、近縁の**ゾウ**の生殖についてもそれなりの知識があるが、マンモスのクローン胚を移植するために数百頭のゾウを飼育することは実現できそうもない。ただしマンモスの場合、人工子宮を作ることができれば希望はある。そうなれば、胎児はビニール袋の中で発育し、ヘソに挿入したチューブから栄養が送られる。人間の未熟児の生存率の向上に取り組んでいる研究者たちは、すでにビニール袋の人工子宮を使って子ヒツジの胎児を1カ月生かすことに成功している。将来どんなことが可能になるか誰にもわからない。

野生動物のクローニングは、メディアで大々的に宣伝され、資金がつぎ込まれたにもかかわらず、何らかの可能性があることを示すにとどまっている。実際に野生動物の保護や絶滅の危機に瀕した動物の個体数の増加に役立つようなクローニングはまったく進んでいない。**スペインアイベックス**や**バンテン**などの動物に取り組んでいた研究者たちは、研究を集約して積み重ねるという作業をせず、すぐにほかの種に移った。どうやら、研究者たちは一度何かを達成するとすぐに興味を失い、知的で抜け目のない**カササギ**のように、新しいプロジェクトやら世界初の成果やらを探し求めるようだ。アポロ計画で可能性が示されたとはいえ、50年前と比べても、まだ月に都市を作る段階に近づいているわけではない。同じように、有名な動物園で世界初の繁殖に成功したという報道があっても、野生の世界で実際に利用できる段階に至ったという意味ではない。その最新技術に必要な施設や専門知識が膨大すぎること、プロセス全体が複雑すぎることもあって、簡単にはいかないのだ。研究者が資金繰りに苦労する中で定期的に発表されるプレスリリースは、僕たちが地球を破壊し続けて、万一大惨事が起こっても、冷凍庫の細胞から動物のクローンを作って復活させられるという非現実的な期待を人々に与えてしまっている。メディアの注目は、実際には事態を悪化させかねないのである。

鶏が別の鳥の卵を産む技術

巨大なビニール袋の人工子宮の中で絶滅した**マンモス**をクローニングするよりも、さらにエキサイティングな技術もある。現在、鳥類のクローン作製はできていない。**カエル**や**オオカミ**とは違って、地味な**鶏**のクローンを作る試みはことごとく失敗しており、マンモスより先に**ドードー**を復活させることはできそうにもない。これは——たとえ恐竜のＤＮＡが６０００万年の歳月で完全には劣化していなくても——鳥類の近縁種である恐竜の復活が、いまだ実現不可能なもうひとつの理由である。

鶏が畑で卵を産み、孵化したら、絶滅の危機に瀕した**ベトナムキジ**のヒナがわんさか出てきて、鶏のママたちに育てられてしあわせそうにしている——そんな未来を想像してみてほしい。スコットランドの僕の家の通り沿いにあるロスリン研究所で、マイク・マクグルーたちが取り組んでいるのはそういう研究だ。

鳥の生殖細胞（将来、卵子や精子を作る細胞）は、胚の初期、通常は卵が産み出されたわずか2、3日後に形成される。つまり、ある鳥の産みたての卵のひとつを犠牲にすることで、その鳥の生殖細胞を数百万個に増殖させ、冷凍保存することができる。それを受精前の鶏の胚に注入すれば、その鶏は別の種の卵子と精子を作ることになる。あるいは、少なくとも卵黄を作る。卵のそれ以外の部分は、鶏の卵管（哺乳類の卵管と子宮に相当）に沈着する。体の小さな鶏に**ヒクイドリ**の卵を産ませることは物理的に不可能だが、飼育された**ダチョウ**ならば可能だ。絶滅の危機に瀕した鳥を、鶏と同じくらい簡単に大規模に飼育することができるのである。

ハイテクを駆使した野生動物の保護増殖技術の中でも、これは一番期待を持てそうな技術だ。研究者たちはすでに鳥類のオスに別の鳥類の精子を作らせることに成功しており、メスについても同じことを可能にするよう目下取り組んでいる。この研究の進展次第では、絶滅危惧種の鳥の卵の始原生殖細胞の凍結保存は、絶滅危惧種の鳥類のノアの箱舟となる可能性を秘めている。

知らぬはボスザルばかりなり

絶滅危惧種を繁殖させるために多くの時間と労力、技術を費やしてきた僕が、その真逆のこと――野生動物の繁殖の防止――にも、かなりの時間を費やしていることは皮肉に思える。

フサフサとした美しいたてがみを持つ**ゲラダヒヒ**のオスは、集団の頂点に立ち、その遺伝子で飼育下の個体を征服してしまいかねない。近親交配した集団には、さまざまな健康上の問題が起こるリスクがある。だからといって、支配関係の安定した集団から、ボスのオスを排除すると悲惨なことになる。支配権をめぐって若いオスたちが互いに争うようになり、幼児を殺したり、骨折が増えたり、集団全体にストレスを与えるからだ。そんなときはボスのオスの精管切除を行なえば、集団は安定したしあわせな状態を保ち、彼も通常の性生活を続けることができる。が、生まれてくる赤ん坊の父親は、ボスの目を盗んでこっそり交尾をしたほかのオスになる。

救護センターでは、孤独な**キホオテナガザル**の母親と息子が、精神的な健康や幸福を得るために、互いの存在に依存していることがある。押収されたペットのテナガザルを野生に戻すことはほぼ不可能だが、近親交配で生まれた赤ん坊も理想とはほど遠い。より相性の良いパートナーが見つかるまでの一時的な避妊、あるいは永久不妊手術が、生涯を通じたケアの必要なテナガザルには最適なのである。

多くの動物は毎日飲む避妊薬を、実際に効果が出るほど確実には飲んでくれない。ときには麻酔を使わずに、より長い効果のある薬剤を麻酔銃で投与できることもある。しかし、メスの**アオメクロキツネザル**は、避妊薬のプロゲステロンを投与すると、肥満から糖尿病、さらには心臓病まで引き起こすリスクがある。さらにメスのクリーム色の毛が異常に濃くなり、オスの毛色に近くなる。**チンパンジー**は人間とよく似ているので、経口避妊薬という選択肢もあるが、薬を隠した餌を欲張りないじめっ子に盗まれることもあり、うまくはいかない。保護区のチンパンジーの場合は、大きなマイクロチップのような形の人間用の避妊インプラントを、数年ごとに麻酔をかけて皮下に埋め込む方法を取ることが多い。

人間のカップルが証明しているように、避妊の効果には幅がある。小さな**ムネアカタマリン**と大きな**アカカワイノシシ**に同じホルモン剤のインプラントを埋め込んでも、タマリンは半年後に再び妊娠するが、イノシシは10年後にもまだ不妊のままということもある。**トラ**の場合は、ホルモン剤インプラントを埋め込んでから5年後に妊娠するのは3分の2だけだ。また、**ドウグロライオンタマリン**の4分の3以上は、インプラントを除去してから2年以内に再び妊娠するものの、流産や死産の数がぐっと多くなる。生殖戦略は千差万別であり、同じホルモンでも、種によって異なる段階で異なる役割を果たすため、普遍的な解決策はないのである。

たてがみが抜けるライオン、カリフラワーのようなツノを生やすシカ

出産制限のための避妊と不用意な不妊手術の境界線は、必ずしも明確ではない。永久不妊手術にも危険はある。獣医は、基礎を学ぶときにペットの**犬**、**猫**、**馬**、**モルモット**などの家畜の不妊化しか習わない。その方法は生殖腺の除去だ。犬や猫を去勢することで、攻撃性や尿の吹きつけを抑え、郵便配達員をしあわせにし、家の中をより良いにおいにすることができる。一方、多くの飼育下にある野生動物の場合は、去勢は良いアイデアではない。たとえば、**ライオン**のたてがみはテストステロンの分泌によって生えるため、オスのライオンを去勢すると、たてがみは抜け落ち、二度と元に戻らない。そんなことになれば、怒ったスタッフや腹を立てた動物園来園者から責められて、獣医はストレスによる脱毛症に悩まされるかもしれない。

テナガザルは生殖腺を除去すると、毛皮の色が変わる。**キホオテナガザル**は、母親の毛皮に溶け込むような美しい黄金色で生まれ、成長するにつれて黒くなる。男の子は一生黒いままだが、女の子は思春期になるとまた黄金色になる。ところが避妊手術を受けると、オスも毛皮の色が変わってしまい、ほかの仲間を混乱させかねない。

成獣の**アカシカ**や**ヘラジカ**を去勢すると、茶色いカリフラワーに似た柔らかく傷つきやすい永

久角［生涯生え替わることのないツノのこと］が生える。この症状は、フランス国王ルイ14世が梅毒と蔓延するシラミによるまだらな禿げを隠すために使用した、髪粉をつけたカツラにちなんで「ペルーク」と名付けられた。アカシカがカリフラワーのようなツノを生やすのに対して、**ミュールジカ**はサボテンのようなツノを生やす。この問題は通常、攻撃的になったシカを誤って去勢した場合に起こる。ときには、野生のシカが鉄条網を飛び越えて自己去勢したり、無能なハンターに睾丸を撃ち落とされて一命をとりとめたりした場合にも起こる。

どうしても去勢しなければならない場合には、思春期前に行なう必要がある。ロシア北極地域にあるヤマロ・ネネツ自治管区の**トナカイ**遊牧を営む先住民はそのことを知っており、自分の歯で**トナカイ**の子どもを去勢し、従順な成獣に育てている。その方法の信憑《しんぴょう》性は悲しいかな、僕が証明できる。獣医学校の2年生のとき、不運にも、南アフリカのカルー地方で羊牧民が用いる、まったく同じ子**ヒツジ**の伝統的な去勢方法を実演する担当に選ばれてしまったからだ。その後1年間恋人がいなかったのは、きっとそのせいだろう。去勢されたトナカイにもツノは生えてくる。トナカイはメスにもツノが生える唯一のシカであり、男性ホルモン（テストステロン）は必要ないのである。

ペットの犬や猫に行なわれる卵巣の摘出にも、同じように問題がある。ホルモンは行動において重要なものなのだ。**バーバリーマカク**のオスやメスを不妊化すると、集団の社会的階層が崩壊して、その後何カ月間も、ケンカや噛みつき、若者の殺害が起こることがある。**ゴリラ**や類人猿では、卵巣を摘出すると、閉経後の女性と同じように骨粗しょう症になることがある。

社会的な霊長類には、卵管結紮《けっさつ》または精管切除が最適だ。それならば誰もが普通にホルモンを分泌し、自分の地位を保ち、通常の性生活を楽しみながら、問題のある繁殖をせずにすむ。ただし当然ながら、例外もある。たとえば僕は地位の低いメスの**チンパンジー**の卵巣を摘出したことがある。そのチンパンジーは月に一度、群れのすべてのオスから集団レイプされ、明らかに悲惨な状態に陥っていた。手術後、彼女はようやく平穏な普通の生活を送れるようになった。

手術後の安静が不可能な野生動物では、鍵穴内視鏡手術が最善の方法だ。鍵穴手術なら**アカゲザル**や**ボノボ**のような賢くて器用な動物でも、傷口をいじったり、縫合糸を抜いたり、傷口を開けて自分の内臓を探って命を落としたりすることができない。僕は世界中の保護区や救護センターで、**トラ**やライオン、**カピバラ**、**アシカ**など、それぞれ解剖学的に風変わりな特性を持つあらゆる動物に対し、鍵穴不妊手術や世界初の野生動物のロボット支援手術［医療用ロボットのコントローラーを操作し、ロボットアームに装着された器具を使って行なう低侵襲（鍵穴）手術のこと］を行なってきた。鉛筆の直径よりも細い器具も役立つが、**オランウータン**のような超高知能な患者には、鉛筆の芯の太さ、直径3ミリの器具を使用する。器具の先端が極小なので時間はかかるが、傷口はマイクロチップの針を刺すのと同じくらい小さくてすみ、縫合すら必要ないこともある。この方法は、カピバラやアシカのように、術後すぐに水中で泳ぐことになる患者に有効だ。人間の外科医で、手術の日の午後に患者を泳がせる勇気のある人はほとんどいないだろうが、悲しいかな、僕にはほかに選択肢がなく、これを可能にするために特別な技術を習得しなければならなかったのである。

種によって生殖サイクル、ホルモン、解剖学的構造が異なるため、精管切除や卵管結紮でもデメリットが生じることもある。**チーター**のメスは交尾後にしか排卵しない。チーターの陰茎は小さいが、排卵を促すために、紙やすりのような細かい棘がついている。メスの発情期が1年を通じてあるため、卵管結紮や精管切除をしたチーターは、妊娠しないまま数週間おきに交尾を繰り返す。チーターの旺盛な性生活は楽しそうに思えるかもしれないが、ホルモン分泌の急増が続くと、メスが悪性の子宮がんになる可能性が飛躍的に高まる。

僕の経験では、最悪のデメリットが発生する事例は**リカオン**だ。最高の飼育環境下でも、リカオンのメスの4分の1は子宮蓄膿症という深刻な子宮感染症を発症する。命に別状がない場合でも、通常は緊急の子宮摘出手術が必要になる。そのとき、卵管結紮の処置がされていると、事態をさらに悪化させる。子宮は赤ん坊の成長に合わせて広がるようにデザインされているが、子宮頸部は外界から閉ざされたままになっている。子宮内が細菌や膿汁で満たされて排出できないと、感染症は極めて深刻になる。僕は子宮に5リットルの膿汁がたまったリカオンを何頭も手術したことがある。ちなみに、僕が獣医の資格を取る前に初めて麻酔をかけた動物は、子宮蓄膿症を患うリカオンだった。彼女はとても具合が悪く、僕はそのときの苦労を忘れたことはない。この美しい動物の複雑な社会システムでは、ボス格のオスとメスだけが繁殖し、ほかのメスたちも子どもに授乳して世話をするので、避妊や不妊の選択はほかの動物よりも複雑になる。

ゾウの個体数を穏便に減らす方法

避妊が人間と野生動物のあいだの紛争を減らす手助けになる場合もある。南アフリカで育った僕は、**ゾウ**の個体数のコントロールの難しさを感じていた。世界中の観光客に愛され、崇拝されているゾウの成獣は、**ライオン**などの肉食動物に捕食されることはほとんどない。その個体数は、水を飲めるかどうかに左右される。水場は乾季に**シマウマ**や**サイ**など多様な野生動物を集め、来園者に動物の姿を見せる機会を与えて、国立公園を経済的に存続可能にさせている。

一方、人工的な水場を維持すると、ゾウの個体数が爆発的に増加し、自然な数よりもはるかに多くなりかねない。閉鎖的な場所では、ゾウは環境を破壊し、木々を引き抜き、生態系全体を変化させ、ゾウだけでなくほかの動物たちの生存にも悪影響を及ぼす可能性がある。僕たちは保護区とは完全に野生の自然であると想像するが、それは真実とはほど遠い。多くの南部アフリカの保護区は、水や警官の管理など、まるで巨大な動物園の囲いのように高度に管理されている。**ローンアンテロープ**のような希少動物には定期的にワクチンを接種しているし、動物たちは移動、追跡、検査され、個体数と遺伝子を健全に保つための管理がつねに行なわれている。

　人工的な水飲み場の閉鎖は実行が難しい。かといって、個体数をコントロールするためにこの非常に知能の高い動物を射殺することほど、人々を憤慨させることもない。ある国立公園で実施された例を挙げよう。まずヘリコプターを使ってゾウの家族を1カ所に集め、全部のゾウに麻酔銃を撃った。それから母親ゾウから赤ちゃんゾウまで、一家全員が動けなくなったところで、至近距離から頭部を撃ち抜いた。ゾウの体の大きさによって、麻酔が効くスピードが違うため、気の毒なことに、ヘリコプターが安全に着陸して射殺を開始する前に、窒息死したゾウもいた。ゾウの皮で作ったベルトやハンドバッグを買う観光客はいたが、肉は誰も欲しがらなかった。そこでオリファンツラス［ナミビアのエトーシャ国立公園内にあるキャンプ］——皮肉にも「ゾウの休息」という意味だ——と、スククザ（南アフリカのクルーガー国立公園内にあるキャンプ）のゾウ肉処理場では、その肉を使って缶詰のドッグフードを作った。今でもエトーシャ国立公園を訪れれば、長いあいだ放置されたままの、錆《さ》びた鉄のゾウの解体場を見ることができる。

　僕の獣医学校の教授である、ヘンク・ベルチンガーは、ゾウの避妊ワクチンの研究をしていた。**豚**の透明帯（受精のために精子が侵入しなければならない卵子を包む層）をゾウに注射すると、ゾウの透明帯に対する抗体ができ、精子が卵子に侵入するのを防ぐ。この方法だと、ヘリコプターから麻酔銃で撃つだけで、ゾウを避妊させることができる。また、ゾウの行動を変える必要もない。ゾウは通常の生殖サイクルを送り、交尾もするが、数年間不妊になり、その後は再び妊娠可能になる。麻酔銃を撃たれた妊娠中のゾウも普通に出産し、乳を与え、子ゾウを育てた。最初に2~3回注射が必要になるという問題は、ブースター用薬剤を含んだ徐放性ペレットを1本の投薬器《ダート》にセットすることで解決した。ワクチンによる避妊は、野生の**オジロジカ**や**ワピチ**、動物園の**クマ**や**アシカ**にも行なわれている。避妊ワクチンで必要なときに出生率を下げられれば、ゾウの普通の生活を妨げることなく、個体数の破壊的激増の勢いを弱めることができる。

それに対して、飼育下の**アカアシガメ**の繁殖を防ぐのは簡単だ。たんにメスとオスを別々に飼えばいい。ほとんどのカメは単独行動をする。ペアで飼うと、オスが過度に交尾を強要しはじめる。性的執着心が強すぎて、メスをしつこく追い回したり噛みついたりして死なせてしまい、欲求不満がたまると、靴やレンガ、庭の陶器の人形《ガーデンノーム》とまで交尾する。一方、メスのカメはオスがまわりにいなくても無精卵を産むことがある。

鳥類の繁殖を止めるには、別のアプローチが必要になる。**アカケアシノスリ**の卵を母鳥から奪えば、その卵の成長は止まるが、母鳥は別の卵を産むだけだ。それが繰り返されると、母鳥は体内のカルシウムを危険なほど使い尽くし、骨が折れてしまう。しかし、この習性を慎重に利用して、孵卵器とカルシウムサプリメントを用いて人間の手で飼育を行なえば、**カリフォルニアコンドル**のヒナ鳥の数を増やすことができる。**ノスリ**の卵を短時間茹でておいたり、木製のダミー卵に置き換えたりすれば、母鳥は満足し、新たな卵を産むこともない。

ペンギンもカンガルーも——心優しき里親たち

親鳥が育児放棄をする場合や、高齢の母鳥がつまずいて卵を潰しかねない場合には、卵と親鳥をシャッフルすればうまくいく。たとえば、動物園の**ペンギン**には、繁殖力は強いが産んだ卵を放置したり蹴とばしたりするカップルもいる。そんなときには周囲の同性カップルに里子に出すといい。彼らは優秀な里親となり、卵を孵化させ、ヒナ鳥を育ててくれる。

また、**カッコウ**は、自分のヒナ鳥を何も知らないほかの鳥に押しつける習性を持っている。里親が活躍するのは、絶滅の危機にある鳥——**クロセイタカシギ**やモーリシャスの**モモイロバト**や**スミレコンゴウインコ**など——を飼育下繁殖する際に、ほかの種の鳥を代理親に採用する場合だけではない。哺乳類でも、里親が役立つことがある。適切な胎盤を持たない**セスジキノボリカンガルー**は、とても小さな子どもを産む。ジェリービーンズサイズの胎児はわずか数週間で生まれたとたん、母親の毛皮をよじ登り、袋に潜り込まなければならない。その中で乳首をくわえ、さらに成長するまで、まるで小さな果実のように何カ月もくっついている。この試練は、生まれたばかりの人間の赤ん坊が、歩道から2階建てバスにハイハイで乗り込み、階段を這いのぼって2階の後部座席によじ登るようなものだ。キノボリカンガルーは、陸上で生活する近縁のカンガルーとはまったく異なり、熱帯雨林の高い枝の上で生活するためにフックのような鉤爪を持ち、草ではなく葉を主食とする。一般的な**シマオイワワラビー**の母親は、喜んでキノボリカンガルーの子どもを育ててくれる。絶滅に瀕した**オグロイワワラビー**の子どもを、一般的な**ダマワラビー**やシマオイワワラビーの母親に預けると、通常の6倍の数の赤ん坊を育ててくれる。里親制度は比較的自然なことであり、うまくいく。

人間が育てる場合には、布製のポーチや袋にカンガルーの子どもを入れて、4時間おきにミルクを与える。ミルクは成長過程で成分が大きく変化するため、それに合わせて代用乳も使い分ける必要があり、大変な作業となる。それでもオーストラリアでは、数多くのボランティアが孤児のカンガルーの子どもを育てているおかげで、有袋類専用の市販の代用乳が利用できる。これは地球上のほかの場所にいる野生動物の孤児ではありえないことだ。だが、野生動物の保護区や世話をする人々が、火傷《やけど》したワラビーや車に轢かれたカンガルーを世話したり、孤児となったカンガルーの子どもをミルクで育てたりしている一方で、オーストラリア政府は、全個体数の6分の1にあたる年間700万頭以上のカンガルーやワラビーの射殺を許可している。

人間と野生動物の関係は、希少動物を必死に繁殖させるか、現代の人間中心世界でなんとか生き延びている類似種を絶滅させようとするかのあいだで、激しく揺れ動く運命にあるようだ。**リョコウバト**は、ハンターが1日5万羽も殺したおかげで、50億羽から瞬く間に絶滅した。現在、研究者たちは多額の費用をかけて、遺伝子工学による復活を試みている。絶滅の危機に瀕した**プロサーパインイワワラビー**と**ワキスジイワワラビー**の保護は、オーストラリアでの近縁種の大規模射殺とは対照的である。また、残りわずかな**スコットランドヤマネコ**を保護するために数百万ポンドが費やされている一方で、同じ地域で**アカギツネ**が害獣として大量に狩られている。もしアカギツネが絶滅の危機に瀕していたら、美しく知的で興味深い動物のために、間違いなく莫大な資金調達と保護活動が行なわれることだろう。多くの野生動物に対する僕たちの態度には、ほとんど論理性がないように見える。一般的な種は迷惑な存在とみなされるか、食用、薬用、毛皮としての商業的価値にしか注目されない一方で、希少な種はなんとしてでも保存しなければならないもの——さながらヴィクトリア朝時代のコイン収集の現代版——となっている。

スコットランド訛《なま》りで鳴くイスカ？——種の分類の曖昧な世界

多くの野生動物の飼育繁殖計画には、致命的な欠陥がひとつある。「種」の定義の曖昧さである。生物学的分類の基本単位とされている「種」だが、意外と知られていないのが、その定義が合意されていないことだ。「交配可能な動物の最大グループ」と解釈されることが多いが、この解釈は恐竜には当てはまらない。どの恐竜とどの恐竜が交配できるのかは誰にもわからないからだ。伝統的な分類は普通、動物の解剖的構造や形態に基づいていた。そのほかに、系統樹や生態的地位に基づく分類もある。

また、遺伝学は、**チーター**と**キングチーター**のように、見た目がまったく異なる動物が遺伝的にほぼ同一であることを証明した。一方、見分けがつかない**スコットランドイスカ**と一般的な**イスカ**は、見た目は同じに見えても、遺伝的にはかなり異なることもわかっている。イギリス唯一の固有種の鳥であるスコットランドイスカは、鳴き声の違いでしか、一般的なイスカと区別がつかない。どうやらイスカにもスコットランド訛りがあるようだ。

種ですら曖昧なのだから、亜種となればさらに曖昧となる。**アムールトラ**と**スマトラトラ**は同じ種だが、異なる環境で何千年もの進化を遂げた結果、異なる亜種に分類されている。アムールトラのほうがずっと体が大きいが、それでも交配は可能なので、別種ではない。自然界にあるものはすべて、ひとつの連続したスケール上に存在しているが、僕たち人間は、雲から株式市場のパターンまで、あらゆるものに名前をつけて分類するのを好む。動物も例外ではない。そもそも種とは何かについてすら、多くの研究者のあいだで意見が分かれているのだから、最近ある論文が発表されたあと、**レッサーパンダ**がヒマラヤ種と中国種に分かれるかどうかについて、意見の一致をみないのも仕方あるまい。また、**バビルサ**はすべて同じ種であると信じられていたが、最近の遺伝子解析により、見た目はほとんど同じなのに、いくつかの異なる種があることが判明した。動物園のバビルサのほとんどは、絶望的なほど交雑されており、将来再導入する際、遺伝的には役立ちそうにない。それから、たいていの書籍やウェブサイトには**トラ**の亜種は7〜8種と書かれているが、多くの専門家はトラを2つの亜種に分類することにすれば、飼育下での繁殖や保護がずっと簡単になると考えている。

おそらくここまで読み進めるまでに、「ある動物の種の数が間違っている」とか「言及した動物の名前は変更されている」という怒りの手紙をすでに認《したた》めた読者もいることだろう。だが、それは僕のせいではない。分類学者がライバル研究者と「分類サッカー」をしているうちに、いつのまにか種の名前が変わってしまうせいである。その余波で、元の種名の科学情報の大部分が行方不明になることほど腹立たしいこともない——さすがに、生涯をかけて研究してきた亜種が突然存在しなくなり、保護する必要がなくなってしまったときの怒りにはかなわないが。

自然界のほかの状況を考えれば、限られた労力と乏しい資金を亜種に注ぐことは、贅沢なのかもしれない。**ベンガルトラ**と**インドシナトラ**の区別は亜種ですらなく、単なる分岐群でしかないのに、野生にいるトラを救う際にそんな区別が必要なのだろうか？　ベンガルトラとスマトラトラという亜種の違いさえも、野生動物の保護にとって助けではなく障害になりうるのか？　僕には答は出せないが、カリスマ性のあるひとつの種を救うことに集中することは、環境保全にとって役立つこともあれば、妨げになることもある。いずれにしても、トラが野生で生き続けるためには、森林だけでなく、植物、動物、さらには寄生虫まで含めた総合的な環境が必要となる。

スコットランドヤマネコは英国で一番希少な野生哺乳類であり、その保護政策に対して大きな国民の関心が寄せられている。絶滅寸前だと騒がれているスコットランドヤマネコだが、実のところ、科学者の大半には、ヨーロッパ大陸に生息するヤマネコと別の亜種だとはみなされていない。猟場番人に狩られて追い詰められたスコットランドヤマネコは、野生化した飼い猫と交尾を繰り返すことで自滅の道を選んだ。ヨーロッパ大陸のヤマネコとのわずかな遺伝的差異は、**イエネコ**からの巨大な遺伝的汚染に埋没させられた。高額な費用をかけた保護繁殖計画は、イエネコの遺伝子はいくつまでならOKなのか、はたまた大陸のヤマネコで繁殖を再開するのがベストなのかといった議論から抜け出せない。明確な答の出ないまま、ひたすら激しい意見が交わされる。何かを直すことは、壊さないことよりもずっと難しいことなのだ。

動物園のプレスリリースではつねに盛り上がりを見せているが、繁殖は種の保存の中では比較的マイナーなものだ。トラの繁殖はイエネコと同じくらいたやすい。主な違いは、飼い猫があなたを食べることはまずないことくらいだ。トラの飼育は非常に簡単で、麻薬王の邸宅からタイの観光名所の寺院まで、いたるところで見られる。写真撮影のためにトラを繁殖することは、遊興狩猟のために**ライオン**を繁殖するよりもはるかに儲《もう》かる。世界中の信頼できる動物園で飼育されているトラの数は、野生のトラの半分ほどだが、北米のエセ保護区や個人で飼育されているトラの数は、野生のトラの3倍近くになる。情報筋によれば、テキサス州には地球全体の野生のトラよりも多い数のペットのトラがいるそうだ。

本当の問題は、野生動物の棲む場所がないこと

トラは繁殖に問題があるわけではない。トラが絶滅の危機にさらされているのは、大型肉食動

物が野生で個体群を増やすには、広大な土地があって、**シカ**のような捕食動物を簡単に狩ることができ、同時に人間に迫害されない環境が必要だからだ。たった１００年あまりで、トラの数は10万頭以上から４０００頭以下にまで激減した。現在、地球上の哺乳類のバイオマスのうち、人間と家畜動物が占める割合は95％を超えている。家畜動物とその飼い主の人間を中心に、ますます混雑する地球には、もはやトラの居場所は残されていない。トラを繁殖させることは解決策にはならない。これは、長期化する悲惨な戦争の解決策として「ほかの国々で子どもをたくさん産めばいい」と提案するのと同じくらい、単純すぎる提言なのである。

自然は絶滅した動物に対しても、独自の解決策を持っている。13万６０００年前に海面上昇で絶滅した**アルダブラノドジロクイナ**は、10万年前の海面低下で、近縁の**ノドジロクイナ**の亜種から再進化した。この自然の采配は、**アモイトラ**、**ピレネーアイベックス**、**スコットランドヤマネコ**にとって、現代のハイテクなアプローチよりも有望かもしれない。良好な生息環境が充分に残っているかぎり、**ベンガルトラ**、**スペインアイベックス**、**ヨーロッパヤマネコ**などの近縁の亜種が、元の個体群に近い独自の遺伝子を取り戻すように進化していく可能性もある。しかし、絶滅した動物の本来の生息環境は、もうほとんど残っていない。僕らの生きる時代においては、生育環境の破壊こそが野生動物の絶滅を推進する主な原因なのだ。

この問題を解決するには、数万年、あるいは数十万年という長い歳月がかかる。だが、24時間のオンラインニュース、ソーシャルメディアの更新、慌ただしい生活に没入する現代人は、長大な視点で生殖、絶滅、進化を考えることが苦手である。ファストフードや24時間営業のコンビニエンスストア、ズームのテレビ会議などを利用する生活を送る僕たち人類には、この問題に取り組むのに欠かせない「根気」が種として欠けているのだ。政治も役に立たない。環境政策を維持できるのはせいぜい数年で、その後、選挙で別の指導者が現れ、すべてを壊して別の方向に進み出すことを繰り返すばかりだ。ホモ・サピエンス自体、長い時間を経て再進化が起こる頃には、もはや存在しないかもしれない。

野生動物は、たとえ亜種が絶滅しても、土地さえ守られていれば可能性が残されている。もし地殻変動、太陽フレア、絶え間ない変化により、明日、人類が一瞬にして消え去っても、植物は都市の廃墟《はいきょ》を覆い尽くし、絶滅危惧種の動物は増加し、その後１００年以上にわたり、進化し続けることだろう。僕らが心配する多くの絶滅危惧種は、変化し、ほかの種に進化し、そしていずれにせよ絶滅するだろう。

飼育下繁殖施設において、動物たちに極めて不快な生殖行為を強いるとき、このことを考える価値がありはしないだろうか――動物をコレクションの貴重な切手のように扱う種の保存は、ときに個々の動物たちにとって高すぎる代償にはなりはしないのか、と。

劇的に家族を増やしたマイマイ

しかしながら、絶滅危惧種を飼育下繁殖によって、不可能と思われる状況――つまり、たった１匹しか生存していない状態――から救えることもある。僕が関与する栄誉に与った中で最大の保護成功例は、**トラ**でも**ゴリラ**でも**ゾウ**でもなく、小さな薄茶と白の**ポリネシアマイマイ**である。スコットランド王立動物学会で、長年世話を手伝ってきた１匹だった。

タヒチ沖の小さなフランス領ポリネシアの島々――バウンティ号の反乱で有名になった島々――に生息していたポリネシアマイマイは、キャプテン・クックの１７６９年の探検で初めて発見され、ダーウィンの進化論を証明するために研究された。ポリネシアでは異なる島、異なる植物、異なる標高の条件下で、体長1センチにも満たない、１００種以上のマイマイが進化していた。オオバコの葉の裏に隠れるマイマイの殻は、何世紀にもわたり、ポリネシア人の儀式の衣装の装飾として使われてきた。

１９７０年代、そんな島々に、生物的防除の初期の試みとして、フロリダ原産の**ヤマヒタチオビ**が導入された。それ以前に食用として導入された**アフリカマイマイ**が島々で暴れまわり作物を食い散らかしていたため、ヤマヒタチオビに捕食させて駆除しようと目論《もくろ》んでのことだった。ところが悲しいことに、ヤマヒタチオビは、小さなポリネシアマイマイのほうを食べるにふさわしいと判断し、10年も経たずに、この固有種の大部分が絶滅した。十数種はなんとか保護され、動物園に運ばれ、慎重に飼育、研究、繁殖されたが、野生では完全に消滅したのだった。

２０１０年、スコットランド王立動物学会に、最後の1匹となったポリネシアマイマイがやってきた。ありがたいことに優れたケアを受けて、そのマイマイは（同種の仲間が死ぬ前に交尾して受精していた）子どもを産んだ。２０１６年に始まった再導入プログラムにより、現在では数百匹のポリネシアマイマイが野生に戻されている。現在、モーレア島のトヒエア山の火山斜面では、注意深く探せば、葉の裏にいる薄茶色と白の小さなマイマイを再び見ることができる。絶滅の危機に瀕した動物が、たった1匹の生きた個体から復活できることは特筆すべきことだが、このマイマイは、すでにほかのマイマイと交尾して受精していたことが幸いした。

一方、1匹だけで自力で繁殖できる動物もいる。僕がロンドン動物園に勤務していた頃、**コモドオオトカゲ**にはそれができることを園内のチームが発見した。これは「単為生殖」と呼ばれる現象で、受精していないメスは、実際に自分だけで受精卵を産むことができる。卵の中の子どもはメスで、母親のクローンである。つまり、トカゲ版の羊のドリーのようなものだ。ただし、これがコモドオオトカゲの通常の繁殖方法というわけではない。ほかの種と同様に、交尾して群れの中で遺伝子を交ぜるほうが、コモドオオトカゲにとって有利となる。病気に対する耐性が強まり、進化が可能になる。それはクローンではできないことだ。とはいえ交尾の相手がいないときに一時的に種を存続させる場合には、単為生殖は役に立つ。

さらに興味深いのは、世界最小のヘビ、**ブラーミニメクラヘビ**だ。**ミミズ**ほどの大きさで、よくミミズに間違えられる。植物の土に潜んでいることが多く、世界中に運ばれている。真っ黒なミミズだと思って気づかないうちに、あなたもブラーミニメクラヘビが**アリ**の幼虫や**シロアリ**の卵を食べようとウロウロしているところを見たことがあるかもしれない。しかし、このもっとも広範に分布するヘビは、これまで調査されたすべての個体がメスだった。すべてクローンなのだ。あなたの植木鉢の中にも、不老不死の生物学的実例が生きているかもしれない。今度黒いミミズを見かけたら、じっくりと観察してみてほしい。

絶滅の危機に瀕した慎み深い野生動物に繁殖してくれと説得したり、ＳＦ的なクローニングに頼ったり、その一方でほかの動物の近親交配を防いだりする野生動物の獣医の仕事は、確かに多忙で疲れるものだ。それでも、実際に動物たちを本来いるべき野生の地に帰すための、神経をすり減らすような準備に比べれば、たいしたことではない。ただし、そこに至る前に、残念ながら悲しい結末となることもある。

15

クマのプーさんは射殺された

解剖する

2016年、地球上に生きる最後のポリネシアのキャプテンクックマメカタツムリを検査する。雌雄同体であるため、この個体が過去のある時点で受精していれば種はまだ存続可能かもしれないという小さな希望を最後まで持っていた。

解剖台の上で、押収された**ミミセンザンコウ**の冷たく硬直した死体を見ることほど、悲しいことはない。ミミセンザンコウは神秘的な生き物で、僕はぜひとも野生の姿を見てみたいと思っている。密輸されたセンザンコウを生かしておくことに失敗したうえ、その壊れやすい体を冒瀆《ぼうとく》することは無意味に思えるかもしれない。世界で一番多く取引される野生の哺乳類であるセンザンコウは、僕たちがまだほとんど理解していない動物だ。毎年10万頭以上のセンザンコウが密輸されているというのに、野生で実際にどれくらいの期間生きられる動物なのかすらわかっていない。飼育下で生かすことは悪夢のように難しく、養殖の試みはことごとく失敗し、長く生かすことができる救護センターもほとんどない。僕たちにとって、悲しくも死んでしまった患者を解剖することは、彼らについて学ぶ最後のチャンスなのだ。

すべての動物にとって、死は避けられない。治療で死期を遅らせることもあれば、早めてしまうこともある。解剖は、僕たちの仕事を評価し、誤ったことをしたときに教えてくれる教師なのだ。解剖をすれば、動物園の獣医は、暗号のような数字の並ぶ検査結果から「**アオメクロキツネザル**には副腎腫瘍がある」と下した自分の診断が正しかったのかどうかを知ることができる。警察は、**カワウソ**が撃たれたあと、証拠隠しのために犯人に道路脇に捨てられたのかどうかを調べることができる。また、**ケープペンギン**を解剖すれば、地元の乱獲で飢えたのか、鳥マラリアに罹ったのか、重金属汚染で中毒になったのか、死因を突き止めるのに役立つ。

死後検査は緊急の仕事とは思われない。しかし、ときに警察の護衛付きで検死体がやってくることもある。2005年のロンドン同時爆破テロの半年後に、ロンドン塔の**カラス**が突然死んだとき、今後のテロに関する暗号メッセージではないかと恐れられた。おそらく鳥類の中でもっとも知能の高いカラスは、**チンパンジー**には難しくて解けない問題すら解くことができる。「ロンドン塔のカラスがいなくなれば、君主制は崩壊し、英国も道連れとなる」と観光客は聞かされている。だが実は一般的に流布する逸話とは異なり、塔でのカラスの飼育は、永続的な王政を表現し、また処刑場としての塔の歴史を演出するために、ヴィクトリア朝によって考案されたものなのだ。結局、カラスを解剖した結果、自然死であることが判明し、ハリウッドが喜びそうなテロ計画が進行しているわけではないとわかり、みんなが胸を撫で下ろした。

センザンコウのケラチンでできた硬い鱗は、**ヒョウ**の襲撃から身を守ることができるが、裏側は柔らかく、剖検の際には簡単に切開できる。一方、解剖に手こずる動物もいる。小さな**エジプトリクガメ**ですら、甲羅を切開して体内を見るには電気ノコギリが必要だ。さらに難しいのは、チェーンソーを使って**ゾウ**の巨大な分厚い頭蓋骨から脳を取り出したり――しかも自分が致命的な怪我をしないように注意しながら――クリームブリュレのように柔らかい臓器を慎重に取り外したりしようとすることだ。対照的に、**オオアナコンダ**は、ハサミで腹側の皮膚に長い切り込みを入れ、一度引っ張るだけで、数秒でファスナーを開くように皮膚がぱっくりと開き、臓器が完全に丸見えになる。**インドサイ**も、鎧《よろい》のような皮膚をしているが、切開するのは難しくない。秘訣はフック状のカーペットカッターの刃を使うことだ。切開したあとの作業は、大型の患者は厄介だ。**マサイキリン**の剖検で首を調べたときには、何時間もかけて筋肉、骨、神経の解剖を行なった。コインほどの大きさの傷でも、致命的な麻痺を起こすことがあるからだ。**牡牛**はその巨大な首を武器にして戦うが、椎骨は**ゴリラ**のずんぐりした首と同数の7つしかなく、麻酔中に倒れるだけで簡単に傷つく。

大きすぎる死体も小さすぎる死体も解剖は難しい

さらに病理解剖が難しい動物がいる。たとえば、**マッコウクジラ**だ。死んだ直後から、腸内にガスが劇的にたまりはじめる。危険なほど膨張した巨大な海獣の体に、最初にメスを入れるときには細心の注意を払わなければならない。クジラの数トンの内臓を大爆発させて、自分の腕を引きちぎられたくなければ、充分な距離を取り、長い棒に結びつけた大型ナイフを使う必要がある。実際、トラックで運送中だった打ち上げられたクジラの死体が、台湾の市街地で大爆発を起こし、店先、車、歩行者がクジラの血や脂、腐りかけた腸で覆われ、街が真っ赤に染まったこともある。80トンのクジラが爆発するくらいでは危険とは言えないと考える方のために付け加えれば、クジラは動物由来感染症であるブルセラ症に罹患していることが多い。クジラ同士の性行為により伝染するこの病気は、人に感染すると数カ月にわたって発熱や嘔吐を引き起こし、不運な犠牲者には関節炎や不妊症をもたらすこともある。残念なことに、獣医の感染率は一般人よりも高い。職業病といえるだろう。クジラの解剖では、何百リットルもの血液や体液が飛び散るため、どれほど防水性の高い防具を着用していても、ベトベトに汚れてしまうことが避けられないのである。

真逆の意味で極端な例を挙げると、体長1センチの**フリゲートトゴミムシダマシ**の幼虫の死後検査をしたときには、目を酷使させられた。丸々した幼虫の褐色の輪の模様の上に、小さな茶色の斑点が見える。これは無脊椎動物でいうところのアザなのか、それとも恐ろしい寄生菌が侵入し、内側から体を残忍に食べた跡なのか。ちなみに、ゴミムシダマシの成虫は、見た目は普通の虫と変わらないが、体はとてつもなく頑丈だ。ただし、その黒い頑強な板のような外骨格の継ぎ目から白い菌が飛び出した状態で死んでいるのを発見した朝は悲惨なことになる。目に見えない胞子があちこちに漂い、ほかのゴミムシダマシに感染してしまうからだ。

また、再導入プロジェクトのために、さらに小さな**ハナアブ**の死体を調べようにも、ほとんどの臓器が小さすぎて目視では何もわからなかった。そこで慎重に体を切開し、内臓を塊のまま取り出してから、ペチャンコ検視を行なう。内臓を丸ごと全部2枚のスライドガラスで挟んで、顕微鏡で見るのである。腸に食べ物や寄生虫がいないか、ウイルス感染により脂肪体に結晶がないかなどがわかる。さらに詳しく知りたいときは、パラフィン包埋《ほうまい》［薄い標本を作製するために、検体をパラフィンに漬けて固める手法］したスライドを作成し、さまざまな染料で染色すれば、異なる細胞を強調することができる。**ノミ**の顕微鏡解剖のカラー図譜《アトラス》は、僕の本棚の珍しい本の一角に並んでいる。絶滅危惧種の昆虫を解剖するときに便利なガイドブックだ。

細胞を調べることは、なにも小さな患者にだけに有効なわけではない。**クロサイ**を解剖して、胃の中に葉っぱが詰まっていても、苛立つほど普通に見えるかもしれない。だが、顕微鏡の接眼レンズを覗き込めば、鉄代謝異常に反応するプルシアンブルー色に染まった塊や破裂した幹細胞が見え、死因を知ることができる。不幸にもサイは、動物園の高品質な食事から鉄分を過剰に蓄積してしまったのだ。野生の餌には苦みのあるタンニンが含まれ鉄を結合して吸収を妨げるが、それがないために鉄が蓄積され、対処しきれずに肝臓が機能できなくなったのである。

顕微鏡で観察する

顕微鏡で細胞を観察することは、外科用メスを手に取る前にやっておくべき、極めて重要なことである場合が多い。水場のそばで**カバ**が20頭も死んでいるのを見つけたら、原因を見つけるために、すぐさま膨張した死体を切開したくなるが、真っ先にしなければならないことは、耳の先から1滴の血液を採取しスライドガラスに塗りつけて、150年前、当初はマラリアの治療に使われていた色素、メチレンブルーで染色することだ。車のバッテリーから電源を取って顕微鏡を動かして覗き込んだとき、もし青いレンガ状で周囲が薄いピンク色の細菌が並んでいたら、どんな状況であっても絶対に死体を切開してはならない。そのカバの死因は炭疽菌だからだ。万一切開すれば、数百万個の微細な胞子が空気中に流れ出し、周囲の土壌や水を汚染し、**水牛**から**ライオン**まであらゆる動物を殺すことになる。またあなた自身も、炭疽菌入りのテロリストの手紙を開封したときと同じように、死をもたらす胞子を吸い込んでしまいかねない。とはいえ、汚染された場所をフェンスで囲ったところでほとんど役には立たない。**ハゲワシ**が空から飛来して死体をつついて開き、病気を拡散してしまうからだ。現存するもっともタフな芽胞のひとつである炭疽菌は、土の中で何世紀も生き続けることができる。第二次世界大戦中、炭疽菌爆弾の実験に使われたスコットランド沖の全長2キロの小さなグルイナード島は、再び**ヒツジ**が安全に暮らせる場所に戻るまで、半世紀にわたる隔離と280トンのホルムアルデヒドが必要だった。炭疽菌に感染した動物の死体を誤って切開してしまい、自分の寿命よりも長期間、死をもたらし続ける元凶となって、悪名高き「炭疽菌クラブ」の一員に加えられたい獣医師はいない。**ローンアンテロープ**のような感染しやすい動物が周囲にいる場合には、全滅を防ぐためにワクチン接種が必要となるかもしれない。また感染した死体は焼却しなければならないが、森がほとんどなく、木が貴重な地域では簡単にはいかないこともある。

顕微鏡で細菌が見えたら、即、問題があるというわけではない。絶滅寸前のセイシェル原産の**デロシアゴキブリ**を顕微鏡で調べると、脂肪細胞の中に細菌の塊が見えるだろう。ひどい感染症の細菌に似ているが、このブラッタバクテリウムは、ゴキブリが植物から必死で摂取する窒素をリサイクルするために不可欠な存在なのだ。この細菌を殺す抗生物質を投与すると、ゴキブリをタンパク質飢餓によって殺すことにもなる。これはおそらく20億年前に動物細胞にミトコンドリアが生じた経緯に似ているのだろう。ゴキブリの体内にも善玉菌がいて、脂肪細胞の中に生きているのである。

胃の中で卵を孵化させるカエルはなぜ絶滅したのか？

何が異常なのか解釈することは充分難しいが、なぜ患者が死んだのかを判断することはさらに難しい。最後の数匹となった**キャプテンクックマメカタツムリ**の死後検査をしても、僕はその死因を見つけられなかった。カタツムリの専門家であるジャスティン・ゲルラッハとポール・ピアース・ケリーも助力してくれたが、最後の1匹が2016年2月に死に、この種は全滅した。ものすごく悔しい思いをした。僕はときどき、その最後の孤独な小さいカタツムリを撮ったビデオを見て、この仕事をしている理由を思い出すようにしている。

何百枚というサンプルのスライドを見ても、死因がわからないということは、悔しいけれどよくあることだ。顕微鏡で調べても、まったく異常がなさそうに見えるのに、患者は死んでいる。

僕たちが命というものをどれほど理解していないかを思い知らされる。それでも、患者を死に至らしめた理由はどこかに必ずある。ただ僕たちがそれを見つけられないだけなのだ。メスの**ニシローランドゴリラ**の膵臓《すいぞう》には、肉眼では見えないわずか1ミリの腫瘍があるのかもしれない。その微小なインスリノーマ（インスリン産生膵島細胞腫）からインスリンが大量に分泌されると、体重100キロの宿主を殺すことができる。犯罪作家や現実の殺人犯のお気に入りであるインスリンは、保険金詐欺や競馬に出られなくなった**馬**の安楽死にもよく使われていた。現在では、インスリンを検出する方法があるとはいえ、少なくともその可能性を疑い、ほかの多くの死因候補と同様に、きちんと検査する必要がある。

両生類は小さくて忘れられがちだが、僕が生きているあいだに一番早く、一番劇的に減少した野生動物だ。現在、3分の1以上が絶滅の危機に瀕している。コスタリカの**オレンジヒキガエル**と**アデヤカフキヤヒキガエル**は、人間が介入していない自然のままの雲霧林に生息しているにもかかわらず、わずか数年で個体数が激減し、絶滅した。数十年で起こった大量絶滅は、恐竜の絶滅と比較されてきた。

驚くべき種が、発見されるやいなや絶滅したこともある。オーストラリアの**カモノハシガエル**は、胃の中で卵を孵化させる唯一の動物だが、発見とほぼ同時に絶滅した。また、**キタカモノハシガエル**は発見から1年以内に絶滅した。発見者は現在、クローン技術で再生させる「ラザロ計画」に取り組んでおり、膨大な費用をかけて苦労しながら、古い冷凍標本から復活させようとしている。絶滅した当初は、死んだカエルを顕微鏡で調べても明らかな異変は見当たらず、すべてが大きな謎だった。やがて、ロンドン動物園の僕の前任の病理学者や、僕の修士課程の指導教官だったアンドリュー・カニンガムなどから成る科学者チームが、死因となった珍しい菌、カエルツボカビ菌を突き止めることができた。これには大きな衝撃が走った。当時は感染症が絶滅の原因になりうるとは考えられていなかった。感染症はつねに自然なバランスを保っていると考えられていたのだ。なぜその菌が世界中で大量絶滅を引き起こしたのかはまだ解明されていない。おそらく気候変動、水質汚染、国際輸送の組み合わせなのだろう。

カエルを殺すツボカビ菌はそれ自体も興味深い。顕微鏡で調べると、一見、普通の粘液腺と似たような小さな皮膚嚢胞を形成しているだけのように見える。しかし、水分と電解質の繊細な均衡を維持するカエルの能力を致命的に破壊するには、それだけで充分なのだ。菌の胞子は実際に水中を泳ぎ、まるで微細な**オタマジャクシ**のように、新たな被害者の皮膚に穴を開け、再び死をもたらすサイクルを開始する。顕微鏡で感染症を診断するのは難しく、信頼性が低いので、僕は正確を期すために、ＰＣＲ検査でツボカビ菌のＤＮＡを検出してから診断を下すようにしている。

剖検サンプルは組織や細胞を保存するためにホルマリンに漬けて保管され、のちに顕微鏡で精査できるようにしておく。手術用の生検サンプルも同様に保管される。病気を理解し、最適な治療をするための、いわば生きている患者のミニ剖検である。野外では、アルコールに漬けておけばサンプルを保存できる。ミャンマーで**クマ**の手術――３キログラムもある奇怪な舌を地面に引きずっていた――をしたときには、象皮病の検査をするため、組織を小さく角切りにして安いウォッカの瓶に保存した。僕がまだ手術をしている最中に、近くで休憩していたミャンマーの有名なゾウ遣いである友人のキヌ・ウマーは、暗闇の中でペットボトルの水と間違えて、不幸にもそのウォッカをゴクゴクと飲んでしまった。少なくともウォッカで殺菌済みだったこともあり、彼女は怒るどころか笑っていたが。

キャプテンクックマメカタツムリの剖検で、絶滅に至った死因がわからなかったのは、おそらくほとんどが老衰で自然死したためだろう。僕たちが飼育下で彼らをうまく生存させ、繁殖させられる方法を把握しきれていなかったのだろうと思う。季節によっては、もう少し異なる湿度、低い光量レベル、あるいは僕らには再現できなかった野生の食事にある何らかの栄養素を好んだのかもしれない。剖検でもその手がかりをつかむことができず、徐々に個体数は減少し、絶滅してしまった。

一方、重要なのが死因ではなく、あるべきものが見つからない点だということもある。カンボジアで、「葬儀屋」という異名を持つ鳥、**オオハゲコウ**を恐る恐る切開したときのことだ。**アフリカハゲコウ**と近縁のオオハゲコウは、まるでフランケンシュタイン博士の実験で生み出されたかのごとく、**ハゲワシ**と**コウノトリ**を掛け合わせたような姿をしていて、悲しいことに絶滅の危機に瀕している。かつては、関節炎を患った陸軍将校のように小さな湖のまわりを闊歩していたが、彼らの世界が消え去りつつある今、ヴィクトリア朝時代の二日酔いの路上生活者のようにごみ捨て場でたむろしている姿を見かける程度である。そんなオオハゲコウの首を慎重に切開しながら、僕は気管の内側に赤い斑点——鳥インフルエンザを示す微量出血——が見つからないことを祈っていた。渡り鳥の**カモ**に乗ってやってくる鳥インフルエンザは、とりわけ医療が行き届かない発展途上国では、人体に危険なものもある。たとえ人間への脅威がない鳥インフルエンザであっても、明確に赤い斑点が見えた時点で、その地域のオオハゲコウの大半が死んでしまうことは決まったも同然となる。オオハゲコウは繁殖期になると樹木に集まる習性があるからだ。

治療は個体を救い、解剖は種全体を救う

野生動物の獣医は、しばしば悪い知らせの伝達者となる。動物が健康であれば、誰も獣医に相談したりしない。自分の技術の限りを尽くして患者を救っても、誰もがそれを普通だと考える。一方、最善を尽くしても患者が死んでしまった場合には、たとえ治療不可能な病気だったとしても、失敗したとみなされる。人間は自分の死という現実を直視することを恐れ、死が——あらゆる生命にあらかじめ用意された最終設定ではなく——異常なものだと思い込もうとしている。ありがたいことに剖検の期待値は低い。獣医が**センザンコウ**の死体を生き返らせることができるという錯覚を抱く人はいないからだ。

それでも、死んだ動物たちを調べることが、野生動物の獣医の仕事の中で、生きる動物たちに最大の保護効果をもたらすこともある。罠にかかった**ニシチンパンジー**、撃たれた**スマトラオランウータン**、負傷した**ローランドゴリラ**などを治療するとき、1人の獣医師が治療できる個体数には限りがある。個々の動物を治療して野生に帰せば、間違いなくその個体の人生はより良いものとなる。とはいえ、個々の治療が、種の存続に重大な影響を与えうるのは希少動物の場合だけである。一方、絶滅の危機に瀕した**サイガ**の全世界の個体数の半分が、たった2週間で突然死んだときに、10万頭の死体の一部を調べることは、明らかに種の保全のために必要不可欠である。

レイヨウ界のシラノ・ド・ベルジュラック［大きな鼻に悩んでいた17世紀の騎士・詩人］であるサイガの鼻は、暑いときにはクーラー、凍えるような温度ではラジエーターのような役割を果たして肺を保護する。**スプリングボック**と近縁で、かつては数百万頭もの大群で暮らしていたが、頻繁な狩猟と生息地の喪失によりほぼ完全にいなくなった。つい最近まで、ある有名な自然保護団体は、**サイ**の密猟を減ら

すという見当違いの試みのために、漢方薬用のサイガ狩りを奨励までしていた。ここ数十年の劇的な大量死は、出産のためにサイガが集まったときに発生している。今では群れは激減し、とりわけ脆弱な種となった。しかもその原因はまったくわからず、さまざまな説をめぐって激しい論争が繰り広げられている。野生動物の獣医のリチャード・コックの研究では、パスツレラという細菌が原因として示されている。サイガに普通に寄生している菌だが、地球温暖化に関連するさまざまな要因が重なり、このレイヨウの体内でこの微生物が暴走したらしい。

ハドソン湾沿いに何十万羽ものハクガンが密集する地球の反対側でも、パスツレラ菌は同じように劇的な現象を起こしている。病気の鳥が水中に細菌を排出すると、わずか数週間後には数万羽のハクガンや**カモ**が瀕死の状態、もしくは死んで発見される。さらには**コミミズク**、**アメリカハイイロチュウヒ**、**ネズミ**が死んでいるのも見つかるだろう。彼らはみな食欲をそそるカモのビュッフェをうっかり味見してしまったのだ。死んだ鳥を解剖すると、肝臓に斑点があり、腸に黄色い液体が詰まっている。その液体には、ほかの鳥に感染しうる数十億個の細菌が溶けている。**アメリカシロヅル**などの野生動物を保護するためには、死骸を焼却して汚染を食い止める必要がある。その前に航空機でツルを現場から追い払い、清掃が終わるまで遠ざけておかなければならない。

感染症は自然現象のようにも思えるが、実のところ、伝染病の流行は人間が自然界を混乱させたことが原因で起こる。農耕など人間の行為によって、動物たちは何十万年も前から暮らしていた生息地から追い出され、1カ所に集まる。進化はゆっくり起こるものだ。何百万年もかけて進化してきた種は、わずか数十年という進化の瞬きのあいだに起こった人為的な環境の変化への対応に苦慮している。僕が生きているあいだに限っても、人類の人口は2倍になり、消費主義の蔓延のおかげでその影響はますます増大している。病気が原因でない動物の死も、不自然なものが多い。病理解剖はそんな不自然な死を軽減する一助となる。僕の友人のラファエル・モリナは、毎年スペインのカタルーニャ地方で、**ヒゲワシ**や**オオフラミンゴ**、**ヤツガシラ**、**シロハラアマツバメ**など、何千羽もの鳥の死骸を調べている。送電用鉄塔のデザインが鳥の衝突に与える影響といった問題をモニタリングすることで、新設時により安全な鉄塔を選ぶよう提言ができる。

なぜ魚は空気中で溺れるのか？

水中の世界はほとんど目に見えないが、ある日突然、湖面に何千匹もの魚の死骸が浮かび上がってきたりする。その原因はたいてい、有毒な化学物質などではなく、もっと平凡なものだ。大雨で周辺の農地から肥料が流れ出し、藻類に「窒素の食べ放題ビュッフェ」を提供する。すると藻が爆発的に異常発生し、水中の酸素が消費され、数日ですべての魚が窒息死してしまうのである。翌年の畑の種まきの時期に同じ問題が繰り返されるのを避けるためにも、原因の追及と軽減は不可欠である。

魚というのは実に興味深い。僕たち人間は水中では充分な酸素を得られず溺れてしまうが、魚は水中でもちゃんと呼吸できる。ところが、水から出た魚は、僕たちが呼吸できている空気から充分な酸素を得られず、窒息する。なぜ魚は空気中で溺れるのか？　エラには何千もの細長い指のような突起、「鰓弁《さいべん》」があり、その鰓弁の表面にはさらに多くの細かいひだがあって水に漂っている。この構造により、小さいながらも重要な器官であるエラは巨大な表面積を持ち、水中のわずかな酸素——空気中の酸素の20分の1以下しかない——を効率的に取り込むことができる。

また、酸素は空気中のほうが水中より1万倍も拡散しやすい。そんな酸素の豊富な空気中で魚が溺れてしまうのは、濡れた鰓弁が表面張力で崩れ、ひとつの塊になってしまうせいだ。表面積が縮小したエラでは、空気中の豊富な酸素であっても充分に吸収しきれず、窒息死してしまうのだ。一方、僕がガンビアのマングローブの生えた沼地で見た**トビハゼ**は、陸上を探索するときには濡れた皮膚や口腔から酸素を吸収できる。さらに一番重要な特徴は、水から出たときでも、袋のような形のエラに水をためて持ち歩けることである。ちなみに、エラがあるのは魚だけではない。**アラバマウォータードッグ**や謎多き洞穴生物の**ホライモリ**は、成体になってもエラを持ち続ける両生類だ。**カニ**の多くは、トビハゼと同じように、陸に上がったときに呼吸できるように、エラのまわりに水をためておける「鰓室《さいしつ》」を持っている。

硬い蓋の下で保護され、鰓弁が血液で脈打つエラは、多くの寄生虫のお気に入りのたまり場である。エラのサンプルを顕微鏡で観察することは、魚の死後検査に欠かせない作業だ。そのスライドは、ときに極小動物園さながらとなる。**ヒル**や**ミミズ**、吸虫が鉤状の突起でぶら下がっていたり、毛の生えたさまざまな原虫が泳ぎまわっていたりする。ときおり寄生虫を見かけるのは普通だが、数が多い場合は水質の悪さやストレスや病気などで免疫力が低下していた可能性がある。

クジラの内臓が爆発する。血だらけの床で足を滑らせ、**ゾウ**の肝臓に顔から突っ込む。エボラ出血熱の**ウマヅラコウモリ**を診察中に、自分を切ってしまう。剖検中の**ダチョウ**の死体から這い出てきた小さな**ダニ**からクリミア・コンゴ出血熱を移される。防護服を着込んでいるのに、シャワーを浴びるときに眉毛にこびりついた乾いた血を取らなければならない。どれもこれも、野生動物の病理学の魅力的な側面とはいえない。とはいえ、ほとんどの剖検は陰惨なものではない。

動物の死体を調べることは静かな威厳が感じられ、僕を魅了してやまない。剖検の目的は死因を突き止めることだが、それ以外にも学ぶべきこと、驚嘆すべきことがたくさんある。生前にすばらしい肉体を構成していたあらゆる臓器、筋肉、腱、血管は、子どもの頃に解体した、歯車の詰まったどんな時計よりも複雑で驚異的なのだ。

外科医と解剖医

15年以上前、僕がロンドン動物学会の病理医の職を引き受けたとき、同僚たちはいささか驚いたようだ。野生動物の外科医の資格を持ち、野生動物医学の専門的訓練を受けた僕が、死んだ患者だけを診ることになるのか？ 当時僕は、ロシア極東で野生の**トラ**や**ヒョウ**と関わる仕事を断ったばかりだった。母が乳がんと診断されたためだ。ウラジオストクよりロンドンからのほうが母の見舞いに行きやすかったし、僕はすでに半世紀にわたり、動物園で剖検用の病理組織スライドを調べる仕事をしていた。外科学と病理学は交わることがなさそうに思えるが、この2つの分野を股にかけたのは、僕が初めてというわけではない。

剖検（autopsy《オートプシー》）はギリシャ語のautopsia《オートプスイア》――「自分の目で見ること」――に由来する。古代エジプト人が死体の小さな穴から臓器を取り出してミイラにしたことは、死や病気の検査にはカウントできないにしても、古来、死体は解剖されてきた。古いものでは、ジュリアス・シーザーの検死が有名で、それにより23カ所の刺し傷のうち2番目の傷が致命傷になったと診断された。水切りザルのように穴だらけだったので、彼の死因を特定するのはたいして難しいことではなかった。

現在では、CTやMRIによって、メスを入れることなく低出生体重児の死因を知ることができ、人間の解剖は減少している。一方、言葉を話せないだけでなく、ジャワマメジカのように病気の兆候を隠そうとする患者に対しては、病理解剖は今も重要な手段だ。ほかの動物の餌となる動物たちは、捕食動物のランチに選ばれないように、弱さを見せまいとする。

また近年、野生動物がなぜ死ぬのか、動物の死は僕たち人間の健康にどのような影響があるのかについて関心が高まっている。環境で何が起こりつつあるのかを知るための解剖学的な手がかりにも注目が集まっている。

剖検を意味する「autopsy《オートプシー》」という語はしばしば人間用とされ、動物の剖検には「necropsy《ネクロプシー》」という語を使う獣医もいる。このヴィクトリア時代的なアプローチは、人間も動物の一種であるという明白な事実――死体にメスを入れれば一目瞭然である事実――を見逃すことになる。死体の外科的検査である剖検は、歴史的には、内科医による診断や水薬や飲み薬による治療よりも、むしろ外科手術との結びつきのほうが強い。外科医は、患者を治療する能力よりも、解剖学的発見によって名声を得る華やかな職業だった。そんな解剖学的知識から得られる利点は、腐敗死体を解剖した後、手も洗わず、血まみれの手術衣を着替えもせずに、そのまま人間の手術に向かったせいで、しばしば打ち消された。特に赤ん坊を取り上げるときには恐ろしい結果となった。産褥熱は貧しい人々だけでなく、ヘンリー8世の母親と彼の2人の妻までも死に至らしめた。小説家のメアリー・シェリーの母親も産褥熱で死亡した。彼女が科学者に対する意見を示すためにフランケンシュタイン博士を創作したことは驚くべきことではないということだろう。

初めて動物の死後検査報告書を書いたのはアリストテレスだったが、人体の仕組みの初期の研究者たちと同様、彼も強い関心を抱いていたのは生体構造のほうで、病気や死因ではなかった。

当時はまだ臓器の働きを解明しようとしている段階だったのだ。アリストテレスのような著名人が、動物の生体解剖を行なっていたと聞くと恐ろしく感じるが、同時代の医学者ヘロフィロスは、600人の生きた人間の囚人に対して解剖を行なっている。1000年前、イスラムの外科医師、イブン・ズールは初めて人間の適切な剖検を行ない、顕微鏡を使わずに疥癬《かいせん》の原因を発見した。

一方、動物の剖検の起源は古代史に埋もれている。野生動物を初めて剖検したのは狩猟民だ。文字も畜産も農耕もない頃のことである。殺したり、罠にかけたり、あるいはたんに死んでいるのを見つけたりした動物の内臓を取り出し、食べても安全か、病気だから食べてはいけないものかを判断する必要があった。動物が食用として家畜化されてからも重要な作業であり続け、現在でも食肉処理場では獣医が食肉の検査を行なっている。

今日では、野生動物の病理解剖が人間の命を救うこともある。1999年、ニューヨークで数人の高齢者が脳炎で死亡したとき、死因はセントルイス脳炎——北米で年間100人ほどしか感染しないウイルス——とされた。しかし、野生動物保護協会が管理するブロンクス動物園の病理医、トレーシー・マクナマラには腑に落ちないことがあった。野生の**カラス**や動物園の**フラミンゴ**にも同じ脳炎の症状が見られたのである。やがて彼女は鳥や人間を殺していたのは北米では未知のまったく新しいウイルスだと突き止めた。結局、その「ウエスト・ナイル・ウイルス」はアメリカ全土に広がり、300万人以上が感染し、**野鳥**や**馬**が大量に死ぬこととなった。

人間と動物の健康はリンクしている

人間の健康は、動物や環境の健康と密接に繋がっている——そのことは、ヒポクラテスの時代にはすでに理解されていた。古代ギリシャ人はこれらが切り離せないことを認識していたのである。コロナウイルスのパンデミックを通して、動物由来感染症とは何かということを——厳密にはCOVID－19は該当しないにせよ——人々は知ることとなった。狂犬病、エボラ出血熱、サルモネラ菌、鳥インフルエンザなど、真の動物由来感染症は、動物から人間に直接感染する。COVID－19は類似する**コウモリ**のコロナウイルスから発生したが、いったん人間に感染すると、コウモリやほかの動物を媒介する必要がなくなり、人間のあいだで感染する新しいウイルスになった。この経緯は、麻疹《はしか》の場合とよく似ている。麻疹は1000年前、牛疫という**牛**のウイルスが、中世の人口規模であれば牛から人間をターゲットにできると考え、人間だけに感染するまったく新しい病気として生まれ変わったものだった。人間が地球上のバイオマスの3分の1を占めている現在、**イナゴ**が農作物を食べるように、新たな病気が人類を魅力的な食料源とみなしても驚くべきことではない。麻疹は今も一般的な病気で、ワクチン接種反対運動のおかげで裕福な国々では増加すらしているが、原疾病である牛疫は絶滅している。これは天然痘に次いで2番目に根絶に成功した感染性微生物である。一方、牛疫の子孫のほうは、人間の人口増加のおかげで、活力にあふれており、今でも毎年2000万人以上が麻疹に感染している。

初期の動物学会が、不幸にも大量死した動物たちの解剖に関心を寄せる中、解剖によって人間や動物の健康に関する理論を検証できるのではないかと考える人々もいた。そのうちの1人、サミュエル・ホートーン医師は——人道的な死刑執行のための絞首刑に関する数学的分析でよく知られるが——ダブリン動物園で死んだ動物の解剖を行なっている。彼は動物園の餌を改善するため、死因の解明に興味を持った。ロンドン動物園では、結核による致死率の高さは、換気が悪く湿気の多い園舎が原因だとされた。タイムズ紙に園舎をスラム街にたとえられる不名誉な記事を書かれたあと、新しい園舎が建設された。しかし、換気が良くなったはいいが、多くのサルが寒さのために死んだ。

比較病理学［動物の病気を比較研究し、人間の病気の解明に役立てようとする病理学］への取り組みは称賛に値するものの、当時の人々は病気の原因を誤解しており、病気は瘴気《ミアズマ》が引き起こすと考えていた。信じられないことに、電話やミシンや缶詰が普及していた時代においてさえ、人間はまだ感染症についてはまるで無知だったのである。ローマ時代のアントニヌスの疫病や中世の黒死病からヴィクトリア朝時代のコレラまで、あらゆる病気が空気の悪さのせいにされた。ロンドン動物園は、人間と動物の健康のために、リージェンツ・パーク周辺の悪臭を放つ下水道の排水を改善するように働きかけた。これは人々が想像していたのとは違う理由で役に立った。

一方、見識ある人々はできるかぎり科学的な手法で死因を解明しようとした。ロンドン動物園の初代解剖担当者を務めた外科医ジェームズ・ミューリーは、赴任した初年に園の動物の3分の1近くが死んでいることに気づいた。死因を詳しく調べようとした彼は、統計分析を使って生前の具体的な症状、囲いや園舎、餌、飼育方法などを吟味した。どれも目的にかなった疫学的手法である。ところが、博識な動物学会理事会はそのメリットを理解できず、ミューリーにほかの仕事に専念するよう主張した。やがて、彼は失望し疲れ果てて辞職した。後任の解剖担当者たちは病理学を完全に放棄することに良心の呵責《かしゃく》を感じることもなく、ロンドン動物園でずっとしあわせなキャリアを送った。

クマのウィニペグ

ロンドン動物園の病理医として勤務した期間、僕は動物の死因を特定するだけでなく、**ゾウ**から**ハリモグラ**まであらゆる動物の体内の仕組みを学んだ。**ホッキョクグマ**や**コアラ**など、５００件以上の野生動物の剖検を行なって得た解剖学の知識は、手術の際に非常に役立っている。僕は今でもヒントを探して、古い死後検査報告書を読むことがある。５年前、ボルネオで押収されたメスの**オランウータン**の盲腸の中に、飲み込まれた金属釘を発見し、鍵穴手術で無事に取り出して野生に帰したことがあった。その知識は１世紀近く前に動物園の**テナガザル**の解剖報告書から得たもので、僕は剖検の経験をどのように活かすべきかを知っていたのである。

病理医時代、昼休みになるとしょっちゅう、タイル張りの殺風景な解剖室を出て、通りを挟んで向かい側にある動物学会図書館に通ったものだ。その図書館は僕のお気に入りの場所のひとつで、15年前はやや忘れられており、司書たちは今では決して許されないであろう方法で地下の歴史的文書を好きに探検させてくれた。そんなふうにして、老衰のために射殺されたメスの**アメリカグマ**、ウィニペグの検視の詳細が書かれた手書きのインデックスカードを見るに至った。彼女はもちろん、『クマのプーさん《ウィニー・ザ・プー》』の主人公の名前となった**クマ**である。ロンドン動物園には今もウィニペグの写真が何枚か残されており、その中には著者Ａ・Ａ・ミルンの息子である幼いクリストファー・ロビンがウィニペグにスプーン１杯のハチミツを与えている写真もある。動物園のクマは30代後半まで生きることが多いが、彼女が死んだのはまだ20歳のときだった。

地下の戸棚には、何十年分もの剖検から得られたゾッとするようなサンプルの入った瓶がずらりと並んでいるが、ウィニペグの死に関する答が見つかるのはそこではない。詳しいことを知るには、ロンドン動物園に彼女を寄贈したカナダ軍の獣医、ハリー・コルバーンとウィニペグの像を通り過ぎ、門を出なければならない。リージェンツ・パークを通り抜け、大英博物館を通り過ぎると、イングランド王立外科医師会にたどり着く。

王立外科医師会博物館の奥の部屋の戸棚にある茶色の段ボール箱の中に、ウィニペグの頭蓋骨が収められている。骨に黒いサインペンで「Ｇ．１４３．３３」と書き込まれ、頭蓋骨の大部分は、脳を取り出すために切り開かれている。とはいえ、すぐに目を惹きつけられるのは口だ。歯が1本もない。その代わりに、顎の骨がデコボコと泡のように盛り上がっている。彼女の歯が全部抜けたあと、長年バクテリアが繁殖していたのだろう。20年間、来園者がハチミツを与えていたおかげで、彼女が食べ物の咀嚼《そしやく》に苦労していたことは明らかだ。彼女の商品がディズニーに年間50億ドルも稼がせていたことを考えると、悲しい最期である。クリストファー・ロビンにとっても、しあわせな結末にはならなかった。彼は『クマのプーさん』の本が大嫌いになり、生涯の大半を父親と疎遠なまま過ごした。

現在は真鍮製の像が飾られているが、ロンドン動物園はウィニペグの体の一部を売り払い、頭蓋骨は英国歯科医師会の初代会長であるフランク・コリアー卿に買い取られた。動物の体の一部は、死後も華やかな人生を送ることがある。17歳のシャーロット王女がイギリス国王ジョージ3世と結婚した際、1年後に南アフリカから贈られた祝いの品は、メスの**ヤマシマウマ**だった。当時は、そのシマウマを見るためにバッキンガム宮殿に見物人が押し寄せたという。同じく飼われていた**ゾウ**よりも人気があったそうだ。やがてヤマシマウマは、時計職人が所有する移動動物園に貸し出され、旅の途中で死んだ。死体はすぐに剝製にされ、バッキンガム宮殿から遠く離れたヨークのパブ、〈ブルー・ボア・イン〉に展示された。人々はその剝製を「シャーロット女王の尻」と呼び、長寿の英国君主を揶揄した。チンギス・ハーン以来の大帝国を受け継いだジョージ3世の治世には、彼のポルフィリン症による闘病生活の合い間に、アメリカの独立、いまだにくすぶるアイルランドの紛争、奴隷制廃止運動などが起こった。画家ジョージ・スタッブスが描いた絵画とは似ても似つかぬ剝製の**シマウマ**が、風刺画家たちの嘲笑の的となったのも不思議ではない。

死後も生き続ける動物たち

もう少し最近の例では、ロンドン動物園の**ジャイアントパンダ**、〝チーチー〟が、南極探検家ロバート・スコット卿の息子、ピーター・スコットがデザインした世界自然保護基金のロゴに採用され、その中で生き続けている。ロンドンの自然史博物館では、ガラスケースに収められたチーチーの剝製を今も見ることができる。彼女の剖検は、死んだ直後の午前3時に、故イアン・キーマーによって実施された。イアンは僕がロンドン動物園の病理医になるずいぶん前に引退していたが、豊富な経験に基づく百科事典のような知識でいつも有益な助言をくれた。彼の話によると、チーチーを解剖したときには、真っ先に彼女の目を取り出し――解剖の普通の手順とは異なるが――網膜を調べるために光から保護したのだそうだ。翌年、チーチーは『ネイチャー』に掲載された科学論文の中でも生き続けることになった。論文には、光に反応する2つの色素が記され、ジャイアントパンダが色覚を持つことが示された。ロンドン動物学会の会報では、丸々1誌を費やして、チーチーの検視所見を報告した。彼女の存在は、今日でもパンダの獣医療に影響を与えている。一方、その数年後、ロンドン動物園の**ゴリラ**のガイが虫歯を抜歯する際の麻酔で死んだとき、彼を剥製にして博物館に展示するという案が出ると人々は激怒した。おそらくあまりに人間に似すぎていたからだろう。

ロンドンにあるイングランド王立外科医師会では、ジャイアントパンダの〝ミン〟の脳が入った瓶を発見したこともある。中国のジャイアントパンダの獣医の同僚に鍵穴手術の訓練を支援する目的で生体構造を調べているときのことだ。その脳のサンプルは、１９５０年代にロンドン動物園から購入されたものだった。ミンはロンドンの子どもたちの戦時中の希望の象徴であり、それは幼少期に動物園を訪れた女王エリザベス２世にとっても同じだった。現在、動物園には寄贈されたミンの像が**クマ**のウィニーの像の仲間に加わり、彼女たちの体の部位の売買のことはすっかり忘れ去られている。

とはいえ世界には今でも、ときおり魅力的な頭蓋骨など好奇心をそそられるものを売って収入を得ている同僚がいるのを僕は知っている。アジアの多くの国々では、剥製製作は現在も動物園の獣医業務に欠かせないものだ。動物園のレストランで、剥製になった**キリン**や**オリックス**や**チーター**に囲まれて座る――動物園の元住人たちが、西洋人には奇妙に感じられる環境で復活を遂げている――ことは珍しいことではない。もっとも、西洋でも狩猟小屋では切り落とされた頭部がずらりと並んでディナーテーブルを悲しげに見つめているし、ヴィクトリア朝の動物園では剥製が生きた動物と同じくらい重要視されていたわけだが。ロンドン動物学会の博物館は閉鎖されるまで、自然史博物館よりも多くのコレクションを所有していた。チャールズ・ダーウィンも、探検で入手した重要な標本の保管場所として、ロンドン動物学会の博物館のほうが優れていると報告している。

水中の爆音がクジラの歌声を奪う

多くの博物館は、一番大きな動物を展示するためにスペース確保に四苦八苦しており、スペースを確保できれば、必ず漂着した**シロナガスクジラ**の骨格標本を展示する。一方、現在、浜辺によく打ち上げられるクジラの一種である**アカボウクジラ**は、深海の謎めいた種で、その詳細はほとんど知られていない。フランスの博物学者ジョルジュ・キュヴィエが初めてアカボウクジラの頭蓋骨を見たときには、絶滅した先史時代の動物だと思い込んだという。おそらくクジラの中で最深の、3キロメートル近くも潜るこの神秘的な動物は、騒音に非常に敏感だ。そのため、船舶の往来が激しい海域で、しばしば打ち上げられる。

地震探査や対潜水艦訓練では、240デシベルという爆音が発生する。これは空気中では物理的に不可能な音量だ。ジェットエンジンですら150デシベルにしかならない。海中で出されるそうした大音量は、そばにいるクジラを即死させる。あるいは、近辺にいるクジラの耳を完全に聞こえなくさせて、致命的な結果をもたらす。現在は、死んだクジラの聴覚が損傷した時期を知ることができる。内耳の有毛細胞の死骸を蛍光色素で染色すれば、死に至る10日以内に聴覚障害が生じたかどうかがわかるのだ。また、クジラは減圧症で死ぬこともある。爆音による痛みで耳から出血し、方向感覚を失ったクジラが急速に浮上しすぎて、血液中に気泡が発生するのである。クジラの漂着は古代からあったが、最近は不自然なケースが多い。しかし、死んだクジラのほとんどはただ海に沈むだけなので、本当の原因を知るのは難しい。

内耳の小さな有毛細胞の死はわずかな変化かもしれないが、400頭もの**ゴンドウクジラ**が陸に打ち上げられたとなるとわずかな変化とはいえない。群れを作り、社会的で思いやりのある動物であるゴンドウクジラは、誰かが病気になったり方向感覚を失ったりして漂着し、苦痛の叫びをあげると、群れの健康な仲間たちまで大量に打ち上げられることになる。救護ボランティアたちが健康なクジラを海に戻そうとしても、最初に漂着したクジラの苦痛の叫びが仲間を岸に呼び戻してしまうのである。また、熱心なボランティアがウェットスーツを着て平底船に乗り込み、漂着した**イルカ**やクジラを海に戻したとしても、そのクジラに聴覚障害があるかどうかを調べていなければ、海に戻したあとに結局、死んでしまい、人知れず海底に沈むだけということもありうる。

多くのクジラにとって、海は今、孤独な場所と化しているにちがいない。何千年もの間、クジラは水中でその歌声を何千キロも先まで届け、仲間を見つけたり、友人と連絡を取ったりしてきた。**シロイルカ**は複雑な舌打ち音と口笛を発し、「海の鳴き鳥」と呼ばれる。何時間も歌い続ける音楽家である**ザトウクジラ**のオスは、セレナーデを歌ってメスを発情させることができる。たとえ直接クジラを殺してはいなくても、僕たち人間はクジラたちの会話を耳障りな轟音《ごうおん》でかき消している。シロナガスクジラでさえ、ここ数十年間で声を変化させ、低くゆっくり発して対処しようとしている。クジラが大声をあげようとしているのである。

模式標本を解剖してしまった！

現在の動物園では、死んだ動物の体の一部や骨の重要性が下がり、来園する小学生の観賞用にしたり博物館に展示を任せたりしている。そもそも良質な動物園では、初期の動物園のように、毎年3分の1以上の動物が死ぬような事態にはならない。とはいえ、真逆の意味で極端な事態が起こることもある。世間からの不評を恐れて、生きるに値する人生を送れる時期をはるかに過ぎているのに、注射や治療で延命されている動物もいる。現代の人間は動物の死でさえも恐れている。動物園の中には、進行した転移性腫瘍の治療をするところもあるが、哀れな患者には何のメリットもなく、ただ痛みを長引かせるだけだ。僕の友人であるバルセロナ動物園の獣医ヒューゴ・フェルナンデスは、有名なアルビノ**ゴリラ**、〝スノーフレーク〟が悪性の皮膚ガンを発症した際に、延命措置に抵抗した。そんな友人に僕は大きな敬意を抱いている。

アジアのレストランに並べられることになるのは、野生動物の剝製だけではない。野生動物《ブッシュ》の肉《ミート》や野生動物そのものを売買する市場は、パンデミックが発生するリスクと環境破壊という二重の天罰を人間にもたらす。僕が南アフリカで獣医学校に通っていた頃、ある病理学科の検査助手が解剖した動物の肉を焼却に出さず、地元の市場で売却して捕まったというスキャンダルがあった。一番多かったのは牛や馬だが、**カバ**から**シマウマ**まであらゆる動物を売り払っていた。解剖に回される動物は、炭疽菌に汚染されていたり狂犬病に罹っていたりする場合もあり、人間の食物連鎖に入れるのに最適な肉とはいえない。

解剖は危険と隣り合わせの行為である。初期の病理医や動物園の解剖担当者たちは、蔓延する結核菌が皮膚に侵入したせいで、しょっちゅう手に赤いイボができていた。インスリンを分泌する膵臓の細胞を初めて記述した、ドイツの解剖学者パウル・ランゲルハンスも、大学での解剖職務により結核に罹患している。マデイラ諸島で再起を図り、海洋生物を研究し、医師としても結核患者の診察をしていたが、41歳の若さで病死した。

死後に標本となってからも、重要な役割を果たす動物もいる。ロンドン動物園の病理医になってまもなく、**アルーバガラガラヘビ**の解剖の依頼がきた。毒ヘビを解剖するときには、いつも身分証明書、抗毒素の詳細、病院の電話番号を用意してから開始する。我慢強い検査技師、ベリンダは「長い休みを取りたいからって、自分に毒を盛るのはやめてくださいね」とジョークを飛ばした。僕は牙を慎重に取り外し、徹底的に解剖を行なった。小さな臓器をひとつずつ詳しく調べ、顕微鏡で検査するためのサンプルを採取するときには、見落としがないように薄くスライスした。種《たね》のように小さな脳を取り出し、頭蓋骨の骨を慎重に削った。すべての作業をすませ、記録してから、細かく刻まれたヘビの亡骸を頑丈な容器に詰めて、焼却した。数週間後、爬虫類の担当者が研究調査から戻ってきて、ガラガラヘビを返してくれと言った。この種の分類群の基礎になった模式標本のひとつを僕が切り刻んで焼却してしまった——そのことに気づいて、僕も担当者も真っ青になった。アルーバガラガラヘビは絶滅の危機に瀕しており、野生では200匹、飼育下では数匹しか残っておらず、僕の大失態だった。悲しいことに、その後、同じ種のヘビがまた死んだ。そのときは僕のメスを握る手から救い出され、後世に残されることとなった。

　模式標本は希少でかけがえのないものだ。**アッテンボローミユビハリモグラ**はたった1匹の標本を基に記載されているが、**ソマリキンモグラ**は半世紀以上前に**フクロウ**のペリット［鳥が食べた動物の毛、歯、骨など消化されないものを丸い塊にして吐き出したもの］から回収されたひとつの顎と耳の骨しか基になる標本がない。僕たちはソマリキンモグラの実物を見たこともなければ、現存しているかどうかもわからない。標本になった動物たちは、エキサイティングな死後人生を送ることができる。

　ロスチャイルドキリンの名前の由来となったライオネル・ウォルター・ロスチャイルドは、世界最大の私的動物コレクションを収集した。ロスチャイルドは愛人に脅迫され、コレクションのほとんどをアメリカ自然史博物館に売却したものの、英国のトリングにあるウォルター・ロスチャイルド動物学博物館に残されたコレクションは、今も研究者にとって重要なものだ。10年前、その博物館で希少な**フウチョウ**（別名ゴクラクチョウ）と**ケツァール**の毛皮が３００枚ほど消失したことがある。犯人は学生で、あろうことか金のフルートを買うために、盗んだ羽をイーベイで**サケ**釣りの毛針として売り払っていた。続いて泥棒が侵入して**サイ**のツノを２本盗んだが、博物館はすでにレプリカに取り替えていた。虫食い状態のコレクションから数本盗まれたことがあり、その後、交換されたのである。ハリウッドのプロデューサーは美術品の強盗を映画の題材にしているが、現実にはサイのツノのほうがはるかに魅力的なターゲットになる。ゴールドよりも価値があり、レンブラントの絵画よりもずっと売りやすい。ちなみに数年前、ロンドンのヒースロー空港で、スーツケースに隠されたサイのツノが押収されたときには、遺伝子検査により、そのツノがどの動物園で死んだサイのものか判明し、密輸に関わった者たちが逮捕された。

美容解剖と環境犯罪

解剖という作業には相当な労力がかかる。ある**ゾウ**の解剖では、14人の獣医を含む30人が手伝ってくれたが、それでも１日がかりだった。人気のある動物がなぜ死んだのかを知りたいからと、解剖に観客がいることもあるが、多くの場合は自分１人で解剖し、見ているものすべてを理解しようと没頭する。とはいえ、**フタコブラクダ**を単独で解剖するのは、あまり楽しいものではない。採取しなければならない組織サンプルの長いリスト——凍結遺伝子の箱舟、測定、細菌培養、顕微鏡検査など——があるため、体の小さな**コモドオオトカゲ**の解剖でさえ、丸一日かかることもある。

また、検体が博物館に展示される予定の場合には、外見を損なわずに解剖しなければならない

ことも ある。**チンパンジー**の毛並みを櫛で丁寧に分け、メスで皮膚を切る。肋骨を傷つけないように、心臓と肺は腹側の横隔膜の奥から取り出す。脳を調べるためには、頭蓋骨を首から切り離し、皮膚を裏返して外し、頭蓋骨の後ろ側を露出させる。頭蓋骨を切ることが許されない状態で検査用の脳組織を採取するのは難しいが、飲み物用のストローで脳の生検標本を採取することもある。

解剖と外科解剖学には繋がりがあるが、ときに連続して行なわれることもある。以前、**キリン**に手術をしたとき、そのキリンは麻酔から回復する途中で残念ながら息を引き取った。その死を悼む暇もなく、すぐに体重1トンの患者を3人で解剖しなければならなかった。しかも傷心の飼い主は、キリンを剝製にするために見た目を損なわずに死後検査をするよう希望した。人間の外科医ならばそこまで請け負うことにはならない。長い1日となり、帰宅途中にようやく、悲しみ、失望、悔しさという諸々の感情が解き放たれた。

野生動物の剖検では、人間が作り出した問題が関わっていたと判明することが多い。胃をプラスチック製品や網、大きな釣り針などで塞がれた**シロワニ**。フェンスに挟まれた**オジロジカ**。釣り用の鉛の重りで中毒死した**コブハクチョウ**。車に轢かれた**オオアリクイ**。井戸で溺死したゾウの赤ん坊。こうしたケースは不注意ではあっても、少なくとも意図的ではない。さらに悲しいのは、意図的な悪意を受けた動物の解剖をすることだ。エアガンで目を撃たれ失明した**オランウータン**。金属の罠から逃れるために自分の脚を噛みちぎった**カナダオオヤマネコ**。サッカーボールのように蹴られて死んだ**ハリネズミ**。伝統医学のために生きたまま血を抜かれた**インドネシアコブラ**。狩りの訓練を受ける犬に八つ裂きにされた**アカギツネ**の子ども。ストリキニーネで毒殺された**セグロジャッカル**。遠くのレストランに飾られるために足を切断された**マレーグマ**。しかし、悲しいかな、そうした残酷な事例のうち、現実に法律上の犯罪とみなされるものはごくわずかしかない。今でも環境犯罪は、違法銃器売買よりもはるかに多額の年間2000億ドル以上を生み出している。その半分は違法な伐採や森林破壊によるものだが、そうした犯罪は、直接的な捕獲や売買ではなくても、結果的に野生動物を死に至らしめる。

毛皮の判別は今も顕微鏡が最先端

法医解剖では、乾燥した骨と皮の山にすぎないものを調べたり、撃たれた形跡がないかX線検査をしたりして、手がかりを繋ぎ合わせ、何が**イヌワシ**の命を終わらせたのかを導き出す。しかし、腐敗死体という最終段階の解剖は、恐竜の病気を研究する古病理学者に委ねられる。人間のアスリートと同様に、**ティラノサウルス**も無理をしすぎてよく足の指の疲労骨折を起こしていた。また歯の欠損、肋骨の骨折、腱付着部の断裂などもあり、白亜紀においてトップ捕食者であることは容易ではなかったようだ。

ときには、剖検の対象がほんの断片しかないこともある。病気や毒素の検査では今や驚くべきことが判明する一方で、毛皮の断片だけで罠にかかった動物が何であったのかを判断するのはいまだに難しい。白と黒の縞模様の帽子の帯は**シマウマ**の毛皮に見えるが、実際には**牛**の皮を染めただけかもしれない。密猟の容疑者のピックアップトラックから採取した数本の疑わしい毛の正体を突き止めるには、遺伝学に頼っていては時間がかかりすぎるかもしれない。そんなときには、顕微鏡で見ればいい。**ビントロング**の毛は断面がくぼんでC字形になっており、**スナドリネコ**の丸い断面や、**マヌルネコ**の楕円形の断面とは異なっている（ちなみに肉眼ではどれも同じように見える）。また、**レッサーパンダ**の毛幹の丸い表面にはダイヤモンドの花びらのような鱗があり、同じような色の**アカマングース**の楕円形の毛幹には不規則な波模様がついている。毛から種を特定するための書籍や資料もあるので、それを参照すると役に立つ。

ときには毛の模様だけでは不充分なこともある。何年か前、イングランドで黒い**ジャガー**のような大きさの動物がガラスの引き戸から侵入し、人を襲いかけたことがあった。未知動物学者たちが大興奮したことに、その動物は毛を残していた。毛の根元にある小さな毛包細胞が遺伝子検査に出された。現実では大型ネコ科動物の黒色素過多症《メラニズム》は珍しいが、大型ネコ科動物らしきものの目撃証言では頻出する。予想どおり、遺伝子検査の結果、その未知の動物は**ラブラドール・レトリバー**だとわかった。スコットランド観光局にとっては残念だが、ネス湖にも怪獣が潜んでいる可能性はほぼゼロに近い。

クジラの死体から色褪せた毛皮の断片まで、剖検は野生動物の生活や健康状態を伝え、彼らの生きている仲間を保護するのに役立つ。解剖は野生動物の人生の終点かもしれないが、野生動物の獣医師として取り組むべき重要なハードルはもうひとつある。僕たちがこれまで取り組んできたことは、しばしばその最後の1点に集約される——患者を野生に帰すことに。

16

シャチのケイコを追え

野生に帰す

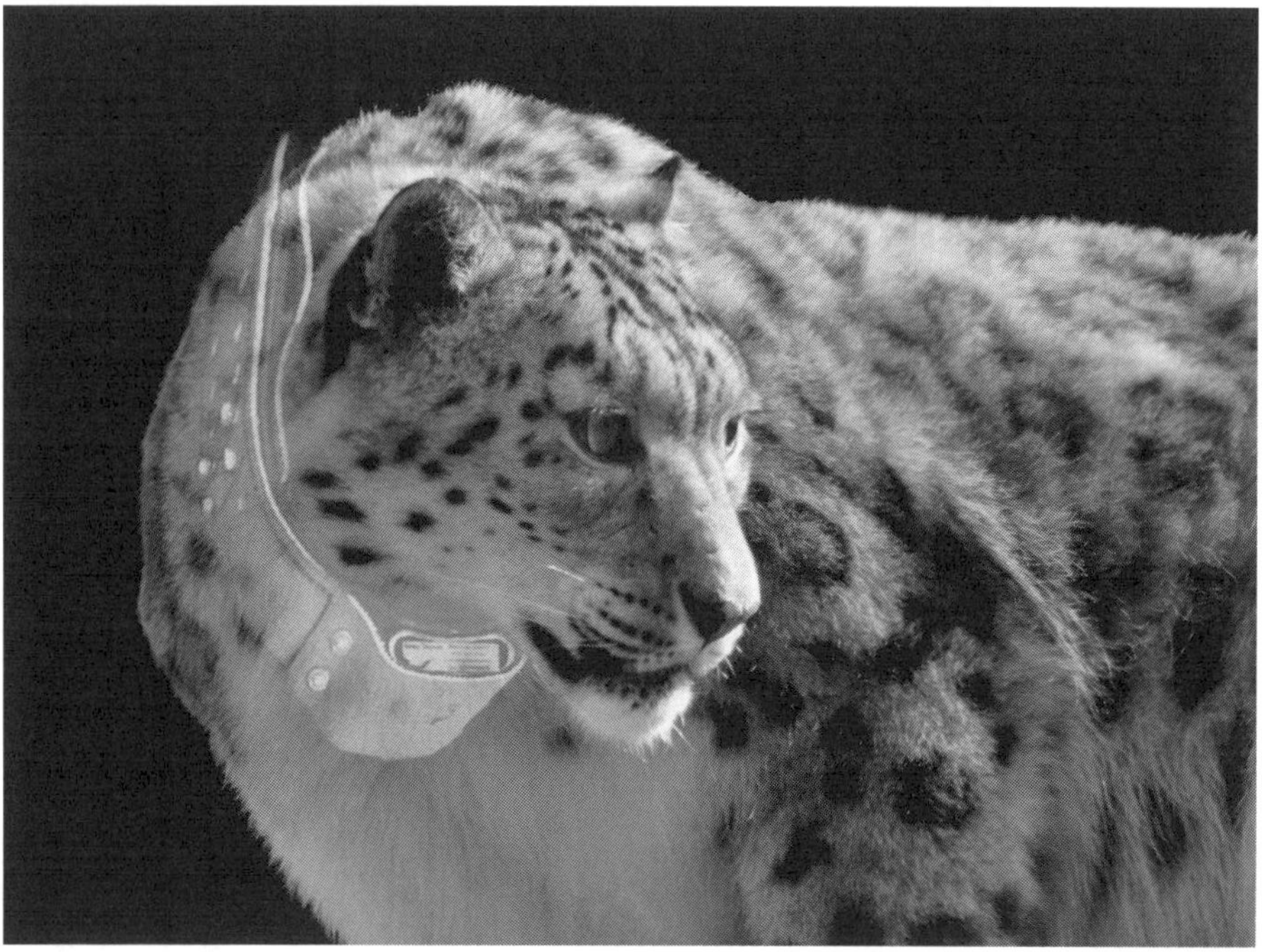

このユキヒョウのように発信機付き首輪をつけた動物から得られる情報がどれだけ貴重であろうと、追跡される個体には必ず犠牲が伴うことになる。

ワニを捕まえるのは危険だし、**キリン**に麻酔をかけるのは恐ろしいし、**イタチザメ**の手術には集中力がいる。しかし、僕にとって究極のストレスがかかる仕事は、動物を野生に帰すことである。**ユーラシアカワウソ**が木箱から飛び出し、数秒後に小川に消えていくのを見つめる――それは獣医の仕事の頂点かもしれないが、僕は一番難しい段階だと感じている。これまで数百頭の**カワウソ**を野生に帰すための治療を行なってきたが、そのたびに疑念に駆られる。このオスのカワウソは野生に戻る準備ができるほど健康になったのか？　餌を見つけることができ、ライバルのオスに殺されないような絶好の場所を選んだか？　夜間に車に轢かれることのない、人里から充分離れた場所か？　そしてもっとも重要な問い――このカワウソは野生に戻って、意味のある期間を生きられる生存能力を備えているのか？　治療を受けさせたことは彼に価値をもたらしたのか？　自由に生まれたからには、野生動物にはそれなりの人生を生きたあとに、自由に死んでもらいたい。それが僕たちの望みなのだ。

火傷した**コアラ**を治療してユーカリの木に戻すときも、捨てられた卵を孵化させてヒナを育て、減少する**ケープペンギン**の個体数を増やすときも、アッサム北部で絶滅した**インドサイ**を再導入するときも、木箱を開けて、生き残るチャンスのある患者を放すまでには、膨大な準備が必要となる。野生に帰したあとは、さらに困難を極める作業が始まる。退院した患者を追跡し、健康状態を監視するのだ。患者のほうはあらゆる手を尽くして、あなたを避け、追跡者から逃げようとするが、あなたが本当に正しいことをしたのかどうか理解するためには、不可欠な作業だ。

野生動物をうまく野生に戻せたときには、すばらしい気持ちになる。この原稿を書いているとき、友人のカルメレ・リャーノ・サンチェスが、半世紀前に僕がボルネオで手術した若いメスの**オランウータン**の近況を知らせてくれた。彼女は術後すみやかに回復し、やがて別のオランウータンの孤児の養母になった。その親子は2頭一緒に熱帯雨林に戻され、追跡によれば、何十年も経った今でも、野生で元気に暮らしているという。

　ほかの結果は、最善を尽くしても、ここまでうれしいものにはならない。**シロフクロウ**はスコットランドでは珍しく、数年に一度しか見かけられない。スコットランドで最後に繁殖したのは45年前、シェトランド諸島（ノルウェーよりも英国本土に少しだけ近い島々）でのことだ。数年前、本土に到着したばかりのつがいのシロフクロウ――英国で半世紀ぶりに繁殖する可能性のある唯一の野生シロフクロウのカップル――のうち、オスのフクロウが怪我をして僕のところに連れてこられたことがあった。オスのシロフクロウはほぼ真っ白で、メスはオスよりも体が大きく胸に黒い斑点があるので、簡単に見分けがつく。治療中は、メスが熱心なバードウォッチャーに怯えて逃げないように、すべての情報が伏せられていた。やがて、1カ月の治療とリハビリを終え、スローモーションビデオで飛行が完璧であると確認してから、彼は野生にいるパートナーのもとに戻された。しかし、動物が「都会で身を守る知識」を身につけたかどうかをチェックする術《すべ》はないに等しい。野生に戻されてわずか3日後、彼は列車に轢かれた。辛抱強く待っていたメスのシロフクロウは、ボーイフレンドの命がけの鉄道マニア活動のあと、繁殖を断念してスコットランドを去った。悲しいことに、それ以来、新たなつがいが英国にきたことはない。

野生動物の治療センターは拷問センター

野生で生まれた動物の飼育は、善意から手術や救命処置を施したのだとしても、僕らが宇宙人に誘拐され、調べられたときと同レベルの苦痛を伴うものだろう。動物園で生まれ育った動物は、人間がそばにいることに慣れている。自然な行動の多くを維持しつつも、人のそばで育ち、人の音やにおいに慣れている。人を食べ物と結びつけ、人が近くにいても怖がらない。一方、野生で生まれた動物の多くは、人間に慣れることはなく、最高の治療も、癒しに逆行する力――ストレス――によって妨げられる。コルチゾールなどの生存ホルモンは、捕食者からの逃走やライバルとの戦いに欠かせないものだが、ほかにもメリットがあり、コロナウイルスで呼吸できない人や湿疹のある子どもを治療するデキサメタゾンなどの薬に使われている。しかし、どんな動物の体でも、短期間の生存を後押しするために作られたホルモンの集中砲火を浴び続けて耐えられるようにはできていない。

たとえば、数週間にわたって**ツノメドリ**の治療をしていると、ストレスホルモンが免疫システムを大きく抑制してしまい、感染症治療に使用する抗生物質が効かなくなる。予防薬を使用しても、ツノメドリはしばしば肺や気嚢に真菌感染を起こす。その症状はアスペルギルス菌（コウジカビ）――250年前に最初に真菌胞子を発見したイタリア人神父が、菌の形が聖水を振りかける散水器《アスペルギルム》に似ていることから命名した――によって引き起こされる。人間も動物も、日々その胞子を何百と吸い込んでいる。アスペルギルス菌は堆肥の山や植生で育つ菌であり、動物が免疫不全に陥らないかぎり、めったに問題を起こすことはない。しかし、ツノメドリにとってはケージの中で手当てをされることが大きなストレスとなり、免疫システムが機能しなくなる。さながらストレスでAIDSになったようなものだ。だから、野生では決して間近で見ることのできない興味深い動物であるにもかかわらず、ツノメドリを治療する際には、つねに最小限の接触にとどめなければならない。

野生の**クロウタドリ**を手に取ると、すっかり怯えた様子で、必死で警戒を伝える鳴き声を発する。クロウタドリが野生で似たような恐怖を覚えるのは、捕食者の口の中で食べられるときだけだろう。**ホッキョクギツネ**を抱いているときに、そっと撫でたり、安心させるために軽く叩いたりしても、逆効果にしかならない。彼らの中では、撫でられるたびに恐怖の波紋が広がり、ポンポンと叩かれるたびに**ホッキョクグマ**の口の中で嚙み砕かれる音が響くからだ。**ヒグマ**のような大きな動物でさえ、人間を恐れている。スカンジナビアで人間の近くで暮らすクマは、人間から遠く離れたところで暮らすクマよりもはるかにストレスを感じており、人間のかすかなにおいや音や光を感じるだけでも影響を受ける。彼らは「恐怖の景色の中で生きているようなものだ」と表現されてきた。そのうえ、檻の中に閉じ込められているとなれば、どれほど悲惨なことか。しかも、すぐそばで人間の音やにおいだけでなく、ほかの苦しむ動物——その中には自分を食べる動物もいる——の音やにおいまで近くに感じられるのである。注射も傷口の洗浄も、当の動物にとっては理解のできない、痛くて苦しい経験になるだけだ。野生動物のリハビリを目的とした治療センターは、拷問センターでもあるのだ。たとえ良い結果が得られ、彼らが野生に戻ることができたとしても、「何をするのか」と「なぜするのか」のバランスを正しく取ることは不可欠だ。そうでなければ、動物にいたずらに多大な苦痛を与えるだけになる。

野生に戻ったあとの生存率

テレビ番組やニュース記事では、重傷を負った野生動物を治療して英雄的な成功を収めた逸話が伝えられているが、最高の獣医学的治療が可能な裕福な先進国でさえ、負傷したり孤児になったりして救助された野生動物のうち、野生に戻せる個体は半数しかいない。野生に戻ってから、ある程度生き延びることができる個体はさらに少ない。

一方、それよりもいい結果が出る患者もいる。僕のスリランカの友人、ヴィジータ・ペレラは、トラックに轢かれるなどして重傷を負った**ゾウ**の孤児（多くは生後6カ月未満）を受け入れている。治療後にウダワラウェ国立公園に放された子ゾウのうち、90％以上は2年以上経っても生きており、多くは数十年生き延びて、健康で正常な子ゾウを育てるまでになる。南オーストラリアに再導入された**シマオイワワラビー**も、生存率は80％以上ある。

対照的に、飼育下で繁殖させ、元の生息地に放した500頭以上の**クロアシイタチ**の場合、生存率はわずか30％程度だ。飼育下の平和な暮らしから一転、野生の危険にさらされて、多くは**コヨーテ**や猛禽類の餌食になる。それよりもさらに悪い患者もいる。怪我をした**ゴシキヒワ**の場合、リハビリを経て放鳥の段階に進めるのは、8羽に1羽もいない。

動物を野生に放すのは、病気や怪我を治療した動物だけが対象になるわけではない。**オオカミ**の小さな個体群の近親交配を防ぐために、場所を移動させることもある。また、動物園で繁殖された**バンクーバーマーモット**は、絶滅の危機に瀕した野生の仲間の個体数を増やすために放されている。イギリスで一度は絶滅した**ゴウザンゴマシジミ**は、再導入されて順調に生息している。一番苦労が多いのは、野生で完全に絶滅した動物を野生に戻すことだが、劇的な成功例もある。

アラビアオリックスは絶滅した動物の野生復帰のシンボルである。何十年にもわたる努力と支援の結果、たった数十年前に野生で完全に絶滅したのちに、「危急（VU）」に格下げされた初めての種となった。

ほかにも、野生で絶滅した種が野生に戻された成功例はある。モンゴルの草原では**モウコノウマ**が、グランドキャニオンでは**カリフォルニアコンドル**が、中国では**シフゾウ**（別名、ダビド神父の鹿）が、アリゾナでは**クロアシイタチ**が、無事に野生に帰された。**アオコンゴウインコ**、**キハンシヒキガエル**、**ソコロナゲキバト**など、野生復帰プロジェクトが進んでいる種もいくつかある。これは種の絶滅や自然界への脅威との戦いにおいて、楽観できる材料となっている。

再導入プロジェクトの鍵

再導入プログラムでは、病気のリスク分析と健康診断が極めて重要になる。動物園の別の鳥類から目に見えないウイルスを移された**ソコロナゲキバト**を原産地のソコロ島に帰すと、固有種の**ソコロマネシツグミ**など、ほかの絶滅寸前の動物に病気が流行してしまうリスクがある。計画が不充分な再導入は失敗するだけでなく、ほかの種を絶滅させる原因にすらなりうる。種の再導入に携わる人は誰もが、綿密な計画、リスク評価、終わりのない会議といった長いプロセスを経る。これらはすべて表には出てこないが、成功させるために不可欠な作業なのだ。

希少な動物であればあるほど、その動物がかかる病気に関する情報は少ない。これは絶滅危惧種がつねに抱える問題だ。一番極端な例は、絶滅に瀕した無脊椎動物である。獣医の知識は哺乳類や鳥類に偏りがちだし、昆虫学者も絶滅に瀕した昆虫の病気を研究することはほとんどない。

僕がロンドン王立昆虫学会の特別研究員《フェローシップ》であることは、獣医の知識や関心がペットに最適なノミ治療に限られていることを考えると、奇妙に思えるだろう。だが、ごく小さな絶滅の危機にある野生動物――**シリアカモンハナアブ**の幼虫や、**カマドウマ**など――を扱うときに役立っている。

初期の再導入プロジェクトの問題点は、すんでのところで絶滅を免れたものの、その種にとって「何が正常なのか」を知る術がなかったことだ。たとえば、**ポリネシアマイマイ**が野生で絶滅してから数十年後、タヒチに再導入する計画を立てているときには、微胞子虫が数千年前からマイマイの体内に寄生していたのか、それとも飼育していた動物園でほかの種から飛び移ったもので、タヒチに放すと脅威になるのかの判断がつかなかった。また、親しみを込めて「木のロブスター」と呼ばれる、**ロードハウナナフシ**が地球上に24匹しか残っておらず、種を守るためにつがいを2組だけ捕獲した時点で、将来の参照のためにもう1匹を殺し、防腐処理して保存することを正当化することはほぼ不可能だった。しかし、過去20年間に動物園で数万匹が孵化した今、振り返ってみれば、野生に新しい病気を持ち込まないようにするためには、それが理想的だっただろう。木製のケースの中にピンで固定された埃っぽい博物館の標本は、外側だけきれいな「空洞の貝殻」にすぎず、たいして役には立たないからだ。また死後に解剖しても、思うような情報は得られにくい。たとえば**グレートラフトスパイダー**の死体が発見されたときには、すでに内部は腐敗したバクテリアのスープになっている。できればそんなことはしたくないが、絶滅の危機に瀕した昆虫のうち、完全に健康な少数の個体を殺して保存し、将来のために顕微鏡で調べることは、通常、保護プログラムの重要な部分となっている。

熱心さのあまり、人々の冷静さが失われることもある。４００年ぶりにスコットランドに**ビーバー**が公的に再導入されるのを待ちくたびれた善意の愛好家たちは、違法にビーバーをテイ川に放した。結果的にビーバーは繁栄したものの、多包条虫という寄生虫まで英国に再導入してしまった恐れがあった。その寄生虫が**犬**や**キツネ**に感染し、そこから人間に広まるのではないかと深刻に懸念されたのである。その後2年間、僕はビーバーの専門家、ロイジン・キャンベル＝パーマーと一緒に、ビーバーを捕獲して、血液検査や超音波検査を実施した。さらに納屋を仮設手術室にして、肝臓を調べる鍵穴手術まで行なった。費用も時間もかかり、調べられたビーバーにとっては災難でしかなかった。幸いにも**多包条虫**はいなかったが、別の寄生虫、**ビーバーヤドリムシ**が見つかった。甲虫でありながら、**アタマジラミ**と似たような行動を取る寄生虫で、うっかりスコットランドに導入されていたのである。

野生動物の再導入をする際は細心の注意を払って計画を立てて入念に準備をし、その動物の健康をチェックしてほかの動物や人間にリスクとならないようにしている。その一方で、なんともやるせないことに、海外で飼育された5千万羽もの**キジ**や**ヤマウズラ**が、スポーツハンティング用として毎年英国に放たれている。そのうちの4分の1は狩猟シーズンまで生き残れず、最終的に実際に射殺されるのは3分の1以下で、残りは見捨てられる運命だ。もし野生動物の再導入がそうしたお粗末なリスク管理下で行なわれ、動物が苦痛を受ければ、たとえどれほど小規模な再導入であってもスキャンダルになることだろう。残念ながら、自然遺産を監督する政府機関は、狩猟や射撃のライセンスを管理しているだけのように思えることがある。

最善を尽くしても、野生動物の再導入は必ず成功するわけではない。たとえば、**オジロワシ**や**ゴウザンゴマシジミ**を英国に再導入する最初の試みは失敗に終わった。失敗の理由は、オジロワシの場合は、そもそもの絶滅の原因となった射殺、毒殺、迫害を防ぐことが必須にもかかわらず、達成できなかったからだ。ゴウザンゴマシジミの場合は、このチョウの幼虫が、托卵する

カッコウのごとく、特定の種の**アリ**を騙して巣に連れ込まれ、世話をされるように仕向けて、アリの幼虫を食べながら生き延びるという複雑なニーズを理解しきれていなかったからだ。

人々の人気も高いビーバーのスコットランド再導入のために、僕やロイジンたちは10年をかけて入念に準備をし、リスク軽減にも取り組んでいた。ところが、ようやく再び野生のビーバーの生息が確認されたまさに最初の年に、ビーバーの5分の1以上を射殺できる許可が出されたときには、落胆するしかなかった。なんとか間引きを食い止めようと、ダム作りで人間と対立したビーバーを捕獲し、健康診断をしてから、イングランドに移送する活動をしてきたが、射殺許可によって、スコットランドに近年再導入された唯一の野生動物であるビーバーの個体数が減少する可能性もある。ビーバーがスコットランドで2回も絶滅した唯一の哺乳類になりでもしたら、実に恥ずべきことだ。

パンダの着ぐるみには重要な目的がある

孤児となった**カワウソ**の赤ん坊にミルクを飲ませるためには、絆を深める必要がある。母親だと思ってもらわなければならないので、フワフワしたオモチャを寄り添わせたりもする。ただし、離乳したらすぐに、普段の遠くから見守るアプローチに戻らなければならない。ほかのカワウソの子どもたちと一緒に過ごさせ、野生の行動に戻し、人間には近づかないことを学ばせてから、野生に帰すのである。

カリフォルニアコンドルのヒナ鳥のように、人間の存在に気づかれずに育てられればならない。中国の**パンダ**の飼育員が餌やりや掃除の際にパンダの着ぐるみを着ている動画はいつ見ても面白いものだが、これには重大な目的がある。母親に育てられたパンダを臥龍山に帰すためには、人間に慣れさせないようにすることが不可欠なのだ。人間にとっては、着ぐるみパジャマは本物のパンダとはまるで違うものだろうが、数頭の子パンダが今では野生生活にうまく溶け込んでいるところを見ると、パンダにとっては明らかに効果があるようだ。批判はあるものの、中国でのジャイアントパンダの保護は大きな成功を収め、種の分類は「危機（EN）」から「危急（VU）」に格下げされた。また保護区は、**キンシコウ**や**ユキヒョウ**など、ほかの多くの種も救っている。一方、動物園で繁殖されたパンダは親善大使の役割を果たしているものの、人間に慣れすぎているため、野生に戻すことはできないだろう。

孤児となったオスの**シカ**を飼育中に人間に慣れさせることは危険である。**ヘラジカ**のように大きくても、チリの**プーズー**のように小さくても、思春期を過ぎると発情期のテストステロンに突き動かされ、人間をライバルとみなして襲うようになる。**キバノロ**にはツノがないが、人間に育てられたオスは、発情期になるとサーベルのごとき歯を使って人を襲うことがある。**レイヨウ**のオスは、発情期のシカのようにテストステロンが爆発的に増加することはないけれど、それでも僕は人間に育てられた**メネリクブッシュバック**に襲われたことがある。

ボノボから**シロイルカ**まで、多くの種は野生で生きていくために必要な技術を子どもに教えている。もちろん、例外もある。**ゴマフアザラシ**は脂肪分の豊富な母乳のおかげで驚異的な速度で成長する。数週間後、子どもたちは母親に見捨てられ、蓄えた脂肪でしのぎながら魚の捕り方を学び、自力で道を切り拓《ひら》かなければならない。人間に飼育されたアザラシを海に放すことは、自然界で起こることと何も変わらないのである。**ズキンアザラシ**の母親の子育ては想像を超える短さで、通常、たった5日間で赤ん坊を見捨ててしまう。対照的に、**オオハシウミガラス**や**ウミガ**

ラスのような海鳥の幼鳥の多くは、親鳥と何カ月も海上で過ごして餌を捕る方法を教えてもらうので、人間では親鳥のように飼育して放鳥を成功させることができない。**アメリカグンカンドリ**も、巣立ち後も1年以上かけて母親に餌を与えられ、**イカ**や**魚**の捕り方やほかの海鳥から獲物を奪う方法について教えを受ける。やはり幼鳥の飼育や放鳥が非常に難しい。鳥類の中でももっとも広範囲にわたる家庭教育を行なうのは**ジサイチョウ**である。この鳥は寿命が70年を超えるため、幼鳥は最長2年間も親鳥に依存する。その後、オスの若鳥は6年以上かけてヒナの育て方を学ぶ見習い期間を過ごす。この訓練がないと、成鳥になっても繁殖がうまくいかない。これもまた、放鳥を目的としたジサイチョウの飼育を極めて困難にしている。

人間と類人猿のほかにも、霊長類には子どもを支えて社会的な技術を教える種がいる。絶滅の危機に瀕した**ゴールデンライオンタマリン**は、キーキーと鳴き、まるで『オズの魔法使い』に出てくる**ライオン**を小型化したような見た目をしている。彼らは霊長類の中では珍しく、よく双子を――ときには三つ子を――育てることがあり、子は家に残って弟や妹の子育てを手伝う。そうすることで、親になることを学ぶのに役立つ。棲んでいる森にどんな種類の木があるかも重要だ。森での遊びが、その後の人生で捕食者を避けるために必要なスキルを身につける訓練にもなる。

1980年代にゴールデンライオンタマリンの数が500頭以下にまで激減したとき、スミソニアンなどの動物園では数年間、タマリンの繁殖、訓練、野生復帰を行なった。飼育者たちは1年以上かけて、タマリンに刻んだ果物や水入れの水を与えるのではなく、アナナス科の植物のあいだで水を見つけたり果実を丸ごと食べたりする訓練を施した。ブラジルでの長い検疫をすませると、タマリンを森の中に設置した囲いに入れ、そこでしばらく過ごさせた。保護を続けながら、自然の景色と音に慣れさせた。数カ月後、野生に放したあとも、1年以上にわたって餌を与え、フォローをした。それだけの時間と労力をかけても、半数のタマリンは1年目を生き延びることができなかった。野生というのは過酷な世界なのだ。とはいえ、そんな彼らが育てた次世代の赤ん坊たちはかなり野生になじむことができ、30年後の現在、ゴールデンライオンタマリンの個体数は――悲しいことに今なお絶滅の危機に瀕してはいるものの――5倍に増えている。

飼育下繁殖の難しさもさることながら、野生に帰した動物を生き延びさせ、野生で繁殖させるのはさらに難しい。この実情は、世界中の動物園で生まれた可愛い赤ちゃんを紹介するひっきりなしのニュースからはほとんど伝わってこない。動物園で多くの種を完全な絶滅から守ることができたとしても、彼らを野生に戻すことはずっと高いハードルなのだ。種の生息地が失われた場合には、ほぼ不可能になる。

目の前の野生動物を救うべきか否か?

負傷した野生動物に野生に戻すための治療を行なうかどうかは、つねに「ストレス」「時間」「可能性」のバランスで決まる。**ユーラシアカワウソ**の孤児は、本来ならば、1年以上母親と一緒に過ごし、生きるために必要なスキルを身につけなければならない。カワウソの成獣は単独行動で縄張り意識が強い。若いカワウソが殺されないためには、新しい縄張りを探す必要がある。悲しいかな、縄張りを探している最中にほかの個体に殺されたり餓死したりしたカワウソを、僕は何度も解剖したことがある。そうしたカワウソは成獣と同じ大きさに見えても、X線で調べると骨の成長板が開いていてまだ若く、生存スキルを学んでいる途中だったことがわかる。

一方、ありがたいことに、僕がアジアで診ている**ビロードカワウソ**や、南米の**オオカワウソ**は、社会性があり家族集団で暮らしている。そのため、負傷した若いカワウソでも、回復後すぐに家族のもとに戻してやれば、川の家族学校でスキルを学び続けることができる。また、ほかの動物の赤ん坊まで面倒を見る世話好きもいる。**セグロカモメ**の成鳥は、救護センターの放牧場で幼いヒナ鳥の群れを見つけると、心配そうに何度も戻ってきては、見ず知らずのヒナにネット越しに餌を落としていく。ときには、霊長類の強い育児本能を利用することもある。モロッコの市場で押収された**バーバリーマカク**の子どもは、血縁関係のない野生のマカクの集団に、無事に養子として受け入れられた。その子の面倒を率先して見ているのは、オスのマカクたちだ。これは非常にユニークなことである。バーバリーマカクは不特定多数と交尾をし、オスはどの子が自分の血を引いた子どもなのかわからない。それでもマカクのオスは優秀な父親であり、おじであり、集団内の子どもを分け隔てなく抱っこしたり世話したりする。この習性は里親にぴったりだが、そのためには養子がすでに離乳していなければならないという意味でもある。養子縁組がつねにうまくいくわけではないが、ペットや観光客向けの撮影小道具にする目的で幼獣の違法捕獲が横行する絶滅危惧種にとって、一縷《いちる》の望みとなっている。

ユーラシアカワウソの孤児は通常1年半以上かけて、野生に帰るための準備を整える。あるいは、その期間内にできるかぎりの準備をさせる。人間に飼育された**アメリカマナティー**の孤児の場合には、育てて野生に戻すまでに2～3年かかる。スリランカで**アジアゾウ**の孤児を育てている僕の友人のヴィジータは、野生に戻すまで5年以上世話をしている。最上の品質のミルクで育てたとしても、母乳育児と比べると成長は遅くなる。母乳は赤ん坊の成長に合わせてつねに成分が変化する。これを人工的に再現することは不可能だ。

負傷した野生のカワウソの成獣を——さらには、**ワシ**から**イモリ**までほとんどの動物でも——最初に発見された場所に連れていき野生に帰すことは、通常、うまくいく可能性が一番高い。成獣は生きていくために必要な生活のスキルをすでに習得している。餌を捕り、仲間を見つけ、捕食者を避け、人為的な危害をかわす方法を実践できる。また自分の縄張りや、餌のある場所、隠れ場所や避難場所も見つけることができるだろう。生まれてすぐに孤児となり、人間に飼育された赤ん坊を野生に帰す場合とはまるで状況が異なる。

　野生ですばらしい生存率を誇る動物もいる。野生に復帰した**シロエリハゲワシ**の成鳥は、ほぼ99%の確率で1年間生き延びることができる。**コンドル**も同じくらい高い生存率を誇るが、おそらく屍肉食動物はしばしば高い知能を備えているためだろう。さほど知能の高くない**イヌワシ**の成鳥でさえ、スコットランドの野生で1年生き延びる確率は90%以上ある。一方、**ミサゴ**の成鳥の暮らしはずっと危険に満ちている。西アフリカまで過酷な往復をするおかげで、毎年成鳥の3分の2しか生き残ることができない。僕が新婚旅行で訪れたガンビアで、魚を獲っているミサゴを見たときには、「ここにいるのは以前、スコットランドで見かけたり治療したりした個体かもしれない」と思ったものである。

　幼鳥の生存率となると、話は変わってくる。**クロウタドリ**などの鳴禽類の4分の1は、巣立ちから1週間も生き延びることができない。ほとんどがほかの動物の餌になってしまうからだ。猛禽類や野生の哺乳類に捕まる場合もあるが、多くは飼い猫に食べられる。猫は北米だけで毎年20～30億羽の幼鳥を殺している。また、猫に捕まった成鳥もあまり良い結果にはならない。救助され、獣医の治療を受けたとしても、また傷がひどいように見えなくても、猫に噛まれたクロウタドリの4分の1しか助からない。おそらく目に見える刺し傷だけでなく、圧挫《あつざ》外傷によるダメージが相当大きいのだろう。

負傷したクロウタドリを治療することになったとき、鎮痛剤や抗生物質に手を伸ばす前に、治療がその鳥にとって適切なことなのかどうか、真剣に問わなければならない。少なくとも今は、クロウタドリは絶滅の危機に瀕しているわけではない。さらに、治療をしても助かる確率は4分の1だ。もし目の前の1羽が治療をしても助からないほうの3羽だった場合、そのクロウタドリを救うことは、その鳥の痛みや苦しみを1、2週間長引かせるだけになる。どの鳥が生き延びるのかは事前には知ることができない。獣医として、僕たちは本質的にすべてを救おうとするが、それは患者にとってつねに最善なわけではない。患者を安楽死させることはつねに難しい選択だが、すべてを治療しようとすることのほうがはるかに多くの害をもたらす可能性もある。

猛禽類のヒナ鳥や若い**フクロウ**は、巣立ち直後の生存率はかなり良い。最初のうちは、さながら人間の親のように、親が食べ物を与え、生活スキルを教えてくれようとするからだ。それでも親のサポートが終了し、生存スキルと創意工夫が最終的に試される最初の冬には、猛禽類の4分の3は生き延びることができない。

放鳥後の生存率を高めるには、最初に診た時点で、どの患者を治療すべきなのか、慎重に選択しなければならない。同じ傷でも成長と幼鳥では治療方法が異なることもある。**アシナガワシ**の成鳥の場合、翼の複雑骨折の治療には手術と2カ月間の看護が必要だが、放鳥後さらに10年以上生きる可能性があるので理にかなっている。一方、誰もがより多くの関心を寄せ、より深刻に絶滅の危機に瀕している**カラフトワシ**のヒナ鳥の場合は、同じ怪我を同じように治療することは、賢明とはいえないだろう。何カ月も飼育された状態が続き、それに伴うストレスを受けたあとでは、どんな治療をしても最初の冬を越すのは難しい。

また、患者の生存の可能性を減らさない方法で飼育することも必要だ。体の重い**コブハクチョウ**は、泳げるプールのないコンクリートの上では、わずか2週間で足が骨まですり減ってしまう。一方、**ラナーハヤブサ**は、檻の中にいるとたった数日で長い尾羽が折れてしまう。尾羽は高速飛行に欠かせないものなので、テールガードで保護をする。

ときには、何が不可欠なのかはっきりわからないこともある。**ビルマニシキヘビ**は一般的にはペットとして飼われることが多い。たいていは一見広そうな囲いで飼育されているものの、実際には体をギリギリ伸ばせる広さしかない。愛好家たちは「ニシキヘビはしあわせそうにしている」と主張しており、議論は尽きないが、その意見を鵜呑《うの》みにするのは難しい。本来は20平方キロメートル以上の縄張りを持つことを考えれば、ペットとして何十年も棲まわされている囲いよりもずっと広い場所が必要なのではないだろうか。

野生に帰した直後、動物が自力で餌を探せるようになるまでのあいだは、充分な餌を確保しておくといい。**アカギツネ**を放すなら、僕たち人間が好むような暑くて乾燥した気候ではなく、湿気の多い気候の土地を選ぶ。水分を多く含む土壌は、若いキツネにとって重要な食料源であるミミズを大量に地表に浮かび上がらせる。これは、ドッグフードを与えて徐々に離乳させるサポートよりも自然な方法だ。**オジロワシ**のヒナ鳥の脚の骨折の治療が終わったら、放鳥する1週間前に、車に轢かれた**シカ**の死体を元の巣のそばに置いておく。これはヒナ鳥のためだけでなく、親鳥がそばにやってくることを促すためでもある。親鳥はヒナに餌を与えたりはしなくても、付き従うことは許すだろう。そうすれば、ヒナ鳥は数週間という貴重な時間を使って、餌を見つける方法や餌のある場所を学ぶことができるのだ。たとえそのほとんどが死骸を漁ることだったとしても。

野生復帰後の追跡とモニタリング

退院後の患者がどうなったのか？　僕たちの獣医療活動が理にかなった価値あるものだったのかどうかを判断するためにも、患者のその後を知る方法が必要だ。同僚の家畜の獣医のように、飼い主に電話をかけるだけとはいかない。多くの鳥類については、足環《あしわ》をつければいい。英国だけでも毎年１００万羽近い鳥が、ほぼボランティアによって個体識別の標識を装着されている。

鳥類標識のルーツは古代に遡る。５０００年前の古代エジプトでは伝書鳩が使われ、古代ローマではポエニ戦争中に**カラス**の脚に糸を結んでメッセージを伝えたり、戦車競走の勝者を知らせたりしていた。アメリカ人鳥類学者、ジョン・オーデュボンは、渡り鳥の**ツキヒメハエトリ**の脚に糸をつけて、翌年も同じ巣に戻ってくるかどうかを調べた。現在と同じような本格的な鳥類標識調査は、１００年以上前からあったのだ。

ただし、鳥類標識調査のペースは遅く、報告される個体は約50羽に1羽しかいない。金属製の足環は小さく、通常は鳥の死体が発見されたときにだけ報告される。自分の鳥の患者が生存しているのかどうか、ほかの野生の個体と比べた生存率を知るまでには、何年もの時間がかかる。知らせがないことは、必ずしも良い知らせとは限らない。あなたの患者はまだしあわせに生きているかもしれないし、放鳥からわずか1日で死んでしまったかもしれない。鳥類標識調査は、僕たちの目的に必ずしも役立つわけではないが、鳥の個体数がどのように推移しているかという重要なデータをもたらしている。

全体として、状況はあまり芳しくない。生息地の減少、農業の手法の変化、気候変動などにより、ほとんどの種で個体数は減少しているようだ。**チフチャフ**のように英国の北に生息域を広げ、産卵時期を早めている鳥もいる。一方、飼料や肥料に使用される**イカナゴ**漁の隆盛と海の温暖化により、**ミツユビカモメ**の数は激減している。これはやがて、多くのファンに愛される海鳥、**ツノメドリ**の希少化まで引き起こすかもしれない。北米だけでも、過去50年間で4羽に1羽、30億羽以上もの鳥が空から消えている。

鳥の動きを理解することは、減少した個体数を回復させようとするときに重要だ。餌となる魚の減少にとどまらず、一度コロニーが失われてしまうと、ツノメドリが繁殖のために孵化した島に戻ることはほとんどない。1973年に開始された全米オーデュボン協会による「ツノメドリ保護計画」では、米国北東部メイン州の大西洋沖のイースタンエッグロック島とシール島の人工巣に、数年かけて1000羽のヒナを移し、餌を与え、おとりのツノメドリまで使って、若い成鳥が島に戻って巣穴を掘り、繁殖するように促した。鳥類標識調査は、何がうまくいっていて、何がうまくいっていないのかを把握し、みんなが膨大な時間と労力を無駄にしないために重要な取り組みである。

文字入りの色のついた大きなレッグバンドは双眼鏡でも見ることができ、**ワタリアホウドリ**や**ニシセグロカモメ**など、大型の海鳥に装着すると効果的だ。ワタリアホウドリは生涯交尾を続け、2年に一度、サウスジョージア島［南大西洋にある英国の海外領土］などに帰巣する。カラフルなレッグバンドを装着したヒナ鳥が島に戻ってくるのは10年以上先かもしれないが、時間をかけて根気よく調査を続けることで、コロニーの状況が明らかになり、漁業の影響を少しずつでも理解できるようになる。ある研究者がバンドを装着したヒナが、その研究者よりも長生きすることもよくある。そして標識をいったん鳥に装着してしまえば、捕獲したり不要に触れたりする必要がなくなる。

また、レッグバンドは一般的な鳥の興味深い話も伝えてくれる。足環やレッグバンドは生存しているかだけでなく、鳥の移動についても理解の助けになる。スコットランドでニシセグロカモメのヒナ鳥を放したところ、わずか数週間後に、遠く離れたポルトガルのビーチで日光浴を楽しむところが目撃されたと聞いて驚いたこともある。ニシセグロカモメはワシほどカリスマ的存在ではなく、よくある鳥と無視されがちかもしれないが、標識調査のデータを調べると、はるばる西アフリカまで飛んだり、ヨーロッパ中をめぐったりと、僕たちの多くよりもはるかに刺激的な生活を送っていることがわかる。

大勢のボランティアの人々が、余暇を使ってこの標識を見つけて報告している。究極の生きた宝探しだ。そんなボランティアの誰もが、鳥たちの驚くべき旅について——ときには数十年をかけた旅について——の感動的なエピソードを知っている。悲惨なニュースばかりが耳に届くが、その一方で、どれだけ多くの人々が自然界を気遣い、多くの時間を割いてさまざまな方法で支援を行なっているかについては、つい忘れがちになる。

足環は、野外にいるカモメや巣に戻る**アホウドリ**には効果的だが、すべての鳥に適用できるわけではない。たとえば、マヤの寺院を彩るカラフルな顔を持つ**トキイロコンドル**をモニタリングするときには使えない。この鳥は暑いときに脚に尿をかけて蒸発させ、血液を冷やすという習性を進化させた。そのため足環をつけると尿中の尿酸が蓄積して足環が腐食し、脚を火傷させることがある。そういう場合には、翼タグで代用したほうがいいだろう。

この大きくてカラフルなタグもまた、**コンドル**が上空を飛んでいるときにも、双眼鏡でたやすく見つけることができる。羽に装着するので、1年後に羽が生え替わるときに落ちることもあるし、飛膜に細いピンで留めて永久に外れないようにするケースもある。絶滅危惧種の**インドハゲワシ**が数百メートル上空のアクセス困難な崖の巣にいるときにも、タグがついていれば双眼鏡で情報を読み取ることができる。かつて地球上でもっともありふれた猛禽類だった**シロエリハゲワシ**属の3種（インドハゲワシ、**ハシボソハゲワシ**、**コシジロハゲワシ**）の個体数は、僕の半生で数千万羽からわずか数千羽に激減した。ハシボソハゲワシは10年以内に野生で絶滅すると予測されている。ハゲワシの知能は極めて高く、20年前にはタール砂漠でたった1羽を捕獲するために1カ月近く罠をかけ続けたこともある。鳥に標識をつけて追跡するだけでも、簡単とはほど遠い。

スパイ活動が後押しした鳥の追跡技術の開発

足環や翼タグは、海を渡ってシベリアとアフリカ南部を行き来する**アカアシチョウゲンボウ**を追跡したいときや、再導入後の移動中に行方不明になった**ホオアカトキ**が農薬中毒で死にかけている場所を突き止めたいときには役に立たない。そうした場合には、より高度な技術が必要だ。1957年11月スプートニク2号が打ち上げられ、**犬**の〝クドリャフカ〟――西側では〝ライカ〟という名のほうが有名だが――地球の軌道を回る最初の動物になったとき、冷戦時代の宇宙開発競争は、現代の野生動物の追跡技術も意図せず促進した。当時、アメリカ人生物学者の中には「ロシア人は窓の外から数メートルと離れていない野生動物よりも、宇宙にいる犬の動きのほうがよくわかっている」などと不満を述べる人もいたほどで、野生動物の追跡技術開発に対する資金調達は難航していた。ところが、ミッドウェイ環礁で**コアホウドリ**が航空機のエンジンに吸い込まれ、軍用機の作戦行動が中止に追い込まれたことを機に、アメリカ海軍はアホウドリに関心を持ち、別の島に移すことが可能かどうか研究を始めた。生物学者たちの説得もあり、ほどなく海軍はアホウドリの行動を追跡する技術（小型の遠隔測定発信機《テレメトリ》）が軍事やスパイ活動にも有用であることを理解した。現在、コアホウドリは、海軍が基地を放棄したミッドウェイ環礁で今も繁殖を続けているが、悲しいことに、古い軍用建物から剝がれ落ちた鉛含有塗料によって、年間1万羽ものアホウドリのヒナが死んでいる。これは航空機に激突して死んだ数よりもはるかに多い。

初めて無線追跡《ラジオ・トラッキング》された野生動物は**エリマキライチョウ**で、１９６０年のことだ。だが、その試みは完全な失敗に終わった。発信機の重さが約50グラムもあり、当時としては最先端だったが、いかんせん重すぎたのだ。また、アンテナを立てて背中に装着する不格好な形式で、電波受信塔も必要だった。1羽目の電池は数日しか持たず、研究者たちがその後の行方を知ることはなかった。2羽目の発信機も数日で故障した。受信塔は機能せず、携帯型の追跡装置を借りて、そのオスのライチョウの位置を確認したところ、放鳥された場所から50メートルと離れていない場所で死んでいるのが発見された。背中から突き出た大きなアンテナが飛行中に木の枝にぶつかったせいで落下し、地面に激突して死んだのである。

それでも生物学者たちはひるまずに、**オマキヤマアラシ**には、かさばる発信機のほうが適していると判断し、携帯型アンテナ受信機を使い続けた。ライチョウの場合とは違って、少なくともヤマアラシには機能した。しかし、電波信号は直線で進むわけではなく、地形や植生に反射したり屈折したりすることがしょっちゅうあることに誰もが驚いた。ヤマアラシがいそうな場所で受信機を使うときには、地形の歪みの特徴を熟知する必要があった。最初の10年は、物珍しいだけで、科学的に真に役立つのかどうかは未知数だった。

今日《こんにち》ではこの技術を使って、**オオヤマネコ**から**ハクトウワシ**まで、あらゆる動物の追跡に成功している。発信機メーカーの売り上げ総額は何百万ドルにものぼる。ドローンを使えば、人間が到達できない崖や渓谷でも動物が装着した発信機を追跡できる。**ヒョウ**や**サイ**のような大型動物には首輪タイプの発信機が適している。獲物に飛びかかるアカアシチョウゲンボウに首輪を装着するときには、個体ごとに調整された絶妙なバランスを保つバックハーネスが不可欠だ。一方、ほとんどの水生生物には、首輪式発信機は使えない。円錐状の頭や肩を持つ**ゼニガタアザラシ**には首輪は適さず、ハーネスが水中で絡まり、溺れるリスクがある。解決策のひとつは頭に発信機をつけることだ。頭はアザラシが呼吸をするときに体の中で唯一、水から出る部分だ。アザラシの発信機には、岸に近づいたときに携帯電話のネットワークを利用して、保存されたデータを送信するだけのものもある。文字どおり、家に電話をかけているのだ。発信機は1年間使用でき、毛皮が生え替わるときに外れる。こうした方法も、**カワウソ**には使えない。首輪をつけられるような首らしきものがないし、ハーネスをつけると水中の枝に引っかかり致命傷になりかねない。首輪をきつく締めすぎれば毛皮が破れたり皮膚がこすれて傷ついたりするし、ほんの少し緩めに装着すれば、数分後には奇術師のごとく抜け出てしまう。脂肪層のないカワウソにとって、毛皮は防水だけでなく氷点下での保温にも欠かせないもので、毛皮に発信機を接着すると悲惨なことになる。**クマ**も首輪式発信機の装着対象にはなりにくい。**ホッキョクグマ**は冬眠前には体重が2倍になり、春には体重が半減することもあり、それに伴い、首回りの太さも変化する。どんな首輪でも冬眠前には首を絞めつけられ、数カ月後には外れてしまうリスクがある。

　どうしてもモニタリングが必要な場合、外科手術で発信機を腹部に入れるしかないこともある。手術には必ずリスクが伴うが、野生動物の場合にはさらにリスクが増大する。しかし生物学者の中には、この手術が研究対象とされる動物にとっていかに侵襲的なのか関心を持たない人もいる。信じられないことだが、こうしたタグの多くは、たった数時間訓練を受けただけの生物学者によってフィールドで装着されている。ほんの数年前までは、ホッキョクグマの発信機でさえ、たいてい生物学者が装着していた。彼らは動物の行動や生態に関する科学的なデータを公表しているが、発信機を埋め込む手術の合併症率についてはほとんど公表していない。だが、彼らとの議論や、未発表の報告書の調査から推測すると、恐ろしく高いのではないかと思われる。

無線発信機を使用した研究は、厳格な倫理審査を受け、意義のある目的のためであれば、多くの絶滅危惧種の存在を一般の人々に知ってもらい、どれだけ深刻な状況かを理解してもらうための方法として活用されてきた。アザラシから**ソウゲンワシ**まで、動物の背中に装着された小型カメラは、動物の目から見た世界を垣間見ることができ、人々の保護プログラムへの共感を高めるのに役立つ。ほとんどのカメラ映像は魅力的だが、科学的価値は限定的である。とはいえ、例外もある。糞の遺伝子サンプル分析と併せ、カメラ映像のおかげで、**ジェンツーペンギン**が野生で実際に大量の**クラゲ**を食べていることが判明した。クラゲはすぐに消化されてしまうため、旧来の胃洗浄によって食料を調べる方法では知ることができなかったのである。

シャチのケイコを追え

テレメトリ発信機によって、計画どおりに進まなかった事実が判明することもある。『フリー・ウィリー』〔孤児の少年と孤児のシャチの交流を描いた映画〕の公開後、映画の主役ウィリーを務めた若いオスの**シャチ**、ケイコをメキシコの窮屈な飼育環境から野生に帰すための大規模な運動が起こった。2000万ドルを超える費用と5年の歳月をかけて行なわれたこのプロジェクトは、当時も今も賛否が絶えない。幼獣の頃にアイスランド沖で捕獲され、最終的にメキシコの遊園地に転売されたケイコは、野生復帰のために、まず大きな水槽に移され、そこで海水に慣れ、体重を増やし、体の状態を改善させた。それからアイスランドの湾に運ばれ、海に入って泳ぎの訓練を受けた。自由に泳げるようになると、ケイコは野生のシャチを追いかけはじめた。やがて追跡により、１６００キロメートル離れたノルウェーまで泳いだことが確認されたが、野生のシャチの群れに入ることはできなかったし、餌も人間に与えられなければ自力では獲れなかった。彼は船や人に近づき、子どもを背中に乗せたりもした。野生復帰の支援活動は続けられたが、結局、肺炎で死ぬという悲しい結果となった。

　ケイコの死後も論争は続いた。「小さな水槽の中で仕込まれた芸を披露するのではなく、海で5年間を過ごしてから亡くなったのだから、野生復帰は成功だった」と主張する人もいれば、「野生のシャチの群れに入ることができず、海にいたほとんどの期間は自力で餌を食べることができなかったのだから失敗だ」と主張する人もいた。幼獣の頃に捕獲されたので、充分な生存スキルを身につけていなかったのかもしれない。野生のシャチは動物の中でも特に知能が高く、また社会性の高い動物だ。１世紀近い寿命があり、小さな群れの中に4世代の家族がいることもある。通常の野生のシャチの社会性を備えていても、よそ者が群れに加わるのは難しい。ケイコの野生復帰と死から学ぶべきことは人それぞれだとしても、彼のモニタリングとサポートは、テレメトリ追跡技術がなければ実現しなかった。

　ケイコを追跡した昔ながらのテレメトリシステムは、僕が駆け出しの獣医だった頃に使っていたのと同じで、高周波の電波を受信機でピンポイントに探知するタイプだ。現在、地球を周回する衛星アルゴスやＧＰＳを通じての衛星追跡も可能となっている。これを活用すると、一度発信機をつければ二度と動物を直接見ることがなくても、あるいは快適なオフィスから一歩も出なくても、地球上のどんな場所にいる動物だろうと正確に追跡できる。サバンナの**ゾウ**や渡り鳥の**カリブー**から、深海の**ホホジロザメ**やアマゾンに潜んで単独行動する**ジャガー**まで、あらゆる動物の追跡に活用されてきた。今では、ほかの衛星よりもずっと低い軌道を周回する国際宇宙ステーションに設置された新システムを使えば、わずか5グラムの発信タグで追跡が可能で、数千キロメートルを移動する**カッコウ**や、西アフリカのアクセスしにくいねぐらで暮らす**ストローオオコウモリ**にも装着できる。残念ながら、その軽量タグでも、10センチほどのアンテナを後方に向ける必要がある。**ウミガメ**の**タイマイ**のように大きな動物では、タグの小型化が進めば進むほど、泳ぐ速度、潜水深度、水温など、より多くのデータを収集できるようになり、継続的な脅威を理解するのに役立つだろう。

衛星による詳細な追跡は、カッコウの長距離移動の理解を助けるだけでなく、鳥類の興味深い行動も発見している。多くの鳥の飛行ルートを地図上に描いてみると、人間が手を加えた世界の一部に適応していることがわかる。現在、カッコウは主要道路に沿って飛行することが多い。これは以前の飛行ルートの手がかりよりも、追跡しやすくわかりやすい。一方、スコットランドの**イヌワシ**は、道路に沿って飛行することはない。衛星タグが人里離れた高地から車道を下り、高速道路を通って海に消えた場合、そのイヌワシが違法に射殺され、犯人の猟場番人の車で運ばれ、海に捨てられたことを示している。この証拠を突き付けられると、野生動物犯罪の多発地帯の猟場番人は、「鳥類学者たちがイヌワシを殺した」などとばかげた言い訳をしたりする。

セキュリティラベル、電子パスポート、毒ヘビの共通項は？

ただし衛星タグは高価なうえ、無線追跡にはフィールドでの長時間の作業が必要になる。そこで、より安価で手軽な方法も使われている——最小かつ最安値のモニタリング装置、マイクロチップだ。米粒よりも小さいこの装置は、「受動無線周波標識（ＰＩＴタグ）」と呼ばれている。電池を使わないので故障や漏電の心配がない。また、ガラスのカプセルの中に小さな電子回路が入っているだけで、無線スキャナーで作動させるまでは完全に受動的《パッシブ》だ。狭い範囲の周波数にしか反応しないので、スキャナーのそばにいなければ検出されない。この技術は、衣服や書籍のセキュリティラベルや、電子パスポートに使用されているのと同じものだ。野生動物で最初にマイクロチップが使われたのは魚類で、魚の動きをモニタリングして水路管理に役立てられた。

畜産牛の個体識別タグである「耳標《じひょう》」にも同様の無線誘導方式の識別回路が使用されており、それぞれの牛がどれだけの餌を食べ、どれだけのミルクを出したかを記録して、パフォーマンスの低い牛は食肉として出荷される。

耳標は、**ビッグホーン**や**シロイワヤギ**、**ヘラジカ**などの有蹄類のモニタリングにも役立つ。さらに、川で泳ぐ**アメリカビーバー**や、一生の大半を巣穴で過ごす**ケバナウォンバット**にも有効だ。大きくて黄色い耳標は野生動物の写真家にとっては見苦しいものかもしれないが、動物に逃げられることのない離れた距離から双眼鏡で個体を識別するのに役立つ。

ところで、北米のシカ猟の盛んな地域では、麻酔をかけられたばかりのシカを仕留めて食べてしまうリスクがある。麻酔経験者ならわかると思うが、麻酔をかけられた動物も、数日間調子を崩すので、逃げ遅れることが多くなる。畜産動物に投薬や麻酔をした場合には、食用として安全だと認められるには、厳格な離脱期間を経なければならない。が、狩猟の獲物にはそのルールが適用されていない。もし射殺した獲物の**オグロジカ**や**ワピチ**に黄色い耳標がついていたら、参照番号を確認し、その肉を食べても安全かどうか調べる必要がある。北米では、狩猟者からも耳標報告が入る。不運にも早死にしたシカが、耳標を付けてからどのくらい生きたのか、どのくらい移動したのかというデータが、研究者に提供されている。

　基本的に、野生の哺乳類のモニタリングはとても難しい。夜行性の動物ならそれもネックになる。小型で安価なマイクロチップも、使用可能なケースは限られる。たとえば、人口密度の高い国々では、**キツネ**に使用されている。マイクロチップのおかげで、郊外で怪我したキツネが、数カ月前に治療して野生に戻したばかりのキツネだったことがわかる。あるいは、道端で死んでいたキツネが、野生に戻したけれど長く生きられなかったキツネだったことがわかる。

　また、危険な毒ヘビ、**ヒガシダイヤガラガラヘビ**にもマイクロチップが使用されている。杭の上にマイクロチップリーダーを設置しておけば、安全に個体を識別できる。獲物がそばを通りかかるまで、とぐろを巻いてじっと待つ習性があるガラガラヘビは、怠け者のように見えて、実際には5平方キロメートルという広い生息域を持つ。そんな広大な場所で迷彩模様のヘビを発見して、マイクロチップの識別番号を目視で確認するのは至難の業だ。

　何百キロメートルも海を移動する**ペンギン**も、意外だが、マイクロチップを使ったモニタリングの対象とされている。僕がペンギンの仕事を始めた頃には、ペンギンの識別にはおもに「翼《フリッパー》バンド」が使用されていた。しかし、どれほど良いデザインでも、水中を泳ぐのに重要な翼の流線形の邪魔になるし、皮膚をこすって傷つけることもある。マイクロチップならばその心配はない。また、岩のあいだの狭い通路の先にペンギンのコロニーがある場合には、その自然の出入り口の砂の下にマイクロチップアンテナを埋めておけば、個々のペンギンの出入りを長年にわたってモニタリングし、彼らの生存に関する情報を蓄積することができる。マイクロチップは、砂に埋められたアンテナにきちんと反応し、情報が登録されるように、尻尾の付け根や太い足首の皮膚の中に挿入される。

さらに、体温をモニタリングできるマイクロチップもある。ただし、そのためには腹部にチップを埋め込む必要がある。ペンギンはかつて「発信機を背負ったら泳ぎの邪魔になるだろう」という理由で、体内に侵襲的な大型監視装置を埋め込まれていた。オリンピックの水泳選手でも、小学校のランドセルを背負っていたらメダルは獲得できないだろうというわけだ。今では生物学者たちは、この新しいマイクロチップのおかげで、より侵襲性の低い方法で、ペンギンの移動距離や潜水深度、体温や心拍数の変化を調べることができるようになった。

死体を漁ったのは誰か？

一番低侵襲なモニタリング方法――「カメラトラップ」――ならば、動物に触れる必要すらない。しかも安価で簡単に入手できる。高解像度の映像を記録するのに必要なメモリーカードと大差ない値段のものもある。

野生動物のモニタリング技術で最古のものであるこの技術は、政治家によって発明された。ジョージ・シラス3世はアメリカの下院議員であり、野生動物写真の父と呼ばれる人物だ。それまでにも、サーカスや動物園の動物や少数の野鳥が写真撮影されたことはあったが、彼は大型の罠仕掛けカメラとフラッシュシステムを構築して、夜間に野生に生きる動物を撮影したのである。彼が撮影した初期の写真には、フラッシュに驚いて逃げ出す直前の**ヘラジカ**や**オジロジカ**の目に浮かぶ驚きの表情がとらえられている。マグネシウム粉末が爆発して発生した明るいフラッシュに、動物たちはさぞかし肝を冷やしたにちがいない。数年のうちに、彼のガラス乾板写真には、落ち着いて座る**オオヤマネコ**など、現代の野生動物写真にも見られる構図と技術が表れるようになった。１００年前の『ナショナル・ジオグラフィック』誌では、１冊丸ごと彼の写真を特集しているほどだ。

　現在のトラップカメラは、撮影者にとっても野生の被写体にとっても、よりスムーズになった。カメラを作動させるのは、罠仕掛けではなく、モーションセンサーだ。ただし、カメラの設置場所に注意しないと、風に揺れるシダばかりがメモリーカードを埋め尽くすことになりかねない。これはシラス3世にはなかった悩みである。

　なかにはＳＩＭカード内蔵のカメラトラップもあり、写真を即座に送信してくれる。また、低消費電力モードを使えば、昼夜問わず数カ月間撮影を続けることができる。モンスーンの雨にも耐えられる防水仕様のカメラトラップもある。マグネシウムのフラッシュ爆弾とは違って、最新の赤外線ＬＥＤライトは僕たち人間の目には見えないし、多くの動物にもほぼ感知されることはない。

「ほぼ感知されない」と言ったのは、**ブチハイエナ**や**ラーテル**など一部の種は、暗い夜でもそのライトを見ることができるからだ。ただし彼らはその光に慣れており、無視することを学んだようである。ハイエナはほのかな光に惹かれたり、僕のにおいを探ったりして、つねに高価なカメラトラップを噛み砕こうとする。そんなわけで、咀嚼されていない映像データを入手するには、金属製の保護ケースが必須である。とはいえスチールケースを使っても、断固たる**アジアゾウ**からカメラを救うには充分ではない。ありがたいことに、ゾウはたいていカメラを無視してくれ、たまに物珍しさに惹かれた好奇心旺盛なティーンエイジャーのゾウに破壊される程度である。

現在は、航空機に代わる安価な手段として、ときおりドローンが大型野生動物の調査や遠隔地での密猟者の監視などに使われている。しかし動物たちは、ヘリコプターと同様にドローンの音を警戒しており、**クロクマ**でさえドローンから隠れることがしばしばある。**アデリーペンギン**のように、ドローンが上空を飛ぶと心拍数が速くなる動物もいて、野生動物にストレスを感じさせないモニタリング方法ではないことがわかる。**ゾウアザラシ**の調査でドローンが海鳥のコロニー上空を通過したときには、パニックになった鳥がドローンに激突して怪我をし、ドローンを墜落させたこともある。ドローンのバッテリーはまだ長時間はもたず、サーマルカメラが搭載されていないかぎり、夜間はあまり使えない。今はまだドローン活用の黎明《れいめい》期であり、野生動物への利用のメリットを声高に叫ぶニュースの期待に沿う結果になるのか、それとも野生動物にとって実は脅威となるのかは、まだ未知数である。

国立公園の**ベンガルトラ**の調査など、従来は無線発信機付き首輪でしていた作業を、カメラトラップで簡単にできるようになった。捕獲や麻酔をしなくてすむだけでなく、より確かなデータをずっと安価に得られる。カメラトラップは、ほかのモニタリング方法にはできないことを教えてくれる。たとえば、**キンシコウ**の死体が見つかったときに、どの動物が死骸を漁ったのかがわかるのはカメラトラップだけだ。映像を確認すると、ほかのサルは仲間の死体を放っておくことがわかる。**ハシブトガラス**は少し囓ることもあるが、普通は**ウジ虫**を食べるほうを好む。**ハクビシン**はお気に入りの腸と、不思議なことに顔も食べる。**ツキノワグマ**は残りを食べる。夜行性だが、昼間に食べることもある。また、サルは社会的な性質と知能を持つけれど——ゾウとは違って——死んだ仲間を見にくることも一切ないとわかった。
動物の中には、指紋と同じように、個体ごとに特徴的な体の模様を持つ種もある。**ハイイロアザラシ**や**ジンベイザメ**などは、写真に撮った体の模様だけで、数百種類の個体を見分けることができる。自動コンピュータシステムを使って数千枚の航空写真を分析すれば、ある海岸の岩場にいるアザラシ全数調査に詳細な情報を提供できる。**アカギツネ**でさえ、僕は写真だけで個体を区別できる。それほど個々の顔の模様が違うのである。

ファッションデザイナーからヒントを得た裏技モニタリング手法

とはいえ、カメラトラップの夜間映像で、個々の動物を見分けるのは難しい。野生復帰後にモニタリングしていた**キツネ**ならば顔の模様で判別できたが、**アナグマ**を見分けるのは難しく、ましてや**ライオン**の群れの中でメスの個体を見分けるのは絶望的だ。南部アフリカの一部の保護区では、観光客に気づかれないように、ライオンに巧妙な印をつけていた。畜牛と同じように、識別のための焼印を押すのである。ただし、目立つ文字や数字ではなく、戦いの傷が治った跡や引っかき傷のような小さな印を肩のあたりにつけておき、そのパターンによって異なる数字を表す仕組みである。モニタリングする側にとっては、ライオンの名前が側面に描かれているように明確に区別でき、何も知らぬは観光客だけということだ。似たような例として、耳に切り込みを入れて、シカの個体を識別する方法がある。耳標をつけないので見苦しくもなく、枝に引っかけて耳が大きく裂けてしまうようなこともない。一方で、焼印を押したり、耳に切り込みを入れたりするのに痛みを伴う。また、**カワウソ**には絶対にできないことだ。傷の部分の毛が抜ければ、防水性が著しく損なわれかねない。マイクロチップを埋め込むことは可能だが、その後の状況を知ることができるのは死体が発見されたときや、飼育下に戻ったときだけである。ほとんどの場合、カワウソはただ姿を消し、野生復帰後数日で死んだのか、それとももっと長い年月をしあわせに生きたのか、僕たちには知りようもない。

僕自身は、たいして信頼性もない発信機（マイクロチップ）を外科手術でカワウソに埋め込むのではなく、もっと安価で単純な方法を用いてきた。ファッションデザイナーのヴィヴィアン・ウエストウッドや歌手のケイティ・ペリーからヒントを得た方法――毛染めである。より具体的に言えば、脱色（ブリーチ）だ。家庭用の簡単なブリーチ剤を使って、肩の部分の毛側に小さな点をいくつかつける。一方の肩はオスを示し、もう一方の肩はメスを示す。その模様から、どのカワウソかがわかる仕組みだ。小さな斑点は、通常の黒っぽい毛とは違ってシナモン色になる。夜間に赤外線照明付きカメラトラップで撮影したときにもよく見える。新しい毛が生え替わるまで、数カ月持続する。テレメトリほど高性能ではないが、2年近く治療して育てたカワウソが、野生復帰後も健康で元気に過ごしているかどうかを知るには充分な方法だ。ちなみにブリーチには、美容院よりも少しばかり慎重さが必要になる。ブリーチをしすぎると、毛が乾燥して毛幹が傷み、毛皮が脆くなったり切れたりする。ほんの小さな部分の毛の損傷でも、毛皮の防水性を破壊するには充分で、下毛に海水が染み込み、カワウソの体を冷やしてしまうことになる。

野生動物のモニタリングには負の側面も伴う。密猟者がカメラトラップを使って森の中の**ツキノワグマ**の足跡を見つけて罠を仕掛けたり、サーモカメラやドローンを使って長いツノを持つ**シロサイ**を見つけたりする場合に限らない。若い頃、コイサン族の狩人が動物の行動を解明する的確さに、度肝を抜かれたのを覚えている。僕は柔らかい砂の上の**ライオン**の足跡をたどることができるし、雪の上で**ホッキョクギツネ**がどんな悪ふざけをしたのかもわかる。車のスターターケーブルが切れているのを見て、嫉妬深い元パートナーが切ったのではなく、ケーブルのゴム製コーティング内の魚油に吸い寄せられた**ムナジロテン**が食いちぎったということさえわかる。そんな僕でも、コイサン族の狩人には舌を巻くしかない。彼らはまるでほかの人間には見えないものまで見えるかのように、固い地面や岩を伝って、何もないところを何キロも獲物の足跡を追い続けた。その当時でも、彼らは希少な存在になりつつあった。アパルトヘイト時代の南アフリカが近隣諸国にふっかけた戦争では、軍の追跡者として利用された。中央カラハリ砂漠では、ダイヤモンド採掘によってだけでなく、皮肉にも自然保護区の設置によって、伝統的な狩猟場から追い出された。今や伝統的な狩猟方法はほとんど失われてしまったのである。

一方、高級観光旅行や私営保護区では、スマートフォン生活に慣れて忍耐力が極小化した観光客に対して、短期の滞在中に必ず「ビッグファイブ」〔ライオン、ヒョウ、ゾウ、サイ、バッファローのこと〕を見せなければならない。彼らの客は「早朝から長時間ドライブをしても、何も見られないかもしれないツアー」に耐えられる忍耐力をもはや持ち合わせていないのだ。そんなことを客に強いたら商売にならなくなる。そこでライオンの群れの1頭に首輪式発信機を装着し、毎朝群れの居場所を特定しておくことで、観光客に確実にライオンを見せられるようになった。とはいえ、大きくてかさばる首輪は見目麗しくなく、客の写真を台無しにする。現在、多くの私営保護区では、獣医に依頼して動物の体内に腹部発信機を埋め込んでいる。裕福な観光客たちは依然として、どうして短期滞在で必ずといっていいほどライオンを見ることができるのかを理解していない。発信機の電池が持つあいだはいいが、1〜2年後には新しい発信機をつける必要がある。古い発信機を見つけて回収するのはひと苦労なので、代わりに新しい発信機を埋め込むだけだ。年を取ったライオンなら、腹の中に煙草の箱の大きさの発信機が6〜7個もゴロゴロしていることもある。この行為は、飼育した仔ライオンを観光客の自撮り写真用ペットにしたあと、数年後には「缶詰狩り」［人工的に繁殖させた動物を囲いの中で仕留める遊興狩猟］の獲物として射殺するビジネスや、伝統医学のためにベトナムやラオスに毎年約1万体のライオンの骨格を輸出する陰鬱な取引ほど注目されてはいない。だが、明らかにこの観光ビジネス全体には問題が含まれている。

侵襲的モニタリング

動物のモニタリングや標識にはリスクが伴う。マイクロチップの埋め込みの際にも、動物が傷つく可能性がある。もうずいぶん昔のことだが、卒倒した**ロドリゲスオオコウモリ**のX線写真を見て驚愕した経験を忘れることはないだろう。そのコウモリは脳の中にマイクロチップが埋め込まれていた。ジタバタともがく小さな患者と、不運にもつまずいた飼育員による不幸な結果だった。首輪式発信機は、枝に引っかかって持ち主の**フォッサ**を吊るしたり、成長中の**ナマケグマ**の首をゆっくりと絞めて首に食い込んだりする。ある研究では、**クサチヒメドリ**の4分の1近くは、テレメトリ装置のせいで植生に絡まり、しばしば致命的な結果を招いたという。冬になると、**オジロジカ**の首輪に数キログラムもの氷が付着することもある。また雪の中では黄色い首輪は目立つため、ハンターに撃たれる確率も上がる。腹腔内発信機のバッテリーが爆発したり、酸が漏出したりして、**ハイイログマ**ほどの大型動物が死ぬこともある。あるいは、発信機を装着した**ホッキョクグマ**が感染症に罹り、冬眠中に死ぬこともあるし、オスの**ライオン**が病気になり、ライバルに殺され、さらに仔ライオンまで殺されることもある（ライバルはそうやって自分の遺伝子だけが将来の群れを形成するように事前に手を打っておくのである）。

そうした問題は、充分な訓練と経験を積んだ獣医師が手術をしても起こりうることだが、ほとんどの国では、いまだに野外生物学者が手術をすることが許可されている。帝王切開手術を外科医でなく、病院のＩＴ管理者が執刀することになって喜ぶ人がどれだけいるだろう？　動物たちがいつ、何の目的でモニタリングされるのかという倫理的正当性も、つねに精査が必要だ。目が覚めたときに、腕に真っ赤な箱がボルトで留められていたり、髪の毛を剃られたうえ頭のてっぺんに電話がくっつけられていたりしたら、あなたはどんな気持ちがするだろうか？

倫理的選択として、僕たちはもっとも侵襲性の低い方法で患者をモニタリングするようにしている。フィリピンにいる数百頭の**ジンベイザメ**は、写真があれば個体の判別が可能だが、海中での活動や個体数減少の理由は写真だけではわからない。水中には衛星の電波は届かないので、浮力を利用した衛星タグを使用する。大型**クジラ**の場合は、衛星追跡装置をクロスボウで撃ち、皮膚の下の組織に埋め込む。クジラにとって苦痛であることは否定できず、僕たちはつねにモニタリングする動物に犠牲を払わせている。

個体の幸福は、より大きな善とされるもののために犠牲にされる。**イルカ**や**ホホジロザメ**の背びれに穴を開けて衛星タグを取り付けることで、実際に動物に引き起こす影響を正当化できるほど重要なデータが得られるのか？　その判断は、研究倫理委員会によって慎重に下される。いくつかの研究論文を読むかぎり、つねに充分なデータが得られているわけではないようだ。多くの研究では、動物の消息不明の事実が報告されていなかったり、死んだのではなく、発信機の故障で行方不明と推定されていたりする。

ときおり発信機を埋め込んだ動物を調査した論文もあるが、気がかりな結果が出ている。たとえば、飼育中の**マサソーガ**（ガラガラヘビ）に外科手術をして発信機を埋め込んだところ、最初の1年間に3分の1が深刻な感染症を発症し、もう3分の1は感染はしないが、炎症を起こしている。また、**オオクチバス**に小さな発信機を埋め込んで放流したあと、少数を再捕獲して状態を調べたところ、半数が1年間合併症が治らず、20％はその後も引き続き感染症または合併症に苦しんでいた。発信機のマイクロチップはオオクチバスの体重の1％しかないのに、この結果である。しかも、これは1年前に放流された魚のうち、ほんのひと握りの生き残った魚のデータにすぎない。この状況は、ヘビや魚の原始的な免疫システムや治癒の遅さが原因だとは考えられない。なぜなら、腹部に追跡装置を埋め込んだ**アメリカアナグマ**の3分の1も、同じように感染症や大きな合併症に苦しんでいるからだ。

多くの研究者がさまざまな装置や手術方法を試しても、**クビナガカイツブリ**の大半は追跡装置を埋め込んだあとに死んでしまう。ニュージーランドの鳥、**タカヘ**はバックハーネスを装着しただけでも、3分の2以上が翼に問題が起こり、その中には骨の再形成や翼の骨折といった深刻なものもあった。慢性的な痛みに悩まされている人ならば、痛みがどれほど体を衰弱させるものなのか実感できるだろう。こうした高い合併症発生率は、致命的ではないにしても、確実に行動に影響が出る。僕たちはつねにそのことを注意深く考える必要がある。

野生動物のモニタリングでは、理論物理学者、ヴェルナー・ハイゼンベルクが説明した素粒子の観察者効果を避けることはできないだろう。つまり、動物たちの行動に何の影響も与えずにモニタリングする方法はほぼないと言っていい。そのため、僕たちは誤った結論を導き出す可能性がある。それ以上に重要なのは観察された個体への有害な影響だ。スカンジナビアの**ヒグマ**は、麻酔下で腹部発信機設置の外科手術をしてから数日後、まだ手術の痛みでぐったりしているときに、ハンターに撃たれたことが何度かある。数十年前に実施された**ハリネズミ**の無線追跡調査では、最初の数日間は、車に轢かれたりアナグマに食べられたりと、ハリネズミの死亡率が高かった。その後、麻酔をかけた当日に野生に戻されていたことが判明した。おそらくそれが高い死亡率に繋がったのだろう。翼タグや衛星追跡ハーネスを装着した**ヒメコンドル**は、以前と同じようには飛べなくなり、**ハゴロモガラス**に囲まれて攻撃される可能性が高くなる。また小型であっても、衛星追跡ハーネスの余分な重量が加わることで、アフリカから移動する**ミサゴ**が疲れ果てて陸に戻れなくなったり、インド北部で**アカアシチョウゲンボウ**がハンターに撃ち落とされたりすることもある。もっとも低侵襲なモニタリング方法であるカメラトラップでさえ、カメラに引き寄せるための餌をめぐって動物同士が争ったり殺し合ったりする原因になることもある。

ときには動物ではなく研究者に悪影響が及ぶこともある。ロシアの鳥類学者が絶滅の危機に瀕した**ソウゲンワシ**を追跡していたとき、高性能のGPSタグを使い、携帯電話のテキストメッセージで定期的に位置データを通知するように設定した。ワシたちは携帯電話の電波の届かないカザフスタンで夏を過ごし、ロシアの携帯電話の電波が届く空域に戻ったら、データのログを送信する。ところが残念なことに、数羽のワシがイラン、パキスタン、さらにはスーダンにまで飛んでいったため、何千通分のテキストメッセージに対する高額なローミング料金のおかげで、研究予算の総額があっというまに使い尽くされた。結局、ワシの追跡調査を続けるための資金をクラウドファンディングで集めることとなり、今後の研究のための教訓を得たようだ。

まったく接触せずに動物の行動や移動を調査できる新しい方法もある。「安定同位体分析」だ。この手法ではときに、孵化前の卵を調べるだけで、**アカウミガメ**がどこから移動してきたか、どこで餌を食べたのかがわかる。その情報は、船のスクリューで負傷したウミガメを、野生復帰後にモニタリングする助けにはならないが、別のことでは役に立つ。たとえば、日本沿岸でウミガメの巣が減少しているなら、餌場のカリフォルニア沖で何が起こっているかに注目すればいい。カリフォルニア沖では、毎年何千匹ものウミガメが漁網に絡めとられ混獲されている。この2つの事実を結びつければ、太平洋の反対側にある漁網の影響の深刻さがわかるのである。

動物が野生に帰れないのは、人間が野生を破壊しているから

野生動物をモニタリングすることで、改善すべき実態を知ることもできる。僕たちは野生に帰す動物が生存スキルを身に着けているかどうかばかりを心配するが、問題を抱えているのは動物ではなく、野生そのものという場合もある。

数年前、絶滅の危機に瀕した2頭の**マレーグマ**を、押収と治療を経て、カンボジアのカルダモン山脈に放したことがあった。クマはどちらも体格も良く健康で、必要なスキルはすべて備えていていると思われた。しかし、野生に帰して1カ月もしないうちに、2頭とも違法なワイヤーのくくり罠にかかってしまった。発信機付き首輪のおかげで救出されたものの、1頭は足を失った。動物たちは完璧に適応し、スキルもあり、野生に戻る準備が整っていても、僕たち人間が自然界を貪欲に消費するせいで、動物が戻る場所が失われているようだ。

カンボジアでは、クメール・ルージュによる大量虐殺の時代には、人々は地雷や銃撃、捕獲、拷問などの危険から山に入ることを恐れた。悲しいかな、野生動物にとってはその時代のほうが生きやすかったのである。地雷が撤去され命の危険が減ったとたん、密猟や罠猟が爆発的に増加した。カルダモン山脈では**トラ**が絶滅し、ほかの野生動物も激減した。この山脈には、昔から

「クッティングヴォア」という、ヘビを食べる不思議な**レイヨウ**がいるという噂が絶えない。ただの伝説だと切り捨てられがちだが、ベトナムやラオスの奥地、アンナン山脈に、アジアのユニコーン、**サオラ**がいたように、ひょっとしたら未知の大型草食動物がいる可能性がないわけではない。とはいえ、野生動物の密猟が横行するカルダモン山脈では、クッティングヴォアが実在したとしても、すぐに絶滅してしまうだろうが。

ボルネオでも似たような問題が起こっている。**ボルネオオランウータン**は、村に迷い込んだところを保護団体に救出されたり、農作物を荒らして住民に射殺されたり、パーム油のプランテーション農地造成のために森林が焼かれ、棲みかを奪われたりしている――炎から逃れられず、黒焦げになって死んだ**テングザル**やほかの動物と比べれば、それでも幸運なのかもしれないが。取り残されたオランウータンの多くは成獣で、野生に帰り、しあわせに自然な生活をして長生きできるだけのスキルと知識を備えている。しかし、現在ボルネオ島では、１０００頭以上のオランウータンが救護治療センターに留めおかれ、その多くは残りの数十年の人生を檻の中で過ごす運命にある。どれだけ尽力しても、彼らを帰す場所がない。森林が破壊され続けてきたからだ。注意深くモニタリングすると、近くの森に帰すだけでは問題はほとんど解決しないことがわかる。帰されたところで、その森に元から棲んでいるオランウータンに嫌がらせをされて追い払われるか、彼らのほうが元からいるオランウータンを追い払うかのどちらかになる。敗れたほうは、必然的に森のそばで作物を育てている村人と揉めることになる。あるいは、森の周縁部の破壊が進んで行くあてがなくなり、結局死んだり、救護センターに逆戻りしたりすることになる。まるで終わりのないサイクルのように思え、僕ら支援者の気を滅入らせる。

アジアの多くの保護センターには、救出され押収された動物たちがたくさんいる。安全に暮らせる森さえあれば、野生に戻って問題なく生きていける動物たちが、センターで暮らさざるをえない。最善を尽くしても、野生での自由な生活と同じ暮らしにはならないだろう。地元の人々を責めるのは簡単だが、通常は僕たち西洋社会の貪欲な消費に大きな原因がある。

動物を野生に帰すためには、膨大な時間、労力、費用、準備が必要だが、それでもうまくいかないこともある。野生に復帰させるのは、チャドの**シロオリックス**のように、そうしなければ絶滅してしまうからという場合もあるし、**ケープペンギン**のように、減少した個体数を補強するためという場合もある。また、患者の種が絶滅の危機に瀕しているわけではないが、たんにその個体の幸福のためという場合もある。野生復帰後の動物をモニタリングおよび確認する作業は――その目的が、トロール漁業船が**アカウミガメ**の個体数に及ぼす影響を理解することであれ、400年間絶滅していた**ビーバー**を英国に野生復帰させた僕らの仕事を評価するためであれ――困難極まりないことである。

野生動物の獣医として、僕たちは森に落ちている小さな糞や羽根の塊から病気を診断したり、自然保護区の絶滅危惧種の動物に複雑なロボット支援手術をしたりと、驚くほど多様な仕事を行なっている。世の中には実にさまざまな目的を掲げて、注目を呼びかけ、寄付を請う慈善団体が数多くある。一般の方々はその多さに圧倒され混乱することだろう。実際のところ、そうした多種多様な慈善活動をする理由は、必ずしもつねに明確にされているわけではない。そこで最終章では、そうした問題に焦点を当ててみよう。

17

ドードーから
ジャワサイまで

絶滅動物たちの墓碑

保全する

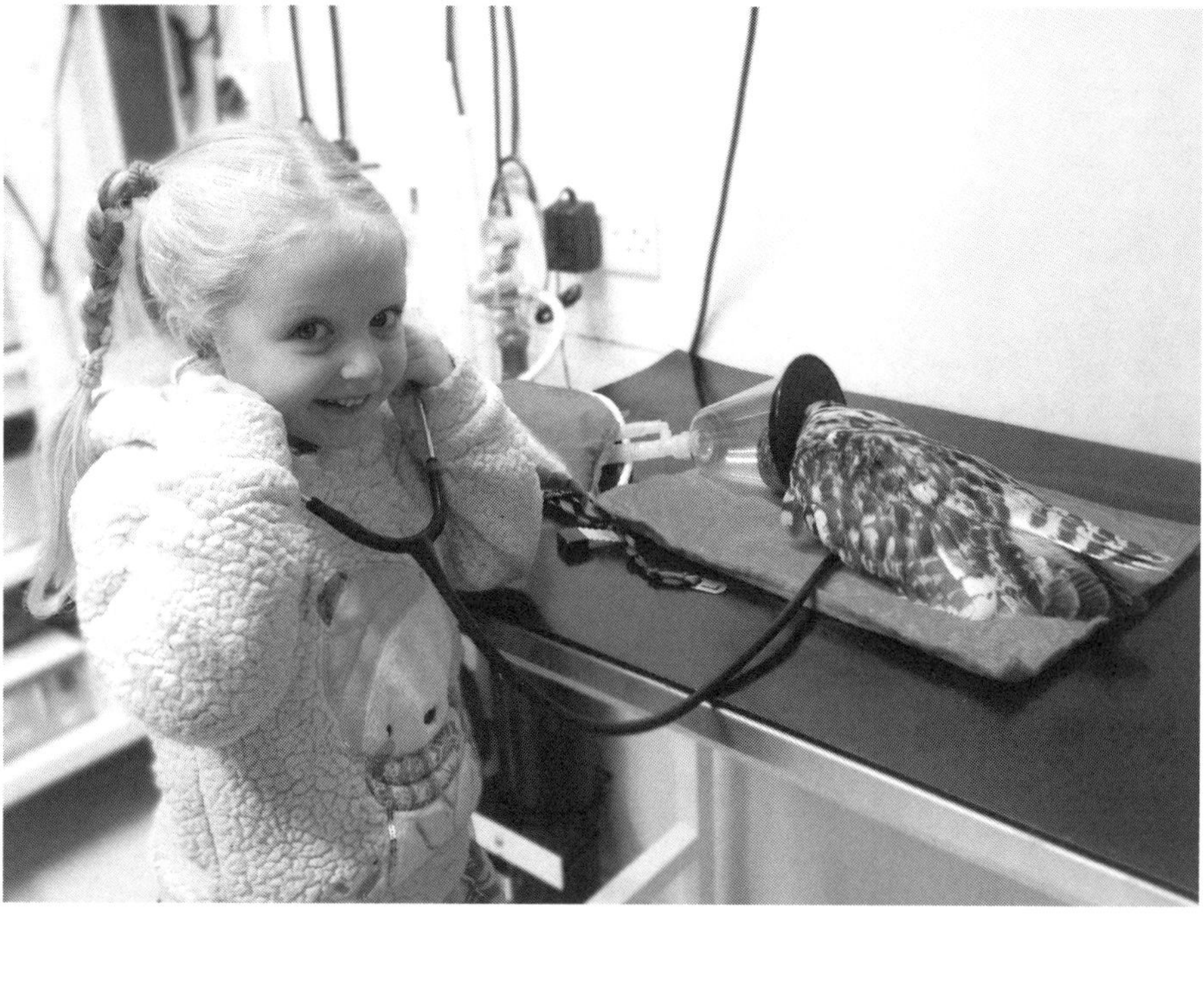

僕たちは子どもたちのためにより良い地球を残したいと心を砕いているが、同時に、地球のためにより良い子どもたちを残すべきでもあるのかもしれない。

僕は南アフリカで育ち、そこで獣医の資格を取得したので、獣医学部の学生から**シロサイ**の保護について定期的に問い合わせを受ける。彼らはみな、テレビや新聞や雑誌でしょっちゅう見聞きするように「ツノを売るための密猟でシロサイが絶滅するのではないか」ととても心配している。とはいえ、実際にはシロサイは絶滅の危機に瀕しているわけではない。ウィキペディアをちらりと見ればわかるが、シロサイは国際自然保護連合（IUCN）のレッドリストで「準絶滅危惧（NT）」に分類されているだけである。**アラスカヘラジカ**、**ユーラシアカワウソ**、**アメリカバイソン**、**サバンナシマウマ**と同じ保護状況だ。シロサイは自然保護活動における最大の信用詐欺なのか、それともアフリカ最大の自然保護成功例なのか？

20世紀初頭、シロサイの亜種**ミナミシロサイ**は、サイ属の中でもっとも絶滅の危機に瀕していた。地球上に20頭足らずしか残っておらず、現在のシュシュルウェ＝イムフォロジ自然保護区の小さなエリアに身を寄せ合っていた。シュシュルウェ＝イムフォロジ自然保護区は、ズールー王の狩猟場だった土地に、1895年に設立されたアフリカ最古と謳われる自然保護区で、ミナミシロサイを忘却から救い出した。一方、1940年代に**ツェツェバエ**がアフリカ睡眠病をもたらしたときには、病気の蔓延を抑えるために保護区内の10万頭以上の野生動物が射殺された。サイは射殺を免れたが、それでも当時ですら小さな保護区にいる野生動物と、その周囲の広大な畜牛場の利益とのバランスを考えると、かろうじて免れたにすぎない。

1960年代、この保護区にはシロサイがはち切れんばかりにいたが、彼らの生きる場所はそこしかなかった。やがて、「サイ作戦」〔１９６１年のサイの麻酔の成功を機に、種の保存のために南アフリカの保護区から世界中にサイを移動させた活動のこと〕が実行され、ロープとトラックと原始的な麻酔銃を持ったシロサイ保護活動の先駆者たちが、サイたちをほかの国立公園や国々に移動させた。現在、野生のシロサイは５カ国で２万頭以上、動物園では１０００頭以上が飼育されている。国際犯罪組織による頻繁な密猟によって個体数は減少しているものの、シロサイがすぐに絶滅する危険があるわけではない。では、なぜメディアがこぞって取り上げ続けるのか？

　南アフリカのあまたの私営保護区や狩猟獲物飼育牧場にいるシロサイは私的所有物である。密猟は動物にとって悲劇である一方で、所有者にとっては盗難と同じで、多大な経済的損失になる。また、サイに多額の投資をしている人もいる。世界最大の民間サイ繁殖業者であるジョン・ヒュームは、南アフリカ北西州の飼育場に１６００頭以上のシロサイを所有し、畜牛と同じように繁殖と飼育をしている。牛の牧場との唯一の違いは、密猟を防ぐための少人数の私設警備隊がいる点である。また、２年に一度サイのツノを切ることで、密猟者にとっての魅力を減らしている。彼は６トン以上ものサイのツノを保管しており、もしアジアに売ることが許されるなら、２億５０００万米ドルの価値があると推定される。しかし、販売は許されていない。ヒュームやほかの業者は、「サイを飼育し、ツノを合法的に販売することが、サイの種の存続を確実にする唯一の方法だ」と主張している。一方、「サイのツノの販売を合法化すれば、違法取引に市場を開放し、密猟を悪化させ、絶滅の危機に瀕するほかのサイの種を絶滅に追い込むことになる」と主張する人々もいる。現在、地球上のシロサイの３分の１以上は、数百人の個人に所有されている。それについてどう考えるかは別にして、シロサイの密猟には多大な経済的インセンティブがあるため、つねにメディアで大きく取り上げられるのである。密猟は本当に恐ろしく、また悲劇的だが、シロサイは今のところ絶滅の危機にはない。シロサイの絶滅を憂えた何千人もの思いやりのある人々が寄付をしたり、ボランティアとして活動したりしていることが、実際には、サイのツノの取引や観光地としての運営、狩猟の賞品としてのサイの売買という営利事業に貢献しているのが現実だ。この常軌を逸した資本主義的サイ市場は、好悪はさておき、この種の存続がうまくいっている最大の理由なのだろう。

人知れず消えていった動物たちの墓碑

南アフリカでの**サイ**の密猟の横行についてはしきりに報道される一方で、アジアでもっとも広く生息していたサイの種がアジア大陸部から完全に絶滅したことはほとんど知られていない。自然は貴重とされているが、所有者がいなければ、その経済的価値がクローズアップされるのは、誰かが死んだサイの頭を切り落とし、そのツノを違法に売り払ったときだけだ。また、保全計画の新たな失敗を吹聴しても、誰も得する人はいない。政府関係者は政府に恥をかかせて職を失うリスクがあり、慈善団体は資金を失うリスクがある。ベトナムの**ジャワサイ**の絶滅はそんなふうに進行した。その実情が囁かれることすらなく。

ジャワサイは東南アジア全域に生息し、インドや中国にもいた。現在は、世界でもっとも希少かつ絶滅の危機に瀕したサイの種であり、地球上に50頭余りしか残っていない。約150年前にクラカタウの噴火で地元の村々が消滅したあとは、ジャワ島の先端にある保護区に生息しているだけである。

10年以上前、救助された**クマ**の診察のために初めてベトナムのカッティエン国立公園を訪れたとき、僕はひそかにジャワサイを見たいと願っていた。当時は「すでに絶滅していてもおかしくない」と噂されていた。そんな中、サラ・ブルックという若く熱心な保全生態学者が、アジア本土の最後の生存区域にジャワサイが実際に何頭残っているのかを調べるため、遺伝子解析用のサイの糞を探すべく、捜索犬と一緒に勇敢にも密林に乗り込んだ。その結果、残念ながら——旅行ガイドには12頭のジャワサイがいると書かれていたが——メス1頭しか見つからなかった。僕の短いベトナム滞在中に、そのメスのサイにお目にかかれることはなく、帰国後、ベトナムのジャワサイの絶滅が確認された。

何年も経ってから、カンボジアでサラ・ブルックと話したとき、彼女はまだとても悲しそうだった。遺伝子検査で、それまで彼女が発見した糞はすべて孤独なメス1頭から出たものだと確認された。やがて糞も足跡も途絶えてしまい、それから自然保護官が腐敗したサイの骨を発見したのだという。ベトナム戦争中に焼夷《しょうい》弾、爆弾、地雷、枯葉剤が使用されたその地域で、当初、サイが生存していたこと自体が奇跡だった。１９８８年、地元のハンターがジャワサイ1頭を射殺したことで再発見されたが、残存していたのはわずか12頭にすぎなかった。国立公園で保護されていたとはいえ、ベトナムがサイのツノ市場の世界的中心地であったことが、彼らの運命を決定づけた。

ベトナムで密猟されたサイのツノが媚薬《びやく》として使われていることを議論すると、しばしば人種差別が表面化する。しかし、他の文化を非難する前に、この危機はヨーロッパに端を発していることを認識する必要がある。アジアの医学でサイのツノが伝統的に媚薬だったわけではない。中世ヨーロッパの信仰が植民地主義によって移植され、大型の獲物を狙うライフル狩猟が横行し、サイの大量殺戮《さつりく》が始まったのである。

７０００年前、古代ペルシアやギリシャでは、サイのツノは飲み物の毒を浄化すると信じられていた。それ以来ずっと、驚くほど最近まで、神経質な王族や宗教指導者のあいだで需要があったのだ。サイのツノは、僕たち人間の爪と同じように、単なるケラチンだが、この説は一面で真実でもある。ツノの線維構造は表面積が大きく、ある種のアルカロイド系毒物はこれに結合して不活性化されるか、少なくとも希釈される。対象となる毒物はさまざまで、ストリキニーネ、アヘン、毒矢に塗られるクラーレ、幻覚キノコ、コカイン、ニコチン、カフェイン、さらには、セイラム魔女裁判の原因ともされる、カビの生えたライ麦パンを汚染する麦角菌の毒素などがある。ほかに選択肢がほぼない時代には、気休め程度の効果でも解毒剤として通用した。それがいつのまにか、サイのツノを飲んでいる王たちが誰でも好きな相手と性的関係を持つことができたことから、ツノが媚薬だと誤解されるようになった。神話のユニコーンと混同される外見の動物に魔法のような性質があるという勘違いが、数千年後にサイの大量殺戮の種を撒いたということだ。

何年かして再びベトナムのカッティエン国立公園を訪れたとき、僕は悲しい最後のジャワサイの死体を探し回った。やがて、公園関係者が渋々、鍵のかかったカビ臭い部屋に僕を案内した。埃にまみれた巨大なガラスケースの中には、寂しそうな動物のぬいぐるみに囲まれて、ジャワサイの骨格がガチガチの剝製にされ、ロボットのように直立していた。前脚の付け根に近い関節のすぐ下あたりの骨が、歪んで太くなっているのがすぐに見て取れた。ＡＫ－47の弾丸の破片が埋め込まれたままになっていた。密猟者の射撃の腕はお粗末で、その最後のメスのジャワサイが死ぬまでに数カ月かかったのは明らかだった。脚を引きずり具合の悪い期間を経て、やがて急な坂道を転げ落ちるように死に至ったのだろう。彼女が受けた侮辱はそれだけではなく、最初に彼女を見つけた人間は、ないに等しい短いツノを切り落とし、それを持って姿をくらませていた。これもまた保全失敗の悲しい墓碑である。

長年のあいだに、僕は数多くの墓碑に出会ってきた。たとえば、ハノイのホアンキエム湖に建つ寺院では、淡水ガメの中でもっとも希少で最大の**シャンハイハナスッポン**の200キログラムの硬い剥製を見た。実は、「神の使い」とされるその伝説の大亀が2016年に死ぬ数年前、ホアンキエム湖の最後の1頭となったときに、生きている姿も目撃している。シャンハイハナスッポンは100歳をゆうに超える寿命を持つ生き物だが、現在は地球上に4頭しかおらず――中国の動物園に1頭、ベトナムに3頭――絶滅はほぼ避けられない種だ。また、70年前に一度だけ撮影された、カンボジアの国獣、**コープレイ**の短いフィルムを見たこともある。現在は40年以上も目撃例がないことから、絶滅したことはほぼ間違いないだろう。スコットランド国立博物館には、子どもたちを連れて**クアッガ**の剥製を見にいく。クアッガとは、南アフリカで150年前に絶滅した、半分だけ縞模様の奇妙なシマウマである。現存するクアッガの皮はわずかしかなく、生きたクアッガの写真はたった1枚しかない。

ドードーや**フクロオオカミ**が絶滅したことは子どもでも知っているが、何十年も前から野生で目撃されたことがなく、ほぼ確実に絶滅している動物の名前を並べたら長いリストになる。その一部だけを挙げてみると、**エチオピアミズネズミ**、**エスキモーコシャクシギ**、**アルオオコウモリ**、**ヨウスコウカワイルカ**、**ヒトスジジネズミオポッサム**、**ジャワトサカゲリ**、**クリスマスジネズミ**、**カンムリツクシガモ**、**ウィントンキンモグラ**、**ケバネウズラ**、**シュミットコヤスガエル**、**インドブチジャコウネコ**、**コビトフチア**、**クチバテングコウモリ**など。シロサイの密猟をめぐる報道とは違って、この動物たちは注目されずに静かに消えていったのである。

家畜化された野生動物保護の象徴

キタシロサイの「機能性絶滅」［生存環境がその種の繁殖を許さない状態］がさらなる混乱を招いている。ケニアのオルペジェタ自然保護区には、高齢のメス2頭（母娘）しか残っていない。キタシロサイはケニアに野生で存在したことはないため、囲いこそないものの、24時間態勢のケア、警備、専門の世話係など、かつて過ごした動物園と大差のない生活を送っている。北方の生息域で進化してきたシロサイのユニークな遺伝子が失われるのは痛ましいが、キタシロサイは単なる亜種にすぎず、将来的には「**ミナミシロサイ**を再導入することで生態系の役割を果たすことができる」というのが大方の考えである。長い時間をかければ、失われたキタシロサイ亜種と同じようなゲノムを進化させることもできるかもしれない。また、キタシロサイ亜種に希望がなくなったわけではない。2頭のオスが死ぬ数年前に採取した精子を使って、9個の凍結受精卵が作られている。とはいえ、野生のサイを保護できないのに、試験管で数頭のサイを繁殖させるのは不毛に思える。ミナミシロサイを絶滅の危機から救うには１００年の多大な努力が必要だった。一方、１００年前にはありふれていたキタシロサイの状況は、ウガンダ、コンゴ民主共和国、南スーダンにまたがる生息地で繰り広げられた政情不安や戦争、人類の悲劇のために、この半世紀で真逆の方向に進んだ。はたしてこのキタシロサイの悲劇は、一部の人が指摘するように、裕福なミナミシロサイの所有者の商業的利益を使ったＰＲによって、覆い隠されてしまったのだろうか？

シロサイが実際には絶滅の危機に瀕していないにもかかわらず、「野生動物保護のアイコン的存在」となっている奇妙な事象は興味深い。これを理解するためには、自然保護とはどういうことなのかを理解し、さらに僕たち野生動物の獣医師は、仕事として実際には何をすべきなのかを見定める必要がある。

サイは狩猟獲物飼育牧場間をしょっちゅう移動させられている。ある月には麻酔銃で撃たれて首輪式発信機を装着され、数カ月後には観光客のために首輪を外され、さらには外国の獣医学生用の野生動物実習のために売られる。南アフリカでサイを取り扱う獣医師の数は、地球上の他地域であらゆるサイを扱う獣医師の数よりも多い。これは驚くことではない。南アフリカには、狩猟獲物飼育牧場が1万カ所あり、その総面積は南アフリカ全体の10分の1、スコットランドの2倍にもなる。狩猟獲物飼育牧場の獣医師たちは、毎年30万頭以上を牧場間で移動させている。この数は１４００万頭の畜牛にはまだ及ばないものの、南アフリカ政府は、**ライオン**、**キリン**、**バッファロー**、**ヤマシマウマ**など30種以上の動物を、家畜飼育法に基づく家畜動物として再分類した。これにはサイも含まれている。政府でさえ、多くのサイが家畜として管理されていることを認識しているのだ。僕の母国では、数百の狩猟獲物捕獲業者の存在と相まって、４０００人弱という過去最多の獣医が野生動物と関わっている。南アフリカの獣医のほぼ全員が、何らかの機会にサイに触れたことがある。また、外国人獣医学生向けの無数の野生動物実践コースが販売されているため、世界にはサイに実際に触れた経験を持つ獣医師が、野生の**ユーラシアカワウソ**や**アラスカヘラジカ**を目にしたことがある医師よりもたくさんいる。南アフリカでの野生動物の仕事は、世界のほかの国々での仕事とは違って、高額な獣医向け観光旅行と大差ない。サイと一緒に撮った獣医の写真は、**トラ**の子どもと撮る観光客の自撮り写真にすぎないのだろうか？　人気のある動物でうわべを取り繕ってはいるが、実は農場の獣医の仕事と変わらないのか？　この職業の魅力を反映し、野生動物の獣医のバービー人形まで販売されている。しかし、野生動物の獣医とは何なのか？　あるいはどうあるべきなのか？　その点については明確とはほど遠い。

「野生動物」の獣医とは何か？

野生動物の獣医とは何か？　その答は、最初は単純に思えるかもしれないが、実際はそうではない。森林火災に巻き込まれた**コアラ**を手当てする獣医、撃たれた**オランウータン**に手術をする獣医、ヘリコプターから**サイ**に麻酔銃を撃つ獣医、罠にかけられた**トラ**を解放する獣医――そんなイメージが頭に浮かぶかもしれないが、そもそも野生動物とは何かということさえ、明確ではない。数千人の獣医がトラの診療に携わっているが、ほんのひと握りをのぞき、すべて動物園で診療している。では、動物園で働く獣医は「野生動物の獣医」なのだろうか？

都会の動物園にいる老齢のトラの健康管理には、バングラデュのシュンドルボンのマングローブで罠にかかって負傷した野生のトラの治療とは、まったく異なるニーズが求められる。もしスカンジナビアの動物園にいるトラが野生動物ならば、ラスベガスのカジノショーにいるトラや、裕福なセレブが邸宅で飼っているトラはどうだろう？　これらもまた「野生動物」なのだろうか？

外来ペット《エキゾチック》として飼われる動物とは、通常、家庭で飼われる**犬**や**猫**、**畜産動物**以外のすべてを含むと考えられている。獣医学には、「動物医学」という専門分野があり、そこにはいわゆる本物の野生動物、動物園の動物、エキゾチックペットが含まれる。では、ペットの**ウサギ**、**モルモット**、**リクガメ**だけを診察する専門獣医は、野生動物の獣医なのだろうか？　ほとんどの国の専門医を監督する獣医師会は、奇妙なことにそう考えているようだ。

なんでもかんでも無意味に一緒くたにされているのだ。そのため、専門獣医のあいだでの倫理的な議論が実に難しい。「家畜以外の動物は野生でのみ生きるべきだ」と感じる獣医もいれば、

「動物園で絶滅の危機に瀕した動物の繁殖を成功させるためなら、どんな侵襲的治療も正当化される」と考える獣医もいる。さらには、ペットとして野生動物を捕獲販売する国際取引を支持し、そうした動物の診療を楽しんでいる獣医もいる。

実際には、ケージに入れられた孤独で肥満したペットの**ヨウム**に対する獣医療は、動物園での**オウム**の繁殖や、ガボンで押収されたトラウマを持つオウムのリハビリや野生復帰に必要な医療とはまったく異なる。ペットのヨウムはおそらく１０００万羽以上いるだろうが、たった1国で毎年10万羽以上のヨウムが捕獲され続けて数十年を経た現在、当然のことながら、この種は野生では絶滅の危機に瀕している。

こうした現状により、獣医学判断の基礎となる科学文献の内容も、ペットと動物園に偏っている。老齢のエキゾチックペットや動物園の動物が患った関節炎やガンの治療に関する文献は何百とあるが、「野生に戻すべき動物のくくり罠による負傷の最善治療」に関する科学論文はひとつもない。毎年世界中で何百万という違法なくくり罠が仕掛けられているというのに、である。

学術誌の編集者が欧米の獣医師や学者で、豊かな国の資源を当然のように使用している場合、論文の掲載が難しいこともある。10年前、僕たちが東南アジアの熱帯雨林での手術について論文を書いたとき、ＭＲＩスキャンを実施していなかったことを理由に、専門誌の査読者が僕たちの論文を受理したがらなかったと知った。欧米の裕福な動物園ならＭＲＩ検査も可能だが、その国にはＭＲＩスキャナーが人間用ですら——たとえ価格は手頃だったとしても——1台もなかったのである。野生動物の獣医が、「最低限の設備しかなく、資金もほとんどないフィールドで使用可能な、安価でシンプルな基本的技術」に基づいて専門誌向けの科学論文を書くことは難しい。というのも、潤沢な資金を持つ裕福な動物園の動物や著名人のエキゾチックペットを絶対的な基準にして査読されるからだ。そういう恵まれた動物たちは白内障手術や3Dプリンターによるオーダーメイドの臓器移植を受けられるが、多くの国々では、野生動物の銃創を治療するための基本的な設備でさえ不足しているのが現状だ。

南アフリカでの狩猟獲物飼育の集約化についてどんな感想を持とうとも、少しでも状況を改善しようとする獣医はつねにいる。僕の獣医学校時代の友人で、現在南アフリカで野生動物医学の教授を務めるレイス・メイヤーは、動物にとってより安全な麻酔を行なうために、サイの麻酔の改良を粘り強く研究している。何百頭ものサイの麻酔を手がけてきた彼が、何年も前に学会で謙虚に研究結果を発表したところ、なんとも不快なことに、著名な動物園の獣医数名の個人的見解と一致しないとして激しく批判されたことがあった。その獣医たちは数頭のサイにしか麻酔をしたことがないにもかかわらずだ。そもそも動物園での麻酔は、フィールドでの麻酔とはまったく異なるものだ。

野生動物の健康管理における格差は、国によって人間の健康管理に格差があるのと酷似している。動物園に対する考え方はどうあれ、動物園の動物たちが受ける治療は、裕福な国々で提供される民間の最高医療と同じなのだ。とはいえ、動物園経営は気まぐれで、人気者の高齢の**ゴリラ**には多額の治療費をかける一方で、健康な**アカカワイノシシ**をスペース不足で殺処分したりする。決断は獣医師が下すものではないかもしれないが、実行はつねに獣医師によって行なわれている。

野生動物の獣医は野生動物の利益のために働いているのか？

「すべての獣医が動物のために良いことをしている」という仮定でさえ、状況は込み入っている。現代の捕鯨船には獣医が同乗し、銛を打ち込まれた**クジラ**を切り刻む前に、死んだと認定する。獣医の中には、熱心な弓矢《ボウ》ハンターであり、射撃手であり、ブラッドスポーツ［野ウサギ狩り、闘牛など動物が血を流す競技］の支持者も多い。伝統薬のために違法に飼育されている**クマ**の胆汁採取や手術は獣医が行なっているし、**サイ**の密猟に関与した獣医もいる。ペットの獣医ですら、非の打ちどころがないわけではない。大学の獣医学部であなたの愛犬の足の骨折を治療している専門獣医が、自分のキャリアアップのために、脚を骨折した30匹の実験犬でこっそり研究しているかもしれない。

アフリカの野生動物の獣医がヘリコプターから病気のサイに麻酔銃を撃つというイメージは幻想である。ほとんどの介入は、個々の動物のためではなく、その飼い主のためになされる。南アフリカで毎年捕獲され、麻酔銃を撃たれ、移動させられている野生動物は33万頭以上もいる。その目的のほとんどは、動物保護ではなく、私有地での狩猟獲物飼育である。南アフリカでは、獣医の仕事は純粋に経済活動であり、畜産牛や羊を扱う仕事とほとんど変わらない。違う点は写真映えすることくらいだ。

「ワンヘルス」というアピールタグの光と影

多くの自然保護論者が主張するように、「個々の動物」を重視することはナンセンスということなのだろうか。僕たちが重視すべきなのは「個体群」だけなのか？　例外をのぞき、1頭の動物を治療してもその種の絶滅を防ぐことはできない。だから彼らの目には無価値な行為と映る。では、その構図の中で、獣医師の役割とは何なのか？　人間の健康と幸福、動物の健康、そして環境は、すべてが密接に絡み合い、互いに依存し合っている――そう理解することは常識のはずだ。古代の道教は、ジェームズ・ラヴロックのガイア理論、あるいは最近脚光を浴びている分野、「ワンヘルス」［人間と動物と生態系の3つの健康をひとつのまとまりと考えるアプローチ］以前から、そのことを認識していた。

　コロナウイルスのパンデミックはそれを痛感させた。気候変動、化学物質による環境汚染、森林伐採、人間と野生動物の対立、野生動物食《ブッシュミート》、人口密集、進化する病気――これらはすべて関連し、絡み合っている。獣医師が、医師、疫学者、ウイルス学者、気候科学者と協力し、ワンヘルスという傘の下でより大きな善のために働くことはすばらしい。ただし、往々にしてこの言葉は、助成金を獲得するための新しい「アピールタグ」にすぎず、これまでとまったく同じことを継続するために、多くの研究者がそのタグを共用しているだけというケースが多い。たとえば、養豚の寄生虫の研究者は、**イノシシ**とワンヘルスを持ち出せば、以前と同じように研究を続けられるというように。

　悲しいことに、ワンヘルスは「人間や家畜を重視する旧来の視点」に容易に置き換えられてしまう。つまり、「野生動物や自然界は、人間や食料生産にとって病気や不都合の原因であり、調査したり排除したりすべきもの」とみなされるのである。**アナグマ**は畜牛の結核の原因として、コウモリはコロナウイルスの原因として迫害される。ちょうど1世紀前にアフリカの**レイヨウ**が畜牛の牛疫と眠り病の原因として殺されたように。**シマスズキ**に含まれるポリ塩化ビフェニル（ＰＣＢ）や水銀の濃度を調査することは、海洋環境とはほとんど関係がなく、それを食べる人間のリスクを調べているにすぎない。**ココノオビアルマジロ**のハンセン病の調査は、相互依存関係にある野生生物種への影響ではなく、人間にもたらされるリスクを目的としている。また、鳥インフルエンザの研究は、生態系ではなく養鶏の保護のために行なわれる。

ほとんどのワンヘルス研究は病気——僕たち人間や畜産動物に影響を与えるもの——に焦点を当てる一方で、野生動物の集団の生存が重要とみなされることは少ない。また、人為的な化学物質による環境汚染は、多くの野生種にとってはるかに大きな脅威であるにもかかわらず、ほとんど言及されることはない。たとえば、毎年2万トン以上の鉛の散弾銃のペレットが環境を汚染し、ヨーロッパだけで年間100万羽の水鳥を毒殺している。幸いなことに、最近、欧州連合（EU）が鉛の散弾銃を禁止したが、多くの人はそのことを知らないままだろう。ワンヘルスは称賛に値する目標でありながら、ひとつの種だけに焦点を当てていた時代に逆行してしまうリスクがある——そう、僕たち人間という種だけに。地球全体ではなく、ひとつのピースでしかない人間だけにフォーカスすることで、地球全体の健康を保護する機会を失いかねないのである。

自然保護とは何か？

現在の状況はあまりにも皮肉である。たとえ事態が奇妙でばかげた方向に進み、ときに濁った倫理観が含まれていたとしても、あらゆることが自然保護に役立つものとされてしまう。野生動物の獣医の仕事の内容はこの本を読めばわかるが、一番厄介なのは「何のためにこの仕事をするのか？」という問いだ。普通の答は、保全のためだ。では、それは正確には何を意味するのか？保全目的であると主張されているものは、実際に保全に役立っているのか？　そして保全というのは、野生動物に獣医学的介入をする唯一の理由なのか？

「保全」という言葉はあまりにも広く使われており、誰もがその意味を知っていると思っているが、メディアではほとんど意味のない語と化している。トロフィーハンティングから気候変動に至るまで、あらゆる意見の対立において武器として使われている。

　自然保護とは何か？　ご多分に漏れず、ウィキペディアの賢人に頼ってみると、「環境を損なわず、疲弊させず、消滅させない方法で管理する哲学」という定義が得られる。しかし、誰もがそれとは違う意味で使っているのが現状だ。自然保護とされる分野でずっと仕事をしてきた僕たちでさえ、意見はバラバラである。自然保護とは、たんに「できるだけ多くの生物種の絶滅を防ごうとする活動」なのか？　それとも、まるで人類がまったく進化しなかったかのように「広大な土地を手つかずの原野に戻すことを目指す活動」なのか？　第一線の科学者ですら意見が一致していない。僕たちは野生動物とともに暮らし、彼らに充分な生息域を確保しながら、人間の生活と食料のための飼育をするという「モザイク的共生」を目指すのか？　それとも、フェンスで囲まれた場所に自然界の名残りを残し、あらゆる野生動物はそこで人生を終えるという「分離」を目指すのか？　自然保護とは、野生動物やその生活に一切干渉しないことを目指すという意味なのか？　それとも、遊興狩猟や釣りなどの経済的目的のために手軽に利用できる資源として保護するという意味なのか？　「保全とは何か」という点でさえ意見が一致しなければ、目標を達成したかどうかはおろか、同じ目標を目指すことすらできないのではないか？　まずはおそらく、なんであれ「何のために保護すべきなのか？」と問うことから始めるべきなのだろう。

　スマトラトラの絶滅は、みんなが心配している。一方、同じように絶滅の危機に瀕している**アメリカシデムシ**などにはほとんど目を向けられていない。しかし、自然界に存在するすべてのものは、相互に複雑に関連しているので、ひとつの種だけ取り出すことはできない。

自然保護とは「生物多様性の保存」と考えるのが一番いいのかもしれない。そうすると——もし自然保護に何らかの意味があるのなら——トラはマスコット的存在ではあるが、僕たちが守ろうとしているもののほんの一部でしかないということになる。とはいえ、シデムシの保護にすら関心を集めることが難しいとなると、寄生虫の保護の価値を説明することはほぼ不可能だ。

「動くミニ生態系」から寄生虫を排除する不自然さ

獣医師は勉強を始めたその日から、**ダニ**など「あらゆる寄生生物は悪者であり、患者からなんとしてでも排除しなければならない」と教え込まれている。また、ほとんどの家畜獣医師は、ダニ、**ノミ**、寄生虫の治療薬を販売することで生計のかなりの部分を立てている。

だが、寄生虫は、生態系における捕食者と同じく、野生で生きる動物にとって自然なものである。寄生虫が問題を起こすのは、たいてい動物が病気や免疫不全になったときや、遺伝的に適合しない場合だけだ。野生動物の獣医はこの点を忘れがちで、ペットの子猫や養鶏の場合と同じように、冷酷に駆除しようとする。

いわゆる寄生虫は、しばしば数百万年ものあいだ宿主とともに進化してきた。野生動物の寄生虫の多くは、宿主同様に絶滅の危機に瀕している。絶滅危惧種の**コビトイノシシ**は、インドのアッサム州にあるマナス国立公園にいる**トラ**、**サイ**、**ゾウ**に比べて、カリスマ性にはるかに劣る。この愛らしい小さな茶色の野生の豚の保護活動はどこにもなく、世間の注目を集めることに今も難航している。とはいえ、このイノシシにしか寄生せず、より絶滅の危機に瀕している**コビトイノシシシラミ**への同情を誘うことに比べれば大した難しさではない。自然界の「魅力的ではない存在」を無視することによって、僕たちは「自然保護と生物多様性の保存」というコンセプトを丸ごと無意味にする危険を冒しているのである。

寄生虫の中には、宿主の健康に重要なものもある。**エミスムツアシガメ**のような草食性のリクガメは、実は**腸内虫**の恩恵を受けている。彼らに寄生する虫は宿主を害することはなく、むしろその動きによって、たるんだ腸内で食べ物を混ぜたり攪拌したりして、リクガメがうまく吸収できるように助けている。たとえば、**ギリシャリクガメ**には8種類の腸内虫がいて、それぞれが腸内のさまざまな場所に棲みつき、それぞれの役割を担っている。

獣医は生物多様性に危険をもたらしている。ゾウに不注意な治療をすれば、ダニや腸内虫を殺すだけでなく、ゾウの糞を食べようとしていた糞虫などの昆虫も死なせてしまい、食物連鎖全体に影響を及ぼす。さらに、イングランドの河川では現在、殺虫剤のフィプロニルとイミダクロプリドが安全基準値の5倍という高濃度で検出されている。環境への悪影響から農業での使用は禁止されており、原因は**犬**のノミ・ダニ治療薬である。医薬品マーケティングとペットの健康計画により、必要であろうとなかろうと、多くの犬にこうした化合物が投与され、飼い主や獣医が気づかないまま、小さな**エビ**から魚まで固有の野生動物に毒を与えているのだ。

比較的寄生虫の少ない人間でさえ、自分の細胞の全数よりも多くの細菌や原虫、皮膚ダニなどの微生物が体の表面や内部に棲んでいることを僕たちは忘れている。あなたの体を個体として考えるのは、実は奇妙な考えである。コビトイノシシからゾウに至るまで、あらゆる動物は個体というより「動くミニ生態系」なのだ。

ハジラミは死んだ皮膚を食べたり、羽や毛の微小なかけらを囓ったりするが、一般的には害はない。数千種のハジラミが存在し、そのほとんどが数百万年前からひとつの宿主に特化して進化してきた。研究者たちはこのシラミを利用して、**ペンギン**の種が互いにどのように変化してきたかを調べている。それなのに野生動物の獣医は、**カリフォルニアコンドル**、**スペインオオヤマネコ**、**コマダラキーウィ**の皮膚に棲みつくユニークかつ無害なハジラミを、軽率な殺虫剤処理によって絶滅させ、自然保護における僕たち専門家の役割全体を毀損している。

1人1人の「小さな行動」の積み重ねが共存の道を作る

自然保護の達成は本当に難しい。まるで人間が存在していないかのように、あらゆるものを凍結してタイムワープの魔法をかけようとするのではなく、「植物、動物、その他の生物種が複雑に繋がったシステムのまま共存できる道」を見つけるべきなのだが、それがまた簡単にはいかない。現状では、誰もがバラバラに活動をしている。獣医はおもに病気に焦点を当てる。生殖科学者は凍結した数個の細胞から絶滅した種を復活させることに注力する。保護区の管理者は敷地をフェンスで囲い、武装した警備員を使って**サイ**や**ゾウ**を保護する。動物園は特定のカリスマ的な種を重視する。教育者は地域社会の意識向上に取り組む。慈善団体は遠く離れた土地で消費者キャンペーンを行なう。しかし、そうした人々全員が協力しなければ、自然保護プロジェクトが長期的に意味のある成果を達成することはできない。

動物学者が300頭以下しかいない**アビシニアジャッカル**を研究する一方で、獣医は狂犬病やジステンパーのリスクを減らすために、周辺の村の犬にワクチンを接種する。エコツーリズムは外国人観光客に問題を訴え、教育者たちは地元の子どもたちの意識を高める。動物園は**オオカミ**を飼育することが唯一の希望だと信じる一方で、遺伝学者たちは凍結細胞を保存することが究極の保険であると信じている。

ある日の午後、僕がエチオピアのバレマウンテン国立公園に座っていると、1頭のアビシニアジャッカルが乾いた川床を小走りで通るのが見えた。公園内で違法放牧されている数頭の痩せた牛やみすぼらしい山羊のあいだを、ジャッカルは静かに通り過ぎていく。その後を、ぼろぼろの服を着た小さな男の子が追いかけていった。乾燥したアフロアルパイン帯の土地は極めて貧弱な放牧地だ。誰もが失うものがほとんどない状況で、必死に生きている。目の前を、色褪せたピンクのビニール袋が風に飛ばされて転がっていく。公園内の村々には、地元の満員のバスがつねに猛スピードで往復していることを思い出す。ここで顔をしかめ、「世界でも珍しい小さな生態系であるデリケートなサネッティ高原をきちんと保護せず、畜産動物を放牧させている」といって政府を非難することはたやすい。

アビシニアジャッカルは、ガラパゴス諸島の30分の1の面積しかない極小地域に生息している。そのエリアは政治的に不安定な国にあり、国民の半分が文字を読めず、公園の周囲の人口密度は高い。地元の人々が過酷な環境で生き抜くために闘っている以上、不法侵入と公園の破壊はほぼ避けられないように思える。悲しいが、アビシニアジャッカルだけでなく、ほかの多くの種も絶滅することになるだろう。たとえば、頰を膨らませ、頭のてっぺんにカエルのような目を持つ、モルモットサイズのまだら模様の齧歯類、**エチオピアオオタケネズミ**。あるいは固有種の**ズグロキバラヒワ**、**マウンテンニアラ**、**ベールモンキー**。どの種も、もしアビシニアジャッカルがいなくなれば、代わりに国立公園を守れるほどの人気はない。さらに、この生態系が失われれば、山からの雨水利用システムに完全に依存している1200万人の周辺住民にとっても悲惨なことになる。庶民の悲劇だ。個人が生き残るために必死に取った小さな行動の積み重ねが、誰もが生き残るために必要な環境を破壊してしまうのである。

数十年前、インドで仕事をしていたとき、僕はこんな光景を見たことがある。ほかに選択肢のない貧しい家庭が、少しずつ森から枯れ木を持ち出すうちに、やがて土壌を肥やすものがなくなり、それに依存していた昆虫や鳥もほとんど消えた。ほかのすべてが消えたあと、残された木々は生きようともがき、死に絶え、ゆっくりと使用され続けた。１００万の小さな切り傷によって起こされた黙示録的破壊。ここ数十年間に世界中で森林全体とそこに棲む動物たちが姿を消したが、多くの場合、貪欲さによる大規模な行動や悪意によって引き起こされたわけではない。飢えた**オランウータン**を救助しているときに、作業員がパーム油のために熱帯雨林を破壊するところを見たことがある。これは僕たち１人１人の「小さな行動」の総和なのだ。たとえば、僕たちがスーパーマーケットで数秒考えて、「倫理的に責任を負った商品を選ばなかった」という行動の結果だ。自然は多くの場所で静かに、ほとんど目に見えない形で失われている。怒号や悲鳴をあげることもない。ただ１本、また１本と消えているのである。

野生動物の商品化の功罪

野生動物の猛烈な商品化は、ここ数十年の南部・東部アフリカの大型野生動物種の生存に貢献してきた。ただし、これは野生動物を簡単に見られることが条件だ。そうでなければ、観光客や自撮り写真家に野生動物という商品を売ることはできない。つまり、**シロサイ**や**ライオン**、**マウンテンゴリラ**、**アビシニアジャッカル**には有効である。しかし、進入できない熱帯雨林に生息する夜行性の**ウンピョウ**や、アクセスできない山の木の梢で暮らす**メガネグマ**――**イタチ**よりも集中力の持続期間の短い観光客には見せることのできない動物——を救うときには役に立たない。
それでもこうした種の運命には、たとえドキュメンタリー番組で見るだけであっても、人々は関心を寄せている。小さな生き物はさらに不遇だ。僕が子どもの頃、車のフロントガラスはよく虫の染みで汚れていたものだが、僕の子どもたちはそんな経験はしたことがない。集約型農業は、地球上のあちこちを化学物質で殺菌してきた。たとえ遠く離れた場所のように思えても、複雑な食物網は影響を受けている。**蚊**がいなくなって寂しがる人はいない。でも、**カエル**はどこに行ってしまったのだろう？

僕たちは「分類学的優越主義」に陥っている。野生動物というと、**ゾウ**や**オランウータン**を思い浮かべるが、地球上の野生生物の大部分を占める無数の昆虫や虫のことは考えない。アジアの空でもっとも一般的な鳥だった**インドハゲワシ**が数十年でほぼ絶滅したように、無脊椎動物の数も壊滅的に減少したため、あらゆる動物——**カタシロワシ**から**タテガミオオカミ**まで——を支える食物網が弱体化している。

動物園を好きか嫌いかは別にしても、動物園は自然保護に意味のある貢献をすることができる。**アオコンゴウインコ**や**シフゾウ**など、野生で絶滅した40種近い動物が、動物園のおかげで今も生きている。**アラビアオリックス**や**モウコノウマ**のように、野生復帰に成功した種もいくつかある。しかしながら、多くの動物園が保護と称して行なっている繁殖や動物園間の移動の多くは、一般の人々に展示する動物の「個体数の維持」にすぎない。多大な労力をかけて飼育下でゾウの繁殖をしても、ゾウが自立して生きていくことには繋がらないし、ましてや野生での「種の保存」に意味のある貢献にはならない。野生のペンギンを捕獲しなければ飼育数を維持できないのに、動物園の**オウサマペンギン**の飼育が種の保存のためだとはとても言えないだろう。また、野生のオウサマペンギンは400万羽以上生息しており、個体数も増加しているため、絶滅の危機に瀕しているわけでもない。

とはいえ、動物園が支援する「有意義な保護プロジェクト」の内容だけでは、人々の関心と訪問者数を維持するための絶え間ない広報活動の題材としては不充分なのも現実である。そんなわけで、ときおり出される重要な報告は、とめどないナンセンスの洪水――クリスマスのプレゼントを開ける**ホッキョクグマ**から、数十年前から毎日電子記録をつけているにもかかわらず毎年1月に実施される架空の動物調査、出産のたびに種の存続に不可欠だともてはやされる**キリン**の赤ん坊の話題まで――に押し流されてしまうのである。ちなみに動物園のキリンの出産は種の存続に不可欠ではない。しばらくしたら、キリンのスペースを作るために余った動物を殺処分するような動物園の場合は特に。

動物園の目的は「保全、研究、普及啓発」だと謳われている。普及啓発では、たとえ**トラ**や**ジャイアントパンダ**のような人気動物にしか焦点を当てていなくても、自然界が直面する脅威への意識を高めようとしている。ただし、その効果を測定するのは難しい。動物園では毎年何百万という人々を教育しているが、「買い物や通勤など日常生活の選択において、人々の行動を変える効果はほとんどない」という調査結果もある。もちろん、本物の生きた動物を見て、その目を見つめ、共感を持ってその動物から見た世界を理解しようとする経験は何ものにも代え難いものなのだが。

一方、共感は動物園に対する主要な批判――動物の福祉――も引き起こす。もし動物が純粋に教育目的で飼育されているのであれば、明らかに動物園の主な責任は、「できるかぎり動物が最高の生活を送れるように計らうこと」になる。これは達成が非常に難しい。たとえばホッキョクグマは、冬眠から目覚めると、本能的に食べ物を求めて何百キロも歩き回る。肥満になるほど餌をたっぷり与えても、この強力に進化した欲求のスイッチを切ることはできない。野生の**クマ**が歩き回る広さの1000分の1の広さの囲いで飼育している動物園すらほとんどない。複数の目的を掲げた結果、動物園はてんでバラバラな方向から引っ張られ、身動きが取れなくなっている。研究プロジェクトや保全のための侵襲的な人工授精など、より大きな利益のために、個々の動物の福祉が犠牲になることもある。

ほとんどの動物園は、自分たちの主な役割は保全だと考えているし、優れた動物園は世界中のさまざまな種の保全プログラムに貢献している。動物園のスタッフの実践的な専門能力は、**クロアシイタチ**の再導入から**インドサイ**の保護まで、多くのプロジェクトを助けている。しかし、動物園が集めたお金のうち、野生動物の保全活動に使われるのはごくわずかだ。ほとんどは動物園の建物の維持、動物の餌代、スタッフの給料に使われている。ただし、子どもたちと動物園で1日過ごし、意図せず野生動物保全活動に貢献した人々は、来園しなければ、動物園が支援する野生動物プロジェクトに寄付しようとは思わなかっただろう。やはり、良い面もあるのだ。

動物園による保全活動には年間2億5千万ポンドが使われている。その総額の多さが、「大半は各動物園で脆弱な種を独自に繁殖する費用に充てられているだけ」という事実を覆い隠している。野生動物保全活動に使われるのは微々たるものだ。世界動物園水族館協会（WAZA）の推計では、毎年世界中で7・5億人が動物園を訪れている。ということは、野生動物の保全はおろか、何らかの保全活動に使用される金額は、来園者1人あたりわずか30ペンスにすぎないのである。WAZAは、動物園が予算の3％を野生動物保全活動に充てることを推奨しているが、ほとんどの動物園は達成できていない。一方、その目標額以上を充てている優良動物園もある。ロンドン動物学会は、2019年、収入の20％強にあたる1500万ポンド以上を野生動物保全活動に費やした。しかし、その会計を調べてみると、活動費用は動物園の入場料ではなく、助成金や遺言による遺贈、特定の寄付金などで賄われている。動物園の入場料は、協会が管理する2つの動物園の運営費用にしか使われていないのだ。ほとんどの動物園の財務報告書は不透明で、動物園以外の動物の保全活動にどれくらい費やしているのかを知ることはできない。

野生動物保全活動における不誠実なリーダー、誠実なリーダー

動物園が野生動物保全活動のためにたえず資金を募っておきながら、その資金が実際には野生動物の保全プロジェクトにほとんど使われていないのは、不誠実に思える。さらに驚くべきことに、動物園のCEOの中には50万ドル以上の年収をもらっている人が何人もいる。ある動物園および野生動物保全協会の会長兼CEOの年収は、10年前の引退直前には75万ドル近くに達していたが、幸い、こうしたばかげた給与額は多少抑制されてきたようだ。しかし、動物園やその他の野生動物保護団体のトップは、いまだに企業のCEOと同レベルの年収で、ヨーロッパの国家元首の何人かよりも高収入である。これは非倫理的な行為に近しい。ある高齢の年金受給者は「絶滅危惧種の動物が救われるには必要不可欠な寄付だ」と――積極的なマーケティング活動によって――素直に信じて、生活必需品を諦めて寄付をしたという。そんな話を聞いたら、なおさらトップの倫理性を疑わずにはいられないだろう。パンデミックの最中、動物園は動物の餌代のための資金を募っていた。その裏で、多くの動物園のCEOは国会議員を上回る報酬（包括決定賃金）を受け取り続けていたのである。

その一方で、感銘を受けずにはいられない真のリーダーもいる。カンボジアで手術中に、爆発しそうな酸素ボンベを修理してくれたマット・ハントと笑い合っていると、彼が〈フリー・ザ・ベアーズ〉のCEOであることをすっかり忘れてしまう。彼の収入は数十年前に動物園の飼育係だった頃と変わらないだけでなく、資金繰りが厳しいときには、現地スタッフの賃金と**クマ**の餌代を確保するために数カ月給与を受け取っていなかったこともある。あるいは、ベトナムの〈アニマルズ・アジア・センター〉では、長時間の手術を終えて手術器具を洗浄しているとき、ふと振り返ったら、CEOのジル・ロビンソンが楽しそうに床を掃除していたこともある。スコットランドの〈ファイブ・シスターズ動物園〉のオーナー、シャーリー・カランは、足首を骨折して足を引きずりながらも、救出した**ライオン**に毎日餌をやっている。英国ワイト島動物園のCEO、シャーロット・コーニーが、僕が手術をしている最中、何時間も辛抱強く**トラ**の脚を抱えているのを見ると、彼女がただの飼育員ではないということを忘れてしまうほどだ。シエラレオネの内戦中、**チンパンジー**の世話をするために紛争地帯に残ると主張した、**タクガマチンパンジー**保護区の創設者、バラ・アマラセカランには、ずっとついていきたいと思わずにはいられない。彼らのようなリーダーは、クリスマスボーナスやスポーツジムの割引券を配らなくても、一緒に働くすべての人々から尊敬される存在になれる。

現実離れした自然史ドキュメンタリー

僕たちの多くは、地元の野生動物や野鳥を観察し、遠くで暮らす野生動物をテレビで見ながら育った。しかし、自然史ドキュメンタリーは、実際には益よりも害のほうが大きいのではないだろうか？　そうした番組のほとんどは、野生動物が数多くいる手つかずの自然が、実際よりもずっと多く残っているように見せている。地球上の陸上生物のうち、野生動物は4％にも満たないが、それはテレビを見ていたら想像もつかないことだ。

卵から孵化したばかりの**ウミガメ**が、必死で這って海を目指しているときに、海鳥がさっとくわえて飛び去るシーンをドラマチックなスローモーション映像で見たときには、立ち止まってよく考えなければならない。僕たちは目に見えるものを信じがちである。しかし、地中で卵が孵化する様子を見ることは不可能だ。そこは完全に砂に囲まれて真っ暗な世界のはずだ。あなたが見ているのは、映画スタジオのセットの中で、注意深く照明を当てた卵なのだ。赤ん坊のカメが砂から出てくるというのも嘘だ。浜辺のどこに卵が埋まっているかを知っているはずもないし、卵がランダムに孵化する一瞬をとらえるために何カ月も浜辺を観察できるドキュメンタリークルーはいない。スタジオで孵化させた子ガメを、撮影のために砂に埋め戻しただけなのだ。しかも、ウミガメはつねに夜に砂から出てくるが、それでは撮影にならない。だからといって昼間に撮影すると、明るい光が子ガメの方向感覚を失わせるだけでなく、撮影隊がいるせいで地元の海鳥に「無料の食事」のありかを知らせてしまうことになる。同様に、**トラ**が走っているスローモーションの映像は、訓練された飼育トラが車と並走していることが多い。僕はあまりに腹が立つので、ほとんどの自然史番組を見ることができなくなったが、視聴者のほとんどはその手の裏工作に気づいていない。そしてそんな番組を見て、野生動物のことを知ったつもり、理解したつもりになっているのである。

自然史番組は多くの視聴者に、遠く離れた場所で暮らす野生動物のすばらしさを伝え、野生動物保全活動に携わろうとさえ思わせるほど、多大なる好影響を与えてきたことは間違いない。ただ、ドキュメンタリーには、凄まじい戦いや激しい交尾、ドラマチックな追跡ばかりあふれている。一方、古代からワーズワース［19世紀前半の英国の自然派詩人］の時代に至るまで、文学者たちは自然の静けさについて語ってきた。僕のようにつねに動物に囲まれた生活をしていても、そんな激しい場面を見ることはめったにない。動物たちはたいてい隠れているし、見かけたときにも普通はエキサイティングなことはしていない。観光客がサファリパークに行くと、ほとんどの場合はがっかりする。僕の子どもたちは、野生ではなぜ多くの野生動物をちらりと見ることすら難しいのか、なぜソファでくつろぎながら見たのと同じものを見ることができないのか、理解できないでいる。ディストピア的ホラーのごとく、僕たちは「現実の自然の世界」よりも「スクリーンで見る偽りの平坦な原野」を、「ランダムな自然の美」よりも「編集された想像上の物語」を好むのである。動物園に出かけて、眠っているネコ科動物をひと目見ようとするのではなく、**チーター**が**ガゼル**を追って走る壮大なスローモーションのシーンを見る。**ホッキョクグマ**が**アゴヒゲアザラシ**に襲いかかる様子を、何日もかけて移動したり指が凍えそうになったりする不便な思いもせず、クローズアップの高解像度映像で見ることができる。その数秒の映像を撮るために、カメラマンが何カ月もかけたことを忘れてしまう。リアルなCGアニメのおかげで、トラや**チンパンジー**が演技をさせられるつらい生活からは解放されたかもしれないが、今やそこに描かれる動物たちはプロットのためだけに、いくらでもありえないほど不自然な行動を取れるようになった。こうしたことがごちゃ混ぜとなり、「実際の野生動物とはどんなものか」という認識を混乱させているのである。

　さらに、本物の野生動物を見たときでさえ、僕たちは画面を通して体験することを選ぶ。まるで携帯電話で撮影できなければ、実際に見ていないことになるかのように。実際には、画面に集中しているせいで、本物の動物を見ることができていないというのに。一生懸命写真を撮っても、あなたや僕が、動物写真家の年間最優秀賞を受賞することはまずないだろう。僕がすばらしいもの――虹色の**トンボ**や草むらから顔をひょいと出した**ヒョウ**など――を見たときには、自分の目で、耳で、鼻で1秒1秒を味わうことにしている。僕の記憶の中でしか再生できないが、これまで僕が撮ったどんな写真よりもずっといいからだ。

最大の脅威は消費量である

僕たちの視点を歪めているのは、テレビだけではない。アメリカ、カナダ、オーストラリアなどの影響力のある有力な国々は人口密度が非常に低く、広大な土地がある。国民は無意識のうちに、ほかの国々も似たようなものだと思っている。しかし、バングラデシュのシュンドルボンの**トラ**は、北米の100倍以上の人口密度の国に生息している。豊かな先進国は野生動物保全を一番声高に叫ぶわりに、一番何もしていないことが多い。数年前、ある研究で大型野生動物の保全に対する各国の取り組みを調査した。ボツワナ、ナミビア、タンザニアといった貢献度の高い国々は、明らかに観光産業から利益を得ている。とはいえ、ルワンダ、モザンビーク、エストニア、さらには中央アフリカ共和国――世界最貧かつ後発開発途上国10カ国のひとつであり、過去20年内戦によって荒廃した国――も、アメリカなどほとんどの欧米諸国よりも高い評価を受けている。

今もなお、誰もが問題は発展途上国にあると信じている。欧米人の多くは「現地の人々がどれだけ犠牲になっても、広大な土地をフェンスで囲むべきだ」と思っている。豊かな生活を手に入れた僕たちは、ほかの国々には文明の梯子《はしご》を譲らずに、世界のほかの地域を「自分たちが楽しむための大自然のサファリパーク」として残したいと願っている。あからさまな新植民地主義である。

しばしば、地球には人が多すぎると指摘される。確かに僕が生まれてからだけでも、地球の人口は2倍に増加した。じっくり考えるのも恐ろしい状況だ。ただし、これは容易に人種差別に陥りやすい問題でもある――ほかの国々の無責任な人々やその文化のせいなのだ、と。多くの発展途上国で家族の人数が増えているのは事実だが、それを原因にしていては大局を見失う。問題なのは子どもの数ではなく、消費する量である。消費主義の蔓延のおかげで、平均的な北米の人々は、エチオピア人やナイジェリア人の２００倍もの環境影響を持つ。北米のひとりっ子家庭は、エチオピアの家庭が５００人の子どもを生んだ場合よりも、地球に大きな影響を与えているのだ。他人のせいにするのは簡単だが、問題はもっと身近なところにある。スーパーマーケットの安いアイスクリームが、遠く離れたインドネシアの**オランウータン**の森を破壊する。最新の携帯電話に夢中になることが、**ゴリラ**を絶滅の危機に追いやる。安いハンバーガーが、アマゾンの残された密林を焼き尽くす。それなのに、僕たちは遠い国の人々のせいにして、知らぬ存ぜぬで通している。

子どもを持たずに、「毛の生えた小さな代用品」であるペットを飼うことも、それなりの代償を伴う。北米では2人に1匹の割合で犬や猫が飼われている。犬を飼うと、家庭の1年間の電気消費による二酸化炭素排出量が2倍になり、アメリカでは肉の消費量の3分の1をペット用が占めている。また糞の量は全人口の3分の1、飼い猫は北米だけで年間10億羽以上の鳴禽類を殺している。アメリカ人はペットのために年間５００億ドルを費やしている。その結果、アメリカだけで年間6400万トンもの膨大な二酸化炭素が排出されている――1300万台の自動車を運転するのと同じ排出量だ。

この事実は、「子どもを持たず、犬だらけの家にするのが地球にとってよい」という信念をいささか揺るがせる。情報を全面開示するなら、僕には2人の子どもがいて、年老いた保護犬を1匹飼っている。人間の人口が多いことは地球にとって良いことではないが、子どもは成長したら、グレタ・トゥーンベリやマハトマ・ガンジー、ネルソン・マンデラのような人になるかもしれない。トラを絶滅の危機から救ったり、気候変動を解決してノーベル賞を受賞したりする可能性もある。それは猫には決してできないことだ。ペットを飼うことは精神的な幸福をもたらすが、8匹の犬を飼う必要はない。あるいは、そもそも孤独な性格の猫を5匹飼う必要もない。

もし人口過剰が原因でないとしたら、化石燃料の使用による気候変動が野生動物にとって最大の脅威となるのだろうか？　残念ながら、多くの種はそれが本当の脅威となる前に絶滅しそうだ。気候変動は、僕たち人間と現在の生活様式にとって存続に関わる大きな脅威である。深く懸念し、緊急に対処すべく全力を尽くすことが正しい。とはいえ、気候変動は野生動物にも害を及ぼすものの、ほとんどの野生種は現在、それ以上の脅威に直面している。

野生動物を救う効果的な方法とは？

絶滅の危機に瀕した野生動物を救うためにどんなことができるか？　熱心な学生からそう尋ねられることがある。そんなとき、彼らは傷ついた**オランウータン**を救いに駆けつけたり、象牙の密猟者と戦ったりするシーンを思い浮かべている。しかし、僕も含め、誰もが地球の野生動物を救うためにできる最大の行動は、実は思いも寄らないことである。獣医学や動物学の学生たちは、グレタ・トゥーンベリが絶望するほど、大喜びで飛行機に乗って地球の裏側まで行き、倫理的に問題のある**ゾウ**のエセ保護プロジェクトにボランティアとして参加している。が、ほとんどの人は、最大の成果をもたらすことはしていない――「動物性食品を食べる量を減らす」ということを。

地球上の哺乳類と鳥類のバイオマスのうち、野生動物が占める割合はわずか4％だ。**トラ**から**オオハシ**、**ダチョウ**、**オカピ**まで、およそ2万種の野生動物は地球上の20分の1以下の土地しか占めていない。責めるべきは人間の人口過剰だけではないのだ。地球上の食用動物の重量は人間の重量の2倍以上ある。地球上の全陸地に生息する脊椎動物のうち、ほぼ3分の2が家畜である。どうやら多すぎるのは人間の数よりも、牛や豚、羊、鶏の数のようだ。動物に食べさせるためだけに大豆や食用作物を栽培することは、現代のあらゆる技術革新、無数の農薬、遺伝子工学、工場式畜産を駆使しても、土地と水の極端な無駄遣いである。欧米の平均的な肉食者1人分の食料を生産するには、完全菜食主義者1人分の10倍から20倍の土地が必要になる。家畜を10％減らすだけで、地球上の野生動物のためのスペースを2倍以上にできる。そうなればトラやオランウータンの数も2倍になるのか？　もちろん、そうはならない。物事はそれほど単純ではない。とはいえ、飼料用大豆の栽培によって生息地が縮小している**ジャガー**のような種にとっては大きな違いとなるだろう。現実には、2030年までに飼料用大豆の生産量をさらに5％増加する必要になると予測されている。これはおもに人類の人口増加ではなく、僕たち1人1人の肉の摂取量が増えたことが原因だ。何も僕のように菜食主義者になれと主張しているわけではない。ただ、もしすべての人が肉を食べる量を少し減らし、週に2食でも肉抜きの食事をすれば、得られる効果は莫大になるだろう。この現状を考えると、生産された食料の3分の1以上が廃棄物として捨てられ、食べられずに終わるというのは滑稽でしかない。

工場で飼育された冷凍の丸鶏1羽が、キャラメルマキアート——端的に言えば「紙コップ入りの味つきのお湯」——のラージサイズ1杯よりも安いというのは、道徳的におかしい。全体として、アメリカ人とオーストラリア人は、栄養的な必要量の5倍以上の肉を食べており、その結果、健康上の問題を抱え、高額な治療費を支払っている。肉の消費量はたった1世代で2倍になった。家畜とその餌のための土地はどこかから調達しなければならず、アマゾンのような野生動物の生息地が削られることになる。自分の健康や社会的コストのためには肉の摂取量を減らす気がなくても、せめて野生動物のために減らしてみてはどうだろうか。

菜食主義者になることで、平均的な人がガスと電気の使用で発生させる量の2倍の炭素を節約することができる。野菜中心の食事は、ハイブリッドカーの購入、リサイクル、エネルギー効率の良い電球の設置などを全部合わせたよりも、二酸化炭素排出量を削減できる。とはいえ、畜産業よりも化石燃料のほうが気候変動への全体的な寄与度が大きく、車に乗らない生活のほうが気候変動への影響が大きいのは事実だ。だが、カーボンニュートラル［二酸化炭素の放出と吸収が相殺されている状態］な世界になれば、僕たち人間が自業自得の存続危機を緩和することにはなるかもしれないが、それでも混み合った地球上に野生動物のためのスペースを確保することにはならない。

人間にとって完全菜食主義《ヴィーガンダイエット》の食事が不自然であることは認める。しかし、ピタゴラスやレオナルド・ダ・ヴィンチから、ガンジーやジェーン・グドール［イギリスの動物行動学者］まで、ベジタリアンはみんな健康的な生活を送っている。他の種に対する思いやりある配慮は、僕たちがより高度に進化するにつれて、関心の輪が広がると言われてきた。あるいは、そうはならないのかもしれない。

しかし、その結果を知るまでは、知的地球外生命体の探索は極めて危険な戦略のように僕には思える。宇宙人は僕たちを、僕たちが**チンパンジー**や**ニワトリ**や**ゴキブリ**を扱うように扱うに決まっているじゃないか？　そのことを考えるととても心配なのだ。

しあわせは「享楽的ランニングマシン」の上にはない

ほとんどの獣医師が動物の世話をし、地球を大切に思っているが、その一方で、職業的活動やロビー活動に気を配らなければ、たやすく問題の一部と化してしまう。僕は菜食主義者だが、地元の畜産業界と密接に連携し、持続可能な高い動物福祉と環境への負荷の少ない食品生産を支援している。畜産農家には問題ではなく、解決策がある。もし人々が肉を食べるのであれば、量を控えて、より高価な品質の製品を食べることで、動物がより良い生活を送ることができるし、地球への有害な影響も軽減できる。

政治家に投票できるのは数年に一度だが、毎日3回、口に入れるものを選ぶことで、地球に与える影響を投票できるのだ。そして何を買うかを選ぶたびに、投票できる。あなたのチョコレートに使われているパーム油は、持続可能な方法で生産され、農家にきちんと生活賃金が支払われているだろうか？　低賃金貧困は現代の奴隷制度であり、持続不可能な違法森林伐採や自給自足のための野生動物捕獲を促進している。僕たちに選択できるのは食べ物だけではない。環境破壊に直面して絶望しているときに、あらゆる選択によって影響を与えられることに気づけば、力が湧いてくる。キラキラした新しい電話の「享楽的ランニングマシン」に騙されるのか、それとも華やかさには欠けるが修理可能で何年も使える持続可能な機種を選ぶのか。好むと好まざるとにかかわらず、現代の資本主義市場はその選択に対応し、僕たちが買わないものはあまり作らないようになる。やがて持続可能で倫理的な製品が標準となる日が来るということだ。僕たちの行動のひとつひとつが、どんな地球に住みたいのかについての投票なのだ。

ソーシャルメディアで華やかな写真が無限に流れてきて、いかにもすばらしい生活——大富豪のモデルにさえ物足りなさを感じさせるような生活——を見せられるのは、野生動物保全にはほとんど役に立たない。それもこれも、GDPのせいということなのだろう。誰もがもっと売る必要があり、そのためには誰もがもっと買う必要がある。

一方、しあわせでバランスの取れた人々は、充実した満足度の高い生活を送っているので、必要なものも少なく、買うものも少ない。祖父母が泥んこになって遊ぶ孫を見守ること。仰向けに寝転んで雲を見つめること。友だちの目を覗き込んで、どんなふうに世界を見ているのだろうと考えること。親が初登校する子どもを見守ること。**メンガタハタオリ**が巣作りのために必死に小枝を集めているのを見ること。風に揺れる小さな蘭《らん》の儚《はかな》さを思うこと。**ハリネズミ**が深夜に庭を探検しているのを見かけること。こうしたことは全部かけがえのない経験だ。費用もかからない。だから財務指標には役に立たない。「消費」という語は、人間が地球に対して何をしているかを明らかにする——すなわち、森林を切り倒し、海を汚染し、野生動物を殺して、どんどん狭まる土地に押し込め、わびしい暮らしを送らせようとしているということを。

僕たちにさらに消費させるには、不幸で、満たされなくて、不充分で、醜くて、愛されていないと感じさせる必要がある。広告はこれを完璧に実現している。若くて、美しくて、背が高くて、お金持ちで、幸福そうに見える人々が、誰かが売ろうとしている新しくてキラキラしたものに囲まれている写真やテレビ番組を延々と見せられたら、僕たちはみんな物足りなく感じる。そして究極の詐欺商品を売りつけられる。「あなたは22歳でもなく、ギリシャ神話の美少年アドーニスのようなルックスでもなく、パリッとしたスーツを着こなしているわけでもなく、スーパーモデルの恋人がいるわけでもなく、ヨットの上で退屈そうにくつろいでいるわけではないかもしれませんが、ほら、この時計を――またはこのソフトドリンクを――買ったら、同じような気分になれますよ」。ところが買ってみても、そんな気分にはなれない。たぶん本当に必要なのは、新しい携帯電話、車、美容院でのヘアカット、レストランでの食事、イヤリングなのかもしれない。僕たちは心の中に虚《むな》しさや物足りなさを感じながら、長時間働き詰めで、友人や家族を放置して、戸棚がいっぱいになるまで装身具を買い、砂糖たっぷりの加工食品を食べ、夜遅くまでソーシャルメディアに夢中になる。ぐっすり眠ったり、自炊を楽しんだりすることもない。

華やかな《グラマラス》ライフスタイル――カンヌ沖でヨットで遊ぶことだろうと、僕が10代の頃にひそかに夢見ていたように野生動物保護官になって馬で駆け回ることだろうと――に憧れる僕たちは「グラマー」の語源を思い出す必要がある。「闇の魔法」だ。魔女や妖精たちがかける、あの魔法である。お人よしの人間を惑わせ欺く呪文という意味の、スコットランドの古語「gramyre」に由来する。今度、セレブが「グラマラス」と形容されるのを聞いたときには、笑って現実を思い出してほしい。彼らは何時間もメイクや照明に費やして、まったく別の人間に見せようとしている自信のない人間だということを。安易に聞こえるだろうが、地球が破壊されつつあるのは、僕たちが送っている空虚で不幸で孤独で人との繋がりのない生活に対するくだらない治療法として、必要もないガラクタを買いすぎるせいなのだ。そんな哀れな数十億の人々の破壊的な消費習慣を軽視すべきではない。

僕たちの自己破壊的な消費行動は、悲しいことに、進化の過程で受け継がれてきたものだ。人間は収穫の少ない時期に備えて、食料や資源を必死に集めるようにデザインされている。なんとかその本能を抑制しようとして、暴飲暴食や強迫的な買い物をしているのだ。社会的霊長類である僕たち人間は、生来、社会的地位を求めて激しい競争をするようにもデザインされていて、その結果、独裁者や強欲な企業経営者を生み出している。また、意味のない昇進や空虚な役職を追い求めずにはいられない。5歳の子どもが、プロセス監査の取締役になることを夢見たりはしない。消費という「ハムスターの車輪」を回し続けるのではなく、ささやかでも思慮深く意味のある人生に目的を見出し、経験や人間関係の中に充実感や幸福を求めて生きることもできるはずだ。

ひとつひとつの決断が、あなたの信念を貫くチャンスになる

僕たちはみな、迫りくる種の絶滅、気候変動、環境汚染、人口過剰、そして一般的な地球の破滅に関するネガティブなメッセージの連続砲撃に、すっかり精神的に参っている。だから、感情のスイッチを切り、ピカピカの携帯電話のスクリーンを覗き込み、自分自身を麻痺させて現実から目をそらす。古代ローマ人がコロッセオの剣闘士を使って市民を現実逃避させた方法よりもはるかに効果的な方法である。しかし、地球を救うことは、ただ政治家に任せておけばいいというものではない。代議制民主主義は、顔面パンチと股間キックのどちらがいいかと選択を迫られるようなものだ。あなたはどちらも望んでいないかもしれないのに、どちらを選ばされたとしても、自分がそれを求めたのだとつねに思い知らされる。自然界を救うのは、僕たち1人1人の行動にかかっている。

こんなことを言うと、僕は悲観主義者で、地球の現状と、達成不可能な改善の試みに絶望しているのではないかと思われるかもしれない。熱帯雨林の減少、野生動物犯罪の横行、気候変動の加速、日ごとに増加する絶滅危惧種、個々の野生動物の生き延びるための闘い――そうした事態に、ときに落ち込むことはある。でも、実のところ、僕は大の楽天主義者だ。人類史においてかつてこれほど多くの人々が、自然界の状態や、僕たちとこの地球を共有する野生動物のことを気にかけていた時代はない。しかも、ただ心配するだけでなく、事態をより良くするために積極的に取り組んでもいる。

地球をこのような混乱に陥れたのは僕たち人間だが、同時に僕たちはそれを解決できる唯一の種でもある。5年前、アスペルガー症候群のおとなしいスウェーデンのティーンエイジャーが、世界を気候変動の問題に目覚めさせるとは誰が想像できただろうか？　地球上でもっとも裕福な国の副大統領ですらできなかったことを。より多くの収入を得るために、より多くの無意味な快楽的消費主義に費やすために、長時間労働という終わりのない車輪を回し続けて苛立ち、燃え尽きた多くの人々が、地球のためだけでなく自分のためにも、最小限の消費にとどめる思慮深い生活を賢明にも選択してきた。

では、人類と地球が直面するこれだけ巨大な問題があるにもかかわらず、いったいなぜ僕は個々の野生動物を治療し、気にかけるのか？　なぜ1頭の**ゾウ**や1匹の**オランウータン**に手術をするのか？　たぶん僕にはそれ以外に貢献できるスキルがないからだろう。**アビシニアジャッカル**だろうと**エチオピアアオタケネズミ**だろうと、それぞれの動物は、僕たちと同じように、自分の命を大切にしている――僕はそう信じている。**イヌワシ**にも**セグロカモメ**にも知能があり、僕たちと同じように、苦しみや痛みを感じている。人間によって傷つけられた個々の野生動物の苦しみを気にかけず、種の保存のみに注力するのは、戦争中に苦しみながら死んでいく子どもたちを気にかけないのと同じくらい無慈悲に僕には思える。種の保存さえなされればいいという考えは、人口の不足分を埋めるために、ほかの国の人々にもっと子どもを生んでくれと頼むようなものである。

1頭の動物の治療をすることは、世界を変えることはできないかもしれないが、その動物にとっての世界全体が変わる。また、地球に配慮した消費を実践することは、地球の反対側にいる動物たちに意図せず与えかねない悪影響を減らすことに繋がる。僕が科学的称賛を受けたり、自然保護活動の賞を受けたりすることは今後も決してないだろう。それでも、野生動物の人為的な苦しみを減らすために、個人としてできることはすべてやったと知っている僕は、毎日ぐっすり眠ることができる。

だから、やってみよう。まず、始めてみよう。あなたの人生には日々の小さな選択がたくさんあって、そのすべてが地球に影響を与える投票であることを自覚しよう。ひとつひとつの決断が、あなたの信念を貫くチャンスになる。より良い世界への1票になる。夢遊病者のような人生を送り、怠惰な無関心で地球の苦悩をうっかり増やしてしまう道は選ばないようにしよう。あらゆる決断は、よい良い地球と、よりしあわせで充実した人生を得るための機会だ。そして直接会うことはないかもしれないが、地球上には僕たちと同じように感じている何百万人もの仲間がいる。僕たちは目に見えない軍隊だ。力を合わせれば、自然界とそこに暮らすすべての野生動物のために、すばらしいことを——ごく小さな1歩であっても——することができる。僕たちは毎日、あらゆる方法で、実際に物事をどんどん良くすることができるのだ。

謝辞

この本は多くの人々の協力がなければ、決して完成しなかっただろう。ウィリアム・コリンズ社の優秀な編集者、マイルス・アーチボルドは、この本の全体のアイデアを提供してくれた。僕が思いつけたらよかったのだが、きっと適切に扱うことはできなかっただろう。つねに忍耐強いエージェント、ベン・クラークは、僕には何か面白いことを書けるかもしれないと最初に思いつき、最初の一歩を踏み出させてくれた。ヘイズル・エリクソンとトム・ホワイティングは、僕が最初に渡した原稿の混乱を辛抱強く整理してくれた。僕にはもったいなすぎる妻、ヨランダは、外国を飛び回って冒険する僕を忍耐強く支えてくれ、僕たちの2人の美しい子どもたちの子育ての大部分を担当してくれただけでなく、動物の心臓病専門医としての独自の道を切り開いた。僕は彼女と結婚できたことをとても誇りに思っている。また、世界中で僕を助けてくれ、彼らの物語や経験を語ってくれた親切な野生動物獣医の同僚、動物看護師、外科医、研究者、野生動物保護隊員にも感謝したい。最後に、僕の野生動物の患者たちへ。きみたちは僕が手さぐりで精一杯治療するのを耐えしのぶしかなかった。理解はできなかったと思うけれど、いつもきみたちのためを思ってやっていたんだ。

[著者紹介]
ロマン・ピッツィ　Romain Pizzi
英国獣医動物学会会長。王立獣医師協会が認定する獣医学のエキスパートであり、野生動物外科の世界的権威として知られる。長年にわたりエジンバラ動物園、スコットランド国立野生動物保護センターで活躍、ノッティンガム大学動物園・野生動物医学の名誉准教授を務める。ヨーロッパ水族館・動物園協会アドバイザー、オーストラリアの非営利団体〈フリー・ザ・ベアーズ〉顧問、国際自然保護連合（IUCN）メンバー。

[訳者紹介]
不二淑子　Yoshiko Fuji
早稲田大学第一文学部卒。主な訳書に、レドモンド『野戦のドクター　戦争、災害、感染症と闘いつづけた不屈の医師の全記録』（ハーパーコリンズ・ジャパン）、ブキャナン『災厄の馬』（早川書房）、トーマス『信長と弥助 本能寺を生き延びた黒人侍』（太田出版）など。

注文《ちゅうもん》の多《おお》すぎる患者《かんじゃ》たち
野生動物《やせいどうぶつ》たちの知られざる診療《しんりょう》カルテ

2024年1月18日発行　第1刷

著　者　ロマン・ピッツィ
訳　者　不二淑子
発行人　鈴木幸辰
発行所　株式会社ハーパーコリンズ・ジャパン
東京都千代田区大手町1-5-1
電話 04-2951-2000（注文）／0570-008091（読者サービス係）
ブックデザイン　albireo
印刷・製本　中央精版印刷株式会社

Printed in Japan
ISBN978-4-596-53429-3